大数据技术与应用专业规划教材

SQL Server 2014+MongoDB+Python

数据库技术及应用

陆黎明 王玉善 陈军华 编著

清華大學出版社
北京

内 容 简 介

本书全面系统地阐述了数据库系统的基本概念、基本原理、基本方法和基本技术。内容包括：数据库技术的基本概念、数据模型、关系数据库、结构查询语言(SQL)、完整性约束的实现、索引与视图、数据库安全技术、存储过程、触发器、并发控制、数据库恢复技术、关系数据库设计理论、NoSQL 数据库技术和实验指导等。

本书关注新技术，注重实践应用。在有关章节穿插介绍了 SQL Server 2014 中的索引、视图、安全性和事务管理，并用单独一章以 MongoDB 为例介绍 NoSQL 数据库的技术特点，最后配有与教学同步的实验指导。另外，本书还介绍了 Python 数据库开发技术，并以“学校管理信息系统”为例展示了数据库设计的全过程。所配的练习题不但量多而且题型丰富，并赠送用 SQL Server 2014 和 Python 3.6 开发的针对中学的“排课系统”案例。所有这些都有利于读者对数据库系统基本概念、基本方法和基本技术的理解、消化、掌握和应用。

本书结构合理、概念清晰、图文并茂、例题丰富，关注新概念和新技术，适合作为高等学校计算机、软件工程、数据科学与大数据技术、大数据管理与应用、人工智能、物联网工程、电子商务等相关专业本科生数据库课程的教材，也可作为电器类专业研究生数据库课程的教材，还可作为计算机等级考试(三级数据库技术)的参考书和自学读物。

图书在版编目(CIP)数据

SQL Server 2014＋MongoDB＋Python 数据库技术及应用/陆黎明，王玉善，陈军华编著. —北京：清华大学出版社，2021.1(2024.8 重印)
大数据技术与应用专业规划教材
ISBN 978-7-302-56001-2

Ⅰ. ①S… Ⅱ. ①陆… ②王… ③陈… Ⅲ. ①关系数据库系统－高等学校－教材 ②软件工具－程序设计－高等学校－教材 Ⅳ. ①TP311.132.3 ②TP311.561

中国版本图书馆 CIP 数据核字(2020)第 121770 号

责任编辑：黄 芝
封面设计：刘 键
责任校对：梁 毅
责任印制：宋 林

出版发行：清华大学出版社
网 址：https://www.tup.com.cn，https://www.wqxuetang.com
地 址：北京清华大学学研大厦 A 座 邮 编：100084
社 总 机：010-83470000 邮 购：010-62786544
投稿与读者服务：010-62776969，c-service@tup.tsinghua.edu.cn
质量反馈：010-62772015，zhiliang@tup.tsinghua.edu.cn
课件下载：https://www.tup.com.cn，010-83470236
印 装 者：三河市龙大印装有限公司
经 销：全国新华书店
开 本：185mm×260mm **印 张**：19.75 **字 数**：477 千字
版 次：2021 年 1 月第 1 版 **印 次**：2024 年 8 月第 4 次印刷
印 数：3001～3500
定 价：59.80 元

产品编号：084486-01

前言

新一轮科技革命和产业变革带动了传统产业的升级改造。党的二十大报告强调“必须坚持科技是第一生产力、人才是第一资源、创新是第一动力,深入实施科教兴国战略、人才强国战略、创新驱动发展战略,开辟发展新领域新赛道,不断塑造发展新动能新优势”。建设高质量高等教育体系是摆在高等教育面前的重大历史使命和政治责任。高等教育要坚持国家战略引领,聚焦重大需求布局,推进新工科、新医科、新农科、新文科建设,加快培养紧缺型人才。

数据库技术始于 20 世纪 60 年代末,它的诞生极大地推动了计算机技术的应用和发展,已成为计算机信息系统的核心技术和重要基础。进入 21 世纪后,随着云计算、大数据和机器学习等技术的迅速发展,数据库技术本身已是计算机科学技术中发展最快的分支之一,也是高等学校计算机相关专业的核心专业课程。

本教材的作者长期从事数据库技术的教学工作,在本书的内容选择和结构组织上凝聚了作者近 35 年数据库课程教学工作的实践经验。本书具有以下特点。

(1) 强调关系数据库,关注 NoSQL 技术。尽管关系数据库在某些大数据应用场景下显得有些力不从心,但对于大多数应用来说关系数据库还是最有效的解决方案。DB-Engines 数据库排行榜上排名前三位的均为关系数据库,而且其分值远高于其他产品,显示出其强大的生命力。因此,本书用了 8 章的篇幅来阐述关系数据库技术,为今后从事数据库应用系统的开发奠定了坚实的基础。同时,为了顺应大数据时代的需求,用单独一章来阐述蓬勃发展中的 NoSQL 数据库的基本概念和技术特点,为今后进一步学习和使用 NoSQL 数据库技术提供了良好的开端。现在这两种数据库技术也在相互融合,吸收彼此的优点,如关系数据库 SQL Server 中添加了文档存储功能,而 NoSQL 数据库 MongoDB 中添加了对事务 ACID 的支持。因此本书内容的选择,有利于学生充分了解两种数据库技术各自的长处,并能正确地选择和合理地使用。

(2) 强调理论联系实际,注重实践应用。选择主流的商用关系数据库产品 SQL Server 作为实践平台,在介绍关系数据库的基本方法和基本技术的同时,穿插介绍 SQL Server 中的相应方法和技术,如 SQL Server 中数据库和基本表的创建和管理、索引和视图的创建和应用、数据库安全技术、并发控制技术以及备份和恢复技术。选择主流的商用 NoSQL 数据库产品 MongoDB 来讲解 NoSQL 技术。附录中的实验指导与教学同步,实验内容具有针对性、启发性和综合设计性。所有这些安排都有利于学生掌握数据库系统的基本方法和基本技术。

第 6 章系统地介绍了 SQL Server 中函数、游标、存储过程和触发器的应用。第 9 章以“学校管理信息系统”为例完整地介绍了数据库设计的全过程。第 10 章以当前最受关注的 Python 语言为例介绍数据库应用系统的开发技术。这些内容的阐述有利于学生今后从事数据库应用系统的开发。另外限于篇幅，一个以 SQL Server 2014 为数据库、以 Python 3.6 为编程语言开发的针对中学的“排课系统”完整案例将通过电子稿的形式赠送给读者，用于加强实践应用教学。

(3) 数据库技术的概念众多，原理比较抽象，不易理解。作者精心选择和编写了数量多而且题型丰富的练习题，这些练习题不但与教学同步，而且不同题型覆盖不同的知识点，相互之间不重复。通过这些练习题的解答有利于学生对数据库技术的理解、消化和应用。

本书的适应性十分广泛，从初学者到有一定基础的读者，从师生到专业技术人员，具体来说：

(1) 对于初学者可从本书全面系统地了解数据库技术的基本概念、基本方法和基本技术。

(2) 对于有一定基础的读者可从本书了解有关数据库的一些新概念和新技术，如 NoSQL 基本概念和技术特征，Python 连接和操作 SQL Server 技术。

(3) 对于教师和学生，本书除了可以作为教材外，也是一本很好的教学参考书。第 9 章中的数据库设计实例、附录中的实验指导、各章的练习题以及赠送的中学排课系统，都是很好的教学参考资料。

(4) 对于专业技术人员，可从本书了解主流的商用关系数据库产品 SQL Server 和 NoSQL 数据库产品 MongoDB 的基本使用方法，从而在实践中掌握数据库技术。

考虑到学校机房以 Windows 7 平台为主，书中关系数据库例题在 SQL Server 2014 环境下调试通过，NoSQL 数据库例题在 MongoDB 3.4.18 环境下调试通过，读者可根据自己的具体情况灵活选用。需要说明的是，本书不是 SQL Server 和 MongoDB 的使用手册，有关这两种数据库产品更详细、更深入、更全面完整的技术文档请查阅其官网。使用本书的老师若需要练习题答案、PPT 文件、排课系统源代码、主要例题代码和创建实验用数据库代码、教学大纲、期末试卷等，可从清华大学出版社网站下载。

本书结构合理、概念清晰、图文并茂、例题丰富，适合作为高等学校计算机、软件工程、数据科学与大数据技术、大数据管理与应用、人工智能、物联网工程、电子商务等相关专业本科生数据库课程的教材，也可作为电器类专业研究生数据库课程的教材，还可作为计算机等级考试(三级数据库技术)的参考书和自学教材。

由于编者水平有限，虽然力求精准，但疏漏与不足之处在所难免，敬请专家和读者指正。

编　者

2020 年 4 月于上海

目 录

第1章 概述

当今社会是一个信息社会，信息正以惊人的速度增长，信息资源是各个部门的重要财富。建立一个行之有效的信息系统成为一个企业或组织生存和发展的重要条件，信息化程度的高低也成为衡量一个国家现代化程度的重要指标。数据库技术诞生于20世纪60年代末，它的出现使得计算机应用渗透到了人类社会的每个角落，并改变着人们的工作方式和生活方式。电子商务系统、计算机集成制造系统、办公自动化系统、地球信息系统、决策支持系统等都使用了数据库技术。数据库技术作为信息系统的基础和核心得到了越来越广泛的应用。现在，数据库技术有了比较完整的理论体系和实用环境，已成为计算机科学中最重要的技术之一。

本章介绍数据库技术中的数据管理、数据库、数据库管理系统、数据库系统以及数据库的体系结构等基本概念。

1.1 数据库技术的产生与发展

数据库技术的发展与应用是人类信息处理活动的客观要求，它极大地提高了信息处理的能力，已成为信息时代重要的特征之一。

1.1.1 数据处理和数据管理

1. 信息与数据

信息(Information)已是现代社会中普遍使用的概念。一种通俗的解释为：信息是人们关心的事情的消息。例如，市场对某种商品的需求量，对于生产商和经销商来说，是很重要的消息，这就是信息。企业的产量、产值、利润等经济指标的统计数字，对企业管理者来说，也是信息。电视台播出的气象预报、股票指数、外币兑换率以及其他经济新闻、科技新闻、文化新闻、体育新闻，对于关心这些消息的个人或群体，都是信息。

信息由发生者发出，通过传播信息的媒介被接收者所接收，传播信息的媒介称为载体。信息可以脱离发生者而借助于载体传输，并使接收者可以感知。这种反映信息内容，并可被接收者识别的符号(即载体)称为数据(Data)。数据的效用就在于它能够反映信息的内容并可被接收者识别。这里的数据包括但不限于数字、文字、图形、图像、音频、视频等，这些都是数据各种不同的形式，它们都可以经过数字化后存入计算机。

因此，数据是信息的具体表现形式，是信息的载体，而信息是数据的内涵，是对数据语义的解释。例如，7.8%是一个数据，它可以是一个公司某一年利润的增长率，也可以是一个股票某一天的涨幅，数据只有经过解释并赋予一定的语义后才能成为信息。

信息始于数据，数据被赋予语义而转换为信息。信息和数据“形影不离”，在不影响对问题理解的情况下，常把信息和数据这两个术语不加区分地使用，如信息处理和数据处理有时并没有严格的语义区别。但有时却必须加以区分，如数据文件不能说成信息文件。

2. 数据处理与数据管理

信息借助于数据可在一定条件下存储起来，存储的信息在适当的条件下可以进行传输。信息还可以通过一定的手段进行加工，如压缩、分解、综合、抽取、排序等。信息的可加工性为人类利用信息认识与改造客观世界和主观世界开辟了广阔的前景。人们可以从某些已知的信息（即数据）出发，加工推导出一些新的数据，而这些新的数据又表示了新的信息。通常把信息的收集、管理、加工、传播等一系列活动的总和称为信息处理或数据处理。

在用计算机进行数据处理时，相对而言，数据的加工和计算显得比较简单，数据的管理比较复杂。数据管理是指对数据进行分类、组织、编码、存储、检索和维护，这部分操作是数据处理的基本环节，而且是任何数据处理业务中必不可少的共有部分，是数据处理的中心问题。因此，数据处理是与数据管理相联系的，数据管理技术的优劣将直接影响数据处理的效率。显然，一个高效、通用、使用方便的数据管理软件，必将大大地减轻信息系统开发者的负担，极大地提高数据处理的能力。数据库技术就是专门研究数据管理的技术。

1.1.2 数据管理技术的发展

数据管理技术是应数据管理任务的需要而产生的，伴随着计算机硬件和软件的发展，数据管理技术经历了人工管理、文件系统和数据库系统三个发展阶段。数据库技术的出现是信息管理模式的大变革，提高了信息的利用率，加快了信息的传播，缩短了信息系统的开发过程。

1. 人工管理阶段

这一阶段为20世纪50年代中期以前，这时的计算机主要用于科学计算，其他工作还没有开展。计算机的外部存储器只有纸带、磁带和卡片，没有磁盘等直接存储设备。软件还只有汇编语言，没有操作系统，更没有专门管理数据的软件。

科学计算一般不需要将数据长期保存，在进行某一计算任务时，原始数据随程序一起输入内存，计算结束将结果打印输出后，用户程序退出计算机系统，原始数据与程序所占的内存空间一起被释放。由于一组原始数据只对应一个程序（即某个计算任务），故数据是面向应用的。这种一组数据对应一个程序的应用模式会造成以下两个问题。

(1) 当多个应用程序涉及某些相同的数据时，无法互相利用和互相参照，必须各自定义，因此程序与程序之间有重复的数据，即数据不具有共享性。

(2) 由于没有专门的软件管理数据，数据需要由应用程序自己来管理（即由程序员来管理）。由于数据的物理结构是由应用程序自己设计的，程序中的存取子程序必须随着存储结构的改变而改变，即程序与相应的数据有着很强的依赖性。当数据的存储结构改变时，应用程序必须修改，因此程序与数据之间不具有独立性。

由于科学计算的原始数据一般不会非常庞大，故上述问题尚未被人们充分认识。

2. 文件系统阶段

这一阶段为20世纪50年代后期至60年代中期，这时计算机不仅用于科学计算，还用于数据管理。外部存储器已经有了磁盘、磁鼓等直接存储设备。软件领域出现了高级语言和操作系统，操作系统中的文件系统是专门管理外存的数据管理软件。下面通过实例说明这一阶段是如何管理数据的。

某高校为了管理日趋复杂的学生数据，先后在文件系统的基础上开发了学生选课管理系统、学生借书管理系统和学生医疗管理系统。与某一特定系统相关的所有数据都存放在一个特定的数据文件中，并由该系统对其进行管理(如图 1.1 所示，图中的虚线表示某系统以及相对应的数据)。表面上看，该高校的学生管理工作做得井井有条，但随着时间的推移，各个系统管理的数据越来越多，这种各自独立建立在文件系统之上的数据管理方法所暴露出来的问题也越来越多，主要有以下三个问题。

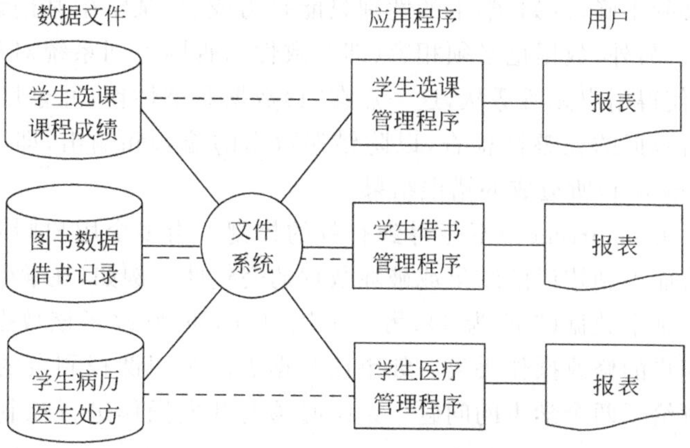

图 1.1 文件系统阶段应用程序与数据之间的对应关系

1) 数据共享性差，冗余度大

由于一个数据文件基本上只对应于一个程序，即文件仍然是面向应用的。当不同的应用程序有部分相同的数据(如本例中学生的学号、姓名、性别等)时，必须各自建立自己的数据文件，而不能共享相同的数据，从而造成大量的重复数据，这种在各个文件中的重复数据就是冗余数据。冗余数据不但浪费了存储空间，而且也容易造成数据的不一致性。所谓数据的不一致性就是指某个文件中的学生数据改变了(如某学生有了新的家庭地址)，而另外文件中相同的数据却未相应地改变。例如，借书管理系统已将他的家庭地址更新为新的，而选课管理系统中仍然存放着旧的地址，从而导致教务处(即成绩管理部门)按旧地址发送的成绩单被退回。因此，数据冗余与数据的一致性产生了冲突，将学生的家庭地址放在一个文件中就可消除这种冲突。

2) 程序与数据之间的独立性不高

由于在程序和数据之间由文件系统提供存取方法进行转换，使得程序与数据之间有了一定的独立性。程序员可以不必过多地考虑物理细节(例如，数据存放在哪个磁道和哪个扇区)，而且存储结构上的改变不一定反映在程序上，这有效地节省了维护程序的工作量。但由于文件仍然是面向应用，文件之间是独立的，为某个应用所开发及组织的程序和数据与为其他应用所开发及组织的程序和数据可能不兼容(例如，选课管理系统中用一个英文字母来表示学生的性别，即用字母 M 或 F 表示男或女，而医疗管理系统中用一个汉字来表示学生的性别，即用男或女来表示)，程序还是依赖于对应数据的逻辑结构，程序的维护工作仍然是一项艰巨且代价昂贵的任务。另外，当系统中要增加一个新的应用时，必须修改数据的逻辑结构，相应地也必须修改应用程序。因此程序与数据之间的独立性仍然不高。

3）数据缺乏统一的管理和控制

这主要表现在以下四个方面。

(1) 数据的安全性(Security)不能得到有效的保护。数据是有价值的，系统必须保护数据以防止不合法的用户(或者合法用户的非法使用)所造成的数据泄露、更改或破坏。例如，在学生选课管理系统中，系统必须保证任课老师或教务员有权修改学生的考试成绩，而一般人员(特别是学生本人)是不能修改的。

(2) 数据的完整性(Integrity)不能得到有效的检查。数据的完整性是指数据的正确性和相容性。数据必须正确，例如，学生的性别只能是男或女，某学生某门课程的考试成绩只能在0～100分等。另外，数据也必须相容(即一致性)，否则不同系统对相同的数据就会有不同的输出，这会使得用户无所适从，这一点在"1)数据共享性差，冗余度大"中已经有了论述。系统必须进行数据的完整性检查，以防错误数据的输入和输出，即所谓垃圾进垃圾出(garbage in garbage out)所造成的错误结果。

(3) 并发操作(Concurrency)不能得到有效的控制。当多个用户同时存取或修改某项数据时会相互干扰而得到错误的结果或破坏数据的完整性。例如，在学生选课管理系统中，当一个用户修改了某个数据(5改为4)，另一个用户也同时修改了该数据(也是5改为4)，从而使得前一个用户的修改操作丢失。如果该数据表示某门课程剩余的选修名额数，那么就出现了一个名额给了两个学生的问题。系统必须对并发操作进行控制，以防这种现象的出现。

(4) 数据遭受破坏后不能得到有效的恢复(Recovery)。硬件故障、软件故障或误操作是不可避免的，这些错误会破坏数据的正确性和相容性，或者使得部分或全部数据丢失。系统必须具有迅速将数据从错误状态恢复到某一已知的正确状态的能力。

建立在文件系统之上的信息系统，解决上述4个问题的办法通常是：在各自独立的系统中加上安全保密子系统、完整性检查子系统、并发控制子系统和恢复子系统。但这会产生两个新的问题。

(1) 各个系统中有大量的重复程序(事实上，在数据的排序和查找等环节上也存在大量的重复程序)，这一方面大大增加了系统的成本，另一方面也大大增加了程序维护的工作量。

(2) 由于开发上述4个子系统有相当的难度，加上开发应用程序的程序员的能力有限，各个系统中对数据的管理和控制往往很不完善。无法想象一个数据的安全性不能得到有效的保护，数据破坏后不能得到及时的恢复，多个用户不能同时对数据进行操作，数据中又存在大量错误的系统有多大的实际使用价值？又有谁会去使用呢？

3. 数据库系统阶段

20世纪60年代后期，计算机已经大量地应用于管理，硬件出现了大容量硬盘，且价格下降，而软件价格上升，编写和维护软件所需的成本相对增加。这时，由于管理的规模越来越大，多种应用程序共享数据的要求也越来越强烈。在这种背景下，以文件系统作为数据管理方法已经不能满足应用的需求。于是数据库技术便应运而生，从文件系统到数据库系统，标志着数据管理技术的飞跃。

以下三件大事标志着数据库技术的诞生。

(1) 1968年美国IBM公司推出层次模型的IMS(Information Management System)数据库管理系统。

(2) 1969 年美国数据系统语言研究会(Conference On Data System Language, CODASYL)下属的数据库任务组(Data Base Task Group,DBTG)公布了关于网状模型的DBTG报告。

(3) 1970 年 IBM 公司研究员 E. F. Codd 发表了题为“A Relational Model of Data for Shared Data Banks”的论文,提出了关系模型。

1.1.3 数据库技术的特点和展望

1. 数据库技术的特点

概括起来,数据库技术管理数据有以下特点。

1) 数据整体结构化,数据的共享性高,冗余度小

数据的整体结构化是数据库技术的主要特征之一,也是数据库系统与文件系统的根本区别。

在文件系统阶段,数据是面向应用的,相互之间是独立的,缺乏联系,不能反映现实世界中事物之间错综复杂的关系,不具有良好的可扩充性。在数据库系统中不仅要描述数据本身的结构,还要描述数据之间的联系。数据不再面向某一个应用,而是面向整个应用系统(如图 1.2 所示)。因此,数据的冗余度小,共享性高。但数据库系统与文件系统还是有联系的。在数据库系统中,对数据的访问最终还是要通过文件系统去实现的。

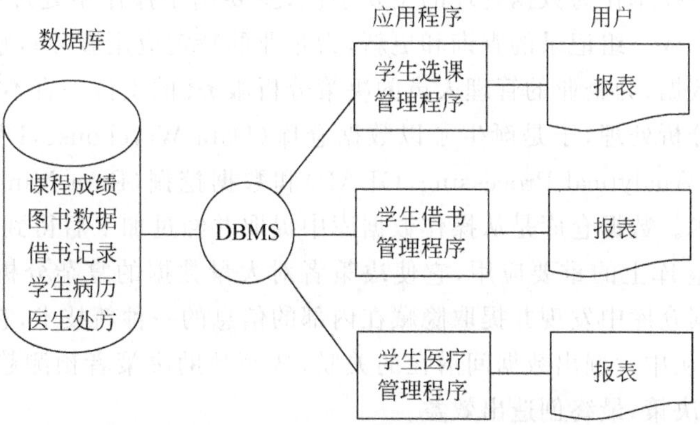

图 1.2 数据库系统阶段应用程序与数据之间的对应关系

2) 程序与数据之间的独立性高

程序与数据之间的独立性是数据库技术中一个常用的术语,它包括数据的物理独立性和数据的逻辑独立性两个方面。前者是指应用程序与数据的物理结构相独立,而后者是指应用程序与数据的逻辑结构相独立。数据库的三级模式结构及数据库管理系统的二级映像功能是数据二级独立性的保证。关于三级模式结构和二级映像将在 1.3 节作详细的介绍。

3) 数据得到统一管理和控制

在数据库系统中,有一个专门管理数据的软件,即数据库管理系统。上面提到的数据管理和控制的 4 个方面由数据库管理系统进行集中统一的管理和控制。

2. 数据库技术展望

数据库技术从产生的时候起沿着层次、网状和关系三个方向发展，这三大类系统奠定了数据库技术的概念、原理和方法。经过近 50 年的发展，数据库技术成为现代信息系统不可分割的重要组成部分，它已构成了信息系统的基础和核心，被广泛应用于工业、商业、服务业、科学技术、行政管理等社会的各个领域。同时，数据库技术本身也形成相当规模的理论体系和实用技术，已成为计算机科学领域最重要的分支之一。

但是现实世界中还存在着许多具有更复杂数据结构的应用领域，在新的应用领域面前，20 世纪 90 年代起被广泛应用的关系数据库技术遇到了严峻的挑战。这些新的数据管理需求直接推动了数据库技术本身的研究与发展，主要有以下三个方面。

(1) 研究能表达更加复杂数据结构和有更强语义表达能力的数据模型。如面向对象数据模型、对象关系数据模型、XML(eXtended Markup Language)数据模型、RDF(Resource Discription Framework)数据模型等。

(2) 在传统数据库技术基础上，结合各个应用领域的特点，研究适合该应用领域的数据库技术，如数据仓库、工程数据库、统计数据库、空间数据库、科学数据库等。

(3) 数据库技术与其他计算机技术相互渗透、相互结合。例如，数据库技术与网络技术相结合产生了分布式数据库技术；数据库技术与并行处理技术相结合产生了并行数据库技术；数据库技术与多媒体技术相结合产生了多媒体数据库技术等。

传统的数据库技术作为数据管理的主要手段，主要用于操作型处理(也称事务型处理，即对数据库中一个或一组记录的查询和更新，为企业的特定应用服务)，它对分析型处理(即访问大量的历史数据，为企业的管理人员的决策分析服务)的支持一直不能令人满意。为了有效地支持决策分析处理，于是诞生了以数据仓库(Data Warehouse，DW)为基础，以联机分析处理(Online Analytical Processing，OLAP)和数据挖掘(Data Mining，DM)技术为核心的一系列新技术。数据仓库是从操作数据库中提取并经过加工后得到的数据集合；联机分析处理是数据仓库上的重要应用，它使决策者对大量数据的复杂分析变得轻松而高效；数据挖掘是从数据仓库中发现并提取隐藏在内部的信息的一种新技术，它能自动分析数据，进行归纳性推理，从中发掘出数据间潜在的关联，从而帮助决策者预测趋势，建立新的业务模型，找到正确的决策，最终创造出效益。

进入 21 世纪以后，随着互联网和云计算的迅速发展，各种类型的应用层出不穷，仅淘宝每天的成交、收藏和评价数据量就达到上千万条，人类迎来了“大数据”时代。面对互联网应用所产生的海量数据和巨大点击量，传统的关系数据库技术无法很好地解决数据的存储和访问问题，于是一种全新的 NoSQL(Not Only SQL)数据库技术诞生了。

大数据可以被定义为超出了传统数据库技术的获取、存储、管理和分析能力的数据群。NoSQL 技术是一种以解决互联网大数据应用为主的非关系型分布式数据管理技术，它淡化关系数据库的数据模型和完整性要求，更注重高并发交互的响应和大数据的存储问题。从数据存储结构的角度分，NoSQL 数据库一般可分为键值存储、文档存储、列族存储、图存储、其他存储 5 种模式。在短短的十余年内，NoSQL 技术得到了快速发展，NoSQL 官网(http://nosql-database.org)上公布的 NoSQL 技术产品已经达到 15 类 225 种以上，典型的有 HBase、MongoDB、Redis 等。但是，NoSQL 数据库技术不支持 SQL 导致移植困难，也不支持关键应用所需的事务 ACID 特性。

NewSQL是最近几年才出现的一种新的数据库技术，它结合传统关系数据库和NoSQL数据库技术的优点，旨在解决大数据环境下的数据存储和处理，PostgreSQL是这类产品的典型代表。PostgreSQL基于其可靠的RDBMS实现，并通过支持JSON数据类型和操作符扩展了它的范围，为"文档存储"提供了一个很好的选择。为满足大数据场景的需求，它还进一步改进了分布式数据库的性能。PostgreSQL被DB-Engines数据库排行榜评为2018年度数据库，并长期位居排行榜第4名(前三名分别为Oracle、MySQL、SQL Server，第5名则为MongoDB)。

云计算是当前信息技术的热点之一，未来越来越多的信息技术基础架构将会部署在公有云、私有云或者混合云上，而作为架构中最重要的数据库与云的结合也成为了必然。目前，云数据库产品主要有微软的SQL Azure、谷歌的Cloud SQL和亚马逊的SimpleDB等。

1.2　数据库系统的组成

数据库系统(Database System，DBS)是实现有组织地、动态地存储大量关联数据，方便多用户访问的计算机硬件、软件(包括操作系统、数据库管理系统、开发工具、应用程序)和数据资源组成的系统，即它是引入了数据库技术后的计算机系统。当然，这个计算机系统还要有专门的人员来管理，这些人被称为数据库管理员。因此，数据库系统一般由数据库、数据库管理系统(及其开发工具)、数据库应用系统、数据库管理员构成。

1.2.1　数据库

简单地讲，数据库(Database，DB)就是存放数据的仓库。只不过这个仓库是在计算机存储设备上的，而且数据是按一定的格式存放的。

严格地讲，数据库是长期存储在计算机内、有组织的、可共享的大量数据的集合。数据库中的数据按一定的数据模型组织和存储、有较小的冗余度、较高的数据独立性和易扩展性，并可被各种用户共享。

由于数据库中的数据量很大，因此数据库系统对硬件提出了较高的要求，这些要求包括：①有足够大的磁盘存放数据库；②有足够大的内存存放数据以及作为数据缓冲区；③有较高的通道能力以实现内外存之间快速的数据传送。

1.2.2　数据库管理系统等软件

数据库系统中的软件主要有：①支持数据库管理系统运行的操作系统；②数据库管理系统；③具有数据库接口的高级语言及其开发工具，它们为开发应用程序提供高效、便捷的环境；④为特定应用而开发的数据库应用系统。

数据库管理系统(Database Management System，DBMS)是软件系统中的核心，它是位于用户与操作系统之间的一层专门负责数据管理的软件，其用途是科学地组织和存储数据，高效地获取和维护数据，一般有6大功能。

1) 数据定义功能

DBMS提供数据定义语言(Data Definition Language，DDL)，用户通过它可以方便地对数据库中的数据对象进行定义，如定义外模式、模式、内模式、数据的完整性约束和用户权限等。

2）数据组织、存储和管理

DBMS要分类组织、存储和管理各种数据，包括数据字典、用户数据、数据的存取路径等。DBMS也要确定组织上述数据的文件结构和存取方式，实现数据之间的联系，提高存储空间的利用率和存取效率。

3）数据操纵功能

DBMS还提供数据操纵语言（Data Manipulation Language，DML），用户可以使用DML操纵数据实现对数据的基本操作，如查询、插入、删除和修改等。

4）数据库的运行管理和事务管理

数据库在建立、运行和维护时由DBMS统一管理和控制，以保证数据的安全性、完整性、多用户对数据的并发使用以及发生故障后的系统恢复。

5）数据库的建立和维护功能

它包括数据库中初始数据的输入、转换功能，数据库的转储、恢复功能，数据库的重组功能和性能监视、分析功能等，这些功能通常由一些实用程序完成。

6）其他功能

它包括DBMS与其他软件的通信功能，异构数据库之间的互操作功能，提供各功能模块之间数据传输的缓冲机制等。

1.2.3 数据库管理员

数据库系统中的人员主要有：①数据库管理员；②系统分析员和数据库设计人员；③应用程序员；④最终用户。

数据库管理员（Database Administrator，DBA）是一个（组）人员，负责全面管理和控制数据库系统，是数据库系统中最重要的一类人员，其具体职责如下。

1）决定数据库中的信息内容和结构

数据库中要存放哪些信息，DBA要参与决策。因此DBA必须参加数据库设计的全过程，并与其他人员密切合作共同协商，做好数据库设计。

2）决定数据库的存储结构和存取策略

DBA要综合各用户的应用需求，和数据库设计人员共同决定数据库的存储结构和存取策略，以求获得较高的存储空间利用率和存取效率。

3）定义数据的安全性要求和完整性约束条件

DBA的重要职责是保证数据库的安全性和完整性。因此DBA负责确定各个用户对数据库的存取权限、数据的保密级别和完整性约束条件。

4）监控数据库的使用和运行

DBA另一个重要职责是监视数据库系统的运行情况，及时处理运行过程中出现的问题。如当系统发生各种故障时，DBA要在最短时间内将数据库恢复到正确状态。

5）数据库的改进和重组

DBA还要负责在系统运行期间对存储空间利用率和处理效率等性能指标进行监控，定期对数据库进行重组织，以提高系统的性能。当用户的需求增加或改变时，DBA还要对数据库进行较大的改造，即进行数据库的重构造。

1.3　数据库的体系结构

尽管数据库的种类很多，但从数据库管理系统角度看，一般都采用三级模式结构并支持二级映像功能。

1.3.1　模式的概念

数据库中的数据有型（Type）和值（Value）之分，型是对数据的结构和属性的说明，而值是型的一个具体实例。例如：学生记录的型为（学号，姓名，性别，年龄，专业），它的一个值可以是（'16001'，'王丽'，'女'，20，'数学'）。

模式（Schema）是数据库中数据的逻辑结构和特征的描述，它仅涉及型，不涉及具体的值。模式的一个具体值称为实例（Instance），显然，同一个模式可以有许多实例。由于模式反映的是数据的结构及其联系，是相对稳定的。而实例反映的是数据库某一时刻的状态，由于数据库的实例会随时间不断变化（如有的学生可能退学，有的学生可能转专业），所以实例是相对变动的。

尽管有各种各样的数据库管理系统，它们的应用环境不同，所采用的数据模型不尽相同，其数据的存储结构也各不相同。但是，为了确保用户数据的局部逻辑结构不受整体数据的全局逻辑结构和存储结构的影响，数据库管理系统在数据库的体系结构上都有相同的特征，即采用数据库的三级模式结构和二级映像功能。

1.3.2　三级模式结构

数据库的三级模式结构是对数据的三个抽象级别，它把数据的具体组织留给 DBMS 管理，使用户能逻辑地抽象地处理数据，而不必关心数据在计算机中的具体表示方式和存储方式，不必考虑存取路径等细节，从而大大简化了应用程序的编制。

数据库的三级模式结构是指用外模式、模式、内模式三级来描述数据库的结构和特征，如图 1.3 所示。

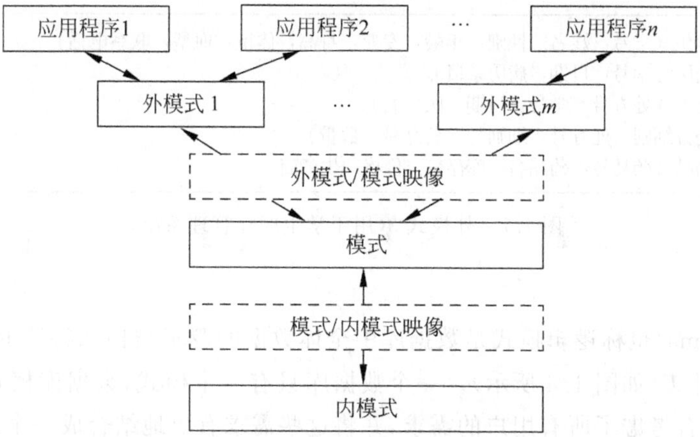

图 1.3　数据库的体系结构

图 1.4～图 1.7 是用关系模式描述的某高校学生信息管理系统(包括学生选课管理系统、学生借书管理系统和学生医疗管理系统)的模式与外模式。为了节省篇幅,图中只给出了逻辑结构,没有涉及属性的数据类型,也没有涉及数据的安全性和完整性要求。

学生(学号,姓名,性别,年龄,专业,政治面貌,籍贯,身高,体重,血型,
　　家庭地址,联系电话)
课程(课程号,课程名,先修课程号,学时,学分)
选修(学号,课程号,选修日期,成绩)
图书(书号,书名,作者,价格,出版社,出版日期,库存量,书库号)
书库(书库号,书库位置,联系电话)
参考(课程号,书号)
借书(学号,书号,借出日期,归还日期)
病历(学号,日期,病历条目)
处方(处方号,学号,日期,医生名)
处方细则(处方号,细则号,药品号,数量)
药品(药品号,药品名,库存量,价格,生产商)

图 1.4　学生信息管理系统的模式

学生(学号,姓名,性别,专业,政治面貌,籍贯,家庭地址,联系电话)
课程(课程号,课程名,先修课程号,学时,学分)
选修(学号,课程号,选修日期,成绩)
参考(课程号,书号)

图 1.5　外模式 1(用于学生选课管理系统)

学生(学号,姓名,性别,专业,家庭地址,联系电话)
图书(书号,书名,作者,价格,出版社,出版日期,库存量,书库号)
书库(书库号,书库位置,联系电话)
借书(学号,书号,借出日期,归还日期)

图 1.6　外模式 2(用于学生借书管理系统)

学生(学号,姓名,性别,年龄,专业,身高,体重,血型,联系电话)
病历(学号,日期,病历条目)
处方(处方号,学号,日期,医生名)
处方细则(处方号,细则号,药品号,数量)
药品(药品号,药品名,库存量,价格,生产商)

图 1.7　外模式 3(用于学生医疗管理系统)

1. 模式

模式(Schema)也称逻辑模式是数据库中全体数据的逻辑结构和特征的描述,是全体用户数据的最小并集(如图 1.4 所示)。一个数据库只有一个模式,数据库模式以某一种数据模型为基础,综合考虑了所有用户的需求,并将这些需求有机地结合成一个逻辑整体。模式中不仅要描述数据的逻辑结构(例如数据由哪些数据项构成,数据项的名字、类型、取值范围等),而且要定义数据之间的关系,还要定义与数据的安全性和完整性有关的要求。但模式

既不涉及数据的物理存储细节，也与开发应用程序所使用的开发工具和高级语言无关。DBMS 提供模式 DDL 语言来严格地定义模式。

2. 外模式

外模式(External Schema)也称子模式(Subschema)是用户的数据视图，是用户(包括应用程序员和最终用户)可看见和使用的局部数据逻辑结构和特征的描述，是与某一具体应用有关的数据的逻辑表示(如图 1.5～图 1.7 所示)。显然，外模式是模式的子集。一个数据库可有多个外模式(如果不同用户在应用需求、看待数据的方式、对数据保密的要求等方面存在差异，则其外模式就不同)，同一个外模式可为多个应用程序所使用，但一个应用程序只能使用一个外模式。外模式是保证数据库安全性的有力措施，它使得每个用户只能看到和访问所对应外模式中的数据，其余数据既不可见也不可访问。DBMS 提供子模式 DDL 语言来严格地定义子模式。

3. 内模式

内模式(Internal Schema)也称存储模式(Storage Schema)是数据库中数据的物理结构和存储方法的描述，是数据在数据库内部的表示方式。由于一个数据库只有一个模式，所以一个数据库也只有一个内模式。内模式负责定义所有数据的物理存储策略和访问控制方法，包括数据的存储顺序、文件的组织方式、索引的组织方式、数据是否压缩存储、是否加密等，但不涉及数据在磁盘上的存储位置和读写操作，这些是由操作系统的文件系统实现的。DBMS 提供内模式 DDL 语言来严格地定义内模式。要说明的是：在关系模型中，由于数据的存储结构对用户来说是透明的，用户一般不需要描述内模式。

在数据库的三级模式结构中，数据库的模式即全局逻辑结构是数据库的中心与关键，它独立于数据库的其他层次。因此设计数据库模式结构时应首先确定数据库的逻辑模式。

数据库的内模式依赖于它的全局逻辑结构，但独立于数据库的用户视图，即外模式，也独立于具体的存储设备。它将全局逻辑结构中所定义的数据结构及其联系按照一定的物理存储策略进行组织，以达到较好的时间与空间效率。

数据库的外模式面向具体的应用程序，它定义在逻辑模式之上，但独立于存储模式和存储设备。当应用需求发生较大变化，相应外模式不能满足其视图要求时，该外模式就得做相应改动，所以设计外模式时应充分考虑到应用的扩充性。

1.3.3 二级映像和二级独立性

数据库的三级模式是数据的三个抽象级别，即从三个抽象层次上来考察数据的结构(因为模式描述的是型，而不是值)。那么数据库为什么要采用三级模式结构呢？

首先，由于模式是全体用户数据的最小并集，因此，设立模式这一级减少了数据的冗余，实现了数据的共享。同时数据的完整性约束条件也在这一级中描述，这样就能由 DBMS 来保证数据库中数据的正确、相容。

其次，由于外模式是模式的子集，用户程序通过外模式只能看到部分数据，这样数据的安全性就有了保证。

最后，也是理论上意义最为重要的是实现了程序与数据的独立性。DBMS 为了实现这三级模式之间的联系和转换，系统内部在这三级模式之间提供了二级映像，即外模式/模式映像和模式/内模式映像。正是这两层映像保证了数据库系统中程序与数据具有较高的逻辑独立性和物理独立性。

1. 外模式/模式映像——逻辑独立性

模式描述的是数据的全局逻辑结构，而外模式描述的是数据的局部逻辑结构。对于每一个外模式，都有一个外模式/模式映像，它定义了外模式与模式之间的对应关系，这些映像定义通常包含在各自的外模式描述中。当模式改变时(例如增加新的关系、新的属性，改变属性的数据类型等)，可由数据库管理员改变该映像，使得每个外模式保持不变，而应用程序是根据外模式编写的，从而不必修改应用程序，这就是程序与数据的逻辑独立性。

2. 模式/内模式映像——物理独立性

由于数据库中只有一个模式和一个内模式，因此模式/内模式映像只有一个，它定义了数据库全局逻辑结构与物理存储结构之间的对应关系，该映像通常在模式中描述。当内模式改变时(例如存储结构由 Hash 方式存储改为 B 树结构存储)，可由数据库管理员改变模式/内模式映像，使得模式保持不变(外模式当然也不变)，从而不必修改应用程序，这就是程序与数据的物理独立性。

数据库的二级映像保证了数据库外模式的稳定性，从而从底层保证了应用程序的稳定性，除非应用需求本身发生变化，否则应用程序一般不需要修改。

习　题　1

一、单项选择题

1. 数据库技术主要研究(　　)问题。

A. 数据的加工　　B. 数据的计算　　C. 数据的传播　　D. 数据的管理

2. 数据库技术诞生于 20 世纪(　　)年代后期。

A. 50　　B. 60　　C. 70　　D. 80

3. 数据库中存储的是(　　)。

A. 数据　　B. 数据模型　　C. 信息　　D. 数据及其联系

4. 下列关于数据库的选项中，错误的是(　　)。

A. 数据库减少了数据冗余　　B. 数据库中的数据可以共享

C. 数据库避免了一切数据的重复　　D. 数据库具有较高的数据独立性

5. 下列关于冗余数据的叙述中，错误的是(　　)。

A. 冗余数据容易造成数据的不一致性

B. 冗余数据浪费了存储空间

C. 保留少部分冗余数据可提高查询速度

D. 数据库中不应当存储一切冗余数据

6. 在数据库系统中，DBS、DBMS 和 DB 这三者之间的关系是(　　)。

A. DBS 包含 DBMS 和 DB　　B. DBMS 包含 DBS 和 DB

C. DB 包含 DBS 和 DBMS　　D. DBS 就是 DB，也就是 DBMS

7. 在数据库系统中，DBMS 和 OS 之间的关系是(　　)。

A. 相互调用　　B. DBMS 调用 OS

C. OS 调用 DBMS　　D. 互不调用

8. 数据库系统的核心是(　　)。

A. 操作系统　　B. 数据库管理系统

C. 数据库应用系统　　D. 文件

9. 数据库管理系统的数据(　　)功能实现数据的查询、插入、删除和修改等操作。

A. 定义　　B. 存储　　C. 操纵　　D. 控制

10. 数据库系统中包含的人员众多,其中最重要的一类人员是(　　)。

A. 系统分析员　　B. 应用程序员　　C. 数据库管理员　　D. 最终用户

11. 描述数据库中全体数据的逻辑结构及特征的是(　　)。

A. 外模式　　B. 子模式　　C. 模式　　D. 内模式

12. 在数据库系统中,用户使用的数据视图的描述称为(　　)。

A. 外模式　　B. 模式　　C. 内模式　　D. 存储模式

13. 在数据库系统中,要保证程序与数据的逻辑独立性,可能需要修改(　　)。

A. 外模式　　B. 内模式

C. 应用程序　　D. 外模式/模式映像

14. 数据库系统中的模式/内模式映像的个数有(　　)个。

A. 1　　B. 2　　C. 任意多　　D. 用户指定

15. 程序与数据的物理独立性是指(　　)。

A. 模式改变,内模式不变　　B. 程序改变,内模式不变

C. 模式改变,应用程序不变　　D. 内模式改变,外模式和应用程序不变

二、填空题

1. 数据管理技术经历了人工管理、________和数据库系统三个发展阶段。

2. 1968 年美国 IBM 公司推出的____________________、1969 年美国数据系统语言研究会公布的关于____________________以及 1970 年 IBM 公司研究员________发表的关于关系模型的论文标志着数据库技术的诞生。

3. 数据库系统中数据得到统一的管理和控制,管理和控制主要包括:数据的安全性、________、________以及备份与恢复四个方面。

4. 数据库系统中的软件主要有________、________、高级语言及其开发工具以及数据库应用系统。

5. 在数据库的三级模式结构中,最接近物理存储设备一级的结构,称为________模式。

三、简答题

1. 什么是数据处理?什么是数据管理?两者的关系如何?

2. 试述数据库技术的特点以及与文件系统的区别与联系。

3. 试述开发信息系统时为什么一般都采用数据库技术。

4. 试述数据库系统的组成和 DBA 的职责。

5. 试举出三个以上目前最常见的商用 DBMS 并简述 DBMS 的功能。

6. 试述数据库的三级模式结构。

7. 数据库采用三级模式结构有什么好处?

8. 什么是程序与数据的逻辑独立性和物理独立性?

第 2 章

关系数据库

目前,任何一门科学技术都不可能将现实世界原样复制和管理,只能抽取事物某些局部要素,构造反映事物的本质特征及其内在联系的数据模型,帮助人们理解和表述数据的静态性和动态性特征。

本章首先介绍数据模型的基本概念,然后着重介绍当今最为流行的关系数据模型。

2.1 数 据 模 型

现有的数据库管理系统均是基于某种数据模型的,数据模型是数据库系统的核心和基础。因此,了解数据模型的基本概念是学习数据库技术的基础。

2.1.1 数据模型的定义和基本要求

1. 数据模型的定义

模型是对现实世界中某个对象特征的模拟和抽象。例如,各种各样的汽车模型就是对生活中各种品牌各种规格汽车的外观特征的模拟和抽象。由于计算机不能直接处理现实世界中的具体事物及其联系,必须事先把具体事物及其联系转换(即数字化)成计算机能够存储和处理的数据。转换后的数据不仅要反映数据本身的内容,而且还要反映数据之间的联系。在数据库中用数据模型(Data Model)这个工具来抽象表示和处理现实世界中的数据和信息,因此数据模型是现实世界数据特征的模拟和抽象。数据模型也是数据库系统的核心和基础。

2. 数据模型的基本要求

数据模型应满足三方面要求:一是比较真实地模拟现实世界;二是容易被人理解;三是便于在计算机上实现。一种数据模型要同时很好地满足这三方面的要求是很困难的。在数据库系统中针对不同的使用对象和应用目的,采用不同的数据模型。

2.1.2 数据模型的三个层次

要把现实世界中的客观事物及其联系转换成能被计算机存储和处理的数据,就要对现实世界进行抽象建立起相应的数据模型。但这种抽象转换不是一步完成的,而是根据数据模型应用的目的不同分步实现的。每一步得到的数据模型分属于三个不同的层次,它们分别是概念模型、逻辑模型和物理模型。

首先由数据库设计人员通过对现实世界中人们关心的事物及其之间联系进行概念化抽象,形成信息世界中的概念模型,这种模型不依赖于具体的计算机系统,也不是某个 DBMS 支持的数据模型,而是概念级的模型;然后再由数据库设计人员把信息世界中的概念模型转换为机器世界(即计算机世界)中某一 DBMS 支持的逻辑数据模型；最后由 DBMS 完成逻辑模型到物理模型的转换，这一过程如图 2.1 所示。

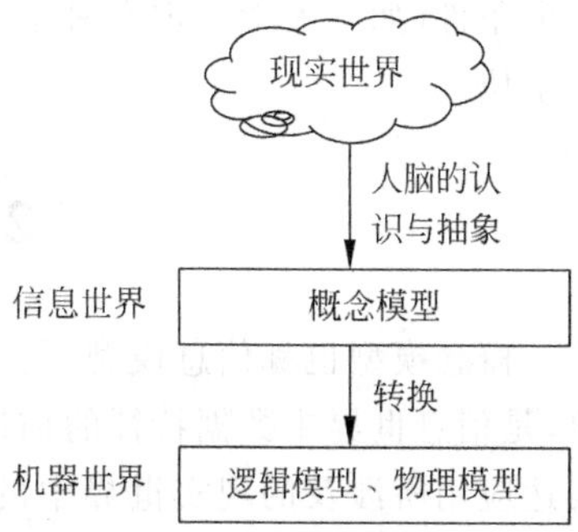

图 2.1　现实世界中客观事物及其联系的抽象过程

最后要说明的是：

(1) 设计概念模型往往需要用户的参与，这样才能保证概念模型能够比较真实地模拟现实世界。一般来说，用户往往缺乏计算机知识，所以要求概念模型必须不依赖于具体的计算机系统，这样才能保证概念模型能够比较容易被用户理解。

(2) 物理模型是对数据最低层的抽象，它描述数据在计算机内部的表示方式和存储方法。每一种逻辑模型在数据库中存储时都有对应的物理模型，物理模型的具体实现是 DBMS 的任务，数据库设计人员要了解和选择物理模型，一般用户不必考虑物理级的细节。

2.1.3　数据模型的三个组成要素

数据模型是现实世界中的各种事物及其联系用数据及数据间的联系来表示的一种方法。一个数据库的数据模型实际上给出了在计算机系统上对现实世界信息结构进行描述并动态模拟其变化的方法。因此，对数据的描述应包括两个方面：一方面是数据的静态特性，即数据的基本结构、数据间的联系和数据中的约束；另一方面是数据的动态特性，即对数据的操作。一般来说，数据模型是严格定义的一组概念的集合，这些概念精确地描述了系统的静态特性、动态特性和完整性约束条件，因此，数据模型通常是由数据结构、数据操作和完整性约束条件这三个要素组成的。

1. 数据结构

数据结构反映了系统的静态特性，是所研究的数据对象及它们之间关系的描述，描述的内容包括两类。一类是与数据本身的类型、内容、性质有关的对象，例如关系模型中的域、属性、关系等；另一类是与数据之间联系有关的对象，例如关系模型中的主码、外码等。

数据结构是数据模型中最重要的一个方面，在数据库系统中，通常根据数据结构类型来命名数据模型，例如层次模型、网状模型和关系模型等。

2. 数据操作

数据操作反映了系统的动态特性，是指对数据库中各种数据对象(包括型和值)允许执行操作的描述的集合。数据模型中必须定义这些操作的确切语义、操作符号、操作规则(如优先级)和实现操作的语言。数据库中的操作主要有查询和更新(包括插入、修改和删除)两大类。

3. 完整性约束条件

数据的完整性约束条件是一组完整性规则的集合，它给出了数据模型中的数据及其联系应具有的制约和依存规则，用来限定符合数据模型的数据状态及状态变化所应满足的条件，以确保数据的正确、有效和相容。数据模型应规定本模型必须遵守的基本的通用的完整性约束条件(如关系模型中的实体完整性和参照完整性，稍后将作详细的讨论)，同时，它还应提供定义完整性约束条件的机制，以反映特定应用所涉及的数据必须遵守的特定的语义约束条件(如某大学规定本科学生学位课程考试成绩的平均成绩点低于 2.0 将不能授予学士学位)。

2.2 概念模型概述

概念模型也称信息模型,是按用户的观点对数据和信息建模,是对现实世界的第一层抽象,是信息世界中数据特征的描述。一方面它具有较强的语义表达能力,能够方便、直接地表达应用所涉及的现实世界中的各种语义知识;另一方面它概念简单、清晰,易于用户理解,且不依赖于具体的计算机系统。概念模型主要用于数据库设计,是用户与数据库设计人员之间进行交流的桥梁。

本节只对概念模型作简要的介绍,更详细的介绍见第 9 章。

2.2.1 信息世界中的基本概念

(1) 实体(Entity)是现实世界中客观存在并可相互区分的事物的抽象。它可以是具体的人、事、物,也可以是抽象的概念或联系,例如学生、书、专业、课程、选课、借书等。

(2) 属性(Attribute)是实体某一方面特性的抽象。一个实体可以由多个属性来刻画。例如,书实体可以由书号、书名、作者、价格、出版社、出版日期等属性组成,(978-7-04-040664-1,数据库系统概论(第 5 版),王珊,39.60,高等教育出版社,2014 年 9 月)这些属性描述了一本书。

(3) 码(Key)是唯一标识实体的属性或属性集。假设书无重名,则书实体有书号和书名两个码,否则书号是书实体唯一的码。

(4) 域(Domain)是一组具有相同数据类型的值的集合,属性的取值范围来自某个域。例如,书名的域为字符串集合,出版日期的域为今天以前所有有效日期的集合,学生性别的域为(男,女)。

(5) 实体型(Entity Type),同类实体必须具有相同的特征,即相同的属性。描述同类实体的方法是实体型,它由实体名和属性名集合组成。例如,实体"书"的实体型可表示为:书(书号,书名,作者,价格,出版社,出版日期)。

(6) 实体集(Entity Set)是同型实体的集合。例如所有书就是一个实体集。

需要特别说明的是:在不影响理解的情况下,往往用实体一词来表示实体型、实体值或实体集。读者应根据上下文正确理解其含义。

2.2.2 实体间的联系

在现实世界中,事物内部以及事物之间是有联系的,这些联系在信息世界中反映为实体内部的联系和实体之间的联系。实体内部的联系通过实体的各属性之间的联系来描述;实体之间的联系通常是指不同实体集之间的联系。

1) 一对一联系

有两个实体集 A 和 B。如果任一个实体集中的每个实体最多与另一个实体集中的一个实体有联系,则称实体集 A 和实体集 B 具有一对一联系,记为 1∶1。

例如,学校里的学院与院长(如图 2.2(a)所示)、班级与班长之间都具有一对一联系。

注意，一对一联系不同于数学中的一一对应关系。某班级的班长可以是空缺的，还没有选出班长。

2）一对多联系

有两个实体集 A 和 B。如果实体集 A 中的每个实体可与实体集 B 中的多个（可 0 个）实体有联系；反之，实体集 B 中的每个实体最多可与实体集 A 中的一个实体有联系，则称实体集 A 和实体集 B 具有一对多联系，记为 $1:n$。

例如，学校里的学院与专业、专业与学生（如图 2.2(b)所示）之间都具有一对多联系。

3）多对多联系

有两个实体集 A 和 B。如果任一个实体集中的每个实体可与另一个实体集中的多个（可 0 个）实体有联系，则称实体集 A 和实体集 B 具有多对多联系，记为 $m:n$。

例如，学校里的学生与课程（如图 2.2(c)所示）、商店里的营业员与顾客之间都具有多对多联系。

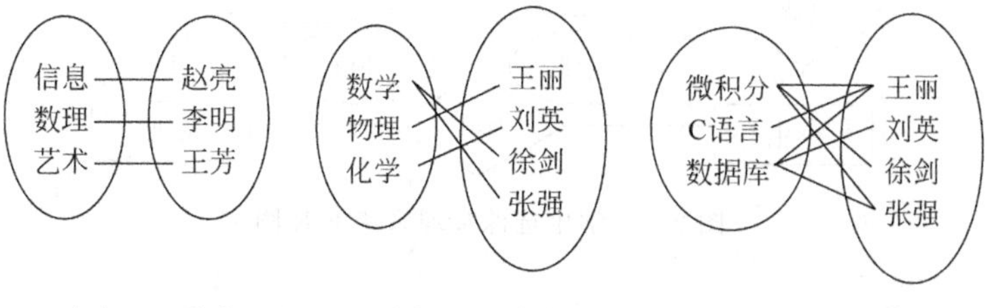

(a) 1∶1联系　　(b) 1∶n联系　　(c) m∶n联系

图 2.2　信息世界中实体之间的联系

需要特别说明的是：上面仅仅列出了实体集之间最常见的联系，事实上，两个实体集之间可以存在一种以上的联系；两个以上的实体集之间可以存在联系；同一个实体集内的各个实体之间也可以存在联系（例如，零件实体集内部有装配关系，即一个零件可以由多个子零件组成，而一个零件又可以是其他零件的子零件）等，更多的介绍见第 9 章。

2.2.3　概念模型的表示方法——E-R 图

概念模型是对现实世界中事物及其相互关系的第一次抽象。用概念模型描述现实世界具有语义表达能力强、简单、清晰、易于用户理解等特点，是设计数据库的有力工具。表示概念模型的方法很多，其中最常用的方法是 1976 年由 P. P. S. Chen 提出的实体-联系方法（Entity-Relationship Approach，E-R 方法）。E-R 方法用 E-R 图来表示概念模型，这种概念模型也称为 E-R 模型。

E-R 图中的基本图素有如下 4 种。

(1) 矩形框：表示实体型，框中写实体名。

(2) 菱形框：表示实体之间的联系，框中写联系名。

(3) 椭圆形框：表示实体的属性或联系的属性，框中写属性名。

(4) 直线：连接与此联系相关的实体、连接实体与属性、连接联系与属性。

下面通过为某高校的学生选课管理系统（假定主要涉及实体学生、课程、教师和专业）设计一个 E-R 模型为例来具体说明画 E-R 图的步骤。

(1) 确定实体。本例中有学生、课程、教师和专业四个实体。

(2) 确定各实体的属性。本例中学生实体的属性有学号、姓名、性别、年龄、家庭地址、联系电话；课程实体的属性有课程号、课程名、课程类型、学时、学分；教师实体的属性有工号、姓名、性别、年龄、职称、工资；专业实体的属性有专业号、专业名、创办日期、所属学院。

(3) 确定实体之间的联系。本例中学生与课程之间是多对多联系，教师与课程之间是多对多联系，专业与学生之间也是一对多联系。假定某门课程同时间段只有一位任课老师。

(4) 确定各联系的属性。本例中学生与课程联系有选修日期和成绩两个属性，教师与课程联系有任教日期和评价两个属性。

为了使 E-R 图(如图 2.3 所示)能够更清晰地表达实体以及实体之间的联系，可将实体的属性画在另一张图上。本例为节省篇幅只画出了课程实体的属性，如图 2.4 所示。

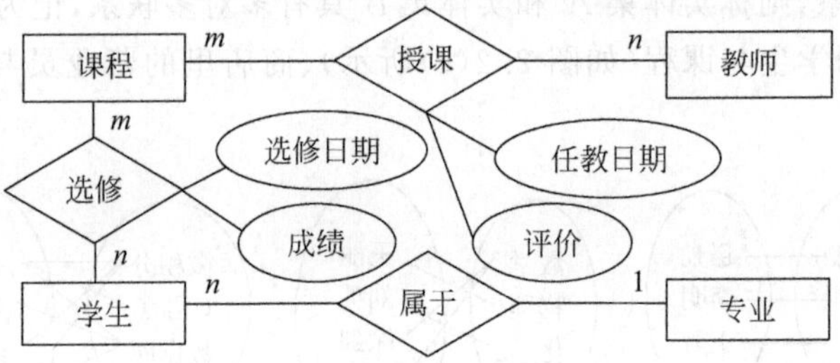

图 2.3　学生选课管理系统 E-R 图

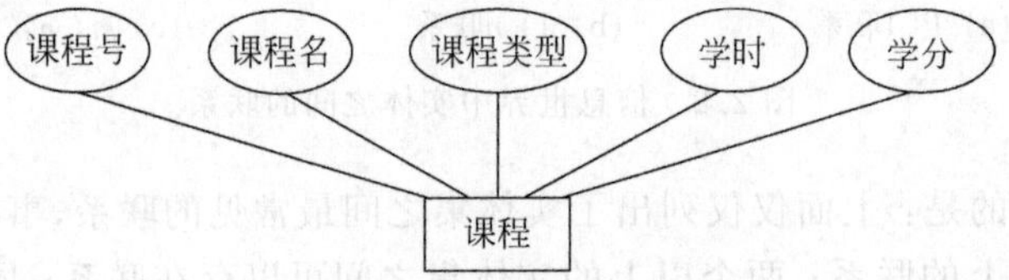

图 2.4　课程实体及属性

但是，E-R 模型只描述了实体及其联系，还不能进一步说明详细的数据结构。在数据库设计时，遇到实际问题总是先设计一个 E-R 模型，再把它转换成为 DBMS 所支持的某一种逻辑数据模型，如关系模型。第 9 章中将详细介绍 E-R 模型到关系模型的转换方法。

2.3　逻辑数据模型概述

逻辑数据模型，简称逻辑模型，是按计算机系统的观点对数据和信息建模，是对现实世界的第二层抽象。逻辑模型也是用户从数据库中看到的数据模型，主要用于数据库的实现，DBMS 就是按照它所支持的逻辑数据模型来分类的。

逻辑模型有层次、网状、关系、面向对象和对象关系数据模型五种。其中层次模型与网状模型统称为非关系模型，它们在 20 世纪 70 年代至 80 年代在数据库系统产品中占主导地位，现在已经被关系数据库系统所取代。20 世纪 80 年代以来，面向对象方法和技术在程序设计领域取得了空前的成功，也促进数据库中面向对象数据模型的研究。许多关系数据库厂商为了支持面向对象模型，对关系模型做了扩展，从而产生了对象关系模型。目前广泛使用的还是关系数据库管理系统。

本节简要介绍层次模型、网状模型和关系模型,关系模型在 2.4 节有详细的介绍。要详细了解面向对象模型和对象关系模型请查阅有关文献。

数据模型的三个组成要素中,数据结构是刻画数据模型性质最基本的方面。为了使读者对层次模型、网状模型和关系模型有一个基本认识,下面着重介绍这三种模型的数据结构。

2.3.1　层次模型

层次模型(Hierarchical Model)是数据库系统中最早出现的数据模型,它的典型代表是1968 年美国 IBM 公司推出的 IMS 数据库管理系统。在层次模型中表示实体以及实体之间联系的数据结构是有向树结构。树中的结点表示实体,父结点与子结点之间的关系表示实体之间的联系,树中所有父子结点之间的联系都为一对多的联系。一个层次模型的例子如图 2.5 所示,当然这样的值的个数与学院的个数相同。

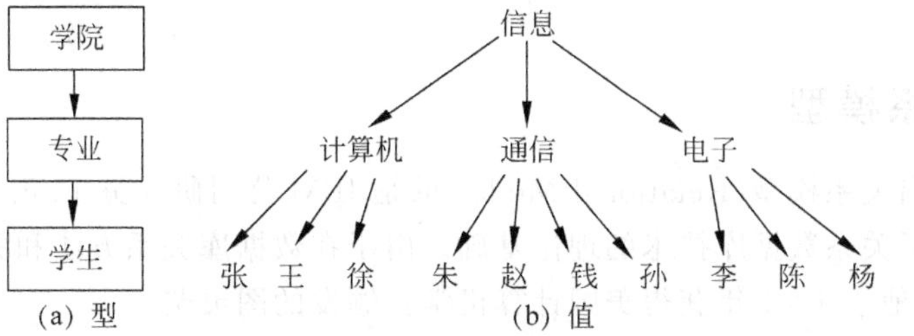

图 2.5　层次模型实例

层次模型的特点是实体之间的联系通过指针来实现,因而查询效率比关系模型高,且不低于网状模型。它的另一个优点是其数据结构比较简单、直观、容易理解,特别适合现实世界中的行政机构、家族关系等应用领域。层次模型的缺点是表示多对多的联系不方便(必须通过辅助手段),查找时必须通过双亲结点,使操作趋于过程化,编写应用程序比较复杂。

2.3.2　网状模型

网状模型(Network Model)是继层次模型之后又一个典型的数据库逻辑数据模型。1969 年美国 CODASYL 组织下属的 DBTG 小组提出了一个系统方案,该方案也称为DBTG 系统或 DBTG 报告。DBTG 系统尽管不是一个实际的软件系统,但它提出了许多数据库系统的基本概念、方法和技术,对数据库技术的发展产生了重大的影响。DBTG 系统所提出的方法是基于网状结构的,它是网状模型的典型代表。以后开发的许多网状数据库管理系统都是采用了 DBTG 模型和方法。网状模型的数据库系统有许多成功的实际系统,如 Honeywell 公司的 IDS/2 和 HP 公司的 IMAGE 等。

在网状模型中表示实体以及实体之间联系的数据结构是有向图结构。图中的结点表示实体,结点之间的关系表示实体之间的联系。DBTG 报告中提出有向图中结点之间的联系都是一对多的联系,因此实体之间一个多对多的联系必须通过转换,用实体之间两个一对多的联系来表示。例如图 2.3 中学生与课程之间多对多联系的表示方法如图 2.6 所示,图中的实线和虚线分别表示学生与选修、课程与选修之间的一对多联系。

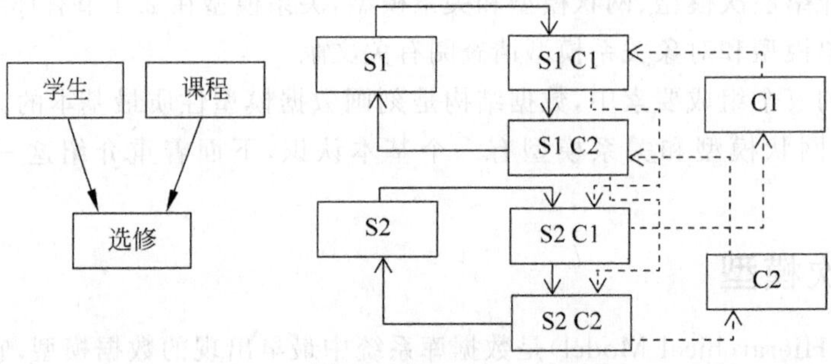

图 2.6　网状模型实例

网状模型中实体之间的联系也是通过指针来实现的，因此查询效率较高。另外，由于它的数据结构是图结构，所以多对多的联系也较容易实现。网状模型的缺点是数据结构复杂，编程也复杂。

2.3.3　关系模型

第一个提出关系模型(Relational Model)的是 IBM 公司研究员 E. F. Codd，他一系列的研究论文奠定了关系数据库技术的理论基础。由于在数据库关系方法和关系数据理论方面的开创性工作，他于 1981 年获得美国计算机学会颁发的图灵奖。

关系模型是建立在严格的数学概念基础上的，数据结构是一张二维表，实体以及实体之间的联系都用二维表表示。二维表在关系模型中称为关系(Relation)。对关系的描述称为关系模式(Relation Schema)，一般表示为：关系名(属性 1，属性 2，…，属性 n)。例如图 2.3 中学生实体、课程实体以及它们之间多对多的联系可用如下三个关系模式来表示：

学生(学号，姓名，性别，年龄，家庭地址，联系电话)

课程(课程号，课程名，课程类型，学时，学分)

选修(学号，课程号，选修日期，成绩)

关系模型的优点是：①有严格的理论基础，概念单一；②数据结构简单、清晰、用户易理解；③存取路径对用户透明，程序与数据的独立性高，易于应用程序的编写和维护。关系模型的缺点主要是查询效率不如非关系模型，DBMS 的开发难度高。

2.4　关系模型概述

关系模型应用数学方法来处理数据库中的数据。1970 年 IBM 公司研究员 E. F. Codd 发表的题为“A Relational Model of Data for Shared Data Banks”的论文，开创了数据库技术的新纪元。以后，他连续发表了多篇论文，奠定了关系数据库技术的理论基础。

关系数据库就是采用关系模型的数据库。20 世纪 70 年代，IBM 公司的 San Jose 实验室在 IBM 370 系列机上研制了关系数据库的实验系统 System R 并获得成功。40 多年以来，关系数据库的理论研究和软件系统的研究均取得了辉煌的成就。关系数据库技术也从实验室走向了社会，涌现出许多性能良好的商品化关系型 DBMS(Relational DBMS，RDBMS)，著名的有 Oracle、MySQL、SQL Server、PostgreSQL、Db2、Access、SQLite、

Informix 等。数据库的应用领域也随之迅速扩大。

关系模型由关系数据结构、关系操作和完整性约束条件三部分组成。本节中主要介绍关系数据结构、完整性约束条件和关系操作的特点与分类。2.5 节中详细介绍一种形式化关系操作语言，即关系代数。

2.4.1 关系数据结构

2.3 节中已经介绍过关系模型的数据结构简单而单一，在用户看来，关系模型中的数据逻辑结构就是一张二维表，二维表在关系模型中称为关系。在关系模型中，现实世界中实体以及实体之间的各种联系均用单一的结构类型，即关系来表示。下面从集合论角度给出关系数据结构的形式化定义。

1. 域

域(Domain)是一组具有相同数据类型的值的集合。域又称为值域，常用字母 D 表示。例如{实数}、{大于等于 0 且小于等于 100 的正整数}、{长度小于等于 20 字节的字符串集合}、{男，女}、{0，1} 等都可以是域。域中所包含的值的个数称为域的基数(Cardinal Number)，常用字母 m 表示。例如，有下列集合：

D_1={张敏，孙阳，李丽}，表示姓名的集合，其基数 $m_1=3$；

D_2={男，女}，表示性别的集合，其基数 $m_2=2$；

D_3={计算机，通信}，表示专业的集合，其基数 $m_3=2$。

2. 笛卡儿积

笛卡儿积(Cartesian Product)是域上的一种集合运算。假定一组域 $D_1, D_2, \cdots, D_n$，这些域可以完全不同，也可以部分或全部相同，则 $D_1, D_2, \cdots, D_n$ 的笛卡儿积定义为：

$$D_1 \times D_2 \times \cdots \times D_n = \{(d_1, d_2, \cdots, d_n) \mid d_i \in D_i, i=1,2,\cdots,n\}$$

由定义可以看出，笛卡儿积也是一个集合。其中：

(1) 每一个元素 $(d_1, d_2, \cdots, d_n)$ 叫做一个 n 元组(n-tuple)或简称元组(Tuple)；

(2) 元素中的每一个值 d_i 叫做一个分量(Component)，分量 d_i 必须是对应域 D_i 中的一个值；

(3) 若 $D_i(i=1,2,\cdots,n)$ 为有限集，其基数为 $m_i(i=1,2,\cdots,n)$，则 $D_1 \times D_2 \times \cdots \times D_n$ 的基数 M 为 n 个域的基数累乘之积，即 $M=\prod_{i=1}^{n} m_i$；

(4) 笛卡儿积可表示为一张二维表。表中每一行对应一个元组，表中每一列对应一个域。例如，对于前面给出的姓名，性别，专业三个域 D_1, D_2, D_3，其笛卡儿积的基数为 $2\times2\times3=12$，这 12 个元组可表示为一张二维表，如表 2.1 所示。

表 2.1　D_1, D_2, D_3 的笛卡儿积

D_1(姓名)	D_2(性别)	D_3(专业)
张敏	男	计算机
张敏	男	通信
张敏	女	计算机
张敏	女	通信
孙阳	男	计算机

续表

D_1(姓名)	D_2(性别)	D_3(专业)
孙阳	男	通信
孙阳	女	计算机
孙阳	女	通信
李丽	男	计算机
李丽	男	通信
李丽	女	计算机
李丽	女	通信

3. 关系

从表 2.1 可以看出,笛卡儿积中许多元组没有实际意义,应该取消这些无实际意义的元组,而从笛卡儿积中取出有实际意义的元组便构成了关系(Relation)。因此,$D_1 \times D_2 \times \cdots \times D_n$ 的任一有意义的子集称为域 $D_1, D_2, \cdots, D_n$ 上的关系,用 $R(D_1, D_2, \cdots, D_n)$表示。

这里,R 表示关系的名字,n 是关系的度或目(Degree),D_i 是域组中的第 i 个域名。当 $n=1$ 时,称该关系为单元关系或一元关系;当 $n=2$ 时,称该关系为二元关系;以此类推,关系有 n 个域时,称该关系为 n 元关系。

关系是值域笛卡儿积的一个有限子集,关系中的每个元素就是元组,通常用 t 表示,$t \in R$ 表示 t 是 R 中的元组。通俗地讲,关系是一张二维表,表中的每一行对应一个元组,每一列对应一个域。由于域可以相同,为了加以区分,在同一关系中,必须给每列起一个唯一的名字,称为属性(Attribute)。

例如,在表 2.1 所示的笛卡儿积中,对于每个学生来说,性别只有一种,专业也只有一个,因此许多元组没有实际意义,一个子集才是有意义的,才可以表示学生与专业之间的关系,把该关系取名为 Student。把关系 Student 的属性名分别取为:Sname,Ssex,Major,则该关系可以表示为:Student(Sname,Ssex,Major),如表 2.2 所示。

表 2.2 Student 关系

Sname	Ssex	Major
张敏	男	计算机
孙阳	男	通信
李丽	女	计算机

关系可以有三种类型:基本关系(通常又称为基本表或基表)、查询表和视图表。基本表是实际存在的表,它是实际存储数据的逻辑表示。查询表是查询结果对应的表,也可以说是一种临时表。视图表是由基本表或其他视图表导出的表,是虚表,不对应实际存储的数据。基本表和查询表在第 3 章中有详细的讨论,视图的详细介绍在第 4 章中。

关系中的元组个数可以是无限的,但无限关系在计算机系统中无法存储,因此,限定关系模型中的关系必须是有限集合。在关系模型中,关系有如下性质。

(1) 每一列中的分量(也称为属性值)的类型必须相同,即来自同一个域;

(2) 不同的列可出自同一个域,其中的每一列称为一个属性,属性名必须各不相同;

(3) 列的顺序无所谓,即列的次序可以任意交换;

(4) 行的顺序无所谓,即行的次序可以任意交换;

(5) 任意两个元组不能完全相同,即不能有重复的元组,因为关系是元组的集合;

(6) 每一个分量必须是不可分的,即不允许"表中套表"。

这里要说明的是:

(1) 在许多实际的关系数据库产品中,并不完全具有上述性质(5)。例如,Oracle、SQL Server、MySQL 等 RDBMS 中,允许在同一个关系中存在两个完全相同的元组,除非用户特别定义了相应的约束条件。

(2) 尽管关系与二维表格有相似之处,但它们又有区别。上述性质(6)要求关系表中不允许还有表,关系必须是规范化了的二维表格。表 2.3 中属性 Address 本身又是一张小表,不符合规范化要求,在关系模型中是不允许的。

表 2.3 一个非规范化关系实例

Sname	Ssex	Major	Address		
			City	Street	Number
刘鹏飞	男	计算机	杭州	解放路	584
王翔	男	通信	南京	中山路	312
陆文婷	女	计算机	上海	桂林路	100

4. 关系模式

在数据库中要区分数据的型和值。在关系数据库中,关系模式(Relation Schema)是型,关系是值。关系模式是对关系的描述,也可以说是对二维表的表头结构的描述。通常关系模式要描述一个关系的关系名,组成该关系的各属性名,这些属性来自的值域,以及属性和值域之间的映像、属性间的数据依赖等。关系模式可以形式化地表示为:$R(U,D,\mathrm{DOM},F)$其中,R 表示关系模式名,U 表示组成该关系的属性名集合,D 表示属性组 U 来自的值域集合,DOM 表示属性向值域的映像集合,F 表示属性间数据依赖关系的集合。

属性间的数据依赖关系将在第 8 章讨论,而域名及属性向值域的映像常常直接说明为属性的类型、长度。因此,关系模式通常可以简记为:$R(U)$ 或 $R(A_1,A_2,\cdots,A_n)$,其中 R 为关系名,$A_1,A_2,\cdots,A_n$ 为属性名。

关系是关系模式在某一时刻的状态或内容,也就是说,关系模式是型,关系是值。关系模式是相对静止的、稳定的;而关系是动态的、随时间不断变化的。关系通常是由赋予它的元组语义来确定的,凡笛卡儿积中符合元组语义的那部分元素的全体就构成了该关系模式的一个关系。关系是元组的集合,一个关系的所有元组构成所属关系模式的一个值;而一个关系模式可取任意多个值,关系的每一次变化都产生所属关系模式的一个新的关系。

5. 关系数据库

在关系模型中,现实世界中实体以及实体之间的各种联系都用关系来表示。在一个给定的应用领域中,所有表示实体以及实体之间联系的关系的集合构成一个关系数据库。

关系数据库也有型和值之分。关系数据库的型也称为关系数据库模式,是对关系数据库逻辑结构的描述,是所有关系模式的集合。关系数据库的值是这些关系模式在某一时刻对应的关系的集合,通常就称为关系数据库。

2.4.2 关系的完整性

关系模型的完整性规则是对关系的某种约束条件，也就是说关系的值随着时间变化时应该满足一定的约束条件。这些约束条件实际上是现实世界的要求，任何关系在任何时刻都要满足这些语义约束。

关系模型中有三类完整性约束，包括实体完整性、参照完整性和用户定义的完整性。其中实体完整性和参照完整性是关系模型必须满足的完整性约束条件，被称作是关系的两个不变性，应该由关系数据库系统自动支持。用户定义的完整性是应用领域所涉及的数据需要遵循的约束条件，体现了该应用领域中的语义约束。

1. 码及其相关概念

1）超码

在一个关系中，若一个属性或属性组的值能够唯一标识关系中的一个元组，则称该属性或属性组为关系的超码(Superkey)。超码虽然能唯一确定元组，但是它所包含的属性可能有多余的。如学号和性别组合一起可以唯一确定一个元组，是一个超码，但其中包含的属性"性别"则是多余的。

2）候选码

在一个关系中，如果一个属性或属性组的值能够唯一标识关系中的一个元组且不含有多余的属性，则称该属性或属性组为关系的候选码(Candidate Key)。与超码的区别是：候选码既能唯一确定一个元组，又不包含多余的属性。一个关系中至少含有一个候选码。

3）主码

在一个关系中，候选码可以有多个，选定其中一个用来标识元组，被选定的这个候选码称为主码(Primary Key)。主码应该选择那些数值从不或极少变化的属性，例如手机号码虽然也能够唯一确定一个学生，但不宜作为主码，因为学生的手机号码经常会改变。

4）主属性和非主(码)属性

候选码中的诸属性称为主属性(Primary Attribute)，不包含在任何候选码中的属性称为非主(码)属性(Non-Key Attribute)。

5）全码

在最简单的情况下，候选码只包含一个属性。在最极端的情况下，关系模式的所有属性是这个关系模式的候选码，称为全码(All-Key)。

2. 实体完整性

实体完整性规则(Entity Integrity)：若属性 A 是基本关系 R 主码中的属性，则属性 A 不能取"空值"。

所谓空值就是"不知道"或"无意义"的值。例如，在关系"选修(学号，课程号，选修日期，成绩)"中，在某门课程考试之前，选修该门课程所有学生的成绩为空值。注意：空值不等于数值零，也不等于空字符或空字符串，因为成绩为空值与成绩为零分显然是不同的。由于在选修关系中，(学号，课程号，选修日期)为主码，则这三个属性都不能取空值。

对于实体完整性规则说明如下：

(1) 实体完整性规则是针对基本关系而言的，一个基本表通常对应现实世界中的一个实体集。

(2) 现实世界中的实体是可区分的，即它们具有某种唯一性标识。在关系模型中以主码作为唯一性标识，如果主码中的属性取空值，就说明存在某个不可标识的实体，即存在不可区分的实体，这与前面的假设矛盾。

3. 参照完整性

现实世界中的实体之间往往存在错综复杂的联系，数据库就是要描述这些联系。在关系模型中实体及实体间的联系是用关系来描述的，这样就自然存在着关系与关系间的引用。如有学生实体、专业实体、课程实体、学生与课程之间的多对多联系、专业与学生之间以及班长与学生之间的两个一对多联系，它们可用下面四个关系表示(有下画线的属性为主码)。

专业(专业号，专业名，创办日期，所属学院)

学生(学号，姓名，性别，年龄，专业号，班长)

课程(课程号，课程名，课程类型，学时，学分)

选修(学号，课程号，选修日期，成绩)

这些关系之间存在着属性的引用。显然，学生关系中的“专业号”必须是确实存在的专业的专业号，即专业关系中有该专业的记录。也就是说，学生关系中某个属性的取值需要参照专业关系中某个属性的取值。同样地，选修关系中的“学号”必须是确实存在的学生的学号，即学生关系中有该学生的记录。“课程号”也必须是确实存在的课程的课程号，即课程关系中有该课程的记录。换句话说，选修关系中某些属性的取值需要参照其他关系中属性的取值。

另外，不仅两个或两个以上的关系间可以存在引用关系，同一关系内部属性间也可能存在引用关系。例如，上面学生关系中的“班长”属性引用了本关系中的“学号”属性，即班长必须是确实存在的学生的学号。

外码(Foreign Key)定义：设 F 是基本关系 R 的一个或一组属性，但不是关系 R 的码。如果 F 与基本关系 S 的主码 K_s 相对应，则称 F 是基本关系 R 的外码。并称 R 为参照关系(Referencing Relation)，S 为被参照关系(Referenced Relation)。注意：R 和 S 可以是同一个关系。

例如，在前面的专业、学生、课程和选修四个关系中，学生关系中的“专业号”属性与专业关系中的主码“专业号”相对应，因此“专业号”属性是学生关系的外码。这里专业关系是被参照关系，学生关系为参照关系。同样，选修关系中的“学号”属性与学生关系中的主码“学号”相对应，选修关系中的“课程号”属性与课程关系中的主码“课程号”相对应，因此“学号”和“课程号”属性是选修关系的外码。这里学生关系和课程关系均为被参照关系，选修关系为参照关系。

参照完整性规则(Referential Integrity)：若属性(或属性组)F 是基本关系 R 的外码，它与基本关系 S 的主码 K_s 相对应(R 和 S 可以是同一个关系)，则对于 R 中每个元组在 F 上的值必须为：等于 S 中某个元组的主码值或者取空值(F 的每个属性值均为空值)。

参照完整性规则就是定义外码与主码之间的引用规则。例如，对于学生关系中的外码“专业号”而言，它取空值表示该生还没有确定专业；取非空值，该值必须是专业关系中某个元组的“专业号”值，表示该专业是专业关系中确实存在的。即被参照关系“专业”中一定存在一个元组，它的主码值等于该参照关系“学生”中的外码值。

注意：有时外码不能取空值。例如，选修关系中的外码“学号”和“课程号”就不能取空值，因为这两个属性也是选修关系的主码中的属性，如果取空值将违反实体完整性规则。所以选修关系中的外码“学号”和“课程号”两属性实际上只能取相应被参照关系中已经存在的主码值。另外，参照完整性规则中的 R 和 S 可以是同一个关系。例如，对于学生关系中的外码“班长”而言，它取空值表示该学生所在班级尚未选出班长，取非空值，这时该值必须是学生关系中某个元组的“学号”值。

4. 用户定义的完整性

用户定义的完整性是针对某一具体的关系数据库的约束条件，它反映了某一具体应用所涉及的数据必须满足的语义要求。

例如：工人的姓名不能取空值；工人的性别必须为男或女；男工人年龄的取值范围在16～60；工人的工龄≤工人的年龄－16(16 周岁是劳动法规定的最低就业年龄)。

RDBMS 应提供定义和检测这类完整性的机制，以便用统一的系统方法来处理，而不要由应用程序自己来处理。

2.4.3 关系操作的特点与分类

关系模型给出了关系操作集合。最常用的关系操作有：选择、投影、连接、除、并、交、差、广义笛卡儿积等查询操作和增加、删除、修改等更新操作两大部分。查询的表达能力是其中最主要的部分。

关系操作有两个特点：一是关系操作采用集合操作方式。操作的对象和结果都是集合，这种操作方式也称为一次一集合的方式。相应地，非关系模型的数据操作方式则为一次一记录的方式。二是高度的非过程化。关系操作时用户只要告诉系统操作的要求，不必告诉系统如何来完成该操作。即用户只要告诉系统“做什么”，而不必告诉“怎么做”。相应地，非关系模型操作时，用户必须告诉系统实现该操作的详细过程。即非关系模型操作的过程化程度高。

关系操作能力通常用关系代数与关系演算来表示，关系演算又分为元组关系演算和域关系演算两种。理论上已经证明：关系代数、元组关系演算和域关系演算在表达能力上是完全等价的。尽管这三类抽象的查询语言与具体的 DBMS 中实现的实际语言并不完全一样，但它们能用作评估实际系统中查询语言能力的标准或基础。据此，关系数据语言可以分为四类。

(1) 关系代数语言，依此为基础的实际语言有 ISBL。

(2) 元组关系演算语言，依此为基础的实际语言有 ALPHA。

(3) 域关系演算语言，依此为基础的实际语言有 QBE。

(4) 具有关系代数及关系演算双重特点的语言，例如 SQL 语言。

最后特别要指出的是：SQL 语言不仅有丰富的查询功能，而且具有数据定义和数据控制功能，是集数据查询、数据定义、数据操纵和数据控制于一体的关系数据语言。它充分体现了关系数据语言的特点和优点，是关系数据库的标准语言。

2.5 关系代数

关系代数是一种形式化关系操作语言，也是一种抽象的查询语言，它是学习实际系统中查询语言(如 SQL 语言)的基础，也能用作评估实际系统中查询语言能力的标准。任何一种运算，运算对象、运算符、运算结果是运算的三大要素。关系代数的运算对象是关系，运算结果也是关系，而运算符有以下四类。

(1) 传统的集合运算符：并、交、差、广义笛卡儿积($\cup$、$\cap$、$-$、$\times$)；

(2) 专门的关系运算符：选择、投影、连接、除(σ、π、$\bowtie$、$\div$)；

(3) 比较运算符：$>$、$\geqslant$、$<$、$\leqslant$、$=$、$\neq$；

(4) 逻辑运算符：与、或、非($\wedge$、$\vee$、$\neg$)。

要特别说明的是：

(1) 传统的集合运算符和专门的关系运算符是主运算符，而比较运算符和逻辑运算符是用来辅助专门的关系运算符进行操作的辅助运算符。也就是说，一个关系代数表达式(关系代数运算经有限次复合后形成的式子)中只有主运算符，没有辅助运算符是可以的；而只有辅助运算符，没有主运算符是不可以的。

(2) 上面的八种主运算符中，并、差、广义笛卡儿积、选择和投影五种运算是基本运算，剩余的交、连接和除三种运算是非基本运算，即它们都可以用五种基本运算来表达。引进交、连接和除三种运算并不能增强关系运算的表达能力，但可以简化表达。

2.5.1 传统的集合运算

传统的集合运算是二目运算，包括并、交、差、广义笛卡儿积四种运算。除广义笛卡儿积外，参加运算的两个关系 R 和 S 必须是相容的，即关系 R 和 S 具有相同的目 n(属性个数相同)，且相应的属性取自同一个域，运算结果关系仍是 n 目关系。下面用 t 表示一个元组变量，$t \in R$ 表示 t 是 R 中的任一个元组。

1. 并(Union)

设关系 R 和关系 S 是相容的且目为 n，则关系 R 与关系 S 的并由属于 R 或属于 S 的所有元组组成，其结果关系仍为 n 目关系。记作：

$$R \cup S = \{t \mid t \in R \vee t \in S\}$$

关系的并运算对应于关系操作中的插入操作，是关系代数的基本运算。

2. 差(Difference)

设关系 R 和关系 S 是相容的且目为 n，则关系 R 与关系 S 的差由属于 R 而不属于 S 的所有元组组成，其结果关系仍为 n 目关系。记作：

$$R - S = \{t \mid t \in R \wedge t \notin S\}$$

关系的差运算对应于关系操作中的删除操作，是关系代数的基本运算。

3. 交(Intersection)

设关系 R 和关系 S 是相容的且目为 n，则关系 R 与关系 S 的交由既属于 R 又属于 S 的所有元组组成，其结果关系仍为 n 目关系。记作：

$$R \cap S = \{t \mid t \in R \wedge t \in S\}$$

关系的交运算对应于查找两关系中共有元组的操作，是一种关系查询操作。关系的交运算能用差运算来表示，即 $R \cap S = R-(R-S)$ 或 $R \cap S = S-(S-R)$，因此交运算不是关系代数的基本运算。

4. 广义笛卡儿积(Extended Cartesian Product)

设关系 R 和关系 S 的目分别为 n 和 m，则关系 R 与关系 S 的广义笛卡儿积是一个

$(n+m)$目关系。若R有k_1个元组,S有k_2个元组,则R与S的广义笛卡儿积有$k_1 \times k_2$个元组。记作：

$$R \times S = \{\widehat{t_r t_s} \mid t_r \in R \wedge t_s \in S\}$$

其中,$\widehat{t_r t_s}$称为元组的连接或串接,它是一个有$(n+m)$个分量的元组,该元组的前n个分量是关系R的一个元组,后m个分量是关系S的一个元组。关系的广义笛卡儿积运算对应于两个关系中元组的横向合并操作,是关系代数的基本运算。凡关系查询操作涉及多个关系,一般会用到广义笛卡儿积运算。

下面的图 2.7 给出了关系的并、交、差和广义笛卡儿积运算的示例。

A	*B*	*C*
b	2	z
b	8	y
a	5	x

(a) 关系*R*

A	*B*	*C*
a	5	x
d	3	y
b	2	z

(b) 关系*S*

D	*E*
7	c
4	a
6	d

(c) 关系*T*

A	*B*	*C*
b	2	z
b	8	y
a	5	x
d	3	y

(d) $R \cup S$

A	*B*	*C*
b	2	z
a	5	x

(e) $R \cap S$

A	*B*	*C*
b	8	y

(f) $R-S$

A	*B*	*C*	*D*	*E*
a	5	x	7	c
a	5	x	4	a
a	5	x	6	d
d	3	y	7	c
d	3	y	4	a
d	3	y	6	d
b	2	z	7	c
b	2	z	4	a
b	2	z	6	d

(g) $S \times T$

图 2.7 关系的并、交、差和广义笛卡儿积运算示例

2.5.2 专门的关系运算

专门的关系运算包括选择、投影、连接、除运算等,下面给出这些专门的关系运算的定义。

1. 选择(Selection)

选择又称为限制(Restriction),它是根据给定的条件在水平方向上对关系进行分割,是从关系R中选择满足给定条件的诸元组,组成结果关系。记作：

$$\sigma_F(R) = \{t \mid t \in R \wedge F(t) = '真'\}$$

其中小写希腊字母σ表示选择运算,下标F为选择条件,它是由常量、变量、函数、属性名、算术运算符、比较运算符和逻辑运算符组成的逻辑表达式,R是运算的对象,即被选择的关系名。

因此选择运算实际上是从关系R中选取使逻辑表达式F为真的元组,它是从行的角度进行的运算。关系的选择运算对应于关系中横向选择操作,是关系查询操作的重要成员之

一，是关系代数的基本运算。

对于图 2.7 中给出的关系 R，表达式 $\sigma_{A='b' \wedge B=2}(R)$ 的运算结果如图 2.8 所示。

需要说明的是，在关系代数中，字符串常量需要用单引号括起来。

2. 投影(Projection)

投影运算是在垂直方向上对关系进行分割，是从关系 R 中选取一个或多个属性列，组成结果关系。记作：

$$\pi_A(R) = \{t[A] \mid t \in R\}$$

其中小写希腊字母 π 表示投影运算，下标 A 是关系 R 的属性集的一个子集，R 是运算的对象，即被投影的关系名，$t[A]$ 表示是由元组 t 中对应于属性集 A 中的分量所构成的新元组。结果关系的目是属性集 A 中属性的个数。

因此投影运算实际上是从关系 R 中选取所需要的属性，它是从列的角度进行的运算。关系的投影运算对应于关系中纵向选择操作，是关系查询操作的重要成员之一，是关系代数的基本运算。

对于图 2.7 中给出的关系 R，表达式 $\pi_{A,B}(R)$ 的运算结果如图 2.9(a)所示，表达式 $\pi_A(R)$ 的运算结果如图 2.9(b)所示。

需要说明的是，在图 2.9(b)中，投影之后不仅取消了原关系 R 中的某些属性列，而且还要取消某些行，因为取消了某些属性列后，就可能出现重复行，应取消这些完全相同的行。

A	B	C
b	2	z

图 2.8　关系的选择运算结果

A	B
b	2
b	8
a	5

(a) 结果1

A
b
a

(b) 结果2

图 2.9　关系的投影运算结果

3. 连接(Join)

设关系 R 和关系 S 的目(度)分别为 n 和 m，连接运算是从两个关系的广义笛卡儿积中选取属性间满足一定条件的元组，组成结果关系，结果关系的目(度)为$(n+m)$。记作：

$$R \underset{A\theta B}{\bowtie} S = \{\widehat{t_r t_s} \mid t_r \in R \wedge t_s \in S \wedge t_r[A]\ \theta\ t_s[B]\}$$

其中 A 和 B 分别为 R 和 S 上度数相等且是可比的属性组。θ 是比较运算符，它可以是 $>$、$\geqslant$、$<$、$\leqslant$、$=$、$\neq$ 中任何一种。$t_r[A]$ 表示是由元组 t_r 中对应于属性集 A 中的分量；$t_s[B]$ 表示是由元组 t_s 中对应于属性集 B 中的分量。

换句话说，连接运算是从关系 R 和 S 的广义笛卡儿积 $R\times S$ 中，选取关系 R 在 A 属性组上的值与关系 S 在 B 属性组上值满足比较运算 θ 的元组，这种连接也称为 θ 连接。显然，θ 连接能用关系的广义笛卡儿积运算和选择运算的复合形式来表示，即 $R \underset{A\theta B}{\bowtie} S = \sigma_{A\theta B}(R\times S)$，因此 θ 连接运算不是关系代数的基本运算。

对于图 2.10 中给出的关系 R 和 S，表达式 $R \underset{B<D}{\bowtie} S$ 的运算结果如图 2.10(c)所示。

θ 连接运算中有一种特殊的连接称为等值连接，即 θ 取等号(=)的连接运算。

另一种在关系查询操作中最常用的连接运算称为自然连接(Natural Join)，它是一种特殊的等值连接，它要求两个关系中进行比较的分量必须是相同的属性(组)，并且要在结果中

A	B	C
a	3	x
b	6	y
d	9	z

(a) 关系R

A	D
a	2
c	5
d	7

(b) 关系S

R.A	B	C	S.A	D
a	3	x	c	5
a	3	x	d	7
b	6	y	d	7

(c) θ连接运算结果

图 2.10 关系的 θ 连接运算示例

把重复的属性(组)去掉。一般的连接运算是从行的角度进行运算,而自然连接还需要取消重复列,所以是同时从行和列的角度进行运算。关系 R 和 S 的自然连接用 $R \bowtie S$ 表示。

对于图 2.10 中给出的关系 R 和 S,等值连接表达式 $R \underset{R.A=S.A}{\bowtie} S$ 的运算结果如图 2.11(a)所示,自然连接表达式 $R \bowtie S$ 的运算结果如图 2.11(b)所示。

R.A	B	C	S.A	D
a	3	x	a	2
d	9	z	d	7

(a) 等值连接运算结果

A	B	C	D
a	3	x	2
d	9	z	7

(b) 自然连接运算结果

图 2.11 关系的连接运算结果

需要说明的是,在图 2.11(b)中,自然连接运算是依据两关系中的一个属性(而不是属性组)在进行。当两关系中相同的属性有一个以上时,自然连接运算时必须要保证对应属性的分量的值都相等,如图 2.12 所示。

4. 除(Division)

为了说明除运算,首先引进象集的概念。给定一个关系 $R(X,Z)$,其中 X 和 Z 为属性组。当 $t[X]=x$ 时,值 x 在 R 中的象集(Images Set)定义为:

$$Zx=\{t[Z] \mid t \in R \land t[X]=x\}$$

它表示象集 Zx 是 R 中属性组 X 上值为 x 的诸元组在属性组 Z 上分量的集合。例如,对于图 2.13 中的关系 $R(X,Z)$,$x1$ 在 R 中的象集 $Z_{x1}=\{(z1),(z2),(z3)\}$;$x2$ 在 R 中的象集 $Z_{x2}=\{(z1),(z2)\}$;$x3$ 在 R 中的象集 $Z_{x3}=\{(z2),(z3)\}$。

A	B	C
a1	b1	c2
a2	b2	c1
a3	b3	c3
a4	b3	c5
a5	b4	c1

(a) 关系R

B	C	D	E
b1	c2	d1	e1
b3	c1	d2	e2
b3	c3	d3	e3
b2	c2	d4	e4
b3	c1	d5	e5

(b) 关系S

A	B	C	D	E
a1	b1	c2	d1	e1
a3	b3	c3	d3	e3

(c) $R \bowtie S$

图 2.12 关系的自然连接运算示例

X	Z
x1	z1
x1	z2
x1	z3
x2	z1
x2	z2
x3	z2
x3	z3

图 2.13 象集示例

给定关系 $R(X,Y)$ 和 $S(Y,Z)$，其中 X,Y,Z 为属性组。关系 R 中的属性组 Y 与关系 S 中的属性组 Y 可以有不同的属性名，但必须出自相同的域。R 与 S 的除运算得到一个新的关系 $P(X)$，关系 P 是关系 R 中满足下列条件的元组在属性组 X 上的投影：关系 R 中象集 Yx（关系 R 中元组在属性组 X 上分量值为 x 的象集）包含关系 S 的投影 $\pi_Y(S)$（关系 S 在属性组 Y 上的投影）。结果关系 $P(X)$ 的目是属性集 X 中属性的个数。记作：

$$R \div S = \{t_r[X] \mid t_r \in R \land Yx \supseteq \pi_Y(S)\}$$

除运算同时从行和列的角度进行运算，适合包含"对于所有的，全部的"要求的查询。

对于图 2.14 中给出的关系 R 和 S，属性组 X 为 A，属性组 Y 为 BC，属性组 Z 为 D。由于属性 A 的取值为{a1,a2,a3,a4}，a1 的象集为{(b1,c2),(b2,c3),(b2,c1)}，a2 的象集为{(b3,c7),(b2,c3)}，a3 的象集为{(b4,c6)}，a4 的象集为{(b6,c6)}，显然只有 a1 的象集 $(BC)_{a1} \supseteq \pi_{B,C}(S)$，所以表达式 $R \div S$ 的运算结果为{(a1)}，如图 2.14(c)所示。

A	*B*	*C*
a1	b1	c2
a2	b3	c7
a3	b4	c6
a1	b2	c3
a4	b6	c6
a2	b2	c3
a1	b2	c1

(a) 关系R

B	*C*	*D*
b1	c2	d1
b2	c1	d1
b2	c3	d2

(b) 关系S

A
a1

(c) $R \div S$

图 2.14　关系的除运算示例 1

在图 2.14 中，属性组 X 为单个属性 A，下面再举一个属性组 X 为多个属性的例子。在图 2.15 中，属性组 X 为 AE，这时属性组 X 上的分量值(a1,e1)与(a1,e2)不是同一个 x，它们的象集要分别计算，(a1,e1)的象集为{(b1,c2),(b2,c1)}，(a1,e2)的象集为{(b2,c3)}。由于它们的象集均不包含 $\pi_{B,C}(S)$，所以表达式 $R \div S$ 的运算结果为{(a2,e2)}，如图 2.15(c)所示。

A	*E*	*B*	*C*
a1	e1	b1	c2
a2	e2	b1	c2
a3	e1	b4	c6
a1	e2	b2	c3
a4	e4	b6	c6
a2	e2	b2	c3
a1	e1	b2	c1

(a) 关系R

B	*C*	*D*
b1	c2	d1
b2	c3	d2

(b) 关系S

A	*E*
a2	e2

(c) $R \div S$

图 2.15　关系的除运算示例 2

最后需要说明的是，关系的除运算不是关系代数的基本运算，它可以由基本运算中的广义笛卡儿积运算、差运算和投影运算的复合形式来表示：

$$R(X,Y) \div S(Y,Z) = \pi_X(R) - \pi_X(\pi_X(R) \times \pi_Y(S) - R)$$

对该等式说明如下：

(1) $R \div S$ 结果关系的属性是由属于 R 但不属于 S 的所有属性构成。

(2) $R \div S$ 结果关系中的任一元组都是 $\pi_X(R)$ 中的某一元组，且满足以下要求：任取 $R \div S$ 中的一元组 t，则 t 与 $\pi_Y(S)$ 中任一元组连接后，结果都为 R 中一个元组。

(3) 设 u 为 $\pi_X(R)$ 中的某一元组，如果 u 与 $\pi_Y(S)$ 中任一元组连接后，结果不是 R 中的一个元组，则 u 一定属于 $\pi_X(\pi_X(R) \times \pi_Y(S) - R)$，把这样的 u 从 $\pi_X(R)$ 去掉就是 $R \div S$ 的结果。

(4) 显然有：$R(X,Y) \div S(Y,Z) = R(X,Y) \div \pi_Y(S)$。

2.5.3 扩展的关系代数运算

现在来介绍另外几个关系代数运算，它们可以实现一些不能用关系代数的基本运算来表达的查询(外连接除外)，这些运算被称为扩展的关系代数运算。

1. 外连接(Outer Join)

两个关系 R 和 S 在做自然连接时，总是选择两个关系在公共属性上值相等的元组构成一个新的关系。在新关系的产生的过程中，关系 R 中的某些元组可能因在关系 S 中不存在公共属性上值相等的元组而被舍弃；同样，S 中的某些元组也有可能被舍弃。例如，在图 2.11(b)的自然连接结果中，图 2.10 中关系 R 的第 2 个元组和关系 S 的第 2 个元组都被舍弃了。

如果把舍弃的元组也保留在结果关系中，并在其连接的另一关系的其他属性值上填"空值"(null)，那么这种连接就叫做外连接。外连接有三种：①如果只把左边关系 R 中要舍弃的元组保留就叫做左外连接(Left Outer Join 或 Left Join)，记作 R ⟕ S；②如果只把右边关系 S 中要舍弃的元组保留就叫做右外连接(Right Outer Join 或 Right Join)，记作 R ⟖ S；③如果把左右两边关系 R 和 S 中要舍弃的元组都保留就叫做全外连接(Full Outer Join 或 Full Join)，记作 R ⟗ S。

对于图 2.10 中的关系 R 和关系 S，它们的三种外连接的结果如图 2.16 所示。

A	*B*	*C*	*D*
a	3	x	2
d	9	z	7
b	6	y	null

(a) 左外连接

A	*B*	*C*	*D*
a	3	x	2
d	9	z	7
c	null	null	5

(b) 右外连接

A	*B*	*C*	*D*
a	3	x	2
d	9	z	7
b	6	y	null
c	null	null	5

(c) 全外连接

图 2.16 关系的外连接运算结果

需要说明的是，外连接运算也可以用关系代数基本运算的复合形式来表示。例如，设有关系 $R(X)$ 和 $S(Y)$，其中 X 和 Y 分别表示组成关系 R 和 S 的属性名集合，则左外连接 R ⟕ S 可以写成：

$$(R \bowtie S) \cup (R - \pi_X(R \bowtie S)) \times \{(\text{null}, \cdots, \text{null})\}$$

其中常数关系{(null,…,null)}的目(度)是两个属性名集合的差集 Y-X 中属性的个数。

2. 广义投影(Generalized Projection)

广义投影允许在投影列表中使用算术运算和字符串运算等来对投影进行扩展。广义投影运算形式为：

$$\pi_{F_1,F_2,\cdots,F_n}(E)$$

其中 E 是任意关系代数表达式，而 $F_1,F_2,\cdots,F_n$ 中的每一个都可以是表达式。最简形式的表达式可以仅仅是一个常量或属性名，一般情况下，表达式可以是含有算术运算符(加、减、乘、除等)的数值表达式或含有字符串运算符(如字符串的连接等)的字符串表达式，甚至表达式中可以使用算术函数或字符串函数。

对于图 2.17(a)中的关系 R，表达式 $\pi_{A,\text{upper}(B),G+5}(R)$的结果如图 2.17(b)所示，其中 upper 是字符串函数，它的功能是将字符串中的英文字母都转换为大写。结果关系中的第 2 列和第 3 列没有名字，可以用"as 列名"的形式给列命名，如 $\pi_{A,\text{upper}(B)\ \text{as upper\_}B,G+5\ \text{as Gadd5}}(R)$。

A	*B*	*G*
a	x	32
a	y	20
a	y	45
a	x	58
b	x	27
b	y	52
c	x	34
c	x	43
c	y	40

(a) 关系R

A		
a	X	37
a	Y	25
a	Y	50
a	X	63
b	X	32
b	Y	57
c	X	39
c	X	48
c	Y	45

(b) $\pi_{A,\text{upper(B)},G+5}(R)$

图 2.17　关系的广义投影运算示例

3. 聚集(Aggregation)

聚集运算允许对属性值的集合使用聚集函数进行分类统计，聚集运算形式为：

$$_{G_1,G_2,\cdots,G_n}\mathcal{G}_{F_1(A_1),F_2(A_2),\cdots,F_n(A_n)}(E)$$

其中符号$\mathcal{G}$是字母 G 的书写体(读作"书写体 G")作为聚集运算符，E 是任意关系代数表达式，而 $G_1,G_2,\cdots,G_n$ 是用于分组的一系列属性，每个 F_i 是一个聚集函数，每个 A_i 是一个属性名。聚集运算的含义是：表达式 E 的结果关系中元组以如下方式被分成若干组。

(1) 同一组中所有元组在 $G_1,G_2,\cdots,G_n$ 上的值相同。

(2) 不同组中元组在 $G_1,G_2,\cdots,G_n$ 上的值不同。

因此，各组可以用属性 $G_1,G_2,\cdots,G_n$ 上的值$(g_1,g_2,\cdots,g_n)$来唯一标识。对每一组$(g_1,g_2,\cdots,g_n)$来说，结果中只有一个元组$(g_1,g_2,\cdots,g_n,a_1,a_2,\cdots,a_n)$，其中对每个 i，a_i 是将聚集函数 F_i 作用于该组的属性 A_i 上所得到的结果。

作为聚集运算的特例，属性列 $G_1,G_2,\cdots,G_n$ 可以是空的，在这种情况下，相当于没有分组，结果关系肯定只有一个元组(即一行)。

聚集函数 F_i 的作用是统计，它输入一个多重集，输出一个数值。多重集与普通集合的区别在于：集合中的元素不能重复，而多重集中的元素可以重复多次出现。也可以说，普通集合是多重集的特例，其中每个元素的值只能出现一次。常用的聚集函数见表 2.4 所示。

表 2.4 常用的聚集函数

聚集函数	功能
count(属性列)	统计一列中值的个数
sum(属性列)	计算一列中值的总和
avg(属性列)	计算一列中值的平均值
max(属性列)	求一列中值的最大值
min(属性列)	求一列中值的最小值

对于图 2.17(a)中的关系 R，表达式$\mathcal{G}_{\text{count}(G)\text{as个数},\text{sum}(G)\text{ as 总和},\text{avg}(G)\text{ as平均值},\text{max}(G)\text{ as最大值},\text{min}(G)\text{ as最小值}}(R)$的结果如图 2.18(a)所示，表达式${}_A\ \mathcal{G}_{\text{count}(G)\text{ as个数},\text{sum}(G)\text{ as总和}}(R)$的结果如图 2.18(b)所示，表达式${}_{A,B}\ \mathcal{G}_{\text{count}(G)\text{ as 个数},\text{sum}(G)\text{ as总和}}(R)$的结果如图 2.18(c)所示。注意，这里采用了与广义投影中同样的方法，即用"as 列名"的形式给列命名。

个数	总和	平均值	最大值	最小值
9	351	39	58	20

(a) 结果1

A	个数	总和
a	4	155
b	2	79
c	3	117

(b) 结果2

A	B	个数	总和
a	x	2	90
a	y	2	65
b	x	1	27
b	y	1	52
c	x	2	77
c	y	1	40

(c) 结果3

图 2.18 关系的聚集运算结果

有时，在计算聚集函数前必须去除重复值，这时仍然可以使用前面的函数名，但要用连字符将"distinct"附加在函数名后，如 count-distinct。表达式$\mathcal{G}_{\text{count-distinct}(A)}(R)$的结果关系是{(3)}，因为属性 A 不重复的值只有 3 个。表达式${}_A\ \mathcal{G}_{\text{count-distinct}(B)}(R)$的结果关系是{(a,2),(b,2),(c,2)}，因为根据属性 A 分组后，每一组中属性 B 不重复的值都只有 2 个。

2.5.4 关系代数运算的应用实例

这里对图 2.3 中 E-R 模型做一点简化，即不考虑专业实体，在学生实体中增加专业属性，由此得到相应的关系模式如图 2.19 所示。表 2.5～表 2.9 给出了各关系模式所对应的关系值。

学生关系模式：S(Sno, Sname, Ssex, Sage, Major, Address, Mphone)
课程关系模式：C(Cno, Cname, Ctype, Ctime, Credit)
教师关系模式：T(Tno, Tname, Tsex, Tage, Title, Salary)
选修关系模式：SC(Sno, Cno, Sdate, Score)
授课关系模式：TC(Tno, Cno, Tdate, Remark)
说明：
学生关系各属性的含义为：学号、姓名、性别、年龄、专业、家庭地址、联系电话；
课程关系各属性的含义为：课程号、课程名、课程类型、学时、学分；
教师关系各属性的含义为：工号、姓名、性别、年龄、职称、工资；
选修关系各属性的含义为：学号、课程号、选修日期、成绩；
授课关系各属性的含义为：工号、课程号、任教日期、评价。

图 2.19 学生选课关系数据库模式

表 2.5　学生关系 *S*

Sno	Sname	Ssex	Sage	Major	Address	Mphone
16001	张文杰	男	21	计算机	上海市中山路 837 号	13312345678
16003	沈婷	女	20	通信	南京市雨花路 265 号	13623456781
16004	刘鹏飞	男	20	计算机	杭州市解放路 584 号	13134567812
16005	王翔	男	21	通信	南京市中山路 312 号	18945678123
16007	陆文婷	女	19	计算机	上海市桂林路 100 号	18056781234

表 2.6　课程关系 *C*

Cno	Cname	Ctype	Ctime	Credit
1001	离散数学	基础	72	4
1002	C 程序设计	基础	54	3
2001	计算机组成原理	必修	90	5
2002	数据库原理	必修	72	4
3001	Java 程序设计	选修	54	3

表 2.7　教师关系 *T*

Tno	Tname	Tsex	Tage	Title	Salary
6002	赵亮	男	32	讲师	4800
6005	方艳华	女	28	讲师	4600
6006	吴大为	男	45	副教授	5700
6008	朱伟强	男	41	副教授	5500
6012	蒋仲豪	男	53	教授	6400

表 2.8　选修关系 SC

Sno	Cno	Sdate	Score
16001	1001	2017 秋	75
16001	1002	2016 秋	46
16001	1002	2017 春	55
16001	1002	2017 秋	67
16003	1002	2017 春	78
16003	2002	2017 秋	86
16004	1001	2017 秋	66
16004	1002	2016 秋	88
16004	2001	2018 春	77
16004	2002	2017 秋	95
16004	3001	2018 春	92
16007	1001	2017 秋	85
16007	1002	2016 秋	83
16007	2002	2017 秋	91

表 2.9 授课关系 TC

Tno	Cno	Tdate	Remark
6002	1002	2016 秋	3.8
6005	1002	2017 春	4.1
6002	1002	2017 秋	4.4
6005	1001	2017 秋	4.6
6006	2001	2018 春	4.3
6008	2002	2017 秋	4.8
6012	3001	2018 春	4.5

需要说明的是，在表 2.8 中由于同一个学生可以多次选修同一门课程，该学生这门课程的最终成绩以成绩最高的一次为准。下面以图 2.19 的学生选课关系数据库模式为背景，举例说明关系代数在数据查询中的应用。

例 2.1 找出年龄大于 20 岁的学生。

$$\sigma_{Sage>20}(S)$$

结果如图 2.20 所示。

Sno	Sname	Ssex	Sage	Major	Address	Mphone
16001	张文杰	男	21	计算机	上海市中山路 837 号	13312345678
16005	王翔	男	21	通信	南京市中山路 312 号	18945678123

图 2.20 例 2.1 结果

例 2.2 找出学生的姓名和所学专业。

$$\pi_{Sname, Major}(S)$$

结果如图 2.21 所示。

Sname	Major
张文杰	计算机
沈婷	通信
刘鹏飞	计算机
王翔	通信
陆文婷	计算机

图 2.21 例 2.2 结果

例 2.3 找出选修过 1002 号课程的学生的学号。

$$\pi_{Sno}(\sigma_{Cno='1002'}(SC))$$

结果为{(16001),(16003),(16004),(16007)}。注意，16001 号学生 1002 号课程选修了 3 次，但投影要取消重复元组，所以结果关系中元组(16001)只有一个。

例 2.4 找出没有选修过 1001 号课程的学生的学号。

$$\pi_{Sno}(S) - \pi_{Sno}(\sigma_{Cno='1001'}(SC))$$

结果为{(16003),(16005)}。全体学生中减去选修过 1001 号课程的学生，剩下的就是没有选修过 1001 号课程的学生。

例 2.5 找出至少选修过 1001 号课程和 1002 号课程的学生的学号和姓名。

$$\pi_{Sno, Sname}(S) \bowtie (\pi_{Sno, Cno}(SC) \div \pi_{Cno}(\sigma_{Cno='1001' \vee Cno='1002'}(C)))$$

结果为{(16001，张文杰)，(16004，刘鹏飞)，(16007，陆文婷)}。注意，$\pi_{Cno}(\sigma_{Cno='1001' \vee Cno='1002'}(C))$的结果就是{(1001),(1002)}，根据除运算的语义，除运算的结果就是至少选修过 1001 号课程和 1002 号课程的学生的学号。思考：如果对 SC 表不做投影就做除可以吗？

本例也可以用自连接运算 $\pi_{Sno, Sname}(S) \bowtie (\pi_{\$1}(\sigma_{\$1=\$5 \wedge \$2='1001' \wedge \$6='1002'}(SC \times SC)))$来

实现。由于 SC 表与自己做广义笛卡儿积,导致属性名重复无法区分,故采用位置标记来代替属性名。所谓位置标记就是指用属性在表中的位置来代表属性,它由“$”+正整数构成,$1 代表第一个属性,$2 代表第二个属性,…,以此类推。SC 表有 4 列,SC×SC 就有 8 列,$1 和 $2 是第一张 SC 表中的 Sno 和 Cno,$5 和 $6 是第二张 SC 表中的 Sno 和 Cno。$1=$5 表示是同一个学生,$2='1001'∧$6='1002'表示该学生 1001 号课程和 1002 号课程都选修过了。

例 2.6　找出全体学生的学号以及他(或她)已经选修过的课程的课程号,即使该学生没有选修过课程,也要保留他(或她)的学号。

$$\pi_{Sno}(S) ⟕ \pi_{Sno,Cno}(SC)$$

本例中需要用左外连接,否则结果关系中就会缺少 16005 号学生。

例 2.7　找出各类职称教师的平均工资。

$${}_{Title}\mathcal{G}_{avg(Salary)\ as\ 平均工资}(T)$$

本例中需要用聚集运算,结果如图 2.22 所示。

Title	平均工资
讲师	4700
副教授	5600
教授	6400

图 2.22　例 2.7 结果

习　题　2

一、单项选择题

1. 数据模型的三个组成要素是(　　)。
   A. 外模式、模式、内模式
   B. 数据结构、数据操作、完整性约束条件
   C. 层次模型、网状模型、关系模型
   D. 概念模型、E-R 模型、面向对象模型
2. 按用户观点对数据和信息建模,主要用于数据库设计的是(　　)数据模型。
   A. 层次　　B. 网状　　C. 关系　　D. 概念
3. 在数据库技术中,独立于计算机系统的模型是(　　)。
   A. E-R 模型　　B. 层次模型　　C. 关系模型　　D. 面向对象模型
4. 某公司中有多个部门和多名员工,每名员工只能属于一个部门,一个部门可以有多名员工,从员工到部门的联系类型是(　　)。
   A. 多对多　　B. 一对一　　C. 多对一　　D. 一对多
5. 下列几种数据模型中,目前使用得最为广泛的是(　　)数据模型。
   A. 关系　　B. 层次　　C. 网状　　D. 面向对象
6. 关系模型用(　　)来表示实体以及实体之间的联系。
   A. 主码　　B. 二维表　　C. 指针　　D. 链表
7. 关系模型的存储路径对用户透明会带来除了(　　)外的众多优点。
   A. 数据独立性高　　B. 安全保密性好
   C. 用户使用方便　　D. 查询效率高
8. 关系模型的三个组成部分中,不包括(　　)。
   A. 完整性规则　　B. 数据结构　　C. 概念结构　　D. 数据操作

9. 下列关于关系的叙述中,错误的是(　　)。

A. 任意两行的值不能完全相同　　B. 每一个分量可分不可分无关紧要

C. 行的顺序无关紧要　　D. 列的顺序无关紧要

10. 在关系数据库系统中,当关系的型改变时,用户应用程序可以不变,这由(　　)实现。

A. 物理独立性　　B. 逻辑独立性　　C. 位置独立性　　D. 存储独立性

11. 在关系模型中,不含有多余属性的超码是(　　)。

A. 候选码　　B. 主码　　C. 外码　　D. 内码

12. 在关系模型中,若某个关系存在多个候选码,则选定其中一个候选码为(　　)。

A. 超码　　B. 主码　　C. 外码　　D. 内码

13. 在关系模型中,"空值"是指(　　)。

A. 数值"0"　　B. 字符"空格"

C. 逻辑值"假"　　D. 不知道或无意义的值

14. 在关系模型中,"关系中不允许出现完全相同的元组"是通过(　　)完整性约束实现的。

A. 实体　　B. 外码　　C. 参照　　D. 用户定义

15. 实体完整性规则为：若属性 A 是基本关系 R 主码中的属性,则属性 A(　　)。

A. 可取空值　　B. 不能取空值　　C. 可取某定值　　D. 都不对

16. 下列关于关系操作的叙述中,错误的是(　　)。

A. 关系操作采用集合操作方式　　B. 关系操作具有高度的非过程化特点

C. 关系操作能力可用关系代数表示　　D. 关系操作只有查询操作,没有更新操作

17. 关系代数有五种基本运算,下列运算中(　　)不是基本运算。

A. 并　　B. 连接　　C. 选择　　D. 投影

18. 下列运算中,属于关系代数中专门的关系运算的是(　　)。

A. 并、选择　　B. 交、投影

C. 差、除　　D. 选择、投影、连接

19. 在关系代数中,不要求关系 R 和关系 S 具有相同目的运算是(　　)。

A. $R\times S$　　B. $R\cap S$　　C. $R\cup S$　　D. $R-S$

20. 从关系模式中指定若干个属性组成新的关系的运算称为(　　)。

A. 连接　　B. 排序　　C. 选择　　D. 投影

二、填空题

1. 数据模型应满足三方面要求：一是比较真实的__________；二是容易被人理解；三是便于在计算机上实现。

2. 数据模型通常是由________、数据操作和完整性约束条件这三个要素组成。

3. 根据数据模型应用的目的不同,可将数据模型分为概念模型、________和物理模型。

4. 在信息世界中,将现实世界中客观存在并可相互区分的事物抽象为________。

5. 在信息世界中,两个实体集之间的联系最基本的有一对一、一对多和________三种类型。

6. 逻辑数据模型主要有层次模型、________、关系模型、________和对象关系模型等。

7. 在层次模型和网状模型中,实体之间的联系都是通过________来实现的,因而查询

效率比关系模型高。

8. 关系模型的概念单一，无论是实体还是实体之间的联系都可用________来表示。

9. 在一个关系中，如果一个属性或属性组的值能够唯一标识关系中的一个元组且其任何一个真子集都不具有这一特性，则称该属性或属性组为关系的________。

10. ________和________是关系模型必须满足并由 RDBMS 自动支持的完整性。

三、简答题

1. 试述概念模型的特点和作用。
2. 表示概念模型最常用的方法是什么？简述画 E-R 图的步骤。
3. 非关系模型(层次和网状)和关系模型分别有哪些优缺点？
4. 如何理解关系模型的概念单一这一优点？
5. 如何理解关系模型的存储路径对用户透明这一特点？
6. 试述关系模型中的三类完整性约束条件。
7. 外码可以取空值吗？什么情况下才可以取空值？
8. 什么是非过程化语言？
9. 试述等值连接与自然连接的区别和联系。
10. 举例说明关系代数中外连接运算的实际意义。

四、关系代数

设某电子商务公司的数据库中有下列四张基本表(其中有下画线的属性为主码)：

Customers(<u>Cno</u>,Cname,Csex,Cage,Caddress,Mphone,Email)

Goods(<u>Gno</u>,Gname,Gtype,Price,Manufac)

Sells(<u>Sno</u>,Sdate,Saddress,Cno,IsPay)

Detail(<u>Sno,Gno</u>,Quantity)

其中各表中各属性的含义如下，且假定在客户付款前 IsPay 取值为'N'，付款后 IsPay 取值为'Y'。客户表中的各属性分别为：客户编号，客户姓名，客户性别，客户年龄，客户地址，手机号，电子邮箱；商品表中的各属性分别为：商品编号，商品名称，商品类别，价格，生产商；销售单表中的各属性分别为：销售单号，销售日期，送货地址，客户编号，是否已付款；销售明细表中的各属性分别为：销售单号，商品编号，数量。

1. 找出“海尔”公司生产的所有商品的名称和价格。
2. 找出“手机”类商品中“华为”公司生产的所有商品的名称和价格。
3. 找出仅注册但至今还没有购买过商品的客户编号。
4. 找出 2018 年 1 月 1 日后没有购买过商品的客户编号、客户姓名和手机号。
5. 找出同一张销售单中既有 140010123 号商品又有 150020234 号商品的所有销售单号。
6. 找出购买过“奶粉”类商品中所有品种奶粉的客户编号。
7. 找出“TP-LINK”公司生产的商品名为“WR700N 无线路由器”的销售总数量。
8. 找出各大类商品中各种商品的品种数和平均价格。
9. 找出各大类商品中各种商品的平均价格大于 1000 元的商品类别。
10. 找出每一个客户的编号、姓名、手机号以及他每次购物的日期和是否已付款信息，即使该客户没有购买过商品，也要有他的编号、姓名和手机号。

第3章 结构查询语言(SQL)

结构化查询语言 SQL(Structured Query Language)是一个通用的、功能极强的关系数据库语言，也是关系数据库的标准语言。目前，几乎所有的关系数据库管理系统软件都支持 SQL 语言，而且许多数据库软件厂商都对 SQL 语言中的语句命令进行了不同程度的扩充和修改。掌握 SQL 语言的使用是学习数据库技术最基本的要求。

本书在介绍 SQL 语言的特性时，将一并介绍 SQL Server 2014 中 SQL 语言的相关特性。SQL Server 2014 中的 SQL 语言称为 Transact-SQL 语言，简称 T-SQL 语言。T-SQL 语言是 Sybase 公司和 Microsoft 公司联合开发，后来被 Microsoft 公司移植到 SQL Server 的一种 SQL 语言，它不仅包含了 SQL92 标准的大多数功能，而且还对 SQL 进行了一系列的扩展，增加了许多新特性，增强了可编程性和灵活性。本书不是 T-SQL 语言的用户手册，关于 T-SQL 语言的更多细节请参考 SQL Server 2014 提供的联机丛书。

本章介绍 SQL 语言中的数据定义、数据查询、数据更新以及完整性约束的实现等内容。关于 SQL 语言的其他方面(如安全性管理、事务管理等)将在后续章节中陆续介绍。

3.1 SQL 概述

3.1.1 SQL 的产生与发展

结构化查询语言最早是 1974 年由 Boyce 等人提出的，1975 年在 IBM 公司的 RDBMS 原型 System R 中实现。由于它功能丰富、使用方便、简洁易学而备受用户和计算机工业界欢迎，众多的关系数据库系统产品都实现了 SQL 语言。经过不断的修改、扩充和完善，SQL 语言最终成为关系数据库的标准语言。

1986 年 10 月美国国家标准局(American National Standard Institute，ANSI)的数据库委员会批准 SQL 作为关系数据库语言的美国标准，同年公布了 SQL 标准文本。1987 年 6 月国际标准化组织(International Organization for Standardization，ISO)把该标准文本采纳为国际标准，现在这两个标准称为 SQL86。ISO 在 1989 年 4 月公布了增强完整性特征的 SQL89 标准，后来对 SQL89 标准进行了修改和扩充后，在 1992 年又公布了 SQL92 标准(也称 SQL2)。

SQL92 是一次非常重要的 SQL 语言标准的升级，其文档达到了 622 页，与 SQL89 的 120 页文档相比，标准的内容增加了许多。SQL92 标准有 4 个层次，即入门级、过渡级、中间级、完备级。入门级只对前一个标准 SQL89 稍作修改；过渡级则指定了内连接语法和外连接语法；中间级增加了许多新特性，如 DATE 和 TIME 数据类型、DOMAIN、CASE 表达式、数据类型之间的 CAST 函数、级联 DELETE 以保证参照完整性等；完备级增加了 BIT 数据类型、FROM 子句中的导出表、CHECK 子句中的子查询等新特性。

在 SQL92 的基础上，经过大量的研究工作，1999 年 ISO 正式公布了包括面向对象和许多新的数据库概念的 SQL 语言标准 SQL99(也称 SQL3)。目前，SQL 的标准化工作还在继续，已经发布的标准有 SQL2003、SQL2008、SQL2011 和 SQL2016。

自 SQL 语言成为国际标准后，各数据库厂家均采用 SQL 作为自己 RDBMS 的数据语言和标准接口，这使得不同数据库系统之间的互操作有了共同的基础。这个意义十分重大，因此，有人将确立 SQL 为关系数据库语言标准及其后的发展称为是一场革命。

最后必须指出的是，目前的 RDBMS 产品基本上都支持 SQL92 的入门级，如果使用了 SQL92 过渡级、中间级或完备级里的特性，或者使用了 SQL 新标准中的特性，就可能存在无法“移植”应用的风险，因为各数据库厂家在自己 RDBMS 中实现的 SQL 语言与标准 SQL 语言有一些差别，有的支持标准以外的 SQL 特性，有的不支持标准中的某些特性。关于各 RDBMS 软件的更多信息可在各产品的 SQL 用户手册中找到。

3.1.2　SQL 的功能与特点

SQL 语言具备了对数据库进行所有操作的功能，主要分成三个部分：①数据定义语言(Data Definition Language，DDL)主要定义数据库的逻辑结构，包括定义基本表、索引和视图三个部分；②数据操纵语言(Data Manipulation Language，DML)包括数据查询和数据更新两大类操作，其中数据更新又包括插入、删除和修改三种操作；③数据控制语言(Data Control Language，DCL)主要有对基本表和视图的授权，事务控制语句等。SQL 语言主要有以下五个特点。

1) 综合统一

数据库系统的主要功能是通过系统所支持的语言来实现的。非关系模型的数据语言一般分 DDL、DML 和 DCL，分别用于定义模式(包括完整性约束条件)、插入数据建立数据库、更新数据、查询数据、数据库重构、数据库安全性控制等一系列操作要求。在 SQL 语言之前，这些语言互相独立，使用很不方便。而 SQL 语言集 DDL、DML 和 DCL 功能于一体，可以独立完成上面所提到的一系列操作要求，数据结构的单一而带来的操作符统一(不像 DBTG 中用 STORE 插入数据，用 CONNECT 插入联系)使得其使用更加方便。另外，用户在数据库系统投入运行后，可根据需要随时修改模式，并不影响数据库的运行，从而使系统具有良好的可扩展性。

2) 面向集合的操作方式

非关系模型采用的是面向记录的操作方式，操作对象是一条记录。例如，查询所有选修了“数据库原理”课程的女生姓名，用户必须一条一条把满足条件的学生记录找出来(通常还要说明具体的处理过程)。而关系模型的基本数据结构是关系，即元组的集合，SQL 语言操作的对象和操作的结果都是关系，因此一次插入、修改、删除、查询操作的对象都可以是元组的集合。

3) 高度非过程化

由于非关系模型通常是用存储路径来表达实体之间的联系，因此非关系系统中的数据语言是面向过程的语言。用它来完成某项查询要求时，用户必须指出存取路径及详细的处理过程。而 SQL 语言是非过程化的语言，在完成某项查询要求时，用户无须了解存取路径，只要提出“做什么”，不必指出“怎么做”。存储路径的选择及 SQL 语言的处理过程由 DBMS

自动完成。这不但大大减轻了用户的负担,而且也有利于数据独立性的提高。

4) 以同一种语法结构提供两种使用方式

SQL 既是自含式语言,又是嵌入式语言。作为自含式语言,它能独立地用于联机交互的使用方式,用户在键盘上输入一条 SQL 语句,系统执行一条,非常有利于用户学习 SQL 语言。作为嵌入式语言,SQL 语句能嵌入到高级语言(如 C 语言或 Java 语言)中,便于用户开发应用程序。而在这两种不同的使用方式下,SQL 语句的语法是基本上一致的。

5) 支持三级模式结构

SQL 语言完全支持关系数据库的三级模式结构,如图 3.1 所示。模式对应于基本表(Base Table),外模式对应于视图(View)和部分基本表,而内模式对应于存储文件。由于在关系数据库中存储文件的物理结构对用户是透明的,存储方法的选择及 SQL 语言的处理过程由 DBMS 自动完成,因此用户一般不必定义关系数据库的内模式,但创建索引可以认为是定义内模式。有关索引和视图的内容在第 4 章中介绍。

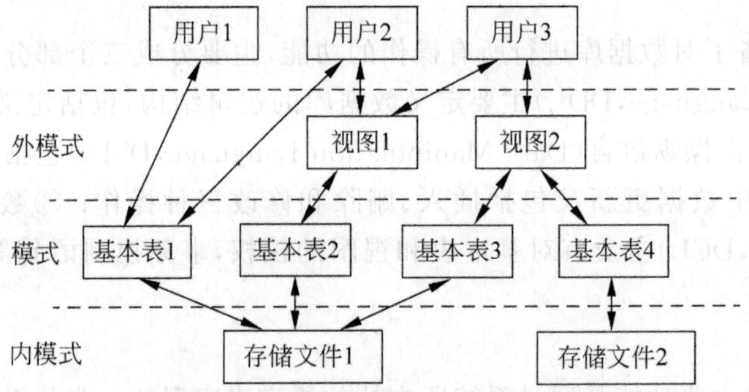

图 3.1　SQL 对关系数据库三级模式的支持

3.2 数据定义

SQL 语言完全支持关系数据库的三级模式结构,其模式、外模式和内模式中的基本对象有数据库、表、视图和索引。因此,SQL 的数据定义功能包括定义数据库、定义表、定义索引和定义视图。本节只介绍数据库和表的定义,索引和视图的定义在第 4 章中介绍。

需要说明的是,在 SQL Server 中许多操作都可以通过多种方法来实现,本书主要介绍如何通过 T-SQL 语言来实现,其他实现方法请参考相关文献。

3.2.1 数据库的创建、修改与删除

在定义基本表之前,首先要创建数据库,但 SQL 语言没有创建数据库的语句。在介绍 T-SQL 中的 CREATE DATABASE 语句之前,先介绍 SQL Server 数据库的结构。

1. SQL Server 数据库结构

在 SQL Server 中,数据库分为两个层次,即物理数据库和逻辑数据库。物理数据库是面向操作系统的,由数据文件、日志文件、文件组、盘区与页等组成;逻辑数据库是面向用户的,由表、约束、默认值、规则、用户自定义数据类型、索引、视图、用户、角色、存储过程、触发器等一系列数据库对象组成。

1）数据文件

数据文件是存放数据库数据和数据库对象的文件。一个数据库可以有一个或多个数据文件，一个数据文件只属于一个数据库。当有多个数据文件时，其中一个被定义为主数据文件，其余的被称为辅助数据文件。一个数据库必须有且只能有一个主数据文件，而辅助数据文件可以有多个，也可以没有。主数据文件用于存储数据库的启动信息以及部分或全部数据和数据库对象，其扩展名为.mdf。辅助数据文件用于存储主数据文件中未存储的剩余数据和数据库对象，其扩展名为.ndf。

2）日志文件

日志文件用于存储用户对数据库进行任何操作（如插入、删除或修改等）的日志信息，以便于数据库的恢复，也有利于保护数据库的安全。每个数据库必须至少有一个日志文件，也可以有多个日志文件。日志文件的扩展名为.ldf。

3）文件组

文件组是数据库中数据文件的逻辑组合，利用文件组可以将数据分布在不同磁盘上，当查询数据时系统会创建多个线程来并行读取分布在不同磁盘上的文件，从而加快查询速度。一个数据文件只能属于一个文件组，一个文件组也只能属于一个数据库。事务日志文件是独立存在的，不属于任何文件组。另外，文件组也分为主文件组和辅助文件组。

主文件组（Primary）是数据库系统提供的，每个数据库有且仅有一个主文件组。主文件组中包含了所有系统表、主数据文件和没有明确指派给其他文件组的其他数据文件。

辅助文件组是用户在使用 CREATE DATABASE 语句时自行定义的文件组。每个数据库既可以有若干个辅助文件组，也可以没有辅助文件组。辅助文件组可以包含用户指定的辅助数据文件。

默认文件组是没有分配文件组的用户自定义对象的首选文件组，每个数据库只能有一个默认文件组。注意，默认文件组和主文件组不是同一个概念，数据库初始建立时，主文件组是默认文件组，db_owner 固定数据库角色成员可以通过命令将用户定义的文件组指定为后续数据文件的默认文件组。

4）盘区与页

SQL Server 利用盘区和页数据结构给数据库对象分配存储空间。每个盘区是由 8 个连续页组成的数据结构，大小为 8KB×8＝64KB。当创建一个数据库对象（如一个表、一个索引）时，SQL Server 自动以盘区为单位给它们分配存储空间。每个盘区只能包含一个数据库对象，每个数据库对象可以占用多个盘区。

SQL Server 页的大小为 8KB，每页开始部分的 96 字节是页头信息，用于存放页的类型、该页的可用空间数量、占用该页的数据库对象的对象标识等系统信息；其余的 8096 字节用于存放该页数据库对象的数据信息。SQL Server 2014 中的页分为数据页、索引页、文本页、图像页等 8 种。

2. CREATE DATABASE 语句

在 SQL Server 中，数据库有系统数据库和用户数据库两类。系统数据库在安装 SQL Server 系统时由系统自动创建，用来存放 SQL Server 专用的，用于管理自身和用户数据库的数据。用户数据库是用户创建的数据库，用来存放用户数据。

创建用户数据库的过程实际上是确定数据库名称、数据库相关文件存放位置、存储空间大小及其相关属性的设置。T-SQL 语言中 CREATE DATABASE 语句格式如下：

```
CREATE DATABASE <数据库名>
    [ ON [ primary ] <文件说明> [, …n ]
        [, <文件组说明> [, …n ] ]
      [ LOG ON <文件说明> [, …n ] ]
    ]
```

语句格式中的方括号表示其中的内容可有可无，是可选项。下面通过举例来说明该语句的用法。

例 3.1 创建一个数据库 test1，其他所有参数都取默认值。

```
CREATE DATABASE test1
```

说明：T-SQL 语言是大小写不敏感的，所以语句也可以写成：create database test1。SQL Server 中，每个数据库至少有两个文件（一个主数据文件和一个日志文件）和一个主文件组，所以语句执行后会自动创建一个数据文件、一个日志文件、一个文件组。

例 3.2 创建一个数据库 test2，要求主数据文件逻辑名为 test2_data，物理文件名为 d:\database\test2_data.mdf，其他所有参数都取默认值。

```
CREATE DATABASE test2
    ON
      ( name = test2_data, filename = 'd:\database\test2_data.mdf' )
```

说明：逻辑文件名是指在 T-SQL 语句中引用文件时使用的名称。创建数据库时，用户可以只指定数据文件，而不指定日志文件；但不可以不指定数据文件，而只指定日志文件。

例 3.3 创建一个数据库 test3，要求：①主数据文件逻辑名为 test3_data，物理文件名为 d:\database\test3_data.mdf，文件初始大小为 10MB，最大容量不受限制，文件增长量为 2MB；②日志文件逻辑名为 test3_log，物理文件名为 d:\database\test3_log.ldf，文件初始大小为 5MB，最大容量为 10MB，文件增长量为 5%。

```
CREATE DATABASE test3
    ON
      ( name = test3_data, filename = 'd:\database\test3_data.mdf',
        size = 10, maxsize = unlimited, filegrowth = 2 )
    LOG ON
      ( name = test3_log, filename = 'd:\database\test3_log.ldf',
        size = 5, maxsize = 10, filegrowth = 5 % )
```

说明：①关键字 ON 引导的是数据文件，而关键字 LOG ON 引导的是日志文件；②每一个文件的属性信息单独写在一对圆括号内，各属性之间用逗号隔开；③同类型的文件之间也用逗号隔开。

例 3.4 创建一个数据库 test4，要求：①数据文件有 4 个，其逻辑名分别为 test4a_data、test4b_data、test4c_data、test4d_data，物理文件都放在 d:\database 文件夹中，其文件名分别为 test4a.mdf、test4b.ndf、test4c.ndf、test4d.ndf，文件其他所有参数都取默认值；②文件 test4a_data 组成主文件组 primary，文件 test4b_data 和 test4c_data 组成辅助文件组 group1，文件 test4d_data 组成辅助文件组 group2；③日志文件逻辑名为 test4_log，物理文

件名为 d:\database\test4.ldf,文件其他所有参数都取默认值。

```
CREATE DATABASE test4
    ON primary
       ( name = test4a_data, filename = 'd:\database\test4a.mdf' ),
       filegroup group1
       ( name = test4b_data, filename = 'd:\database\test4b.ndf' ),
       ( name = test4c_data, filename = 'd:\database\test4c.ndf' ),
       filegroup group2
       ( name = test4d_data, filename = 'd:\database\test4d.ndf' )
    LOG ON
       ( name = test4_log, filename = 'd:\database\test4.ldf' )
```

本语句执行后数据库 test4 共有 3 个文件组,其中的主文件组(primary)是默认文件组。

3. CREATE SCHEMA 语句

在 SQL 语言中,定义模式(Schema)实际上是定义了一个命名空间,在这个空间中可以定义该模式包含的数据库对象,如基本表、视图等。目前,在 CREATE SCHEMA 中可以接受 CREATE TABLE、CREATE VIEW 和 GRANT 子句,也就是说用户在创建模式的同时可以在这个模式定义中进一步创建基本表、视图,定义授权。T-SQL 语言支持 CREATE SCHEMA 语句,创建的模式(T-SQL 语言称为架构)都属于当前数据库,该语句格式如下:

```
CREATE SCHEMA <模式名> [ AUTHORIZATION <所有者名> ]
       [ { <表定义子句> | <视图定义子句> | <授权定义子句> } [, … n ] ]
```

说明:语句格式中的"|"表示或,花括号表示必须在其中选择一项。模式的所有者可以是用户或角色,在模式内创建的对象由模式所有者拥有。如果在创建模式时缺省所有者,则所有者为当前用户。

例 3.5 为 test2 数据库中的用户 dbo 创建一个模式 Study。

```
CREATE SCHEMA Study AUTHORIZATION dbo
```

例 3.6 为 test2 数据库中的用户 dbo 创建一个模式 Exam,并在其中定义一张表 Table1。

```
CREATE SCHEMA Exam AUTHORIZATION dbo
    CREATE TABLE Table1( Tno smallint, Cname varchar(20), Result char(2) )
```

4. ALTER DATABASE 语句

T-SQL 语言提供了修改数据库语句 ALTER DATABASE,通过该语句可以增加或删除数据文件(或日志文件),增加或删除文件组,修改文件或文件组的属性,也可以重命名文件组名或数据库名。ALTER DATABASE 语句格式如下:

```
ALTER DATABASE <数据库名>{
    ADD FILE <文件说明>[, … n] [TO FILEGROUP <文件组名>]
     | ADD LOG FILE [<文件说明>[, … n]]
     | REMOVE FILE <逻辑文件名>
     | ADD FILEGROUP <文件组名>
```

```
    | REMOVE FILEGROUP <文件组名>
    | MODIFY FILE <文件说明>
    | MODIFY FILEGROUP <文件组名> {<文件组属性> | <NAME = 文件组新名>}
    | MODIFY NAME  =  <数据库新名>
    }
```

文件组属性有只读 Readonly、可读写 Readwrite 以及默认文件组 Default 三种，主文件组不能设置为只读。

例 3.7 将例 3.2 中数据库 test2 的主数据文件的最大容量改为 6MB，文件增长量改为 10%。

```
ALTER DATABASE test2
    MODIFY FILE ( name = test2_data, maxsize = 6, filegrowth = 10 % )
```

例 3.8 给例 3.3 中数据库 test3 添加一个包含两个辅助数据文件的辅助文件组 usergroup。

```
ALTER DATABASE test3
    ADD FILEGROUP usergroup
GO
ALTER DATABASE test3
    ADD FILE ( name = test3a_data, filename = 'd:\database\test3a_data.ndf' ),
             ( name = test3b_data, filename = 'd:\database\test3b_data.ndf' )
             TO FILEGROUP usergroup
```

说明：必须先添加文件组，再添加数据文件，这两个语句之间需加 GO 命令。GO 命令不是 SQL 语言中的语句，也不是 T-SQL 语言中的语句，它用于向 SQL Server 服务器发出一个信号，表示一批 T-SQL 语句结束了。

例 3.9 删除例 3.4 中数据库 test4 中的数据文件 test4d_data 和文件组 group2。

```
ALTER DATABASE test4
   REMOVE FILE test4d_data
GO
ALTER DATABASE test4
   REMOVE FILEGROUP group2
```

说明：必须先删除数据文件，再删除文件组。删除数据文件时，用的是文件的逻辑名，而不是物理名。

5. ALTER SCHEMA 语句

T-SQL 语言提供了修改模式语句 ALTER SCHEMA，通过该语句可以在同一数据库中的模式之间移动对象。ALTER SCHEMA 语句格式如下：

```
ALTER SCHEMA <模式名> TRANSFER <对象名>
```

例 3.10 将数据库 test2 中的模式 Exam 中的表 Table1 移到模式 Study 中。

```
ALTER SCHEMA Study TRANSFER Exam.Table1
```

6. DROP DATABASE 语句

当一个数据库中的数据失去使用价值后，可以删除该数据库以释放被占用的磁盘空间。

数据库被删除后,数据库中的所有数据库对象和数据库所使用的所有磁盘文件会一起被删除。T-SQL 语言中删除数据库的语句格式如下:

```
DROP DATABASE <数据库名>
```

例 3.11 删除数据库 test4。

```
DROP DATABASE test4
```

7. DROP SCHEMA 语句

当一个数据库中的模式失去使用价值后,可以删除该模式。SQL 语言中删除模式语句的格式如下:

```
DROP SCHEMA <模式名> { CASCADE | RESTRICT }
```

说明:语句中的 CASCADE 和 RESTRICT 两者必选其一。CASCADE(级联)表示在删除模式的同时把该模式中的所有数据库对象全部删除;RESTRICT(限制)表示如果该模式中定义了下属的数据库对象(如表、视图等),则拒绝执行该删除语句,只有当该模式中没有任何下属的对象时,才能执行 DROP SCHEMA 语句。

T-SQL 语言支持 DROP SCHEMA 语句,但被删除的模式中不能包含任何对象,所以该语句不能有 CASCADE 或 RESTRICT 选项。

例 3.12 删除数据库 test2 中的模式 Exam 和 Study。

```
DROP SCHEMA Exam
GO
DROP TABLE Study.Table1
GO
DROP SCHEMA Study
```

在结束本节之前,对数据库和模式再做一些说明。早期数据库的用户不得不相互协调以保证他们没有对不同的关系(表)使用相同的名字,当代数据库系统提供了三层结构的关系(表)命名机制。最顶层的由目录(Catalog)构成(在一些 RDBMS 的实现中用术语“数据库”代替术语“目录”),每个目录都可以包含模式,诸如表和视图等 SQL 对象都包含在模式中。每个连接到 RDBMS 的用户都有一个默认的目录和模式,如果用户想访问其他目录和模式中的表,那么必须指定目录名和模式名。

3.2.2 SQL 中的数据类型

关系模型中一个很重要的概念是域。关系中的每一个属性来自一个域,它的取值必须是域中的值。关系模型中域的概念,在 SQL 语言中用数据类型来实现。另一方面,与高级语言中的数据类型一样,SQL 语言中的数据类型就是指数据在计算机内的表现形式,包括数据的存储格式、分配的字节数、取值范围、数据的精度和小数位数以及可参加的运算。

1. 基本数据类型

SQL 标准定义了多种主要的数据类型,如表 3.1 所示。

表 3.1 SQL 的主要数据类型

数据类型	含义
char(n)	长度为 n 的定长字符串
varchar(n)	最大长度为 n 的变长字符串
int	整数类型(等价于 integer)
smallint	小整数类型
numeric(p,d)	定点数,由 p 位数字(不包括符号、小数点)组成,小数点后面有 d 位数字
real	单精度浮点数
double precision	双精度浮点数
float(n)	精度至少为 n 位数字的浮点数
date	日期,包含年、月、日,如'2018-07-30'
time	时间,包含时、分、秒,如'21:30:10'
timestamp	date 和 time 的组合,如'2018-07-30 21:30:10'

2. SQL Server 2014 中的数据类型

在 SQL Server 2014 中,数据类型包括字符类型、数值类型、日期时间类型、货币类型和二进制数据类型等,而数值类型又分为整数类型、精确数值类型和近似(浮点)数值类型。

1) 字符类型

字符类型用于存储非 Unicode 字符,包括汉字、英文字母、数字、标点符号及其他字符,有以下三种类型。

char(n)用于存储定长字符串,1≤n≤8 000,占用 n 字节存储空间。如字符串实际存储字节数小于 n 字节,则补足存储。如字符串实际存储字节数大于 n 字节,则截断存储。注意,char(4)能存储 4 个英文字母,但只能存储 2 个汉字,因为每个汉字需要 2 字节存储空间。

varchar(n)用于存储可变长度字符串,1≤n≤8 000。如字符串实际存储字节数小于 n+2 字节,则按实际字节数存储。如字符串实际存储字节数大于 n+2 字节,则截断存储。

text 可用于存储最多 $2^{31}-1$ 字节的非 Unicode 字符数据,如一个报告或一篇小说。

2) Unicode 字符类型

Unicode 字符类型中的每个字符都采用 2 字节编码,它也有三种类型,其用法与字符类型中相应类型的用法相同。

nchar(n)用于存储定长 Unicode 字符串,1≤n≤4 000,占用 2n 字节存储空间。注意,nchar(4)能存储 4 个英文字母,也能存储 4 个汉字。

nvarchar(n)用于存储可变长度 Unicode 字符串,1≤n≤4 000。

ntext 可用于存储最多 $2^{30}-1$ 个 Unicode 字符数据。

3) bit 类型

bit 类型只能用于存储 1、0 或 null,占用 1bit 的存储空间。如果一个表中只有一个 bit 类型的列,则也要占用 1 字节;如果一个表中有小于等于 8bit 类型的列,则这些列作为 1 字节存储;如果有 9~16 个 bit 类型的列,则这些列作为 2 字节存储,以此类推。

4) 整数类型

整数类型用于存储整数,有四种类型。

tinyint 用于存储范围在 0～255 的整数，占用 1 字节存储空间。

smallint 用于存储范围在 $-2^{15}\sim2^{15}-1$ 之间的整数，占用 2 字节存储空间。

int 用于存储范围在 $-2^{31}\sim2^{31}-1$ 之间的整数，占用 4 字节存储空间。

bigint 用于存储范围在 $-2^{63}\sim2^{63}-1$ 之间的整数，占用 8 字节存储空间。

5）精确数值类型

精确数值类型为 decimal[(p[,s])]（等价于 numeric[(p[,s])]）用于存储 $-10^{38}+1\sim10^{38}-1$ 之间的数据。它在使用时可以指定精度 p（1≤p≤38）和小数位数 s（0≤s≤p），默认精度 p 为 18，默认小数位数 s 为 0。精确数值类型占用的存储空间与 p 的取值有关。当 p 取值 1～9 时，占用 5 字节；当 p 取值 10～19 时，占用 9 字节；当 p 取值 20～28 时，占用 13 字节；当 p 取值 29～38 时，占用 17 字节。

6）近似（浮点）数值类型

近似数值类型用于存储浮点数，有两种类型。

real 用于存储－3.40E＋38～3.40E＋38 之间的浮点数，占用 4 字节存储空间。

float[(n)]用于存储－1.79E＋308～1.79E＋308 之间的浮点数，1≤n≤53，n 的默认值为 53。SQL Server 2014 对 n 做这样处理：当 n 为 1～24 时，则将 n 视为 24，有 7 位精度，占用 4 字节存储空间；当 n 为 25～53 时，则将 n 视为 53，有 15 位精度，占用 8 字节存储空间。

注意，real 的 SQL92 同义词为 float(24)，double precision 的同义词为 float(53)，但 SQL Server 2014 本身没有 double precision 类型。

7）日期时间类型

日期时间类型用于存储日期和时间，它等价于 SQL2003 标准中的 timestamp 数据类型。如果没有提供日期，则将 1900 年 1 月 1 日作为默认值；如果没有提供时间，则将 00:00:00.000 作为默认值。年月日之间的分隔符可以是连字符(-)、斜杠(/)或小数点(.)。它有两种类型。

smalldatetime 用于存储 1900 年 1 月 1 日—2079 年 6 月 6 日的日期时间，精度为 1 分钟，占用 4 字节存储空间。

datetime 用于存储 1753 年 1 月 1 日—9999 年 12 月 31 日的日期时间，精度为 3.33 毫秒，占用 8 字节存储空间。

8）货币类型

货币类型精确到它们所代表的货币单位的万分之一，有两种类型。

smallmoney 用于存储－214 748.364 8～214 748.364 7 之间的数据，占用 4 字节存储空间。

money 用于存储－922 337 203 685 477.580 8～922 337 203 685 477.580 7 之间的数据，占用 8 字节存储空间。

9）二进制数据类型

二进制数据类型用于存储图像、声音等数据，有三种类型。

binary(n)用于存储定长二进制数据，1≤n≤8 000，占用 n 字节存储空间。如数据实际存储字节数小于 n 字节，则补足存储。如数据实际存储字节数大于 n 字节，则截断存储。

varbinary(n)用于存储可变长二进制数据，1≤n≤8 000。如数据实际存储字节数小于 n＋2 字节，则按实际字节数存储。如数据实际存储字节数大于 n＋2 字节，则截断存储。

image 可用于存储最多 $2^{31}-1$ 字节的二进制数据，如一首歌曲或一部电影。

最后要说明的是：

(1) SQL Server 的未来版本中将删除 text、ntext 和 image 数据类型，分别改为 varchar(max)、nvarchar(max) 和 varbinary(max)数据类型。因此，请尽量避免在新开发工作中使用 text、ntext 和 image 数据类型，并考虑修改当前还在使用这些数据类型的应用程序。顺便说明一下，SQL 语言标准中提供了与此相关的数据类型，称为"大对象类型"。大对象类型有 clob 和 blob 两种，前者用于存放字符数据，而后者用于存放二进制数据。显然，T-SQL 语言在支持大对象类型时采用了非标准格式。

(2) SQL Server 2014 中也有 timestamp 数据类型，但它不同于 SQL 2003 标准中定义的 timestamp 数据类型。timestamp 通常用于给表中的行加版本戳的机制，存储大小为 8 字节。一个表只能有一个 timestamp 列，每次插入(或修改)包含 timestamp 列的行时，就会在 timestamp 列中插入(或修改)时间戳值(它是一个相对时间，而不是与时钟相关联的实际时间)，以便确定该行中的任何值自上次读取以后是否发生了修改。

3. 用户自定义的数据类型

SQL 语言提供了两种形式的用户自定义数据类型。一种称为独特类型(Distinct Type)，另一种称为结构化数据类型(Structured Data Type)，如记录结构、数组、多重集合等复杂的数据类型。在 SQL99 标准中提供了 CREATE TYPE 语句来创建用户自定义数据类型。下面只介绍独特类型，不介绍结构化数据类型。

SQL Server 将独特类型的用户自定义数据类型称为别名数据类型。在 SQL Server 早期的版本中只能通过系统存储过程 sp_addtype 来创建别名数据类型，SQL Server 2014 支持 CREATE TYPE 语句，所以也可以用该语句来创建别名数据类型。下面通过举例说明如何用 sp_addtype 和 CREATE TYPE 创建别名数据类型。

例 3.13 创建别名数据类型 ssn，它基于 char(8)，并且不允许取空值。

```
EXEC sp_addtype ssn, 'char(8)', 'NOT NULL'
```

或

```
CREATE TYPE ssn FROM char(8) NOT NULL
```

需要说明的是：

(1) 用户创建的别名数据类型如果不再使用，可以删除。如例 3.13 中创建的 ssn 可以用 EXEC sp_droptype ssn 或 DROP TYPE ssn 删除。

(2) 虽然可以用 sp_addtype 和 CREATE TYPE 两种方法创建别名数据类型，但考虑到在 SQL Server 的未来版本中将删除 sp_addtype，所以请尽量避免在新的开发工作中使用 sp_addtype，改为使用 CREATE TYPE 语句。另外，SQL Server 2014 中系统将自动授予 PUBLIC 数据库角色对通过使用 sp_addtype 创建的别名数据类型具有 REFERENCES 权限。当使用 CREATE TYPE 语句而不是 sp_addtype 创建别名数据类型时，系统不会进行自动授权。

(3) 就创建独特类型的用户自定义数据类型而言，SQL Server 2014 中的 CREATE TYPE 语句与 SQL99 标准中的 CREATE TYPE 语句用法相似，其他情况下用法差异较大。

(4) SQL92 标准中通过引入 CREATE DOMAIN 语句来创建域,域与类型相似但又有差异,关于域与类型的差别请参考相关文献。SQL Server 2014 不支持 CREATE DOMAIN 语句。

3.2.3 基本表的创建、修改与删除

基本表是实际存在的表,在数据库中既要存放它的定义(即基本表的结构),又要存放它的数据,基本表的定义存放在数据库的数据字典中。在 SQL Server 中,基本表分为系统表和用户表两种。

系统表中的数据构成了 SQL Server 系统的数据字典,系统表记录了服务器所有活动的信息,包括所有存储在其中的对象(如数据类型、表、列、约束、索引、视图等)、系统配置信息、本地登录信息、错误或警告信息、数据封锁信息等。一些系统表只存在于 master 数据库中,它们包含系统级信息;另一些系统表则存在于每一个数据库(包括 master 数据库)中,它们包含属于这个特定数据库的对象和资源的相关信息。用户不能直接修改系统表,也不能直接检索系统表中的信息,如确要检索存储在系统表中的信息,应通过系统视图(sys 开头或 INFORMATION_SCHEMA 开头的视图)来进行。

用户表是由用户创建的表,用来存储用户的数据,它又分为永久表和临时表两种。永久表存储在用户数据库中,用户数据通常存储在永久表中,如果用户没有删除永久表,永久表及其存储的数据将永久存在。临时表存储在 tempdb 数据库中,临时表又分为本地临时表和全局临时表。本地临时表的表名以 # 开头,仅对连接数据库的当前用户有效,用户断开连接,自动删除。全局临时表的表名以 ## 开头,对连接数据库的所有用户有效,所有用户断开连接,才自动删除。

1. CREATE TABLE 语句

关系模型中域的概念在 SQL 语言中用数据类型来实现,所以在定义表的列(即属性)时,需要指明其数据类型及长度。创建表时还可以定义各类完整性约束条件,3.3 节中将详细介绍如何在创建表时定义各类完整性约束条件。T-SQL 语言中 CREATE TABLE 语句格式如下:

```
CREATE TABLE [<数据库名> . [ <模式名> ] . | <模式名> . ] <表名>
    ( <列名> <数据类型> [ <列级完整性约束条件> ] [, …n]
     [ , <表级完整性约束条件> [, …n] ]
     [ ON { 文件组名 | default } ]
    )
```

说明:在创建表时,如果缺省数据库名,则创建在当前数据库中;如果缺省模式名,则创建的表属于当前用户的默认模式。另外,通过 ON 子句,用户可以指定存储表的文件组。

例 3.14 创建一张名为 S 的学生表。

```
CREATE TABLE S
(  Sno    char(8) ,
   Sname  char(10) ,
   Ssex   char(2) ,
   Sage   tinyint ,
   Major  char(8)
)
```

实际应用常常要求创建与现有的某个表的模式(结构)相同的表,SQL 语言提供了 CREATE TABLE LIKE 语句来支持这项任务。如 CREATE TABLE S_Copy LIKE S 创建的表 S_Copy 与例 3.14 中创建的表 S 的结构完全相同。MySQL 5.5 支持 CREATE TABLE LIKE 语句,但 SQL Server 2014 不支持该语句。

2. ALTER TABLE 语句

随着应用环境和应用需求的变化,有时需要修改已经创建好的基本表。修改表不仅能修改表的结构(如增加列、删除列和修改现有列的数据类型),还能增加约束、删除约束等。但是修改表时,不能破坏表原有的数据完整性,如不能为有空值的列设置为主码等。T-SQL 语言中 ALTER TABLE 语句格式如下:

```
ALTER TABLE [<数据库名>. [ <模式名> ]. | <模式名>. ] <表名> {
  ADD { <列名> <数据类型> [ <列级约束条件> ] | <表级约束条件> } [, …n ]
  | DROP { COLUMN <列名> | [ CONSTRAINT ] <约束名> } [, …n ]
  | ALTER COLUMN <列名> <数据类型>
  }
```

例 3.15 修改例 3.14 中创建的 S 表,给它增加 Address 和 Mphone 列,同时将 Major 列的数据类型改为 char(12)。

```
ALTER TABLE S
   ADD Address varchar(50), Mphone char(11)
GO
ALTER TABLE S
   ALTER COLUMN Major char(12)
```

3. DROP TABLE 语句

当表确实不需要时,可以删除表。表的所有者可以删除所属数据库中的任何表,但不能删除系统表和外码约束所参照的表,如果确实需要删除,必须先删除外码约束或参照表。删除表的同时会删除表中的所有数据以及表相关的索引、约束、触发器和指定的权限。任何引用已删除表的视图或存储过程都必须使用 DROP VIEW 或 DROP PROCEDURE 显式删除。T-SQL 语言中 DROP TABLE 语句格式如下:

```
DROP TABLE [<数据库名>. [ <模式名> ]. | <模式名>. ] <表名> [, …n ]
```

例 3.16 删除例 3.14 中创建的 S 表。

```
DROP TABLE S
```

3.3 完整性约束的实现

3.3.1 数据库完整性的概念

数据库完整性是指数据库的任何状态变化都能反映真实存在的客观世界的合理状态,数据库中的数据应始终保持正确且合理的状态。也就是说,数据库的完整性是指数据的正确性和相容性。所谓正确性是指数据是有效的,有意义的,而不是荒谬的或不符合实际的。例如,学生的学号必须唯一;性别只能是男或女;学生所选修的课程必须是本校开设的课程；成绩必须是 0～100 的数。所谓相容性是指数据之间不能相互矛盾。例如，从一个数据本身来说，工人的年龄是 30 岁和工人的工龄 20 岁两者都是正确的，但如果同一个工人的年龄是 30 岁而工龄是 20 岁却是矛盾的，不相容的。

关系数据库中数据的正确性和相容性是通过关系模型中的完整性约束条件来保证的。从理论上来说，这一组完整性约束条件的实现既可以在应用程序中实现，也可以由 DBMS 系统自动实现。由应用程序实现的缺点是对每个更新操作都要编写程序进行完整性检查，显得比较烦琐且效率低下。而由 DBMS 实现就有效减轻了程序员的负担，既提高了完整性检测的效率又可以防止漏检。

为了维护数据库的完整性，DBMS 必须具有如下功能。

(1) 提供定义完整性约束条件的机制。现在，这一机制是由 SQL 语言中的 DDL 语句(如 CREATE TABLE 语句)提供的。

(2) 提供完整性检查的方法。DBMS 检查数据是否满足完整性约束条件的机制称为完整性检查。现在，一般在 INSERT、DELETE、UPDATE 语句执行后开始检查，也可以在事务提交时检查。检查这些操作执行后，数据库中的数据是否违反了完整性约束条件。

(3) 违约处理。DBMS 若发现操作违反了完整性约束条件，就应采取一定的动作(如拒绝执行该操作)进行违约处理来保证数据库的完整性。

目前商用的 DBMS 产品普遍都支持完整性控制，即 DBMS 都有完整性定义、完整性检查和违约处理这三方面的机制。

3.3.2 各类完整性约束的实现

1. 实体完整性约束

关系模型中的实体完整性约束可用 CREATE TABLE 语句中的 PRIMARY KEY 短语实现。用 PRIMARY KEY 定义一个表的主码，也就实现了实体完整性约束。当主码由单个属性构成时，PRIMARY KEY 可以定义为列级约束条件，也可以定义为表级约束条件。当主码由多个属性构成时，PRIMARY KEY 必须定义为表级约束条件。

定义了实体完整性约束后，当插入或修改操作使得表中属性的取值违反实体完整性约束(即主码值不唯一或主码的各个属性中有一个属性取值为空)时，系统一般采用拒绝执行方式处理。

2. 参照完整性约束

关系模型中的参照完整性约束可用 CREATE TABLE 语句中的 FOREIGN KEY…REFERENCES 短语实现。其中用 FOREIGN KEY 定义一个表的外码，用 REFERENCES 指明外码参照哪张表的主码，这样就实现了参照完整性约束。当外码由单个属性构成时，FOREIGN KEY 可以定义为列级约束条件，也可以定义为表级约束条件。当外码由多个属性构成时，FOREIGN KEY 必须定义为表级约束条件。另外，在定义参照完整性约束时，参照表的外码的列数与被参照表主码的列数必须相同，并且对应列的数据类型也必须相同，但是外码的列名与被参照表主码的列名不必相同。

一个参照完整性约束将两张表中的相关元组联系起来了。以后，当对被参照表或参照表进行插入、删除或修改时都有可能破坏参照完整性约束，必须进行检查。表 3.2 给出了可能破坏参照完整性的情况及违约处理方式。

表 3.2 可能破坏参照完整性的情况及违约处理方式

被参照表(例如 S)	参照表(例如 SC)	违约处理方式
可能破坏 ←	插入元组	拒绝
可能破坏 ←	修改外码值	拒绝
删除元组 →	可能破坏	拒绝/级联删除/设置为空值
修改主码值 →	可能破坏	拒绝/级联修改/设置为空值

下面介绍违约处理方式。

(1) 拒绝(NO ACTION)执行,即不允许执行该操作,一般为默认违约处理方式。

(2) 级联(CASCADE)操作,表示当删除或修改被参照表的一个元组造成了参照表中某些元组的外码违反了参照完整性约束,则系统会自动删除或修改参照表中所有违反参照完整性约束的元组。例如,删除了被参照表 S 中学号为 16001 的学生,则系统会自动删除参照表 SC 中所有学号为 16001 的元组。

(3) 设置为空值(SET NULL),表示当删除或修改被参照表的一个元组造成了参照表中某些元组的外码违反了参照完整性约束,则系统会自动将参照表中所有违反参照完整性约束的元组的外码设置为空值。例如,设有下列关系模式(见 2.4.2 节)。

专业(专业号,专业名,创办日期,所属学院)

学生(学号,姓名,性别,年龄,专业号,班长)

课程(课程号,课程名,课程类型,学时,学分)

选修(学号,课程号,选修日期,成绩)

当专业表中专业号为 14 的元组被删除后,学生表中专业号为 14 的所有元组的专业号(外码)设置为空值。这样处理的语义是:某个专业被删除了(撤销了),该专业的所有学生专业未定,等待重新分配专业。

需要说明的是,有时不能选择“设置为空值”这种处理方式。例如,当学生表中学号为 16001 的学生被删除后,选修表中的学号(外码)不能设置为空值。因为选修表中的学号既是外码又是本表主码中的属性,如果主码中的属性取空值,就违反了实体完整性约束。

3. 用户定义的完整性约束

关系模型中的用户定义的完整性约束就是针对某一具体应用的数据必须满足的语义要求,这种约束具体反映在三个方面:①单个属性上的完整性约束;②同一个表中各属性之间(即元组上)的完整性约束;③多个表中各属性之间的完整性约束。通过这三个方面的约束来对表中属性的取值进行限制。当插入或修改操作使得表中属性的取值违反用户定义的完整性约束时,系统一般采用拒绝执行的方式处理。

一个关系的关系模式中的属性(列)和域分别对应 SQL 语言中的一个基本表的属性和数据类型。虽然在用 CREATE TABLE 语句创建基本表时已经定义了各属性所对应的数据类型,但为了实现属性上和元组上的完整性约束,还应分别进一步定义列级完整性约束条件和表级完整性约束条件。在 SQL 语言中,列级和表级完整性约束都有 NOT NULL(属性取非空值)、UNIQUE(属性取值唯一)和 CHECK(检查属性值是否满足一个逻辑表达式)三种形式。另外,T-SQL 语言中的 DEFAULT(属性取默认值)也可以理解为列级完整性约束。

多个表中各属性之间的完整性约束(除了参照完整性约束)的实现一般可采用触发器机制。关于触发器的详细介绍见第 6 章。

4. 各类完整性约束实现举例

下面采用 T-SQL 语言来举例说明各类完整性约束的实现,例中所涉及的关系模式(即为 2.5.4 节中的关系模式)如下。

学生关系模式：S(Sno,Sname,Ssex,Sage,Major,Address,Mphone)

课程关系模式：C(Cno,Cname,Ctype,Ctime,Credit)

教师关系模式：T(Tno,Tname,Tsex,Tage,Title,Salary)

选修关系模式：SC(Sno,Cno,Sdate,Score)

授课关系模式：TC(Tno,Cno,Tdate,Remark)

例 3.17　创建学生表 S、课程表 C 和教师表 T,同时定义各表的主码并给相关属性加上必要的约束条件,以实现实体完整性约束和用户定义的完整性约束。

```
CREATE TABLE S
(  Sno      char(8)       PRIMARY KEY ,                   /* 实体完整性 */
   Sname    char(10)      NOT NULL ,                      /* 用户定义的完整性 */
   Ssex     char(2)       CHECK ( Ssex IN ('男','女') ) , /* 用户定义的完整性 */
   Sage     tinyint ,
   Major    char(8) ,
   Address  varchar(50) ,                                 /* 下面也是用户定义的完整性 */
   Mphone   char(11)      CONSTRAINT  uq_S  UNIQUE
)
CREATE TABLE C
(  Cno      char(6)       PRIMARY KEY ,
   Cname    char(20)      NOT NULL ,
   Ctype    char(4)       CHECK ( Ctype IN ('公共','基础','必修','选修','实践') ) ,
   Ctime    tinyint       CHECK ( Ctime BETWEEN 18 AND 108 ) ,
   Credit   tinyint       CHECK ( Credit BETWEEN 1 AND 6 )
)
CREATE TABLE T
(  Tno      char(8)       PRIMARY KEY ,
   Tname    char(10)      NOT NULL ,
   Tsex     char(2)       CHECK ( Tsex IN ('男','女') ) ,
   Tage     tinyint       CHECK ( Tage BETWEEN 20 AND 80 ) ,
   Title    char(6)       CHECK ( Title IN ('助教','讲师','副教授','教授') ) ,
   Salary   decimal(8,2)  CHECK ( Salary BETWEEN 2000 AND 100000 )
)
```

说明：在 T-SQL 语言中,用"/ * "表示注释的开始,用" * /"表示注释的结束。CHECK 条件中出现的 IN 和 BETWEEN…AND 运算符的含义在 3.4 节中介绍。

例 3.18　创建选修表 SC 和授课表 TC,同时定义各表的主码和外码以实现实体完整性约束和参照完整性约束。

```
CREATE TABLE TC
(  Tno   char(8) FOREIGN KEY REFERENCES T(Tno) ON UPDATE CASCADE ,
   Cno   char(6) FOREIGN KEY REFERENCES C(Cno) ON UPDATE CASCADE ,
   Tdate   char(6) ,
```

```
   Remark decimal(3,1) ,
   CONSTRAINT  pk_TC  PRIMARY KEY ( Cno,Tdate )
)
CREATE TABLE SC
(  Sno  char(8) FOREIGN KEY REFERENCES S(Sno) ON UPDATE CASCADE ,
   Cno  char(6) ,
   Sdate  char(6) ,
   Score  tinyint ,
   CONSTRAINT  pk_SC  PRIMARY KEY ( Sno,Cno,Sdate ) ,
   FOREIGN KEY ( Cno,Sdate ) REFERENCES TC ( Cno,Tdate )
                        ON DELETE CASCADE ON UPDATE CASCADE
)
```

说明：本例中假定同一门课程同一时间段(即同一个学期)只有一位任课老师，但同一位老师同一时间段可以有一门以上课程的教学任务，所以TC表的主码为(Cno，Tdate)。因为两张表的主码都由一个以上的属性组成，所以PRIMARY KEY必须作为表级约束条件，而不能作为列级约束条件。注意，SC表中的外码(Cno，Sdate)与被参照表TC中的主码(Cno，Tdate)的属性名可以不同，由于该外码由两个属性组成，所以它也必须作为表级约束条件。另外，外码Tno、Cno和Sno对于修改都采用级联修改处理方式，对于删除则采用默认的拒绝执行处理方式；而外码(Cno，Sdate)对于删除或修改都采用级联删除或修改处理方式。

3.3.3 表中完整性约束的增加与删除

前面在用CREATE TABLE语句实现各类完整性约束时，对表级或列级的约束条件，有的用关键字CONSTRAINT给约束条件命名，有的没有用关键字CONSTRAINT给约束条件命名。事实上，在SQL Server 2014中无论对表级还是列级约束条件，只要用户没有给约束条件命名，系统都会自动给约束条件命名，如图3.2所示。由于在例3.17中用CREATE TABLE语句创建表S时，只有UNIQUE约束是命名的，其他三个约束都没有命名，但从图中可以看出其中两个约束(NOT NULL除外)系统都自动给命名了。

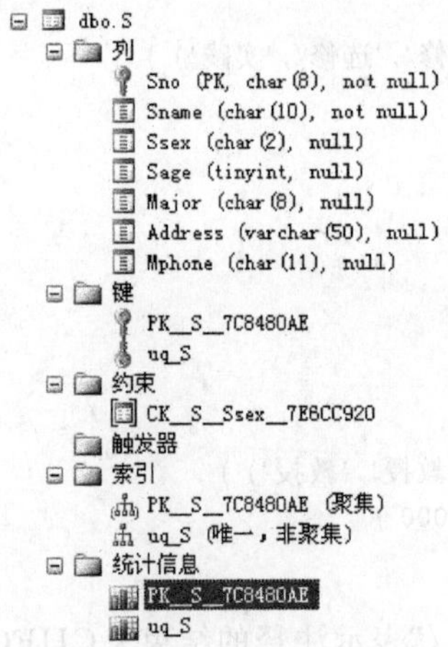

图3.2 例3.17中创建的表S

如果在创建基本表时，遗漏了各类完整性约束条件(NOT NULL除外)，都可以用ALTER TABLE语句增加。

例3.19 如果规定：①职称不是教授的教师必须在60岁退休；②对教师授课的评价在0到10分之间；③学生选修某门课程的成绩在0到100分之间。请给已经创建的基本表T、TC和SC增加这些完整性约束条件。

```
ALTER TABLE T
   ADD CONSTRAINT  ck_T
               CHECK ( Title!= '教授' AND Tage < 60 OR Title = '教授' )
ALTER TABLE TC
   ADD CONSTRAINT  ck_TC CHECK ( Remark BETWEEN 0 AND 10 )
```

```
ALTER TABLE SC
   ADD  CONSTRAINT  ck_SC  CHECK ( Score BETWEEN 0 AND 100 )
```

对于实际具体应用取消了的某些约束条件(NOT NULL 除外),可以用 ALTER TABLE 语句删除。如果要修改已经存在的某些约束条件,可以通过删除后再增加的方法来实现。给完整性约束条件命名的作用就在于方便删除。

例 3.20 如果规定对教师授课的评价在 0 到 5 分之间,请修改例 3.19 中的完整性约束条件 ck_TC。

```
ALTER TABLE TC
   DROP  CONSTRAINT  ck_TC
ALTER TABLE TC
   ADD  CONSTRAINT  ck_TC  CHECK ( Remark BETWEEN 0 AND 5 )
```

3.4 数据查询

前面已经介绍了数据库和基本表的创建以及各类完整性约束的实现,用 3.5 节中介绍的 INSERT 语句向表插入数据后,就可以根据用户的需要对表中的数据进行查询了。查询操作是数据库的核心操作,SQL 语言提供了 SELECT 语句实现对数据库的查询,该语句的一般格式如下:

```
SELECT [ALL | DISTINCT] <目标列表达式> [, … ]
FROM <表名或视图名> [, … ]
[ WHERE <元组筛选条件> ]
[ GROUP BY <列名> [, … ] [ HAVING <小组筛选条件> ] ]
[ ORDER BY <列名> [ ASC | DESC ] [, … ] ]
```

整个 SELECT 语句的语义是:根据 WHERE 子句中的元组筛选条件,从 FROM 子句指定的表或视图中找出满足条件的元组,再按 SELECT 子句中的目标列表达式,选出元组中的属性值形成结果表。如果有 GROUP BY 子句,则将结果按指定的列分组。分组后,通常会在每组中作用聚集函数,一个小组中的数据经聚集函数运算后在结果表中形成一个元组。如果 GROUP BY 子句后有 HAVING 子句,则只有满足小组筛选条件的小组才会在结果表输出。如果有 ORDER BY 子句,则结果表中的元组还要按指定列的值升序或降序排序。

由于 SELECT 语句使用灵活、功能强大,下面以 2.5.4 节中的表 2.5～表 2.9 为背景来详细介绍该语句的使用。希望读者把这些举例用于上机实践,加深对语句语义的理解。

3.4.1 单表查询

从 SELECT 语句的一般格式可以看出,许多子句(如 WHERE 子句)是可选项,但 FROM 子句是必选的,它表示查询的对象。如果查询的对象是一张表,就是单表查询。

1. SELECT 子句

SELECT 子句是必选项,用来列出查询结果表中所需要的列,实际上,它就是关系代数中的广义投影运算。

例 3.21 找出每个学生的学号、姓名和出生年份。

```
SELECT Sno, Sname, 2018 - Sage AS BirthYear
FROM S
```

说明：与广义投影一样，SELECT 子句后面列出的可以是属性名，也可以是表达式。如果是表达式可以用“AS 属性名”的形式给表达式对应的列命名，其中关键字 AS 可以不写。

例 3.22 找出全体学生所学专业的专业名。

```
SELECT DISTINCT Major
FROM S
```

说明：投影运算会自动删除结果关系中重复的行，但 SELECT 子句不会这样做。从 SELECT 子句的语法上看，在关键字 SELECT 和“目标列表达式”之间可以加关键字 ALL 或 DISTINCT。如果缺省关键字，默认就是 ALL，也就是保留重复行的意思。显然，加关键字 DISTINCT 就是自动删除查询结果表中重复的行。

例 3.23 找出全体学生的详细信息。

```
SELECT *
FROM S
```

说明：* 表示 S 表中的所有列都要输出显示，输出显示的顺序与创建 S 表时的属性列的顺序一致。如果顺序不一致，还是要把属性一个一个列出来，例如：

```
SELECT Sno, Sname, Ssex, Sage, Mphone, Major, Address
FROM S
```

2. WHERE 子句

WHERE 子句是可选项，只有满足“元组筛选条件”的元组才能出现在查询结果表中，实际上，它就是关系代数中的选择运算。元组筛选条件是一个逻辑表达式，其中常用的运算符见表 3.3，下面通过举例来说明各类运算符的使用。

表 3.3 元组筛选条件中常用的运算符

运算符种类	运 算 符
比较	=,>,>=,<,<=,<>,!=,!>,!<
逻辑	AND,OR,NOT
确定范围	BETWEEN AND,NOT BETWEEN AND
集合属于	IN,NOT IN
字符匹配	LIKE,NOT LIKE
空值比较	IS NULL,IS NOT NULL

例 3.24 找出计算机专业中年龄为 21 岁的学生的学号、姓名和联系电话。

```
SELECT Sno, Sname, Mphone
FROM S
WHERE Major = '计算机' AND Sage = 21
```

说明：SQL 语言使用一对单引号来表示字符串，例如'Computer'。如果单引号是字符串的组成部分,那就用两个单引号字符来表示,例如字符串“It's right”可表示为“It''s right”。在SQL 标准中,字符串上的比较运算是大小写敏感的,例如'Computer'='COMputer'的结果是假。但 SQL Server 2014 在默认情况下做比较运算时是不区分大小写的,所以'Computer'='COMputer'的结果是真。另外,如果任何一个参数不属于字符串数据类型,则 SQL Server 2014 会将其转换为字符串数据类型(如果可能)后再比较,例如本例中的条件 Sage=21 写成 Sage='21'也可以(当然不建议这样做)。

例 3.25 找出年龄在 30~50 岁(包括 30 岁和 50 岁)的教师的工号、姓名和职称。

```
SELECT Tno, Tname, Title
FROM T
WHERE Tage BETWEEN 30 AND 50
```

说明:元组筛选条件中的 Tage BETWEEN 30 AND 50 等价于 30<=Tage AND Tage<=50。而条件不在 30~50 岁可表示为 Tage NOT BETWEEN 30 AND 50,等价于 Tage<30 OR Tage>50。

例 3.26 找出职称是教授或副教授的教师的工号、姓名和年龄。

```
SELECT Tno, Tname, Tage
FROM T
WHERE Title IN ('教授', '副教授')
```

说明:元组筛选条件中的 Title IN ('教授','副教授')等价于 Title='教授' OR Title='副教授'。而条件职称不是教授或副教授可表示为 Title NOT IN ('教授','副教授'),等价于 Title!='教授' AND Title!='副教授'(注意,这里不能用 OR 运算符)。

字符匹配运算符 LIKE 用来确定某字符串是否与指定的模式串相匹配,其一般格式如下:

```
<待匹配的字符串表达式> [NOT] LIKE <模式串> [ESCAPE <转义字符>]
```

其中模式串可以包含普通字符和通配符。在模式匹配过程中,普通字符必须与待匹配的字符串表达式中指定的字符完全匹配(即是大小写敏感的)。通配符主要有%和_,其中%(百分号)表示任意长度(长度可以为 0)的字符串;_(下画线)表示任意单个字符。

特殊情况下,如果模式串中不包含通配符,则 LIKE 等价于=运算符,NOT LIKE 等价于!=运算符。由于通配符可以与字符串中的任意部分字符串相匹配,所以,与使用=和!=比较运算符相比,使用通配符可使 LIKE 运算符更加灵活。

需要说明的是:SQL Server 2014 中文版在默认情况下,模式串中的普通字符与待匹配的字符串表达式中指定的字符匹配是不区分大小写的,_既可以表示一个 ASCII 字符,也可以表示一个汉字。

例 3.27 找出家在上海市的学生的学号、姓名和家庭地址。

```
SELECT Sno, Sname, Address
FROM S
WHERE Address LIKE '上海市%'
```

例 3.28 找出职称不是教授或副教授的教师的工号、姓名和年龄。

```
SELECT Tno, Tname, Tage
```

```
FROM T
WHERE Title NOT LIKE '%教授'
```

说明：本例中%可以表示长度为0的字符串，所以职称是教授的教师不满足查询条件。

例 3.29 找出姓名中第二个字是“文”的学生的学号、姓名和家庭地址。

```
SELECT Sno, Sname, Address
FROM S
WHERE Sname LIKE '_文%'
```

说明：本例中_表示一个汉字，%可以表示一个汉字或多个汉字，也可以表示0个汉字，所以姓名是“张文杰”或“李文”的学生均满足查询条件。但姓名是“欧阳文杰”的学生不满足查询条件，因为_只能表示一个汉字。

如果待匹配的字符串表达式中本身就含有通配符%或_，这时就要使用 ESCAPE <转义字符>，对通配符进行转义。

例 3.30 找出课程名以“C_”开头的课程的课程号、课程名和学分。

```
SELECT Cno, Cname, Credit
FROM C
WHERE Cname LIKE 'C\_%'ESCAPE '\'
```

说明：由于在通配符_前有转义字符\，所以该_被转义为普通的_字符，而它后面的%仍然作为通配符。

例 3.31 找出专业还没有确定的学生的详细信息。

```
SELECT *
FROM S
WHERE Major IS NULL
```

说明：专业还没有确定就是 Major 的值为空值，与空值比较不能写成 Major=NULL，而应用专用的 IS NULL 运算符。条件“专业已经确定”应写成 Major IS NOT NULL。

SQL92 规定对空值 NULL 进行运算时使用下列规则：

(1) NULL 值和其他任何值(包括另一个 NULL 值)进行算术运算(+、-、×、÷)时，其结果为 NULL；

(2) NULL 值和其他任何值(包括另一个 NULL 值)进行比较运算(>、>=、<、<=)时，其结果为 UNKNOWN。

在 SQL Server 2014 中，如果一个元组对应它的元组筛选条件计算出的结果值为 UNKNOWN，那么该元组不会出现在结果集中。

3. ORDER BY 子句

ORDER BY 子句是可选项，它表示对查询结果按照一个或多个属性值的升序(ASC)或降序(DESC)排列，如果缺省，默认就是 ASC。

例 3.32 找出所有课程的课程号、课程名和学分，查询结果按学分降序排列。

```
SELECT Cno, Cname, Credit
FROM C
ORDER BY Credit DESC
```

说明：对于 Credit 值为空值的元组，排序时的次序由具体系统实现来决定，含有空值的元组可以排在最前，也可以排在最后。各个系统的实现可以不同，但只要保持一致就行。

例 3.33　找出每个学生的姓名、专业和出生年份，查询结果按专业升序排列，专业相同按出生年份降序排列。

```
SELECT Sname, Major, 2018 - Sage
FROM S
ORDER BY Major, 3 DESC
```

说明：由于出生年份是通过计算表达式 2018-Sage 得到，又没有给出生年份列命名，这时可以用该列的序号"3"(即第 3 列)来代表出生年份。

4. 聚集函数和 GROUP BY 子句

在 2.5.3 节中已经介绍过聚集运算，这里介绍的是聚集运算的 SQL 实现。如果没有 GROUP BY 子句相当于不分组，查询结果表肯定只有一个元组(即一行)。如果有 GROUP BY 子句，那么每个小组在查询结果表中都会产生一个元组。SQL 语言中常用的聚集函数如表 3.4 所示，显然 SUM 和 AVG 函数中的列必须是数值型。如果指定 DISTINCT 关键字，则表示在计算时要取消指定列中的重复值。如果指定 ALL 关键字(如果缺省，默认就是 ALL)，则表示不取消指定列中的重复值。

表 3.4　SQL 语言中常用的聚集函数

聚集函数	功能
COUNT([DISTINCT|ALL] *)	统计元组的个数
COUNT([DISTINCT|ALL]列名)	统计一列中值的个数
SUM([DISTINCT|ALL]列名)	计算一列中值的总和
AVG([DISTINCT|ALL]列名)	计算一列中值的平均值
MAX([DISTINCT|ALL]列名)	求一列中值的最大值
MIN([DISTINCT|ALL]列名)	求一列中值的最小值

例 3.34　找出教师的总人数。

```
SELECT COUNT( * )
FROM T
```

例 3.35　找出选修了 1002 号课程的学生人数。

```
SELECT COUNT(DISTINCT Sno)
FROM SC
WHERE Cno = '1002'
```

说明：学生每选修一次 1002 号课程，在 SC 表中就对应一个元组。一个学生(如 16001 号学生)有可能因为不及格而多次选修 1002 号课程，为避免重复计算学生人数，必须在 COUNT 函数中使用 DISTINCT 关键字。

例 3.36　找出 2017 年秋 1001 号课程成绩的最高分、最低分、平均分以及选修人数。

```
SELECT MAX(Score), MIN(Score), AVG(Score), COUNT(Sno)
FROM SC
WHERE Sdate = '2017 秋' AND Cno = '1001'
```

需要说明的是：①在聚集函数遇到空值时，除 COUNT(＊)外，都会忽略空值而只处理非空值；②WHERE 子句的元组筛选条件中不能出现聚集函数。

例 3.37 找出 2017 年秋各门课程成绩的最高分、最低分、平均分以及选修人数。

```
SELECT Cno, MAX(Score), MIN(Score), AVG(Score), COUNT(Sno)
FROM SC
WHERE Sdate = '2017 秋'
GROUP BY Cno
```

说明：在求解时先把不是 2017 秋的选课记录丢掉，再根据课程号分组，课程号的值相同的为一组，然后对每一组分别求最高分、最低分、平均分以及选修人数。

例 3.38 找出各个学期各门课程成绩的最高分、最低分、平均分以及选修人数，查询结果按选修日期升序排列，选修日期相同则按课程号升序排列。

```
SELECT Sdate, Cno, MAX(Score), MIN(Score), AVG(Score), COUNT(Sno)
FROM SC
GROUP BY Sdate, Cno
ORDER BY Sdate, Cno
```

说明：可以根据多个属性分组，本例中按选修日期和课程号分组，选修日期的值和课程号的值均相等的为一组。也可以理解为：先按 Sdate 属性分组，对每一小组再按 Cno 进一步分组。

需要说明的是：当 SQL 查询使用分组时，很重要的一点是要保证出现在 SELECT 子句中但没有被聚集的属性必须出现在 GROUP BY 子句中。也就是说，任何没有出现在 GROUP BY 子句中的属性如果出现在 SELECT 子句中的话，它只能出现在聚集函数内部，否则这样的查询是错误的。例如，下面的查询就是错误的，因为 Tno 没有出现在 GROUP BY 子句中，但它出现在 SELECT 子句中，而且没有被聚集。

```
SELECT Title, Tno, AVG(Salary)
FROM T
GROUP BY Title
```

5. HAVING 子句

有时，查询者可能并不对所有小组的统计结果感兴趣。例如，需要找出从未有过考试成绩不及格的学生。该条件并不针对选修表 SC 中的单个元组，而是针对 GROUP BY 分组后的小组。为表达这样的查询，需要 HAVING 子句来给出小组筛选条件。由于小组筛选条件是作用于一个组的，因此小组筛选条件中常会使用聚集函数。

例 3.39 找出从未有过考试成绩不及格的学生的学号。

```
SELECT Sno
FROM SC
GROUP BY Sno
HAVING MIN(Score)> = 60
```

说明：①与 SELECT 子句类似，出现在 HAVING 子句中但没有被聚集的属性只能是出现在 GROUP BY 子句中的那些属性；②HAVING 子句只能出现在 GROUP BY 子句的后面，在没有 GROUP BY 子句的情况下，出现 HAVING 子句是没有意义的。因为

HAVING 子句中的条件是小组筛选条件，只有用 GROUP BY 子句分组后，才能用小组筛选条件来选择小组，满足小组筛选条件的组才能被选出来。

如果在同一个查询语句中同时出现 WHERE 子句与 HAVING 子句时，它们的区别在于：WHERE 子句作用于元组，从中选择满足条件的元组；而 HAVING 子句作用于小组，从中选择满足条件的小组。

例 3.40 找出至少有过两次考试成绩不及格的学生的学号。

```
SELECT Sno
FROM SC
WHERE Score < 60
GROUP BY Sno
HAVING COUNT( * )> = 2
```

说明：查询时先执行 WHERE 子句找出考试成绩不及格的元组，再按学号分组，然后把满足 HAVING 子句中小组筛选条件的学生的学号输出。

3.4.2 连接查询

前面的查询都是针对一个表进行的。关系数据库中各个表之间是有联系的，凡查询条件或结果涉及多个表时，就需要将多个表连接起来，形成一个包含条件和结果中涉及的全部数据的临时表，再对该临时表用上面单表查询的方法进行查询。

连接两个表一定要有连接条件，由于外码起到联系两个表的作用，因此，连接条件中一般都有外码与被参照表的主码。当外码与被参照表的主码同名时，必须加上表名前缀，方法是：表名.列名。事实上，当参与连接的两个表存在同名列时，任何子句引用同名列，都必须加表名前缀，否则会引起"列名不明确"错误。

连接查询就是关系代数中连接运算的 SQL 实现，也是关系数据库中最主要的查询，包括内连接、自连接和外连接等。

1. 内连接

为了与 2.5.3 节中介绍的外连接相区别，常把 2.5.2 节中介绍的普通的连接称为内连接。内连接运算中最常用的是等值连接和自然连接。在 SQL 语言的早期标准中没有连接运算符，也不区分等值连接和自然连接，连接条件写在 WHERE 子句中。

例 3.41 找出学生信息以及他(她)选修课程的信息。

```
SELECT *
FROM S, SC
WHERE S.Sno = SC.Sno
```

说明：本例实现的是 S 和 SC 表之间的等值连接，连接条件是 S.Sno＝SC.Sno，SELECT 后面的 * 代表两张表中的所有列。如果把 SELECT 子句改写为 SELECT S.*，Cno,Sdate,Score，那么实现的就是 S 和 SC 表之间的自然连接。执行该连接操作的一种可能过程是：首先在表 S 中找到第一个元组，然后从头开始扫描表 SC，逐一查找满足连接条件的表 SC 中的元组，找到后就将表 S 中的第一个元组与该元组拼接起来，形成结果表中一个元组。表 SC 全部查找完后，再找表 S 中第二个元组，然后再从头开始扫描表 SC，逐一查找满足连接条件的元组，找到后就将表 S 中的第二个元组与该元组拼接起来，形成结果表中一个元组。重复上述操作，直到表 S 中的全部元组都处理完毕。

但 SQL 的实际实现中一般不会按照这种形式执行连接操作，RDBMS 往往会对 SQL 查询的执行进行优化，如利用索引加快连接操作，详细内容可参考相关文献。

在 SQL92 标准中，引进了 JOIN 运算符，例 3.41 中的查询可改写为：

```
SELECT *
FROM S INNER JOIN SC ON S.Sno = SC.Sno
```

其中关键字 INNER 可以省略不写。表面上看 ON 子句完全可以被 WHERE 子句所代替，似乎是一个冗余的 SQL 特征。但引入 ON 子句有两个优点：①对于马上要介绍的外连接来说，ON 子句的表现与 WHERE 子句是不同的；②用 ON 子句指定连接条件，用 WHERE 子句指定其余的查询条件，这样的 SQL 查询更容易让人理解。

例 3.42 找出选修了"数据库原理"课程的学生的学号、姓名、选修日期和成绩。

```
SELECT S.Sno, Sname, Sdate, Score
FROM S JOIN SC ON S.Sno = SC.Sno JOIN C ON SC.Cno = C.Cno
WHERE Cname = '数据库原理'
```

本例说明了在 FROM 子句中如何实现三张表的连接操作。

2. 自连接

连接操作可以在两张不同的表之间进行，也可以是一张表与自己进行连接，后一种连接称为自连接。

例 3.43 找出至少选修过 1001 号课程和 1002 号课程的学生的学号。

```
SELECT DISTINCT A.Sno
FROM SC AS A JOIN SC AS B ON A.Sno = B.Sno
WHERE A.Cno = '1001' AND B.Cno = '1002'
```

说明：由于是一张表与自己进行连接，为了区分可以用"AS 别名"的形式给表起一个别名，其中关键字 AS 可以省略不写。

3. 外连接

内连接操作中，只有满足连接条件的元组才能作为结果输出。如例 3.41 中由于 16005 号学生没有选修课程，在 SC 表中没有相应的元组，造成该生的信息在连接操作时被丢弃了。为了在查询结果关系中保留该生的信息，就需要使用外连接。

例 3.44 用左外连接改写例 3.41 中的查询要求，保留没有选修课程的学生信息。

```
SELECT *
FROM S LEFT OUTER JOIN SC ON S.Sno = SC.Sno
```

说明：关键字 OUTER 可以省略不写。右外连接和全外连接的运算符分别为 RIGHT OUTER JOIN 和 FULL OUTER JOIN。本例也充分说明了 ON 子句不能用 WHERE 子句来代替，因为 ON 子句是表达外连接运算的一部分，而 WHERE 子句不是。

下面介绍连接的类型与条件

自连接本质上不是一种新的连接类型，只不过连接的对象是自身，所以连接分为内连接和外连接两种。SQL 语言的早期标准中把连接条件写在 WHERE 子句中，而 SQL 新标准中连接条件可以有三种表达方法，除了前面介绍的 ON 子句外，还可以通过关键字 NATURAL

或者 USING 子句来表达。

ON 子句表达的能力强且灵活(因为 ON 后面的是任意一个合法的逻辑表达式);而 NATURAL 或者 USING 子句只能对被连接的两表中的同名列做"="比较,但书写比较简洁、方便。注意,SQL Server 2014 不支持用 NATURAL 或者 USING 子句表达连接条件,而 MySQL 5.5 则支持。

NATURAL 与 USING 子句的区别在于:NATURAL 是对被连接的两表中所有的同名列做"="比较;而 USING 子句只对被连接的两表中指定的同名列做"="比较。例如,假定有表 R(A,B,C)和表 S(B,C,D),则 R NATURAL JOIN S 等价于 R JOIN S ON R.B=S.B AND R.C=S.C;而 R JOIN S USING(B)等价于 R JOIN S ON R.B=S.B。当然,语法上 USING 后的圆括号中可以有两个或两个以上的列。

例 3.45 用 NATURAL 或者 USING 子句重做例 3.41 中的查询要求。

```
SELECT *
FROM S NATURAL JOIN SC
```

或者

```
SELECT *
FROM S JOIN SC USING(Sno)
```

说明:因为做的是自然连接,所以本例的结果表中没有重复的列 Sno,而例 3.41 做的是等值连接,所以结果表中有重复的列 Sno。

最后要说明的是,如果 SELECT 语句中缺省连接条件,那么本质上做的就是关系代数中的广义笛卡儿积。例如,SELECT * FROM R,S 实现的就是关系 R 和 S 的广义笛卡儿积。

3.4.3 嵌套查询

在 SQL 语言中,一个 SELECT—FROM—WHERE 语句称为一个查询块,将一个查询块嵌套在另一个查询块的 WHERE 子句或者其他子句中的查询称为嵌套查询,这也正是"结构化"的含义所在。嵌套查询使用户可以用多个简单查询构造复杂的查询,从而增强 SQL 语言的查询能力。

1. 带有 IN 谓词的子查询

在嵌套查询中,子查询的结果往往是元组的集合,所以谓词 IN 是嵌套查询中最常用的谓词。

例 3.46 找出选修了 1001 号课程的学生的姓名和性别。

```
SELECT Sname, Ssex
FROM S
WHERE Sno IN
                (SELECT Sno
                 FROM SC
                 WHERE Cno = '1001')
```

说明:本例中,查询块 SELECT Sname,Ssex FROM S WHERE Sno 称为外层查询或

父查询，查询块 SELECT Sno FROM SC WHERE Cno='1001'称为内层查询或子查询。SQL 语言允许多层嵌套查询，即一个子查询中还可以嵌套其他子查询。需要指出的是：子查询中不能使用 ORDER BY 子句，ORDER BY 子句只能对最终查询结果排序。

嵌套查询的执行过程是由里向外进行，即每个子查询在上一级查询处理之前求解，子查询的结果用于建立父查询的查找条件。本例中子查询的结果有三个元组，即 16001、16004 和 16007。将子查询的结果代入外层查询的查询条件中，父查询变为：

```
SELECT Sname, Ssex
FROM S
WHERE Sno IN ( '16001', '16004', '16007' )
```

上述查询也可用下列连接查询来实现，当然不同方法的执行效率可能会有差别，甚至相差很大，这取决于实际 RDBMS 的优化算法。

```
SELECT Sname, Ssex
FROM S JOIN SC ON S.Sno = SC.Sno
WHERE Cno = '1001'
```

例 3.47 找出选修了“数据库原理”课程的学生的姓名和性别。

```
SELECT Sname, Ssex
FROM S
WHERE Sno IN
        ( SELECT Sno
          FROM SC
          WHERE Cno IN
                ( SELECT Cno
                  FROM C
                  WHERE Cname = '数据库原理' ) )
```

说明：本例的子查询中还嵌套了一层子查询，执行时由里向外进行，先对 C 表查询，再对 SC 表查询，最后对 S 表查询。另外，该查询也可用连接查询来实现。

```
SELECT Sname, Ssex
FROM S JOIN SC ON S.Sno = SC.Sno JOIN C ON SC.Cno = C.Cno
WHERE Cname = '数据库原理'
```

到此，也许读者会认为，嵌套查询与连接查询是可以相互转换的，但事实并不是这样。首先，当查询结果表中的列来自两张或两张以上的表时，就必须要用连接查询来实现，而不能用嵌套查询来实现，例 3.42 就是这样。其次，有时嵌套查询也不一定能用连接查询来实现，例 3.58 就是这样。再次，有时嵌套查询比连接查询更容易实现，例 3.48 和例 3.49 就是这样。

例 3.48 用嵌套查询重做例 3.43 中的查询要求。

```
SELECT DISTINCT Sno
FROM SC
WHERE Cno = '1001' AND Sno IN
                ( SELECT Sno
                  FROM SC
                  WHERE Cno = '1002' )
```

说明：在选修了1002号课程的学生中再选择又选修了1001号课程的学生，也就是至少选修过1001号课程和1002号课程的学生。

例 3.49 找出没有选修过1001号课程的学生的姓名和性别。

```
SELECT Sname, Ssex
FROM S
WHERE Sno NOT IN
                ( SELECT Sno
                 FROM SC
                 WHERE Cno = '1001' )
```

2. 带有比较运算符的子查询

当能肯定子查询返回的是一个标量(单值)时，就可用比较运算符(>、>=、<、<=、=、!=或<>)把父查询与子查询连接起来，这就是带有比较运算符的子查询。

例 3.50 找出与"张文杰"在同一个专业学习的学生的姓名、性别和年龄。

```
SELECT Sname, Ssex, Sage
FROM S
WHERE Major =
              ( SELECT Major
               FROM S
               WHERE Sname = '张文杰' )
```

说明：这里假定姓名为"张文杰"的学生只有一个，如果不能肯定，那么保险起见，还是用IN代替=。另外，本例也可以用自连接实现，作为一个练习留给读者自己完成。

例 3.51 找出每个教师的工资低于全体教师的平均工资的姓名、年龄和职称。

```
SELECT Tname, Tage, Title
FROM T
WHERE Salary <
              ( SELECT AVG(Salary)
               FROM T )
```

例 3.52 找出每个学生选修某课程的平均成绩低于全体学生选修该课程的平均成绩的学号和课程号。

```
SELECT Sno, Cno
FROM SC A
GROUP BY Sno, Cno
HAVING AVG(Score) <
                   ( SELECT AVG(Score)
                    FROM SC B
                    WHERE B.Cno = A.Cno )
```

说明：前面的举例中，子查询中的查询条件不依赖于父查询，这类子查询称为不相关子查询。反之，如果子查询中的查询条件依赖于父查询，这类子查询称为相关子查询(Correlated Subquery)。本例中子查询是求某门课程的平均成绩，至于是哪一门课程的平均成绩取决于A.Cno的值，而该值是与父查询相关的，因此本例中的查询为相关子查询。

相关子查询的执行过程与不相关子查询大不相同，其类似于C语言中for语句嵌套的执行过程。本例中父查询的 A. Cno 取一个值(一个小组),做一次子查询,求出该门课程的平均成绩返回父查询,决定 Sno 和 Cno 是否放入结果表;然后父查询的 A. Cno 取下一个值(下一个小组),再做一次子查询;直到父查询中的小组全部处理完毕。

3. 带有 SOME 或 ALL 谓词的子查询

当子查询返回的是一个集合(多值)时,就不能直接用比较运算符,而必须用 SOME(早期为 ANY,因为容易误解而被改为 SOME)或 ALL 谓词修饰。使用 SOME 或 ALL 谓词时必须同时使用比较运算符,SOME 表示一组值中的某些值,ALL 表示一组值中的全部值。例如,">SOME"表示大于子查询结果中的某些值,而">ALL"表示大于子查询结果中的所有值,其余的比较运算符加 SOME 或 ALL 谓词的理解类似。显然"=ALL"和"!=SOME"没有意义。

例 3.53 找出其他专业中比通信专业某些学生年龄小的学生姓名和年龄。

```
SELECT Sname, Sage
FROM S
WHERE Major!= '通信' AND Sage < SOME
                      ( SELECT Sage
                        FROM S
                        WHERE Major = '通信' )
```

说明:执行此查询时,首先处理子查询,找出通信专业中所有学生的年龄,构成一个集合(20,21),然后处理父查询,找所有不是通信专业且年龄小于 20 岁或 21 岁的学生。

本例也可以用聚集函数来实现。首先用子查询找出通信专业中年龄的最大值(21),然后在父查询中找所有不是通信专业且年龄小于 21 岁的学生。SQL 语句如下:

```
SELECT Sname, Sage
FROM S
WHERE Major!= '通信' AND Sage <
                   ( SELECT MAX(Sage)
                     FROM S
                     WHERE Major = '通信' )
```

例 3.54 找出其他专业中比通信专业所有学生年龄都小的学生姓名和年龄。

```
SELECT Sname, Sage
FROM S
WHERE Major!= '通信' AND Sage < ALL
                      ( SELECT Sage
                        FROM S
                        WHERE Major = '通信' )
```

显然,本例也可以用聚集函数来实现。SQL 语句如下:

```
SELECT Sname, Sage
FROM S
WHERE Major!= '通信' AND Sage <
                    ( SELECT MIN(Sage)
                      FROM S
                      WHERE Major = '通信' )
```

从上述两例可以看出,SOME 和 ALL 谓词可以改用聚集函数来实现,表 3.5 给出了 SOME 和 ALL 谓词与聚集函数和 IN 运算的等价转换关系。

表 3.5 SOME 和 ALL 谓词与聚集函数和 IN 运算的等价转换关系

	=	! =或<>	<	<=	>	>=
SOME	IN	—	< MAX	<=MAX	> MIN	>=MIN
ALL	—	NOT IN	< MIN	<=MIN	> MAX	>=MAX

表 3.5 中,=SOME 等价于 IN,! =ALL 等价于 NOT IN,< SOME 等价于< MAX,< ALL 等价于< MIN 等。

有了上述对照表,可能有人会认为没有必要使用带 SOME 或 ALL 谓词的子查询,这种想法是不对的。

例 3.55 找出所有考试的平均成绩最高的学生的学号。

```
SELECT Sno
FROM SC
GROUP BY Sno
HAVING AVG(Score) > = ALL
                                ( SELECT AVG(Score)
                                 FROM SC
                                 GROUP BY Sno )
```

说明:由于 SQL 语言不允许聚集函数嵌套使用,所以子查询不能写成 SELECT MAX (AVG(Score)) FROM SC GROUP BY Sno。

4. 带有 EXISTS 谓词的子查询

EXISTS 谓词代表存在量词∃。带有 EXISTS 谓词的子查询不返回任何数据,只产生逻辑真值 true 或逻辑假值 false。若子查询结果非空,则外层的 WHERE 子句返回真值;若子查询结果为空,则外层的 WHERE 子句返回假值。

由 EXISTS 引出的子查询,其目标列表达式通常都用 *,因为带 EXISTS 的子查询只返回真值或假值,给出列名无实际意义。

例 3.56 用 EXISTS 谓词重做例 3.46 中的查询要求。

```
SELECT Sname, Ssex
FROM S
WHERE EXISTS
              ( SELECT *
               FROM SC
               WHERE Sno = S.Sno AND Cno = '1001' )
```

说明:带 EXISTS 谓词的查询一般都是相关子查询。本例中由于子查询的查询条件中用到了父查询的 S.Sno,所以为相关子查询,其执行过程是:首先父查询取 S 表的第一个元组,根据它的 Sno 执行一次子查询,如果该生选修了 1001 号课程,那么子查询的结果非空,父查询的查询条件为真,该生的 Sname 和 Ssex 放入结果表;然后父查询再取 S 表的第二个元组,再执行一次子查询;直到 S 表中的元组全部处理完毕。

带有 NOT EXISTS 谓词的子查询也不返回任何数据,只产生逻辑真值 true 或逻辑假值 false。若子查询结果为空，则外层的 WHERE 子句返回真值，否则返回假值。

例 3.57 用 NOT EXISTS 谓词重做例 3.49 中的查询要求。

```
SELECT Sname, Ssex
FROM S
WHERE NOT EXISTS
        ( SELECT *
          FROM SC
          WHERE Sno = S.Sno AND Cno = '1001' )
```

带有 NOT EXISTS 谓词的子查询常用于模拟集合“包含”操作，即用来实现关系代数中的除法运算。

例 3.58 找出至少选修了 16001 号学生选修的全部课程的学生的学号。

```
SELECT Sno
FROM S
WHERE Sno != '16001' AND
      NOT EXISTS
          ( SELECT *
            FROM SC A
            WHERE A.Sno = '16001' AND
                  NOT EXISTS
                      ( SELECT *
                        FROM SC B
                        WHERE B.Sno = S.Sno AND
                              B.Cno = A.Cno ) )
```

需要特别说明的是：一些带 EXISTS 或 NOT EXISTS 谓词的子查询不能被其他形式的子查询等价替换，但所有带 IN 谓词、比较运算符、SOME 和 ALL 谓词的子查询都能用带 EXISTS 谓词的子查询等价替换。

5. FROM 子句中的子查询

前面的子查询都出现在父查询的 WHERE 子句或 HAVING 子句中作为父查询的查询条件中的一部分。SQL 语言允许在 FROM 子句中使用子查询，因为任何子查询的查询结果都是一个表，它可以出现在 FROM 后表可以出现的位置上。

例 3.59 找出所有考试的平均成绩低于 75 分的学生的学号。

```
SELECT Sno
FROM ( SELECT Sno, AVG(Score) AS AvgScore
       FROM SC
       GROUP BY Sno ) AS Temp
WHERE AvgScore < 75
```

说明：SQL 标准并没有要求给子查询的结果表命名，但 SQL Server 2014 要求给子查询的结果表命名，即使该名字从未被使用。

例 3.60 找出至少还有两门以上课程考试成绩不及格的学生的姓名、性别和专业。

```
SELECT Sname, Ssex, Major
FROM S, ( SELECT Sno, Cno
     FROM SC
```

```
        GROUP BY Sno, Cno
        HAVING MAX(Score)< 60 ) AS Fail
WHERE S.Sno = Fail.Sno
GROUP BY S.Sno, Sname, Ssex, Major
HAVING COUNT( * )> 2
```

说明：对于每个学生 Sno 是唯一的，之所以 GROUP BY 中出现 Sname、Ssex、Major，是为了属性 Sname、Ssex、Major 能够出现在 SELECT 子句中。

6. WITH 子句

WITH 子句是 SQL99 中引入的，SQL Server 2014 支持该子句。WITH 子句提供了定义临时表的方法，这个定义只对随后紧跟的 SELECT 语句有效。

例 3.61 用 WITH 子句重做例 3.60 中的查询要求。

```
WITH Fail AS
      (SELECT Sno, Cno
       FROM SC
       GROUP BY Sno, Cno
       HAVING MAX(Score)< 60 )
SELECT Sname, Ssex, Major
FROM S JOIN Fail ON S.Sno = Fail.Sno
GROUP BY S.Sno, Sname, Ssex, Major
HAVING COUNT( * )> 2
```

说明：尽管用 FROM 子句中的子查询也能完成查询，但 WITH 子句使得查询在逻辑上更加清晰。

3.4.4 集合查询

SELECT 语句的查询结果是元组的集合，所以多个 SELECT 语句的查询结果可以进行集合运算。集合运算主要包括并运算 UNION、交运算 INTERSECT 和差运算 EXCEPT。注意：参加集合运算的各查询结果的列数必须相同，对应列的数据类型也必须相同。

例 3.62 找出选修了 1001 号课程或者 1002 号课程的学生的学号。

```
SELECT Sno
FROM SC
WHERE Cno = '1001'
UNION
SELECT Sno
FROM SC
WHERE Cno = '1002'
```

说明：UNION 将多个查询结果合并起来时，系统会自动去掉重复元组。如果要保留重复元组，则应用 UNION ALL 运算符。

例 3.63 用 INTERSECT 运算符重做例 3.43 中的查询要求。

```
SELECT Sno
FROM SC
WHERE Cno = '1001'
INTERSECT
```

```
SELECT Sno
FROM SC
WHERE Cno = '1002'
```

说明：有的 RDBMS 不支持 INTERSECT 运算符，这时就像例 3.48 那样可以用 IN 谓词的子查询来实现集合的交运算。

例 3.64 找出选修了 1002 号课程，但没有选修 1001 号课程的学生的学号。

```
SELECT Sno
FROM SC
WHERE Cno = '1002'
EXCEPT
SELECT Sno
FROM SC
WHERE Cno = '1001'
```

说明：有的 RDBMS 不支持 EXCEPT 运算符，这时可以用 NOT IN 谓词的子查询来实现集合的差运算。

例 3.65 用 EXCEPT 运算符重做例 3.58 中的查询要求。

```
SELECT Sno
FROM S
WHERE Sno != '16001' AND
      NOT EXISTS
          ( ( SELECT DISTINCT Cno
              FROM SC
              WHERE Sno = '16001' )
          EXCEPT
            ( SELECT DISTINCT Cno
              FROM SC
              WHERE SC. Sno = S. Sno ) )
```

说明："集合 A 包含集合 B"可以写成"NOT EXISTS (B EXCEPT A)"。显然，本例中的实现方法比例 3.58 中的更清晰、更易理解。

3.5 数据更新

数据更新是指数据的插入、删除和修改操作，SQL 中的数据更新语句有 INSERT 语句、DELETE 语句和 UPDATE 语句。

3.5.1 插入数据

SQL 中的数据插入语句是 INSERT 语句。它有两种基本方式：一种是一次插入一个元组，另一种是一次插入一个查询结果表。

插入一个元组的 INSERT 语句的一般格式如下：

```
INSERT
INTO <表名> [ (<属性列 1>[, <属性列 2> [, …] ] ) ]
VALUES (<常量 1>[, <常量 2> [, …] ] )
```

例3.66　将一门课程(3002,ASP.NET程序设计,选修,54,3)插入到C表中。

```
INSERT
INTO C
VALUES ('3002', 'ASP.NET程序设计', '选修', 54, 3)
```

说明：当一个表中的所有属性列都有值插入时,表后面的属性列名可省略不写。这时,VALUES子句中的值必须与表定义时属性列的个数相等,顺序和类型一致。

例3.67　将一个学生(16008,陈亮,男,20)插入到S表中。

```
INSERT
INTO S(Sno, Sname, Ssex, Sage)
VALUES ('16008', '陈亮', '男', 20)
```

说明：当一个表中的部分属性列有值插入时,必须在表名后明确指出有值属性的列名,在INTO子句中没有出现的属性列上的取值视其默认值和空值约束等情况而定。对于列有默认值约束的,列值为默认值;对于列没有默认值约束但允许空值的,列值为空值;对于列既没有默认值约束也不允许空值的,则导致插入操作失败。

插入子查询结果的INSERT语句的一般格式如下：

```
INSERT
INTO <表名> [ (<属性列1>[, <属性列2>[, …] ] ) ]
    子查询
```

使用该格式的INSERT语句,可以将一个查询结果表中的数据成批插入指定的表中。

例3.68　找出每个学生所有已考课程的平均成绩,并将结果存入数据库。

首先创建一个存放结果的基本表：

```
CREATE TABLE SAvgScore
(   Sno       char(8),
    AvgScore decimal(5,2)
)
```

再将查询结果插入到新表中：

```
INSERT
INTO SAvgScore
    SELECT Sno, AVG(Score)
    FROM SC
    WHERE Score IS NOT NULL
    GROUP BY Sno
```

说明：RDBMS在执行插入语句时会检查所插元组是否破坏表上已定义的完整性规则。

3.5.2　修改数据

对存放在表中的数据进行修改也是数据库日常维护的一项重要工作。SQL中的UPDATE语句可以修改表中的一个或多个元组,一列或多列数据。UPDATE语句修改表中现有的数据有两种方式：一种是通过直接赋值进行修改,另一种是使用子查询将要取代列中原有值的数据先查询出来,再修改原有列值。

UPDATE 语句的一般格式如下：

```
UPDATE <表名>
SET <列名 1> = <表达式 1>[, <列名 2> = <表达式 2> [, … ] ]
[WHERE <条件>]
```

如果省略 WHERE 子句，表示表中的所有元组都按 SET 子句中的要求进行修改，否则仅修改满足条件的部分元组。<列名 1>=<表达式 1>的含义是用<表达式 1>的值取代<列名 1>中原有的值，表达式可以是常量、变量、NULL 或返回单个值的子查询。

例 3.69 将 16008 号学生的专业改为通信，联系电话改为 13267812345。

```
UPDATE S
SET Major = '通信', Mphone = '13267812345'
WHERE Sno = '16008'
```

例 3.70 将工资超过 5000 元的教师加 6%工资，其余教师加 8%工资。

```
UPDATE T
SET Salary = Salary * 1.06
WHERE Salary > 5000
UPDATE T
SET Salary = Salary * 1.08
WHERE Salary < = 5000
```

说明：这两条 UPDATE 语句的顺序十分重要。如果颠倒这两条语句的顺序，那么工资略低于 5000 元的教师将先加了 8%的工资，再加 6%的工资。

SQL 语言提供了 CASE 表达式，利用它可以用一条 UPDATE 语句实现例 3.70 中的加薪要求，避免语句次序引发的问题。

```
UPDATE T
SET Salary = CASE
             WHEN Salary > 5000 THEN Salary * 1.06
             ELSE Salary * 1.08
         END
```

例 3.71 假定教师加薪的幅度与他授课的评价有关，每个教师工资增加的百分比就是他所有授课评价的平均值。

```
UPDATE T
SET Salary = Salary * (1 + 0.01 * ( SELECT AVG(Remark)
                                    FROM TC
                                    WHERE TC.Tno = T.Tno ) )
```

说明：表达式中不但用到了子查询，而且子查询用到了被修改表 T 中的有关属性。

例 3.72 将 2016 秋 C 程序设计课程的考试成绩每人加 5 分。

```
UPDATE SC
SET Score = Score + 5
WHERE Sdate = '2016 秋' AND Cno =
                                  ( SELECT Cno
                                    FROM C
                                    WHERE Cname = 'C 程序设计' )
```

说明：这里 UPDATE 语句的 WHERE 子句中用到了子查询。事实上，UPDATE 语句的 WHERE 子句可以使用 SELECT 语句的 WHERE 子句中的任何合法结构。

3.5.3　删除数据

SQL 中的 DELETE 语句可以删除表中的一个或多个元组，甚至可以删除表中的所有元组，但表的定义仍然在系统的数据字典中。DELETE 语句的一般格式如下：

```
DELETE
FROM <表名>
[WHERE <条件>]
```

如果省略 WHERE 子句，表示删除表中的所有元组，否则仅删除满足条件的部分元组。这里的 WHERE 子句可以使用 SELECT 语句的 WHERE 子句中的任何合法结构。

例 3.73　删除 S 表中的 16008 号学生。

```
DELETE
FROM S
WHERE Sno = '16008'
```

例 3.74　删除所有 2016 秋 C 程序设计课程的选课记录。

```
DELETE
FROM SC
WHERE Sdate = '2016 秋' AND Cno =
                                  ( SELECT Cno
                                    FROM C
                                    WHERE Cname = 'C 程序设计' )
```

最后要说明的是：由于更新数据时一次只对一个表进行操作，这会带来一些问题。例如，在将 S 表中学号为 16001 的学生删除后，SC 表中原来 16001 号学生的选课记录也必须同时删除，否则就会出现不一致性问题，即数据的参照完整性受到破坏。只有将相应的选课记录也同时删除，数据库才重新处于一致状态。再如，在将 S 表中学号为 16001 学生的学号修改为 17001 之后，如果未对 SC 表中原来 16001 学生的选课记录进行修改，则也将违反参照完整性。插入数据时也会产生数据的不一致性问题。

由于关系模型中的实体完整性与参照完整性是必须满足的完整性约束条件，关系数据库系统一般都自动支持。对于违反实体完整性的操作，系统一般都采用拒绝执行该操作的策略。而对于违反参照完整性的操作，各种 RDBMS 产品都提供了不同的实现策略。例如，对于上面提到的两个例子，现在大部分的产品都可进行级联删除和级联修改，来保证数据库中数据的一致性。

习　题　3

一、单项选择题

1. 在 SQL 语言中，属于"模式 DDL"语言的是(　　)语句。

   A. SELECT　　　　B. UPDATE

   C. INSERT　　　　D. CREATE TABLE

2. 在 SQL Server 系统中，数据库中的(　　)不属于任何文件组。

A. 日志文件　　B. 主数据文件　　C. 辅助数据文件　　D. 索引数据文件

3. 在 SQL Server 系统中，一个数据库可以有(　　)个辅助文件组。

A. 0　　B. 1　　C. 0 到多　　D. 1 到多

4. 在 SQL Server 系统中，下列关于删除文件组的叙述中，错误的是(　　)。

A. 文件组可以用 T-SQL 语句删除

B. 删除文件组前必须先删除其中的数据文件

C. 只能删除辅助文件组，不能删除主文件组

D. 文件组类似于文件夹，因而可有可无，删除文件组不影响数据库的使用

5. 在 T-SQL 语言中，用于存储定长非 Unicode 字符串且最大长度不超过 8000 个字符的是(　　)。

A. nchar　　B. char　　C. nvarchar　　D. varchar

6. 在 T-SQL 语言中，用于存储实数且是精确数值而不是近似数值的是(　　)。

A. decimal　　B. real　　C. float　　D. float(n)

7. 在 T-SQL 语言中，用于存储图像、声音等数据且最大长度不超过 8000 字节的是(　　)。

A. char　　B. varchar　　C. text　　D. varbinary

8. 在 T-SQL 语言中，用 ALTER TABLE 语句修改表结构时不可以(　　)。

A. 修改表名　　B. 增加列　　C. 删除列　　D. 增加列级约束

9. 在 T-SQL 语言中，ALTER TABLE 语句的 ALTER COLUMN 子句能够实现(　　)功能。

A. 修改列名　　B. 增加列

C. 删除列　　D. 改变列的数据类型

10. 在 SQL 语言中，创建基本表时是通过(　　)短语实现实体完整性规则的。

A. CHECK　　B. PRIMARY KEY

C. FOREIGN KEY　　D. NOT NULL

11. 为了防止向“学生”表中插入数据时姓名出现空值，建表时应使用(　　)来进行约束。

A. UNIQUE　　B. NOT NULL

C. PRIMARY KEY　　D. CHECK

12. 在 SQL 语言中，可用语句(　　)删除一个基本表。

A. DELETE　　B. CLEAR　　C. DROP　　D. REMOVE

13. 在 SQL 语言中，下列选项中关于 UPDATE 语句正确的是(　　)。

A. 只能修改表中的一条记录　　B. 可以修改表中的多条记录

C. 不能修改表中的全部记录　　D. 可以修改表的结构

14. 在 SQL 语言的 SELECT 语句中，对应关系代数中“选择”运算的是(　　)子句。

A. WHERE　　B. FROM　　C. SELECT　　D. GROUP BY

15. 当 WHERE 子句中使用条件“A　LIKE　'_a%'”时，属性 A 取(　　)值可以满足查询条件。

A. also　　B. bats　　C. that　　D. clear

16. 下列选项中对输出结果的行数没有影响的是(   )。

A. GROUP BY　　B. WHERE　　C. HAVING　　D. ORDER BY

17. 下列聚集函数中不忽略空值(NULL)的是(   )。

A. SUM(列名)　　B. MAX(列名)

C. COUNT(列名)　　D. AVG(列名)

18. 设有关系 R(A,B)和 S(B,C),则下列 SQL 语句中含有语法错误的是(   )。

Ⅰ SELECT A,B　FROM R　GROUP BY A

Ⅱ SELECT A,B　FROM R,S　WHERE R.A=S.C

Ⅲ SELECT COUNT(B)　FROM R

Ⅳ SELECT A　FROM R　WHERE B>=MAX(B)

A. Ⅲ、Ⅳ　　B. Ⅰ、Ⅲ　　C. Ⅱ、Ⅲ　　D. Ⅰ、Ⅱ、Ⅳ

19. 使用带有 IN 谓词的子查询时,子查询的 SELECT 子句中最多可以指定(   )个列。

A. 1　　B. 2　　C. 3　　D. 任意多

20. 使用嵌套查询时,当子查询的 SELECT 子句中出现多个列时,可以使用(   )运算符。

A. =　　B. >=　　C. EXISTS　　D. IN

二、填空题

1. 在 SQL Server 系统中,每个数据库至少含有两个文件,其中一个为________文件,其扩展名为.mdf,另一个为________文件,其扩展名为.ldf。

2. 在 SQL Server 系统中,文件组是数据库中数据文件的逻辑组合。利用文件组可以加快________,一个数据文件只能属于________个文件组。

3. 在 SQL Server 系统中,每个数据库有且仅有________个主文件组,主文件组中一定包含________数据文件。

4. SQL 语言标准中提供的"大对象类型"有 clob 和 blob 两种,前者用于存放________,而后者用于存放________。

5. 在 SQL Server 系统中,数据库有________数据库和用户数据库两类。基本表分为________表和用户表两种。基本表的定义存放在数据库的________中,而________表中的数据构成了 SQL Server 系统的数据字典。

6. 在 SQL Server 系统中,用户表是由用户创建的表,它又分为永久表和临时表两种。永久表存储在________数据库中用于存储用户数据,临时表存储在________数据库中。

7. 在关系数据库系统中,对违反实体完整性和用户定义完整性约束条件的操作一般都采用________执行方式处理。

8. 给完整性约束条件命名的作用就在于方便________约束条件。

三、简答题

1. 什么是 DDL 语言、DML 语言、DCL 语言?

2. 试述 SQL 语言的特点。

3. 在 RDBMS 中,完整性控制机制应具有哪些功能?

4. 试述列级完整性约束条件和表级完整性约束条件的区别。

5. SQL 语言中是如何实现实体完整性和参照完整性的？

6. 在 SQL Server 系统中有哪几种形式实现用户定义完整性？

7. 在 RDBMS 中，在被参照关系中删除元组或修改主码值时，若违反参照完整性，一般有哪几种处理方式？

8. 在 RDBMS 中，在参照关系中插入元组或修改外码值时，若违反参照完整性，一般有哪几种处理方式？

四、SQL 语言

设某电子商务公司的数据库中四张基本表的结构如下(表中各属性的含义及各表的主码见第 2 章练习题四)：

Customers 表

Cno	Cname	Csex	Cage	Caddress	Mphone	Email
char(8)	char(12)	char(2)	tinyint	varchar(50)	char(11)	varchar(30)

Goods 表

Gno	Gname	Gtype	Price	Manufac
char(9)	char(20)	char(8)	decimal(9,2)	char(12)

Sells 表

Sno	Sdate	Saddress	Cno	IsPay
char(14)	datetime	varchar(50)	char(8)	char(1)

Detail 表

Sno	Gno	Quantity
char(14)	char(9)	smallint

请用 T-SQL 语言实现下列要求：

1. 创建上述四张表，并定义主码、外码和必要的用户定义完整性约束条件(除了 Caddress 和 Email 外，其余所有属性均不可为空，Csex 取值只能为男或女，Price 取值为 1～10^5，IsPay 取值只能为 N 或 Y，Quantity 取值为 1～100)。

2. 添加约束条件：Cage 取值不小于 10，Mphone 取值唯一。

3. 将 Quantity 的取值范围改为 1～1000。

4. 找出“海尔”公司生产的所有商品的名称和价格，并按价格降序排列。

5. 找出“华为”公司生产的商品名称中有“手机”两字的所有商品的名称和价格。

6. 找出在售商品的品种总数。

7. 找出各大类商品中各种商品的品种数和平均价格。

8. 找出各大类商品中各种商品的平均价格大于 1000 元的商品类别。

9. 找出 2018 年 5 月份的所有未付款的销售单的编号、客户编号、客户姓名和手机号。

10. 找出每一个客户的编号、姓名、手机号以及他每次购物的日期和是否已付款的信息，即使该客户没有购买过商品，也要找出他的编号、姓名和手机号。

11. 找出每一张销售单的销售单号、销售日期、客户姓名和销售单总金额。

12. 找出“TP-LINK”公司生产的商品名为“WR700N 无线路由器”的销售总数量。

13. 找出仅仅注册但至今还没有购买过商品的客户编号。

14. 找出 2018 年 1 月 1 日以后没有购买过商品的客户编号、客户姓名和手机号。

15. 找出同类商品中价格最低的商品编号、商品名称和生产商。

16. 找出销售数量最多的商品的名称、价格和生产商。

17. 找出同一张销售单中既有 140010123 号商品又有 150020234 号商品的所有销售单号。

18. 找出购买过“奶粉”类商品中所有品种奶粉的客户编号。

19. 在 FROM 子句中使用子查询，重做第 15 题中的查询要求。

20. 将商品表中“手机”类商品中所有品种手机的价格降价 5%。

21. 删除商品表中商品编号为 110050111 的商品。

22. 在商品表中添加一种新商品('150050111','P8 手机','手机',2499,'华为')。

第4章

索引与视图

SQL 语言完全支持关系数据库的三级模式结构，其模式、外模式和内模式中的基本对象有数据库、表、视图和索引。其中表是面向整个系统的，它描述了关系的逻辑结构，属于模式范畴；视图是面向用户的，它描述了关系的部分逻辑结构，属于外模式范畴；而索引是关系数据库的内部实现技术，属于内模式范畴。

第 3 章中已经介绍了 SQL 语言中数据库和表的定义、数据查询、数据更新以及完整性约束的实现等内容。本章接着介绍索引与视图的概念和作用、索引与视图的创建和删除以及 SQL Server 2014 中的索引与视图。

4.1 索　　引

索引是加快查询速度的有效手段。用户可以根据应用的需要，在基本表上创建一个或多个索引，以提供多种存取路径，加快查询速度。

4.1.1 索引的概念

1. 什么是索引

许多查询只涉及数据表中的少量元组。例如，“找出学号 Sno 为 16004 的学生的姓名和专业”就只涉及学生表 S 中的一个元组。如果 RDBMS 通过读取 S 表中的每一个元组并检查 Sno 的值是否为“16004”，就好像在图书馆里找一本书时，将图书馆中所有的书都找一遍，这样做的效率毫无疑问是非常低的。理想的情况是：RDBMS 应能够直接定位该元组。关系数据库内部通过使用索引结构，来实现这种直接定位的访问方式。

关系数据库内部索引的工作方式非常类似于书的目录。如果希望了解某一特定章节的内容，可以在书的目录中查找该章节内容的起始页，然后读这些页，查找需要的信息。由于目录中的章和节是按序号从小到大有序排列的，而且目录比书小得多，所以可以很快找到特定章节内容所在的页。

关系数据库内部的索引与书的目录所起的作用是一样的。例如，为了根据给定的 Sno 查找该学生的姓名和专业，RDBMS 首先会根据 Sno 查找索引，找到相应元组所在的磁盘块，然后读取该磁盘块，得到所需的姓名和专业。

2. 稠密索引和稀疏索引

用于在表中查找特定元组的属性或属性集称为搜索码(Search Key)。注意，这里码的定义与主码、候选码以及超码中的定义不同。每个索引结构都与一个特定的搜索码相关联，如果一个表上有多个索引，那么它就有多个搜索码。例如，学号 Sno 可以是搜索码，联系电话 Mphone 可以是搜索码，专业 Major 和性别 Ssex 两个属性的组合也可以是搜索码(称为复合搜索码）。

数据库系统中的索引是由一个个索引项（Index Entry）组成的，每个索引项由一个搜索码值和指向具有该搜索码值的一个或多个元组的指针构成，整个索引按索引项中的搜索码值有序排列，如图 4.1 所示。在图 4.1 中，由于表中每个搜索码值都有一个索引项，这种索引称为稠密索引（Dense Index）。当表按照搜索码值有序存储时，可以只为搜索码的某些值建立索引项，这种索引称为稀疏索引（Sparse Index），如图 4.2 所示。

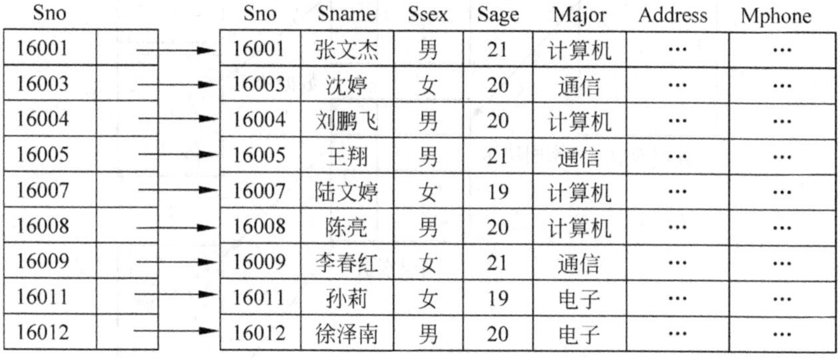
Sno
16001
16003
16004
16005
16007
16008
16009
16011
16012
Sno Sname Ssex Sage Major Address Mphone
16001 张文杰 男 21 计算机 … …
16003 沈婷 女 20 通信 … …
16004 刘鹏飞 男 20 计算机 … …
16005 王翔 男 21 通信 … …
16007 陆文婷 女 19 计算机 … …
16008 陈亮 男 20 计算机 … …
16009 李春红 女 21 通信 … …
16011 孙莉 女 19 电子 … …
16012 徐泽南 男 20 电子 … …

图 4.1　表 S 中基于搜索码 Sno 的稠密索引

Sno
16001
16005
16009
Sno Sname Ssex Sage Major Address Mphone
16001 张文杰 男 21 计算机 … …
16003 沈婷 女 20 通信 … …
16004 刘鹏飞 男 20 计算机 … …
16005 王翔 男 21 通信 … …
16007 陆文婷 女 19 计算机 … …
16008 陈亮 男 20 计算机 … …
16009 李春红 女 21 通信 … …
16011 孙莉 女 19 电子 … …
16012 徐泽南 男 20 电子 … …

图 4.2　表 S 中基于搜索码 Sno 的稀疏索引

假定要查找学号 Sno 为 16004 的学生记录，在稠密索引中，可以利用索引直接找到所需记录的指针。在稀疏索引中，由于没有 Sno 为 16004 索引项，只能找到比 16004 小的最后一个索引项 16001，于是可以按着该指针查找，然后顺序读取 S 表，直到查找到所需的记录。显然，稠密索引通常可以比稀疏索引更快地定位一条记录。

但是，稀疏索引也有比稠密索引优越的地方，它所占的空间小，而且插入和删除时所需的维护开销也小。程序员需要在存取时间和空间开销之间进行权衡。通常为每一个数据块建一个索引项的稀疏索引是一个较好的折中，因为查找的开销主要由把数据块从磁盘读到内存的时间决定。一旦把块读入内存，在块中查找的时间可以忽略。使用这样的稀疏索引可以在定位包含所要查找记录的块的同时，保持索引尽可能小。

3. 多级索引

如果索引小到可以放在内存中，那么搜索一个索引项的时间就可以忽略。但是，如果索引过大而不能放在内存中，那么当需要时，就必须从磁盘中读取索引块（即使索引比计算机的内存小,但内存还需要处理其他任务,也不可能将整个索引放在内存中),于是搜索一个索引项可能需要多次读取磁盘块,是一个相当耗时的过程。

为了处理这个问题,可以像对待其他任何顺序文件一样对待索引文件。由于索引项总是有序的,所以可以在原始的内层索引上构造一个稀疏的外层索引,如图 4.3 所示。

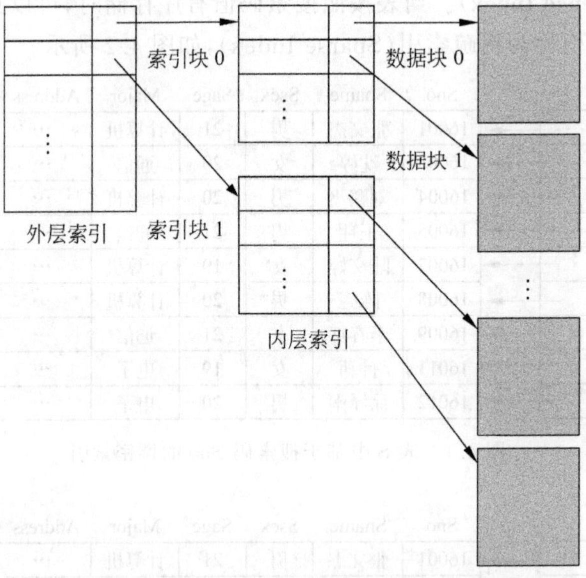

图 4.3　二级稀疏索引示意图

假定一张表中有 10^7 个元组,一个 4KB 的磁盘块中可以容纳 10 个元组和 100 个索引项,那么内层索引中有 10^6 个索引项,需要占用 10^4 个块,而外层索引只有 10^4 个索引项,仅占用 100 块。外层索引完全可以常驻内存,在这种情况下,一次查询只需要读取一个索引块。而如果不采用二级索引,由 10^6 个索引项组成的索引在磁盘上占用 10^4 个块,那么即使采用二分查找法搜索一个索引项,最少也需要 $\log_2 10^4$(约为 14)次读块操作。

如果一张表中有 10^9 个元组,那么内层索引就有 10^8 个索引项,需要占用 10^6 个块,外层索引中有 10^6 个索引项,需要占用 10^4 个块。在这种情况下,可以再创建另一级索引。事实上,可以根据需要多次重复此过程。具有两级或两级以上的索引称为多级索引。

4. 聚集索引和辅助索引

索引有多种分类方法。根据索引的存储结构来分,可以将索引分为聚集索引(Clustering Index)和辅助索引(Secondary Index,也称非聚集索引 Nonclustering Index)两大类;根据搜索码值是否允许重复来分,可以将索引分为唯一索引和非唯一索引两大类;根据索引搜索码中的属性数来分,可以将索引分为单索引和复合索引两大类。

所谓聚集索引就是指表中的元组按照索引中搜索码指定的顺序排序,使得具有相同搜索码值的元组在物理上聚集在一起。显然,一张表最多只能有一个聚集索引。聚集索引往往是稀疏索引,可以只存储部分搜索码值,图 4.2 中的索引就是聚集索引(当然图 4.1 中的索引也是聚集索引)。

辅助索引必须是稠密索引,对每个搜索码值都有一个索引项。因为表中的元组是按聚集索引而不是辅助索引的搜索码有序存放的，所以辅助索引必须包含指向表中每个元组的指针。显然，一张表可以创建多个辅助索引，图 4.4 中的索引就是辅助索引。

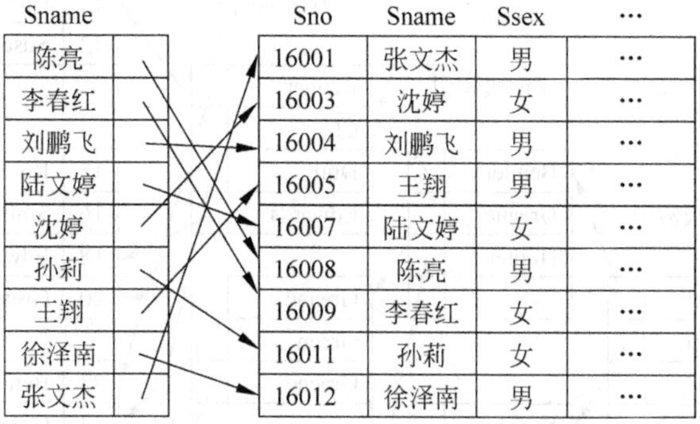

图 4.4　表 S 中基于搜索码 Sname 的辅助索引

不管是聚集索引，还是辅助索引，当索引项很多，索引很大时，它们都可以是多级索引。实际使用的往往都是多级索引，图 4.5 是多级聚集索引示意图，图 4.6 是多级辅助索引示意图。从图中可以看出辅助索引与聚集索引的两个重大区别：①表中元组不按辅助索引搜索码的顺序排序和存储；②辅助索引的叶级索引是一个稠密索引，它不包含表中的元组。

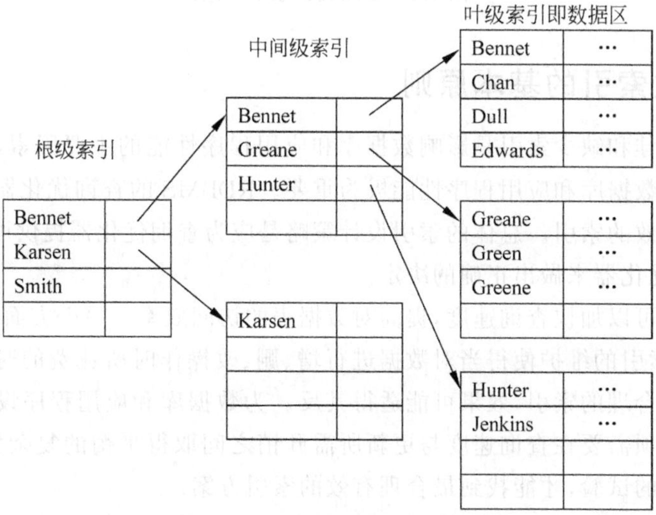

图 4.5　多级聚集索引示意图

当进行单行查找时，聚集索引的速度比辅助索引快，因为聚集索引的索引级别较小。聚集索引非常适合于范围查询，因为系统可以通过索引先得到第一行数据，再在数据块中进行顺序扫描，而无须再次使用索引。辅助索引速度稍慢，占用空间较大，但也是一种可选的查找方法。辅助索引可能会覆盖查询的全部过程。也就是说，如果符合查询要求的全部数据都存在于索引本身中，那么只需要索引块，而不需要表的数据块或聚集索引来检索所需数据，这种辅助索引称为覆盖索引，因此，辅助索引总体上减少了磁盘操作。

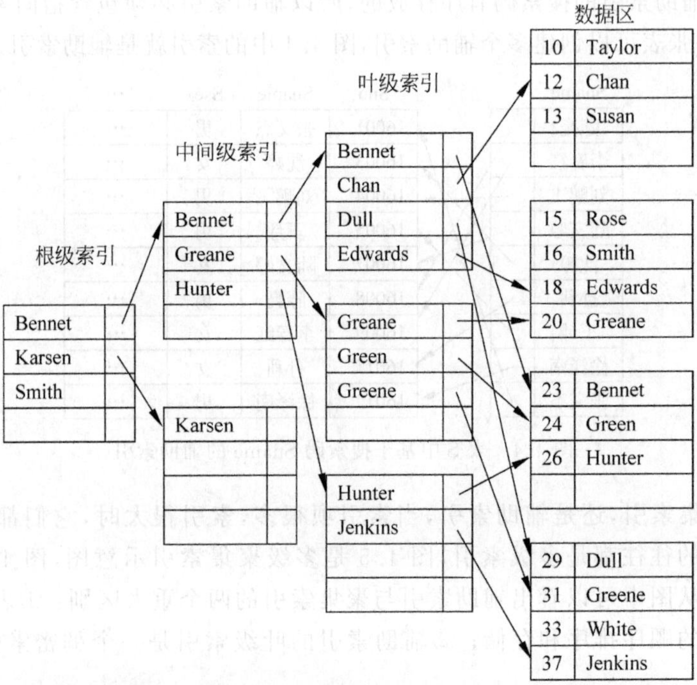

图 4.6　多级辅助索引示意图

4.1.2　创建索引的基本原则

索引设计不佳和缺少索引是影响数据库和应用程序性能的主要因素，设计高效的索引对于获得良好的数据库和应用程序性能极为重要。RDBMS 的查询优化器在大多数情况下可自动选择最高效的索引。总体的索引设计策略是应为查询优化器提供可供选择的多个索引，然后由查询优化器来做出正确的决定。

一方面索引可以加快查询速度，提高对数据表的访问效率。另一方面，索引需要占用磁盘空间，系统对索引的维护使得当对数据进行增、删、改操作时所花费的时间会更长。所以过多的索引或不合理的索引，效果可能适得其反。为数据库和应用程序设计一个合理的索引配置方案是一项需要在查询速度与更新所需开销之间取得平衡的复杂任务，可能需要进行多次设计方案的试验，才能找到最合理有效的索引方案。

经验丰富的数据库管理员能够设计出好的索引配置方案，但是，即使对于不那么复杂的数据库和应用程序来说，这项任务也十分复杂、耗时和易于出错。因此，了解数据库、查询和数据列的特征可以帮助设计出最佳索引。

设计索引时，应考虑以下原则。

(1) 一个表如果建有大量索引会影响更新语句的性能，因为在表中的数据更新时，所有索引都必须进行适当的调整，所以应避免对经常更新的表进行过多的索引。

(2) 对小表进行索引可能不会产生优化效果。因为查询优化器在遍历用于搜索数据的索引时，花费的时间可能比执行简单的表扫描还长，并且在表中的数据更新时必须对索引进行维护，所以应避免对小表创建索引。

(3) 使用多个索引可以提高更新少而数据量大的查询的性能。多个索引可以提高不修改数据的查询(例如 SELECT 语句)的性能,因为查询优化器有更多的索引可供选择,从而可以确定最快的访问方法。

(4) 应检查属性列中的数据分布,对于包含很多重复值的属性列应避免创建索引。例如,人的性别不是“男”就是“女”,即使对性别属性列建索引也无法快速找到某个人。

(5) 考虑对下列查询中涉及的属性列创建聚集索引:①WHERE 子句条件中经常使用 BETWEEN、>、>=、<和<=运算符进行比较的属性列;②出现在 JOIN 子句连接条件中的属性列;③ORDER BY 或 GROUP BY 子句中的属性列。但经常更新的列不宜创建聚集索引,因为更新该索引列上的数据时,往往会导致表中元组物理顺序的改变,代价太大。

(6) 辅助索引包含搜索码值和指向表数据存储位置的指针,可以对表创建多个辅助索引。通常,辅助索引可以提高涉及经常使用的、但没有建立聚集索引的属性列的查询的性能。辅助索引是完全匹配查询(即“=”比较)的最佳选择,因为查询优化器在搜索数据值时,先搜索辅助索引以找到数据值在表中的位置,然后直接从该位置检索数据。另外,考虑对 JOIN 子句连接条件中的属性列和 GROUP BY 子句中的属性列创建辅助索引。

(7) 如果索引是复合索引,创建时应考虑属性列的顺序。WHERE 子句条件中使用 BETWEEN、>、<和=运算符进行比较的属性列或者 JOIN 子句连接条件中的属性列应该放在最前面。其他属性列应该基于其非重复级别进行排序,即从最不重复的列到最重复的列。在使用索引时,应注意查询条件要满足最左匹配原则。例如,如果将索引定义在 LastName 和 FirstName 属性列上,则该索引在搜索条件为 WHERE LastName='Smith'或 WHERE LastName='Smith' AND FirstName LIKE 'J%'时将很有用。但是,查询优化器不会将此索引用于基于 FirstName(如 WHERE FirstName='Jane')搜索的查询。

(8) 唯一索引能够保证搜索码中不包含重复的值,从而使表中的每一行从某种方式上来说都具有唯一性。只有当唯一性是数据本身的特征时,指定唯一索引才有意义。使用唯一复合索引能够保证搜索码中值的每个组合都是唯一的。例如,如果为 LastName、FirstName 和 MiddleName 列的组合创建了唯一索引,则表中的任意两行都不会有这些列值的相同组合。聚集索引和辅助索引都可以是唯一的。只要列中的数据是唯一的,就可以为同一个表创建一个唯一聚集索引和多个唯一辅助索引。唯一索引的优点有:①能够确保定义的属性列的数据完整性;②提供了对查询优化器有用的附加信息。

4.1.3 索引的创建与删除

1. 创建索引

在 SQL 语言中,创建索引用 CREATE INDEX 语句,其一般格式如下:

```
CREATE [UNIQUE] [CLUSTERED | NONCLUSTERED] INDEX <索引名>
    ON <表名> ( <列名> [ASC | DESC] [, … n] )
```

索引可以建立在表的一列或多列上,各个列之间用逗号隔开。其中,UNIQUE 表示创建的是唯一索引,唯一索引的搜索码的值必须具有唯一性,即表中的任意两行的搜索码值都不能相同(包括空值)。CLUSTERED 表示创建的是聚集索引,NONCLUSTERED 是默认值表示创建的是辅助索引。ASC 是默认值表示索引中该列的值升序排列,DESC 表示降序排列。如果既要创建聚集索引，又要创建辅助索引，则应该先创建聚集索引，后创建辅助索引。

SQL Server 2014 规定一张表最多可以有 249 个辅助索引，一个复合索引最多可组合 16 列，列的长度累计不能超过 900 字节。另外，T-SQL 语言的 CREATE TABLE 语句中的 PRIMARY KEY 约束默认会创建唯一聚集索引，而 UNIQUE 约束默认会创建唯一辅助索引，这可以从第 3 章的图 3.2 中得到证实。

例 4.1 为 C 表的课程名按升序创建一个唯一辅助索引。

```
CREATE UNIQUE INDEX Index_C_Cname ON C(Cname)
```

例 4.2 对 SC 表按课程号升序和选修日期降序创建一个复合辅助索引。

```
CREATE INDEX Index_SC_CnoSdate ON SC(Cno, Sdate DESC)
```

2. 删除索引

索引一经建立，就由系统使用和维护它，不须用户干预。SQL 语言不提供修改索引的语句，如果索引建立错误，可删除它后重新创建。建立索引是为了减少查询操作的时间，但如果频繁地增加或删改数据，系统会耗费大量时间来维护索引。这时可删除一些不必要的索引。SQL 语言中，删除索引用 DROP INDEX 语句，其一般格式如下：

```
DROP INDEX <索引名>
```

例 4.3 删除 SC 表上的 Index_SC_CnoSdate 索引。

```
DROP INDEX SC.Index_SC_CnoSdate
```

说明：在 SQL Server 2014 中，在索引名前必须加表名。另外，由 CREATE TABLE 语句中的约束自动创建的索引不能用 DROP INDEX 语句删除。

4.1.4 SQL Server 2014 中的索引

1. 索引的结构

第 3 章中已经介绍过 SQL Server 利用盘区和页数据结构给数据库对象分配存储空间的方法。每个盘区由 8 个连续页组成，一页的大小为 8KB。每页开始部分的 96 字节是页头信息，用于存放页的类型、该页的可用空间数量、占用该页的数据库对象的对象标识等系统信息，其余的 8096 字节用于存放该页数据库对象的数据信息。SQL Server 2014 中的页分为数据页、索引页、文本页、图像页等 8 种。

在 SQL Server 中，如果一个表没有创建索引，则数据行不按任何特定的顺序存储，这种结构称为堆集。聚集索引和辅助索引都是按 B+树结构进行组织的，B+树中的每一页称为一个索引节点。B+树的顶端节点称为根节点，底层节点称为叶节点，根节点与叶节点之间的任何索引级别统称为中间级节点。每个索引行(即索引项)包含一个键值(即搜索码值)和一个指针，该指针指向 B+树上的某一中间级或叶级索引页中的某个数据行。每级索引中的页均被链接在双向链表中。

观察图 4.5 和图 4.6，可以看出多级索引构成了一棵树。仔细观察可以发现，图中有的节点是满的，有的节点有很多闲置空间；或者是树的左右各分支可能很不平衡，即各分支的深度有很大差异。对数据表中的数据进行大量的增删改操作就会造成这两种现象，这一方面浪费了很多存储空间，另一方面使得查找的效率大大下降（当分支的深度大时）。所谓 B+ 树就是一种平衡树，它能有效解决上述两个问题。关于 B+ 树的详细讨论请参考有关文献。

SQL Server 2014 中聚集索引的结构如图 4.7 所示。在聚集索引中，叶节点页也就是表的数据页。SQL Server 将在索引中向下移动以查找与某个聚集索引键（即搜索码）对应的行。为了查找键的范围，SQL Server 将在索引中移动以查找该范围的起始键值，然后用向前或向后指针在数据页中进行扫描。为了查找数据页链的首页，SQL Server 将从索引的根节点沿最左边的指针进行扫描。

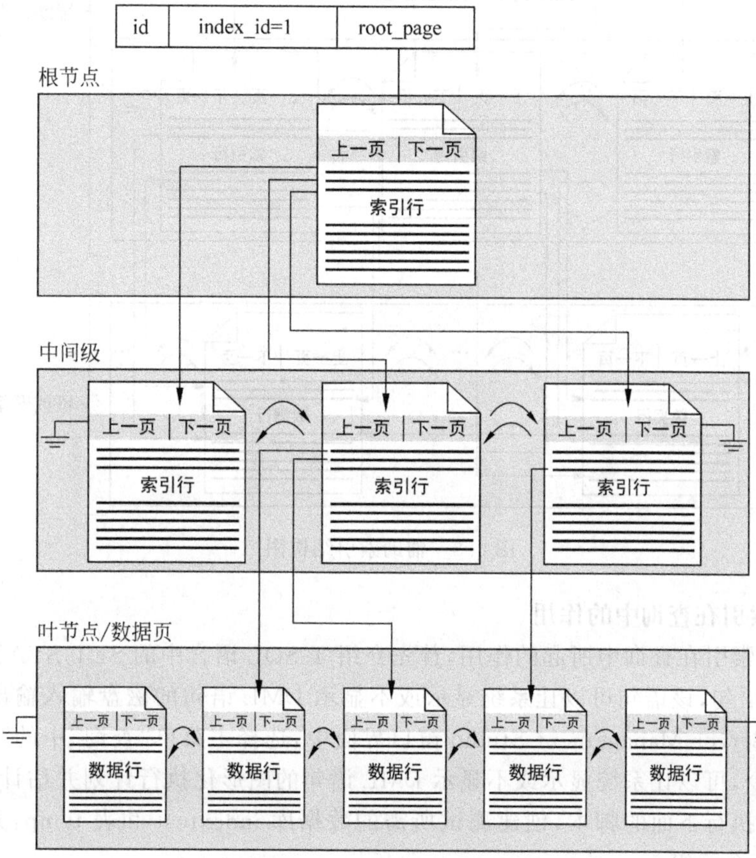

图 4.7　聚集索引结构图

SQL Server 2014 中辅助索引的结构如图 4.8 所示。由于辅助索引可以在有聚集索引的表或堆集上定义，所以辅助索引中的行定位器有两种形式。如果表是堆集（没有聚集索引），行定位器就是指向行的指针。该指针用文件标识符（ID）、页码和页上的行数生成。整个指针称为行 ID。如果表有聚集索引，则行定位器就是行的聚集索引键。如果聚集索引不是唯一索引，SQL Server 2014 将在内部添加一个值（称为唯一值）以使所有重复键唯一。该值对于用户不可见，仅当需要使聚集键唯一以用于辅助索引中时，才添加该值。SQL Server 通过使用存储在辅助索引叶节点的索引行内的聚集索引键搜索聚集索引来检索数据行。这种通过辅助索引中的行定位器来检索数据的过程称为回表操作。

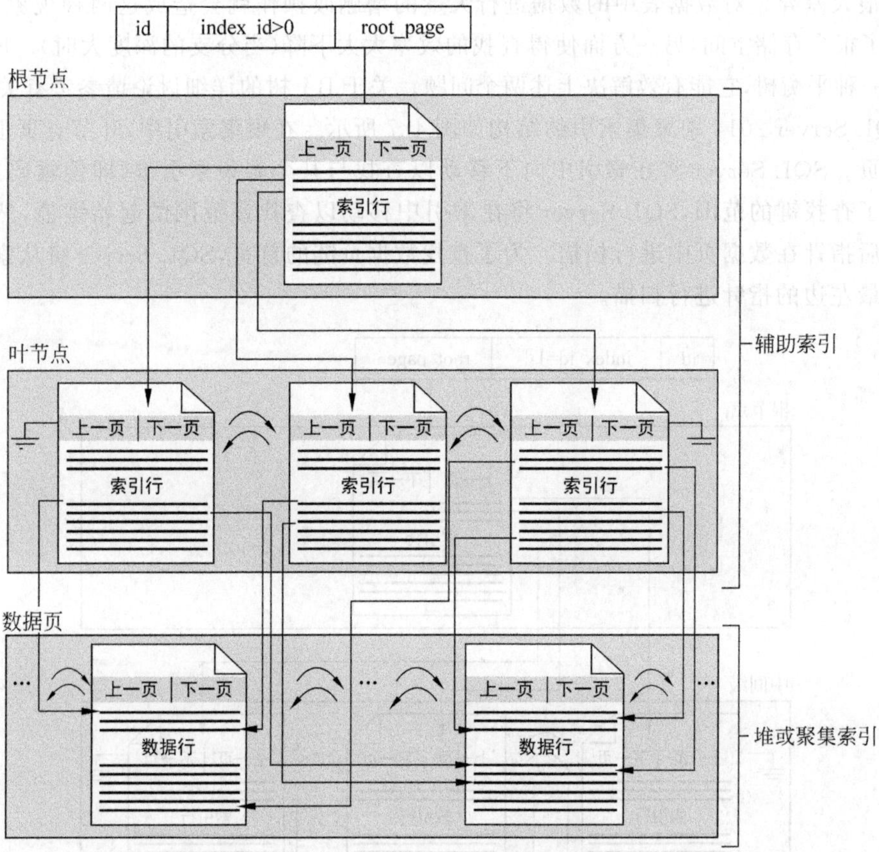

图 4.8　辅助索引结构图

2. 观察索引在查询中的作用

为了说明索引在查询中所起的作用，首先介绍 T-SQL 语言中的 SET STATISTICS IO { ON|OFF }语句，该语句可以让系统显示或不显示 DML 语句的磁盘输入输出统计信息。其次在 SQL Server Management Studio 窗口界面中，选择主菜单“查询”中的“包括实际的执行计划”命令，可以让系统显示或不显示 DML 语句的图形化执行计划并估计语句对资源的需求。最后执行下面的脚本，创建测试所需的数据库 indextest 和表 temp，并向表 temp 中插入 80 000 个元组。

```
CREATE DATABASE indextest                    /* 创建数据库 indextest */
    ON
        ( name = indextest_data, filename = 'd:\database\indextest_data.mdf' )
    LOG ON
        ( name = indextest_log, filename = 'd:\database\indextest_log.ldf' )
GO
USE indextest                                /* 打开数据库 indextest */
GO
CREATE TABLE temp                            /* 创建一张表 temp */
(   id    bigint IDENTITY(1, 1) ,            /* 该列数值从 1 开始,每次递增 1 自动生成 */
    rq    datetime ,
    srq   varchar(20) ,
```

```
    hh   smallint ,
    mm   smallint ,
    ss   smallint ,
    num  numeric(12,3)
)
GO
DECLARE @i int, @d datetime           /* 向表 temp 中插入 80000 个元组 */
SET  @i = 1
WHILE  @i <= 80000
BEGIN
    SET @d = GETDATE()
    INSERT INTO temp(rq, srq, hh, mm, ss, num)
    VALUES ( @d, CAST(@d AS varchar(20)),
             DATEPART(hh, @d), DATEPART(mi, @d),
             DATEPART(ss, @d), CAST(RAND() * 10000 AS numeric(12,3))
           )
    SET @i = @i + 1
END
GO
```

在没有索引的情况下，执行 SET STATISTICS IO ON 语句，并选择执行"包括实际的执行计划"菜单命令，再执行语句 SELECT * FROM temp WHERE id=23456。选择"消息"标签，系统显示对表 temp 扫描计数 1 次，逻辑读取 640 次，物理读取 0 次。选择"执行计划"标签，系统显示采用 Table Scan 执行计划，并显示估计 I/O 开销为 0.476 537，估计 CPU 开销为 0.088 078 5，总开销为 0.564 615。

执行语句 CREATE UNIQUE INDEX Index_temp_id ON temp(id)后，再执行上述查询语句。选择"消息"标签，系统显示对表 temp 扫描计数 0 次，逻辑读取 3 次，物理读取 0 次。选择"执行计划"标签，系统显示采用 Index Seek 和 RID Lookup 执行计划，并显示估计 I/O 开销两者均为 0.003 125，估计 CPU 开销两者均为 0.000 158 1，总开销为(0.003 125+0.000 158 1)×2=0.006 566 2。显然，索引可大大加快查询的速度，而且表越大效果越明显。

4.2 视　图

视图(View)从逻辑上看，属于外模式，它是从一张或几张基本表(或视图)导出的表。与基本表不同，视图是一张虚表，在数据库中只存放视图的定义(即 SELECT 语句)，不存放视图对应的数据(即 SELECT 语句的查询结果)。所以基本表中的数据一旦发生变化，从视图中查询出的数据也就随之改变了。从这个意义上来讲，视图就像一个窗口，通过它用户可以看到数据库中自己感兴趣的数据及其变化。

视图一经定义，就可以和基本表一样被查询和删除，也可以在一个视图之上再定义新的视图，但对视图的更新(增加、删除、修改)操作则有一定的限制。

4.2.1 视图的定义与删除

1. 定义视图

SQL 语言用 CREATE VIEW 语句定义视图，其一般格式如下：

```
CREATE VIEW <视图名> [ (<列名> [ ,… ] ) ]
AS <子查询>
[WITH CHECK OPTION]
```

其中的子查询可以是任意复杂的SELECT语句，但通常不允许含有ORDER BY子句。WITH CHECK OPTION表示用户必须保证每当向该视图中插入或修改数据时，所插入或修改的数据能够从该视图查询出来。

组成视图的属性列名或者全部省略或者全部指定，没有第三种选择。如果省略了视图的各个属性列名，则隐含该视图的属性列必须与子查询中SELECT子句后的属性列的个数和名称相同。但在下列三种情况下必须明确指定组成视图的属性列名。

(1) 某个目标列是聚集函数或列表达式；

(2) 多表连接时有同名的列(即<表名>.<列名>形式的列)作为视图的属性列；

(3) 需要在视图中为某个列启用新的更合适的名字。

RDBMS执行CREATE VIEW语句时只是把视图的定义存入数据字典，并不执行其中的SELECT语句。只是在对视图进行查询时，才按视图的定义从基本表中将数据查出。

例4.4 创建由计算机专业学生的学号、姓名、性别和联系电话组成的视图。

```
CREATE VIEW CS_S
AS SELECT Sno, Sname, Ssex, Mphone
   FROM S
   WHERE Major = '计算机'
```

说明：由于视图名后省略了列名，隐含视图的属性列是SELECT子句中的四个属性列。

如果一个视图是从单个基本表导出的，只去掉了基本表的某些行和某些列，但保留了主码，这类视图称为行列子集视图。视图CS_S就是一个行列子集视图。

例4.5 创建在2017年秋选修了2002号课程的学生视图，该视图包括学号、姓名、性别、专业和成绩。

```
CREATE VIEW S_2002(Sno, Sname, Ssex, Major, Score)
AS SELECT S.Sno, Sname, Ssex, Major, Score
   FROM S JOIN SC ON S.Sno = SC.Sno
   WHERE Sdate = '2017秋' AND Cno = '2002'
```

说明：由于视图建在两个基本表上，而且包含了两表中的同名列Sno，所以需在视图名后明确指定组成视图的属性列名。但在SQL Server 2014中，视图名后省略属性列名也可以。

例4.6 创建在2017年秋选修了2002号课程的计算机专业学生视图，该视图包括学号、姓名、性别和成绩。

```
CREATE VIEW S_CS2002
AS SELECT Sno, Sname, Ssex, Score
   FROM S_2002
   WHERE Major = '计算机'
```

说明：本例中的视图S_CS2002是建立在视图S_2002之上的。

例 4.7　创建一个由每个学生的学号及所有已考课程的平均成绩组成的视图。

```
CREATE VIEW S_AVG(Sno, AVG_S)
AS SELECT Sno, AVG(Score)
   FROM SC
   WHERE Score IS NOT NULL
   GROUP BY Sno
```

说明：由于 SELECT 子句中目标列是聚集函数，所以必须明确指出视图的各属性列名。S_AVG 是一个分组视图。

例 4.8　创建一个由全体女生组成的视图。

```
CREATE VIEW F_S
AS SELECT *
   FROM S
   WHERE Ssex = '女'
```

说明：由于 SELECT 子句中出现了"*"，所以视图 F_S 的属性列与表 S 的属性列一一对应。如果以后修改了表 S 的结构，就会破坏原来的对应关系，使得视图 F_S 不能正确工作。

2. 删除视图

SQL 语言用 DROP VIEW 语句删除视图，其一般格式如下：

```
DROP VIEW <视图名>
```

例 4.9　删除视图 S_CS2002。

```
DROP VIEW S_CS2002
```

需要说明的是：如果删除了基本表 S(或视图 S_2002)，在它基础上创建的视图 CS_S(或视图 S_CS2002)会仍然存在，但已不能正常使用，必须显式删除。

4.2.2　查询视图

一般情况下，视图可以像基本表那样使用，视图名可以出现在基本表名可以出现的地方。当然，视图定义后，就可以像基本表一样对其进行查询。

例 4.10　在视图 CS_S 中找出计算机专业女生的学号、姓名和联系电话。

```
SELECT Sno, Sname, Mphone
FROM CS_S
WHERE Ssex = '女'
```

说明：由于视图是虚表，只有定义没有数据。视图的数据还是存放在它所对应的基本表中，因此，对视图的查询最终是转换为对其基本表的查询。转换的过程是这样的：首先进行有效性检查，检查查询中的基本表、视图是否存在；如果存在，则从数据字典中取出视图的定义，把视图定义中的子查询与用户的查询结合起来，转换成等价的对基本表的查询；最后再执行修正后的查询。这一过程称为视图消解(View Resolution)。本例转换后的查询语句为：

```
SELECT Sno, Sname, Mphone
FROM S
WHERE Major = '计算机' AND Ssex = '女'
```

例 4.11 找出在 2017 春选修了 1002 号课程的计算机专业学生的学号、姓名、性别和成绩。

```
SELECT SC.Sno, Sname, Ssex, Score
FROM CS_S JOIN SC ON CS_S.Sno = SC.Sno
WHERE Sdate = '2017 春' AND Cno = '1002'
```

本例转换后的查询语句为：

```
SELECT SC.Sno, Sname, Ssex, Score
FROM S JOIN SC ON S.Sno = SC.Sno
WHERE Major = '计算机' AND Sdate = '2017 春' AND Cno = '1002'
```

例 4.12 找出所有已考课程的平均成绩在 80 分以上的学生学号。

```
SELECT Sno
FROM S_AVG
WHERE AVG_S > 80
```

本例转换后的查询语句为：

```
SELECT Sno
FROM SC
WHERE Score IS NOT NULL
GROUP BY Sno
HAVING AVG(Score)> 80
```

说明：本例中 S_AVG 是一个分组视图，WHERE 子句中的查询条件 AVG_S > 80，转换后变为 AVG(Score)> 80 出现在了 HAVING 子句中，而不能机械地仍然在 WHERE 子句中，否则将会出现语法错误。目前大多数的 RDBMS 都能对此做正确的转换。

4.2.3 更新视图

更新视图是指通过视图进行数据的插入、删除和修改。由于视图是不存储数据的虚表，因此对视图的更新最终也是转换为对其基本表的更新。

为了说明对视图的更新操作和定义视图时 WITH CHECK OPTION 的作用，下面先定义两个计算机专业视图 CS1_S 和 CS2_S，两者的不同点在于后者带有 WITH CHECK OPTION。

```
CREATE VIEW CS1_S
AS SELECT Sno, Sname, Ssex, Sage, Major, Mphone
   FROM S
   WHERE Major = '计算机'
CREATE VIEW CS2_S
AS SELECT Sno, Sname, Ssex, Sage, Major, Mphone
   FROM S
   WHERE Major = '计算机'
WITH CHECK OPTION
```

例 4.13　向计算机专业学生视图 CS1_S 中插入一个新的学生记录，其中学号为 16008，姓名为陈亮，性别为男性，联系电话为 13267812345。

```
INSERT
INTO CS1_S(Sno, Sname, Ssex, Mphone)
VALUES('16008', '陈亮', '男', '13267812345')
```

转换为对基本表的更新：

```
INSERT
INTO S(Sno, Sname, Ssex, Major, Mphone)
VALUES('16008', '陈亮', '男', null, '13267812345')
```

说明：在 SQL Server 2014 中插入操作成功，但由于 Major 为 null，导致在 CS1_S 视图中看不到刚才插入的学生。

例 4.14　将计算机专业学生视图 CS1_S 中学号为 16004 的学生年龄由 20 改为 22，专业由"计算机"改为"通信"。

```
UPDATE CS1_S
SET Sage = 22, Major = '通信'
WHERE Sno = '16004'
```

转换为对基本表的更新：

```
UPDATE S
SET Sage = 22, Major = '通信'
WHERE Major = '计算机' AND Sno = '16004'
```

说明：在 SQL Server 2014 中修改操作成功，但由于 Major 已经改为通信，导致在 CS1_S 视图中看不到刚才修改过的学生。

虽然例 4.13 和例 4.14 中的操作都成功，但在操作的对象 CS1_S 中都看不到操作结果，有点匪夷所思。为了防止这种情况的出现，SQL 语言中可以通过在定义视图时加上 WITH CHECK OPTION 子句来解决。如果将例 4.13 和例 4.14 中的操作对象改为 CS2_S，那么操作都会被拒绝执行，因为这些操作都会导致操作结果不满足视图定义中的条件。

当然，如果在例 4.13 中明确 16008 号学生的专业是计算机，例 4.14 中仅仅修改 16004 号学生的年龄，那么通过视图 CS1_S 或 CS2_S 都可以完成插入和修改操作，而且也可以通过视图 CS1_S 或 CS2_S 查看操作结果。读者可分别执行下列两句语句验证。

```
INSERT
INTO CS2_S(Sno, Sname, Ssex, Major, Mphone)
VALUES('16008', '陈亮', '男', '计算机', '13267812345')
UPDATE CS2_S
SET Sage = 22
WHERE Sno = '16004'
```

例 4.15　删除计算机专业学生视图 CS2_S 中学号为 16008 的学生。

```
DELETE
```

```
FROM CS2_S
WHERE Sno = '16008'
```

要特别说明的是：更新视图有许多限制，对视图的许多更新操作并不能唯一地有意义地转换成对相应基本表的更新。例如，对视图 S_AVG 要修改它的 AVG_S 列是无法转换成对基本表 SC 的修改的。至于哪些视图是可以更新的，目前各个 RDBMS 有不同的规定，请参考相应 RDBMS 的手册。

一般来说，如果定义视图的子查询对下列条件都能满足，那么该视图是可以更新的：

(1) FROM 子句中只有一个数据库关系；

(2) SELECT 子句中只包含关系的属性名，不包含任何表达式、聚集函数或 DISTINCT 短语；

(3) 没有出现在 SELECT 子句中的属性可以取空值(即这些属性上没有 NOT NULL 约束)，也不是主码中的属性；

(4) 子查询中没有 GROUP BY 或 HAVING 子句。

4.2.4 视图的作用

视图的作用可归纳如下：

(1) 由于视图在逻辑上属于外模式，因此，视图对重构数据库提供了一定程度的逻辑独立性。例如，当用户增加新的关系或对原有关系增加新的属性或将一个基本表"垂直"(或"水平")地分成多个基本表时，可通过重新定义视图来保持外模式不变，从而不必修改用户程序。但是，目前视图提供的逻辑独立性还很有限。

(2) 有了视图机制，就可以在设计数据库应用系统时，对不同的用户定义不同的视图，使机密数据不出现在不应看到这些数据的用户的视图上，这样视图机制就自动提供了对机密数据的安全保护功能。

(3) 视图机制使得用户可以将注意力集中在所关心的数据上。如果这些数据不是直接来自基本表，则可以通过定义视图，使用户看起来数据结构简单、清晰，并可以简化用户的数据查询操作。例如，可以为前面例子中的 S、SC 和 C 三张表作连接操作(去掉重复的属性)后得到的查询表定义一个视图。有了该视图后，用户就可以用单表查询的方法去查询该虚表，而根本不需要知道这个虚表是怎样得来的。

(4) 视图机制也能使得不同的用户以不同的方式看待同一数据。例如，前面的例子中数据库中只有 S、SC 和 C 三张基本表，但可以在此基础上定义许多视图，以满足不同用户的需要。例如可以定义全体男生所组成的视图、全体女生所组成的视图、全体计算机专业学生所组成的视图、选修了"数据库原理"课程的全体学生所组成的视图、至少有一门课程不及格的学生所组成的视图、选修学生人数累计超过 10 000 人的全部课程所组成的视图等。

4.2.5 SQL Server 2014 中的索引视图

1. 物化视图

前面已经讲过，视图是一个虚表，在数据库系统中只存储视图的定义，不存储视图对应的数据，视图的数据还是存放在它所对应的基本表中，因此，对视图的查询最终是转换为对其基本表的查询。有些 RDBMS 允许存储视图对应的数据，同时可以保证，当定义视图的基本表中的数据发生改变时，视图的数据也随之改变，这种视图被称为物化视图(Materialized View)。

SQL 没有定义物化视图的标准方式，许多 RDBMS 提供了各自的 SQL 扩展来实现这项任务。在基本表数据发生变化时，一些 RDBMS 立即重新计算物化视图的数据，一些 RDBMS 周期性地重新计算物化视图，还有一些 RDBMS 允许数据库管理员来控制在每个物化视图上采用上述的哪种方式。

频繁使用视图的查询将会从视图的物化中获益，特别是对于那些涉及对大量元组进行聚集计算的查询会从创建与查询相对应的物化视图受益，因为在这种情况下，聚集结果很可能比定义视图的基本表要小很多。当然，物化视图对查询所带来的好处还需要与存储代价和视图的更新开销相权衡。显然，如果定义视图的基本表经常更新或者不涉及对大量元组进行聚集计算，该视图不适合被物化。

2. 索引视图

SQL Server 2014 企业版或开发版通过引入索引视图来实现理论上的物化视图。要创建索引视图，先要创建视图，再对该视图创建索引，从而使该视图被物化。对视图创建的第一个索引必须是唯一聚集索引。创建唯一聚集索引后，可以创建其他辅助索引。创建索引视图有许多要求，读者可参考 SQL Server 2014 提供的联机丛书，下面举例说明索引视图的创建和作用。

首先执行 4.1.4 节中的脚本，创建所需的数据库 indextest 和表 temp(注意 num 列必须加上 NOT NULL 约束)，并向表 temp 中插入 80 000 个元组。在没有索引视图的情况下，在 SQL Server Management Studio 窗口界面中，选择执行主菜单“查询”中的“包括实际的执行计划”命令，再执行语句 SELECT ss，AVG(num) FROM dbo. temp GROUP BY ss，系统显示先采用 Table Scan 执行计划，再采用 Aggregate 执行计划。Table Scan 执行计划的估计 I/O 开销为 0.476 458，估计 CPU 开销为 0.088 157，Aggregate 执行计划的估计 I/O 开销为 0，估计 CPU 开销为 0.392 264，总开销为 0.956 879。

然后执行下列语句创建视图：

```
CREATE VIEW v_temp(ss, cc, sum_num)
WITH SCHEMABINDING AS             /* 必须将视图绑定到基本表的模式中 */
   SELECT ss, COUNT_BIG( * ), SUM(num)
   FROM dbo.temp
   GROUP BY ss
```

说明：创建索引视图的视图定义中，如果 SELECT 语句包含 GROUP BY 子句，则它的 SELECT 子句中必须包含 COUNT_BIG(*)列。COUNT_BIG 的含义与 COUNT 相同，两个函数的唯一差别在于它们的返回值。前者返回 bigint 数据类型值，而后者返回 int 数据类型值。

最后执行语句 CREATE UNIQUE CLUSTERED INDEX Index_v_temp ON v_temp(ss)为视图创建索引(即创建索引视图)后，再执行上述查询语句。系统显示采用 Clustered Index Scan 执行计划，并显示估计 I/O 开销为 0.003125，估计 CPU 开销为 0.0001966，总开销为 0.0033216。显然，索引视图大大加快了查询的速度。

需要特别注意的是：当 SQL Server 2014 的查询优化器确定使用索引视图会提高查询效率时，优化器可以在 FROM 子句中未直接指定视图的查询中使用索引视图；优化器可以在查询语句与索引视图中的 SELECT 语句并不完全相同的查询中使用索引视图。也就是说，查询优化器有一定的智能。

习 题 4

一、单项选择题

1. 下列关于索引的叙述中，错误的是(　　)。
   A. 索引属于外模式
   B. 一张基本表上可以创建多个索引
   C. 索引可以提高用户的查询速度
   D. 系统会自动选择合适的索引作为存取路径
2. 下列关于聚集索引和辅助索引的叙述中，正确的是(　　)。
   A. 每张表上只能创建一个辅助索引
   B. 辅助索引需要较多的存储空间
   C. 一个复合索引只能是聚集索引
   D. 一张表上不能同时创建聚集和辅助索引
3. 若要在一张表上同时创建聚集索引和辅助索引，下列选项中正确的是(　　)。
   A. 先创建聚集索引，后创建辅助索引
   B. 先创建辅助索引，后创建聚集索引
   C. 任意次序创建，顺序无关紧要
   D. 以上说法都不正确
4. 下列选项中，应尽量创建索引的是(　　)。
   A. 具有很多 NULL 值的列　　B. 元组较少的基本表
   C. 需要频繁更新的基本表　　D. 在 WHERE 子句中频繁使用的列
5. 下列选项中，不适合创建索引的是(　　)。
   A. 频繁出现在 ORDER BY 子句中的列
   B. 频繁出现在 GROUP BY 子句中的列
   C. 包含大量重复值的属性列
   D. 频繁出现在 JOIN…ON 连接条件中的列
6. 下列关于视图的叙述中，正确的是(　　)。
   A. 视图是一个虚表，并不存储数据　　B. 视图只能从基本表导出
   C. 视图只能查询，不能更新　　D. 视图属于内模式
7. 在 RDBMS 中，为了简化用户的查询操作，而又不增加数据的存储空间，应该使用(　　)。
   A. TABLE　　B. INDEX　　C. VIEW　　D. CURSOR
8. 在创建视图的子查询中，不能使用(　　)子句。
   A. WHERE　　B. GROUP BY

C. ORDER BY　　D. HAVING

9. 视图的优点中不包括下面的(　　)。

A. 对机密数据提供安全保护　　B. 提供了一定的逻辑独立性

C. 简化了用户的查询操作　　D. 提高了用户的查询速度

10. 下列关于物化视图的叙述中,错误的是(　　)。

A. 物化视图存储视图对应的数据

B. 更新频繁的基本表上适合创建物化视图

C. 增加了数据的存储空间

D. 提高了用户的查询速度

二、填空题

1. 用于在表中查找特定元组的属性或属性集称为________,索引是由一个个索引项组成的,整个索引按索引项中的________有序排列。

2. 索引有稠密索引和稀疏索引之分,可以为一张表创建稀疏索引的前提是该表按搜索码值________存储。

3. 聚集索引是指表中的元组按照索引中搜索码指定的顺序排序,聚集索引往往是________索引,而辅助索引必须是________索引。显然,一张表最多只能有________个聚集索引,可以有________个辅助索引。

4. 辅助索引就是辅助索引,SQL Server 规定一张表最多可以有________个辅助索引,一个复合索引最多可组合________列。

5. 为了创建聚集索引,需在 CREATE INDEX 语句中使用________选项。

6. T-SQL 语言中的 CREATE TABLE 语句在创建表的同时,对________约束和________约束默认都会自动创建索引。

7. 在 SQL Server 系统中通过引入________来实现理论上的物化视图。

三、简答题

1. 举例说明 SQL 语言中有哪些语句分别属于模式 DDL、子模式 DDL 和内模式 DDL。

2. 什么是稠密索引？什么是稀疏索引？试比较稠密索引和稀疏索引的优缺点。

3. 简述辅助索引与聚集索引的区别。

4. 为什么实际使用的聚集索引(或辅助索引)往往都是多级索引?

5. 简述创建索引的基本原则,以及最左匹配原则、覆盖索引和回表操作的含义。

6. 什么是基本表？什么是视图？两者有什么区别与联系？

7. 试述定义视图时,子查询应满足哪些条件才能使创建的视图是可以更新的？

四、SQL 语言

下列各题中所涉及的基本表的结构见第 3 章练习题四。

1. 对 Customers 表的客户名按升序创建一个辅助索引。

2. 对 Goods 表按商品类别升序和价格升序创建一个复合辅助索引。

3. 对 Sells 表按客户编号升序和销售日期降序创建一个复合辅助索引。

4. 定义一个名为 GoodsPhone 的视图,该视图只包含“手机”大类商品的商品信息。

5. 在视图 GoodsPhone 的基础上定义一个名为 GoodsPhoneHuaWei 的视图,该视图只包含“华为”公司生产的手机类商品的商品信息。

6. 定义一个名为 SellsQuantity 的视图，该视图有四列，分别是商品的名称、价格、生产商和该商品的销售总数量（销售总数量用 Squantity 表示）。

7. 利用第 6 题中定义的视图，找出销售数量最多的商品的名称、价格和生产商。

8. 定义一个名为 SellsMoney 的视图，该视图有 6 列，分别是销售单号、销售日期、客户姓名、客户性别、客户年龄和该销售单总金额（销售单总金额用 Smoney 表示）。

9. 利用第 8 题中定义的视图，找出 2018 年全年的购买总金额超过 10 000 元的客户的姓名、性别和年龄。

10. 在视图 GoodsPhone 中添加一种新商品（'150050111'，'P8 手机'，'手机'，2499，'华为'）。

第5章

数据库安全技术

安全性问题不是数据库系统所独有的，所有计算机系统都有这个问题。只是在数据库系统中大量数据集中存放，且可为许多用户所共享，从而使得安全性问题更为突出。数据库的安全性已成为评价数据库系统性能的一个重要指标。

数据库的安全性是指保护数据库以防止因不合法的使用而造成数据的泄露、更改或破坏。本章介绍数据库安全性控制的各种技术，并详细介绍 SQL Server 2014 中的安全机制。

5.1 安全性控制技术概述

数据库系统的安全性和计算机系统的安全性（包括计算机硬件、操作系统、网络系统的安全性）是紧密联系、相互支持的。

5.1.1 计算机系统的三类安全性问题

计算机系统的安全性是指为计算机系统建立和采取的各种安全保护措施，以保护计算机系统中的硬件、软件及数据，防止其因偶然或恶意的原因使系统遭到破坏或丢失，数据遭到更改或泄露等。

影响计算机系统安全性的因素很多，不仅涉及计算机系统本身的技术问题、管理问题，还涉及法学、犯罪学、心理学的问题。其内容包括了计算机安全理论与策略、计算机安全技术、安全管理、安全评价、安全产品以及计算机犯罪与侦察、计算机安全法律、安全监察等。概括起来，计算机系统的安全性问题可分为三大类，即技术安全类、管理安全类和政策法律类。

(1) 技术安全是指采用具有一定安全性的硬件、软件来保护计算机系统中的硬件、软件及数据。当计算机系统受到无意或恶意的攻击时仍能保证系统正常运行，保证系统内的数据不丢失、不泄露。

(2) 管理安全是指防止因管理不善所导致的计算机设备和数据介质的物理破坏或丢失，防止软硬件意外故障以及场地的意外事故。

(3) 政策法规是指政府部门建立的有关计算机犯罪、数据安全保密的法律道德准则和政策法规、法令等。

这里只讨论技术安全。

5.1.2 安全标准简介

计算机及其信息安全技术方面有一系列的安全标准，其中有重要影响的是 1985 年美国国防部（DoD）颁布的《DoD 可信计算机系统评估标准》（Trusted Computer System

Evaluation Criteria，TCSEC）和 1991 年美国国家计算机安全中心（NCSC）颁布的《可信计算机系统评估标准关于可信数据库系统的解释》（Trusted Database Interpretation，TDI）。TDI 将 TCSEC 扩展到数据库管理系统，定义了数据库系统设计与实现中需要满足和用以进行安全性级别评估的标准。

根据系统对各项指标的支持情况，TCSEC/TDI 将系统划分为 DCBA 4 组，D、C1、C2、B1、B2、B3 和 A1 从低到高 7 个等级。按系统可靠或可信程度逐渐增高，各安全级别之间偏序向下兼容，较高安全等级提供的安全保护包含较低等级的所有保护要求，同时提供更完善的保护。7 个安全等级的基本要求如下。

（1）D 级为最低级别，提供最小保护，凡不符合更高标准的系统，统统归于 D 组。如 DOS 就是操作系统中安全标准为 D 的典型例子，它具有操作系统的基本功能，如文件系统、进程调度等，但在安全性方面几乎没有专门的机制来保障。

（2）C1 级只提供了非常初级的自主安全保护。能够实现用户与数据的分离，进行自主存取控制（DAC），保护或限制用户权限的传播。

（3）C2 级是安全产品的最低档次，提供受控的存取保护。将 C1 级的 DAC 进一步细化，以个人身份注册负责，并实施审计和资源隔离。如 Windows 2000，Oracle 7 等。

（4）B1 级提供标记安全保护。对系统的数据加以标记，并对标记的主体和客体实施强制存取控制（MAC）。B1 级较好地满足了大型企业或一般政府部门对于数据的安全需求，这一级别的产品才被认为是真正意义上的安全产品。满足 B1 级别的产品出售时，允许冠以“安全”（Security）或“可信的”（Trusted）字样。

（5）B2 级提供结构化保护。建立形式化的安全策略模型并对系统内的所有主体和客体实施 DAC 和 MAC。

（6）B3 级提供安全域保护。要求可信任的运算基础必须满足访问监控器的要求，审计跟踪能力更强，并提供系统恢复过程。

（7）A1 级为验证设计。提供 B3 级保护的同时给出系统的形式化设计说明和验证，以确保各安全保护的真正实现。

在 TCSEC 推出后，不同国家都开始启动开发建立在 TCSEC 概念上的评估准则。如欧洲的信息技术安全评估准则（ITSEC）、加拿大的可信计算机产品评估准则（CTCPEC）、美国的信息技术安全联邦标准（FC）草案等。

为了准确地评估和测定计算机系统的安全性能，规范和指导计算机系统的生产，满足全球 IT 市场上互认标准化安全评估结果的需要，1993 年 CTCPEC、FC、TCSEC 和 ITSEC 的发起组织开始联合行动，解决原标准中概念和技术上的差异，将各自独立的准则集合成一组单一的、能被广泛使用的 IT 安全准则，这一行动被称为 CC（Common Criteria）项目。项目发起组织的代表建立了专门的委员会来开发 CC 通用准则，历经多次讨论和修改，CC V2.1 版于 1999 年被 ISO 采用为国际标准，2001 年被我国采用为国家标准。目前 CC 已经基本取代了 TCSEC，成为评估信息产品安全性的主要标准。

和早期的评估准则相比，CC 具有结构开发通用、表达方式通用等特点。它把对信息产品的安全要求分为安全功能要求和安全保证要求，前者用以规范产品和系统的安全行为，后者解决如何正确有效地实施这些功能。CC 在安全保证要求部分定义了 7 种评估保证级别，从 EAL1 至 EAL7，按保证程度逐渐增高。粗略而言，TCSEC 的 C1 和 C2 级分别相当于

EAL2 和 EAL3；B1、B2 和 B3 分别相当于 EAL4、EAL5 和 EAL6；A1 对应于 EAL7。

5.1.3　数据库安全性控制概述

在网络环境下，数据库的安全体系涉及三个层次：网络系统层、操作系统层和数据管理系统层。它们与数据库的安全性紧密联系并逐层加强，从外到内保证数据的安全。在规划和设计数据库的安全性时，要综合每一层的安全性，使三层之间相互支持和配合，提高整个数据库系统的安全性。

数据库安全性控制是指为防止数据库的不合法使用和因偶然或恶意的原因，使数据库中数据遭到泄露、更改或破坏等所采取的各种技术和安全保护措施的总称。

这里的讨论只限于数据库管理系统这一层次。

1. 用户标识和鉴别

在一个多用户的数据库系统中，用户的标识（Identification）和鉴别（Authentication）是系统安全控制机制中最重要、最外层的安全保护措施。其方法是由系统提供一定的方式让用户标识自己的身份。每当用户要求进入系统时，系统首先根据输入的用户标识进行身份的鉴定，只有鉴定合法的用户才能进入系统。鉴别用户最常用的方法是用一个用户名（用户标识符）来标识用户，用口令来鉴别用户身份的真伪。

口令简单易行，但容易被人窃取。一种可行的方法是，每个用户预先约定好一个计算过程或者函数，鉴别用户身份时，系统提供一个随机数，用户根据自己预先约定的计算过程或者函数进行计算，系统根据用户计算结果是否正确鉴别用户身份。用户标识和鉴别可以重复多次。动态口令是目前较为安全的一种鉴别方式。这种方式的口令是动态变化的，每次鉴别时均需使用动态产生的新口令（如短信密码）登录数据库管理系统，即采用一次一密的方法。与静态口令鉴别相比，这种方式增加了口令被窃取或破解的难度，安全性相对高一些。

2. 存取控制

数据库安全最重要的是确保只授权给有资格的用户访问数据库的权限，同时令所有未被授权的人员无法接近数据。这一点主要是通过数据库系统的存取控制机制实现的。存取控制机制主要包括两部分。

(1) 定义用户权限。用户对某一数据库对象的操作权力称为权限。某个用户对某一数据库对象应该具有何种权限，这是管理问题和政策问题而不是技术问题，DBMS 的功能是保证这些决定的执行。为此，DBMS 必须提供适当的语言来定义用户权限，这些定义经过编译后存放在系统的数据字典中，被称为安全规则或授权规则。

(2) 合法权限检查。每当用户发出存取数据库的操作请求后（请求一般应包括操作类型、操作对象和操作用户等信息），DBMS 查找数据字典，根据安全规则进行合法权限检查。若用户的操作请求超出了定义的权限，系统将拒绝执行此操作。

定义用户权限和合法权限检查一起组成了 DBMS 的安全子系统。

常用的存取控制方法有 C2 级中的自主存取控制（Discretionary Access Control，DAC）和 B1 级中的强制存取控制（Mandatory Access Control，MAC）两种。

在自主存取控制方法中，用户对于不同的数据库对象有不同的存取权限，不同的用户对同一对象也有不同的权限，而且用户还可将其拥有的存取权限转授给其他用户。自主存取控制非常灵活，但可能存在数据的“无意泄漏”。因为用户对数据的存取权限是“自主”的，用户可以自由地决定是否将数据的存取权限授予别人，也可以自由地决定是否将“授权”的权限授予别人。造成这一问题的根本原因是这种机制仅仅通过对数据的存取权限来进行安全控制，而数据本身并无安全性标记。要解决这一问题，就需要对系统控制下的所有主客体（主体可理解为用户，客体可理解为数据库对象）实施强制存取控制策略。

在强制存取控制方法中，每一个数据库对象被标以一定的密级，每一个用户也被授予某一个级别的许可证。对于任意一个对象，只有具有合法许可证的用户才可以存取。强制存取控制保证更高程度的安全性，适用于那些对数据有严格且固定的密级分类的部门，例如军事部门或政府部门。

目前大型的 DBMS 一般都支持 DAC，有些 DBMS 同时还支持 MAC。本章稍后将讨论 DAC。

3. 视图机制

通过为不同的用户定义不同的视图，可以把数据对象限制在一定的范围内。也就是说，通过视图机制把要保密的数据对无权存取的用户隐藏起来，从而自动地对数据提供一定程度的安全保护。

视图机制间接地实现支持存取谓词的用户权限定义。例如，在某大学中假定赵亮老师只能检索计算机专业学生的信息，专业负责人朱伟强具有检索和增删改计算机专业学生信息的所有权限。这就要求系统能支持“存取谓词”的用户权限定义。在不直接支持存取谓词的系统中，可以先建立计算机专业的学生视图 CS_S，然后在视图上进一步定义存取权限。

例 5.1 把检索计算机专业学生信息的权限授予赵亮，把对计算机专业学生信息的所有操作权限授予朱伟强。

```
CREATE VIEW CS_S
AS SELECT *
   FROM S
   WHERE Major = '计算机'
GRANT SELECT ON CS_S TO 赵亮
GRANT ALL PRIVILEGES ON CS_S TO 朱伟强
```

4. 审计

用户标识与鉴别、存取控制仅是安全性控制的一个重要方面而不是全部。为了使 DBMS 达到一定的安全级别，还需要在其他方面提供相应的支持。例如，按照 TDI/TCSEC 标准中安全策略的要求，“审计”功能是 DBMS 达到 C2 以上安全级别必不可少的一项指标。

因为任何系统的安全保护措施都不是完美无缺的，蓄意盗窃、破坏数据的人总是想方设法打破控制。审计功能把用户对数据库的所有操作自动记录下来存放在审计日志中，DBA 可以利用审计跟踪信息，重现导致数据库现有状况的一系列事件，找出非法存取数据的人、时间和内容等。

审计通常是很费时间和空间的，所以 DBMS 往往都将其作为可选特征，允许 DBA 根据应用对安全性的要求，灵活地打开或关闭审计功能。审计功能一般主要用于安全性要求较高的部门。

5. 数据加密

对于高度敏感的数据，如财务数据、军事数据、国家机密，除了以上安全性控制措施外，还可以采用数据加密技术。数据加密是防止数据库中的数据在存储和传输中失密的有效手段。加密的基本思想是根据一定的算法将原始数据(也即明文)变换为不可直接识别的格式(也即密文),从而使得不知道解密算法的人无法获知数据的内容。

加密方法主要有两种。一种是替换方法,该方法使用密钥将明文中的每一个字符转换为密文的一个字符,另一种是置换方法,该方法仅将明文中的字符按不同的顺序重新排列。单独使用这两种方法中的任意一种都是不够安全的,但是将这两种方法结合起来就能提供相当高的安全程度。采用这种结合算法的典型例子是美国1977年制定的官方加密标准,数据加密标准(Data Encryption Standard,DES),详细的讨论请参考相关文献。

由于数据加密与解密也是比较费时的操作,而且数据加密与解密程序会占用大量系统资源,因此数据加密功能通常也作为可选特征,允许用户自由选择,只对高度机密的数据加密。

5.2 用户管理和角色管理

安全控制首先是用户管理,DBMS通过用户账户对用户的身份进行识别,从而完成对数据资源的控制。

5.2.1 用户管理

在SQL Server中,有登录名(Login Name)和数据库用户(Database User)两个概念。登录名用于验证用户是否有权限连接到SQL Server服务器,数据库用户用于验证用户登录服务器后是否有对服务器上的某个数据库进行操作的权限。用户必须拥有和自己登录名对应的数据库用户才可以对某个数据库进行操作,这样增强了数据库的安全性,避免了一个用户在登录到服务器后可以对服务器上的所有数据库进行操作。一个登录名可以是多个数据库的用户。DBA有权进行登录名和数据库用户的管理。

1. 创建登录名

在T-SQL语言中,创建登录名用CREATE LOGIN语句,其格式如下:

```
CREATE LOGIN <登录名> WITH PASSWORD = 'password'
                        [ , DEFAULT_DATABASE = <数据库名> ]
```

说明:在SQL Server中有4种类型的登录名,即SQL Server登录名、Windows登录名、证书映射登录名和非对称密钥映射登录名,这里只介绍SQL Server登录名。有一个特殊的登录名sa(即系统管理员),他拥有操作SQL Server系统的所有权限,该登录名不能被删除。数据库名是指定将指派给登录名的默认打开的数据库,如果缺省该选项,则默认打开的数据库将设置为master。

例5.2 创建SQL Server登录名carl,密码为1234,默认打开的数据库为master。

```
CREATE LOGIN carl WITH PASSWORD = '1234'
```

2. 删除登录名

在T-SQL语言中,删除登录名用DROP LOGIN语句,其格式如下:

```
DROP LOGIN <登录名>
```

例 5.3 删除 SQL Server 登录名 carl。

```
DROP LOGIN carl
```

说明：删除登录名，并不删除该登录名在各数据库中对应的数据库用户。

3. 创建数据库用户

前面已经提到，用户通过登录名连接到(即登录到)服务器后，并不表示该用户具有对服务器上的数据库进行操作的权限，还需要给这个登录名授予访问某个数据库的权限。这需要在所要访问的数据库中为该登录名创建一个数据库用户。

在 SQL Server 中，每个数据库中都有两个特殊的数据库用户 dbo 和 guest。dbo 代表数据库拥有者，sysadmin 服务器角色成员都被自动映射成 dbo 用户，dbo 用户默认是数据库角色 db_owner 的成员，可以对数据库进行所有操作。guest 用户是所有没有属于自己的用户账号的登录名的默认数据库用户，通过 guest 用户账号可以操作对应的数据库(当然前提是 guest 用户拥有了对该数据库操作的权限)。

在 T-SQL 语言中，在当前数据库中创建数据库用户用 CREATE USER 语句，其格式如下：

```
CREATE USER <用户名> [ { FOR | FROM } LOGIN <登录名> ]
                            [ WITH DEFAULT_SCHEMA = <架构名> ]
```

说明：登录名是新建数据库用户所对应的登录名，如果缺省该选项，则新建数据库用户将被映射到同名的 SQL Server 登录名。架构名是新建数据库用户的默认架构，如果缺省该选项，则将使用 dbo 架构作为其默认架构(Schema 在 SQL Server 中称为架构)。

例 5.4 在数据库 test2 中为 SQL Server 登录名 carl 创建数据库用户 carluser，默认架构为 dbo。

```
USE test2
GO
CREATE USER carluser FOR LOGIN carl
```

4. 删除数据库用户

在 T-SQL 语言中，删除当前数据库中的数据库用户用 DROP USER 语句，其格式如下：

```
DROP USER <用户名>
```

例 5.5 删除数据库 test2 中的数据库用户 carluser。

```
USE test2
GO
DROP USER carluser
```

5.2.2 角色管理

角色是被命名的一组与数据库操作相关的权限，角色是权限的集合。可以为一组具有相同权限的数据库用户创建一个角色，所以也可以说角色是具有相同权限的数据库用户组。对一个角色授权或收回权限适用于该角色的所有成员，因此使用角色来管理权限可以简化授权的过程。例如在大学中可以建立一个“全日制本科学生”角色，然后给这个角色授予适当的权限。当新生入学后，可以将新生添加为该角色的成员；而当学生毕业离校后，可以将他们从这个角色中删除。这样就不必在每个学生入学或毕业时，反复授权或收回权限。权限在用户成为角色成员后自动生效。DBA 有权进行角色的管理。

1. 创建角色

在 T-SQL 语言中，在当前数据库中创建数据库角色用 CREATE ROLE 语句，其格式如下：

```
CREATE ROLE <角色名> [ AUTHORIZATION <所有者名> ]
```

说明：所有者名是即将拥有新角色的数据库用户或角色，如果缺省该选项，则执行 CREATE ROLE 的用户将拥有该角色。

例 5.6 在数据库 test2 中创建数据库角色 undergraduate，所有者为 dbo。

```
USE test2
GO
CREATE ROLE undergraduate AUTHORIZATION dbo
```

2. 为角色添加成员

在 SQL Server 中，每个数据库中都有一个特殊的 public 数据库角色，数据库中的每个用户都是该角色的成员。在 SQL Server 2014 中，可以使用系统存储过程 sp_addrolemember 为某个数据库角色添加成员(数据库用户或数据库角色)，其格式如下：

```
EXEC sp_addrolemember <角色名> , <成员名>
```

说明：使用 sp_addrolemember 添加到角色中的成员会继承该角色的权限。角色不能将自身包含为成员(间接地循环定义也无效)，也不能向角色中添加 SQL Server 固定角色或 dbo 用户。

例 5.7 为数据库角色 undergraduate 添加数据库用户 carluser。

```
EXEC sp_addrolemember undergraduate , carluser
```

3. 从角色删除成员

在 SQL Server 2014 中，如果某个数据库角色中的某个成员(数据库用户或数据库角色)不再担当该角色，可以使用系统存储过程 sp_droprolemember 从该数据库角色中将其删除，其格式如下：

```
EXEC sp_droprolemember <角色名> , <成员名>
```

说明：使用 sp_droprolemember 删除某个角色的成员后，该成员将失去作为该角色的成员身份所拥有的任何权限。不能删除 public 角色的成员，也不能从任何角色中删除 dbo 用户。

例 5.8 从数据库角色 undergraduate 中删除数据库用户 carluser。

```
EXEC sp_droprolemember undergraduate , carluser
```

4. 删除角色

在 T-SQL 语言中，从当前数据库中删除数据库角色用 DROP ROLE 语句，其格式如下：

```
DROP ROLE <角色名>
```

说明：无法从当前数据库中删除拥有成员的数据库角色。若要删除有成员的角色，必须首先删除角色的成员。不能使用DROP ROLE删除固定角色。

例 5.9 删除数据库 test2 中的数据库角色 undergraduate。

```
USE test2
GO
DROP ROLE undergraduate
```

5.3 权限管理

数据库安全最重要的是确保只授权给有资格的用户访问数据库的权限，同时令所有未被授权的人员无法接近数据。这一点主要是通过数据库系统的存取控制机制实现的。目前大型的 DBMS 一般都支持自主存取控制，SQL 语言提供了 GRANT 语句和 REVOKE 语句来支持自主存取控制。

用户权限由数据库对象和操作类型两个要素组成。定义一个用户的存取权限就是定义这个用户可以在哪些数据库对象上进行哪些类型的操作。定义用户的存取权限称为授权(Authorization)。在 SQL Server 2014 中，数据库对象有许多种类，其中主要有模式对象(如基本表 TABLE、视图 VIEW 等)和数据对象(如基本表或视图、基本表或视图中的某个列)两类。

5.3.1 授予权限

1. 授予模式对象权限

在 SQL Server 2014 中，要创建数据库、基本表或视图，用户必须拥有执行相应语句的权限。例如，如果一个用户要能够在数据库中创建基本表，则应该向该用户授予 CREATE TABLE 语句权限。在 T-SQL 语言中，授予模式对象权限的语句格式如下：

```
GRANT { ALL [ PRIVILEGES ] | <权限> [, …n] }
TO <用户名或角色名> [, …n] [ WITH GRANT OPTION ]
```

说明：DBA 有权执行该 GRANT 语句。WITH GRANT OPTION 表示该用户(或角色)还可以向其他用户(或角色)授予所指定的权限。模式对象的操作类型有 CREATE TABLE、CREATE VIEW 等(详细请参见 SQL Server 2014 提供的联机丛书)。操作类型 ALL 不代表所有可能的权限，授予 ALL 权限等同于授予 CREATE DATABASE、CREATE TABLE、CREATE VIEW、CREATE DEFAULT、CREATE RULE、CREATE FUNCTION、CREATE PROCEDURE、BACKUP DATABASE 和 BACKUP LOG 权限。

例 5.10 授予用户 carluser 在数据库 test2 中创建基本表和视图的权限。

```
GRANT CREATE TABLE, CREATE VIEW TO carluser
```

2. 授予数据对象权限

在 SQL Server 2014 中，要查询或者更新基本表或视图中的数据，用户在该基本表或视图上必须先拥有相应的权限。在 T-SQL 语言中，授予数据对象权限的语句格式如下：

```
GRANT { ALL [ PRIVILEGES ] | <权限> [ ( <列名> [, …n ] ) ] [, …n] }
ON <基本表名或视图名> TO <用户名或角色名> [, …n] [ WITH GRANT OPTION ]
```

说明：数据对象的所有者(即创建者)拥有该数据对象上的所有权限，因此，DBA 和对象的所有者有权执行该 GRANT 语句。WITH GRANT OPTION 表示该用户(或角色)还可以向其他用户(或角色)授予所指定的权限。数据对象的操作类型有 SELECT、INSERT、DELETE、UPDATE、REFERENCES。操作类型 ALL 代表上述五种权限。INSERT 和 DELETE 权限会影响整行，因此只可以应用到基本表或视图上，而不能应用到某些列上。SELECT、UPDATE 和 REFERENCES 权限可以有选择性地应用到基本表或视图中的某些列上，如果未指定列，则应用到基本表或视图的所有列上。为创建引用某个表的 FOREIGN KEY 约束，需要在该表上有 REFERENCES 权限。

例 5.11　授予角色 public 在数据库 test2 中查询基本表 C 所有列的权限。

```
GRANT SELECT ON C TO public
```

例 5.12　授予角色 undergraduate 在数据库 test2 中只能查询基本表 T 中的 Tno、Tname、Tsex 和 Title 列的权限。

```
GRANT SELECT(Tno, Tname, Tsex, Title) ON T TO undergraduate
```

例 5.13　授予角色 undergraduate 在数据库 test2 中查询基本表 S 所有列，但只能修改 Mphone 列的权限。

```
GRANT SELECT, UPDATE(Mphone) ON S TO undergraduate
```

例 5.14　授予用户 carluser 在数据库 test2 中查询基本表 SC 所有列的权限，同时允许他将该权限转授给其他用户。

```
GRANT SELECT ON SC TO carluser WITH GRANT OPTION
```

例 5.15　授予用户 carluser 和 maryuser 在数据库 test2 中查询基本表 TC 所有列的权限。

```
GRANT SELECT ON TC TO carluser, maryuser
```

最后要说明的是：一个用户拥有的全部操作权限包括直接授予该用户的权限以及该用户从他所属的各个角色继承得到的权限。

5.3.2　收回权限

已授予的权限可以由 DBA 或其他授权者用 REVOKE 语句收回。

1. 收回模式对象权限

在 T-SQL 语言中，收回模式对象权限的语句格式如下：

```
REVOKE [ GRANT OPTION FOR ] { ALL [ PRIVILEGES ] | <权限> [, …n] }
FROM <用户名或角色名> [, …n] [ CASCADE ]
```

说明：ALL 和权限的含义同授予模式对象权限的 GRANT 语句。GRANT OPTION FOR 表示要收回向其他用户或角色授予指定权限的权限，但不会收回该权限本身。如果用户或角色具有不带 WITH GRANT OPTION 选项的指定权限，则将收回该权限本身。CASCADE 表示在收回用户或角色该权限的同时，也会收回由其授予其他用户或角色的该权限。

例 5.16 收回用户 carluser 在数据库 test2 中创建基本表和视图的权限。

```
REVOKE CREATE TABLE, CREATE VIEW FROM carluser
```

2. 收回数据对象权限

在 T-SQL 语言中，收回数据对象权限的语句格式如下：

```
REVOKE [ GRANT OPTION FOR ]
{ ALL [ PRIVILEGES ] | <权限> [ ( <列名> [,…n ) ] [,…n] }
ON <基本表名或视图名> FROM <用户名或角色名> [,…n] [ CASCADE ]
```

说明：ALL 和权限的含义同授予数据对象权限的 GRANT 语句。GRANT OPTION FOR 表示要收回向其他用户或角色授予指定权限的权限，但不会收回该权限本身。如果用户或角色具有不带 WITH GRANT OPTION 选项的指定权限，则将收回该权限本身。CASCADE 表示在收回用户或角色该权限的同时，也会收回由其授予给其他用户或角色的该权限。

例 5.17 收回角色 undergraduate 在数据库 test2 中查询基本表 S 所有列以及修改 Mphone 列的权限。

```
REVOKE SELECT, UPDATE(Mphone) ON S FROM undergraduate
```

显然执行上述语句后，角色 undergraduate 的成员失去了查询基本表 S 所有列以及修改 Mphone 列的权限。

例 5.18 收回用户 carluser 在数据库 test2 中查询基本表 SC 所有列的权限，同时收回他将该权限转授给其他用户的权限。如果用户 carluser 将查询基本表 SC 所有列的权限授予了其他用户，也一并收回。

首先假定用户 carluser 在获得例 5.14 中的授权后，通过执行 GRANT SELECT ON SC TO maryuser 语句，给用户 maryuser 也授予了查询基本表 SC 所有列的权限。

则 DBA 通过执行 REVOKE SELECT ON SC FROM carluser CASCADE 语句，就完成了例 5.18 中的要求。

如果 DBA 执行的是 REVOKE GRANT OPTION FOR SELECT ON SC FROM carluser CASCADE 语句，则用户 carluser 仍然拥有查询基本表 SC 所有列的权限，但他向其他用户或角色授予该权限的权限被收回。同时 carluser 给用户 maryuser 授予的查询基本表 SC 所有列的权限也被收回。

5.4 SQL Server 的安全机制

为了保证数据库中数据的安全，SQL Server 2014 提供了强大有效的安全管理机制，它能够对用户访问 SQL Server 服务器系统和数据库的安全进行全面的管理。SQL Server 2014 的安全性管理主要包括登录管理、用户管理、角色管理、安全对象与架构以及权限管理等方面，其中用户管理、角色管理和权限管理在前面论述数据库安全性控制技术时已经作了介绍，而且这些内容与大多数 DBMS 中的相应内容相同或类似。本节对 SQL Server 2014 中的这些内容再做补充介绍。

5.4.1　SQL Server 2014 的身份验证模式

用户登录也就是用户身份验证，是 SQL Server 实施其安全性的第一步。打个比方，SQL Server 是一幢大楼，该大楼内有许多房间，每个房间代表一个数据库，如果用户想对 SQL Server 中的数据库进行操作，首先要做的是进入这幢大楼，用户登录要完成的工作就是进入大楼这个任务。SQL Server 2014 提供两种身份验证模式，一种是 Windows 身份验证，另一种是混合身份验证。

1. Windows 身份验证模式

SQL Server 数据库系统通常运行在 Windows 服务器上，而 Windows 作为网络操作系统本身就具备管理登录、验证账户合法性的能力，因此 Windows 身份验证模式正是利用了 Windows 操作系统本身的安全性和账户管理机制，允许 SQL Server 使用 Windows 的用户名和口令。在这种模式下，用户只需要通过 Windows 的验证，就可以连接到 SQL Server 服务器。Windows 身份验证模式主要有以下优点。

(1) 数据库管理员可以集中管理数据库，而无须管理用户账户。

(2) Windows 有更强的用户账户管理工具，身份验证使用 Kerberos 安全协议，提供强密码复杂性验证，可以设置账户锁定、密码期限等。

(3) Windows 的组策略支持多个用户同时被授权访问 SQL Server。

2. 混合身份验证模式

混合验证模式既允许使用 Windows 身份验证模式，又允许使用 SQL Server 身份验证模式。对于可信用户的连接请求，系统采用 Windows 身份验证模式；而对于非可信用户的连接请求，则采用 SQL Server 身份验证模式。在 SQL Server 身份验证模式下，用户在连接到 SQL Server 服务器时必须提供登录名和登录密码(这些登录信息存储在系统表 syslogins 中，与 Windows 的登录账号无关，在 SQL Server 2014 中系统表 syslogins 对应系统视图 sys.server_principals)，通过验证后，用户就可以连接到 SQL Server 服务器。

SQL Server 身份验证模式主要有以下优点。

(1) 允许 SQL Server 支持那些需要进行 SQL Server 身份验证的旧版应用程序或由第三方提供的应用程序。

(2) 允许 SQL Server 支持具有混合操作系统的环境，在这种环境中并不是所有用户均由 Windows 进行验证。

(3) 允许 SQL Server 支持基于 Web 的应用程序，在这些应用程序中，用户可创建自己的标识。

(4) 允许软件开发人员通过使用基于已知的预设 SQL Server 登录名的复杂权限层次结构来分发应用程序。

但 SQL Server 身份验证模式也存在着不能使用 Kerberos 安全协议、必须在连接时通过网络传递已加密的登录密码、一些自动连接的应用程序将密码存储在客户端，这可能产生安全隐患等缺点。

3. 配置身份验证模式

SQL Server 2014 有两种方法配置身份验证模式。一种是在安装 SQL Server 2014 系统时，会出现选择身份验证模式界面，选择需要的验证模式即可。另一种是对已经安装并选择好验证模式的 SQL Server 2014 服务器，可以修改其验证模式。修改验证模式的操作步骤如下。

首先进入 SQL Server Management Studio 窗口界面，在对象资源管理器中选择服务器，右击，从弹出的快捷菜单中选择"属性"命令；然后在出现的服务器属性窗口界面中选择"安全性"标签，就可以修改身份验证模式。修改完验证模式之后，必须重新启动 SQL Server 2014 服务器才能使设置生效。

5.4.2 SQL Server 2014 的固定角色

角色是一个强大的工具，可以建立一个角色来代表单位中一类员工的工作职责，然后给这个角色授予适当的权限。在根据工作职责定义了一系列角色，并给每个角色指派了适合这项工作的权限之后，就不用管理每个用户的权限，而只需在角色之间移动用户即可。

在 SQL Server 2014 中，角色分服务器角色和数据库角色两种类型，而数据库角色又分为固定数据库角色和用户自定义数据库角色。关于用户自定义数据库角色的管理在 5.2.2 节中已有介绍，下面主要介绍固定服务器角色和固定数据库角色。

1. 固定服务器角色

服务器角色是指被授予管理 SQL Server 服务器权限的角色，它独立于各个数据库，其成员是登录名。服务器角色是内置的(固定的)，即不能添加、修改或删除服务器角色，只能修改角色的成员。SQL Server 2014 共定义了 9 种固定服务器角色，如表 5.1 所示。系统管理员不能将管理服务器的权限直接授予登录名，只有使登录名成为某服务器角色的成员，该登录者才具有该服务器角色的权限。

表 5.1 固定服务器角色

固定服务器角色	描 述
public	每个登录名均是该角色的成员
sysadmin	系统管理员，拥有所有操作权限，可以执行任何活动
serveradmin	服务器管理员，可以设置服务器范围的配置选项，关闭服务器
setupadmin	安装管理员，可以管理链接服务器和启动过程
securityadmin	安全管理员，可以管理登录和 CREATE DATABASE 权限，还可以读取错误日志和更改密码
processadmin	进程管理员，可以管理在 SQL Server 中运行的进程
dbcreator	数据库创建者，可以创建、更改或删除数据库
diskadmin	磁盘管理员，可以管理磁盘文件
bulkadmin	数据操作管理员，可以执行 BULK INSERT 语句

在 SQL Server 2014 中，可以使用系统存储过程 sp_addsrvrolemember 为某个固定服务器角色添加成员，其格式如下：

```
EXEC sp_addsrvrolemember <登录名> , <角色名>
```

例 5.19 将登录名 carl 添加为固定服务器角色 sysadmin 的成员。

```
EXEC sp_addsrvrolemember  carl , sysadmin
```

可以使用系统存储过程 sp_dropsrvrolemember 将固定服务器角色中的某个成员删除，其格式如下：

```
EXEC sp_dropsrvrolemember <登录名> , <角色名>
```

例 5.20 从固定服务器角色 sysadmin 中删除成员 carl。

```
EXEC sp_dropsrvrolemember  carl , sysadmin
```

2. 固定数据库角色

数据库角色定义在数据库级别上，它可以对数据库进行特定的管理和操作。固定数据库角色是内置的（固定的），即不能添加、修改或删除固定数据库角色，只能修改角色的成员。每个数据库都有一系列固定数据库角色，尽管在不同的数据库中它们的名称相同，但各个角色的作用域都在各自所属的数据库范围内。SQL Server 2014 共定义了十种固定数据库角色，如表 5.2 所示。

表 5.2 固定数据库角色

固定数据库角色	描　述
public	每个用户均是该角色的成员
db_owner	在数据库中拥有全部权限
db_accessadmin	可以添加或删除用户
db_securityadmin	可以管理数据库角色和成员，及数据库中的语句和对象权限
db_ddladmin	可以执行任何数据定义语言(DDL)语句
db_backupoperator	可以对数据库进行备份
db_datareader	可以读取数据库内所有用户表中的所有数据
db_datawriter	可以插入、修改或删除数据库内所有用户表中的所有数据
db_denydatareader	拒绝读取数据库内任何用户表中的任何数据
db_denydatawriter	拒绝插入、修改或删除数据库内任何用户表中的任何数据

public 是一个特殊的数据库角色，每个数据库用户都会自动成为 public 角色的成员，并且不能从 public 角色中删除，所以每个数据库用户的默认权限为 public 角色所具有的权限。

5.4.3 拒绝权限

在 SQL Server 2014 中，拒绝权限是指拒绝给当前数据库中的用户或角色授予权限并防止用户或角色通过继承获得权限。收回权限与拒绝权限不同，收回某权限后用户或角色仍然可通过它所属的角色继承来获得该权限，而拒绝某权限后用户或角色将永远无法获得该权限。

1. 拒绝模式对象权限

在 T-SQL 语言中，拒绝模式对象权限的语句格式如下：

```
DENY { ALL [ PRIVILEGES ] | <权限> [, … n] }
TO <用户名或角色名> [, … n] [ CASCADE ]
```

说明：CASCADE 表示在拒绝用户或角色该权限的同时，也会拒绝由其授予给其他用户或角色的该权限。

例 5.21 在数据库 test2 中，为固定数据库角色 db_ddladmin 添加数据库用户 carluser，并拒绝该用户获得创建基本表和视图的权限。

```
EXEC sp_addrolemember db_ddladmin , carluser
DENY CREATE TABLE, CREATE VIEW TO carluser
```

2. 拒绝数据对象权限

在 T-SQL 语言中，拒绝数据对象权限的语句格式如下：

```
DENY { ALL [ PRIVILEGES ] | <权限> [ ( <列名> [, …n ] ) ] [, …n] }
ON <基本表名或视图名> TO <用户名或角色名> [, …n] [ CASCADE ]
```

说明：CASCADE 表示在拒绝用户或角色该权限的同时，也会拒绝由其授予给其他用户或角色的该权限。

例 5.22 在数据库 test2 中，为固定数据库角色 db_datareader 和 db_datawriter 添加数据库用户 carluser，收回该用户在基本表 S 上查询数据的权限，并拒绝该用户获得基本表 S 上修改和删除数据的权限。

```
EXEC sp_addrolemember db_datareader , carluser
EXEC sp_addrolemember db_datawriter , carluser
REVOKE SELECT ON S FROM carluser
DENY UPDATE, DELETE ON S TO carluser
```

说明：执行上述语句后，carluser 仍然拥有基本表 S 上查询数据的权限，因为他可以通过继承从角色 db_datareader 中获得该权限。但 carluser 无法获得基本表 S 上修改和删除数据的权限，因为已经拒绝他通过继承来获得这些权限。

习 题 5

一、单项选择题

1. TCSEC/TDI 将系统划分为 D CBA 4 组 7 个等级，其中(　　)级是安全产品的最低档次。

A. C1　　B. C2　　C. B1　　D. B2

2. 实现数据库安全性控制的方法和技术有很多，常用的有(　　)。

A. 授权机制　　B. 索引机制　　C. 加锁机制　　D. 建立日志文件

3. 在 SQL Server 中，使用 SSMS 连接数据库引擎时，需要指定登录名和密码，这种安全措施属于(　　)。

A. 授权机制　　B. 视图机制
C. 数据加密　　D. 用户标识与鉴别

4. 在 SQL Server 中，可以使用系统存储过程(　　)为某个数据库角色添加成员。

A. sp_adduser　　B. sp_addrole
C. sp_addrolemember　　D. sp_addsrvrolemember

5. 在 SQL 语言中，用 GRANT 和 REVOKE 语句实现数据库的(　　)。

A. 完整性控制　　B. 安全性控制　　C. 一致性控制　　D. 并发控制

6. 在 SQL 语言中，可用语句(　　)授予用户 U1 可以查询数据库 DB1 中的表 T1 中的全部数据的权限。

A. GRANT SELECT ON DB1(T1) TO U1

B. GRANT SELECT TO U1 ON DB1(T1)

C. GRANT SELECT ON T1 TO U1

D. GRANT SELECT TO U1 ON T1

7. 在 SQL Server 中，若希望用户 U1 具有数据库服务器上的全部权限，则应将其添加到(　　)角色中。

A. sysadmin　　B. serveradmin　　C. db_owner　　D. db_datawriter

8. 在 SQL Server 中，通常情况下，角色(　　)中的成员不能创建或删除视图。

A. sysadmin　　B. public　　C. db_owner　　D. db_ddladmin

9. 在 SQL Server 中，可以使用系统存储过程(　　)为某个固定服务器角色添加成员。

A. sp_adduser　　B. sp_addrole

C. sp_addrolemember　　D. sp_addsrvrolemember

10. 在 SQL Server 中，若要拒绝用户的操作权限，可用语句(　　)。

A. CLEAR　　B. REVOKE　　C. CANCEL　　D. DENY

二、填空题

1. 在网络环境下，数据库的安全体系涉及三个层次：________层、操作系统层和数据管理系统层。

2. 定义用户权限和________________一起组成了 DBMS 的安全子系统。

3. 常用的存取控制方法有 C2 级中的________存取控制和 B1 级中的________存取控制。

4. 安全性控制有许多方法和技术，其中________间接地实现支持存取谓词的用户权限定义，而________和________通常很费时间，DBMS 往往都将它们作为可选特征，允许用户根据应用对安全性的要求自由选择使用。

5. 在 SQL Server 中，每个数据库中都有两个特殊的数据库用户________和________，其中________用户默认是数据库角色 db_owner 的成员，可以对数据库进行所有操作。

6. 在 SQL Server 中，每个数据库中都有一个特殊的________数据库角色，数据库中的每个用户都是该角色的成员。

7. 用户权限由________和________两个要素组成，定义用户的存取权限称为授权。

8. SQL Server 提供两种身份验证模式，一种是________身份验证，另一种是________身份验证。

三、简答题

1. 什么是数据库的安全性？数据库的安全性与数据库的完整性有什么区别和联系？

2. 试述实现数据库安全性控制的常用方法和技术？

3. SQL Server 中的登录名和用户有什么区别？如何管理登录名和用户？

4. 试述 SQL Server 中的角色的含义和作用。

5. SQL Server 中如何管理角色？如何管理角色中的成员？

6. 什么是 SQL Server 中的固定角色？如何分类？如何管理固定角色中的成员？

第6章

函数、游标、存储过程和触发器

第 3～5 章分别介绍了 SQL 语言中的 DDL 语言、DML 语言和 DCL 语言。SQL Server 2014 中的 T-SQL 语言对标准 SQL 语言进行了一系列的扩展，增加了许多新特性，增强了可编程性和灵活性，适合用于编写客户机/服务器结构或浏览器/服务器结构的应用程序。

本章介绍 T-SQL 语言中的批处理、常量、变量、运算符、流程控制语句、函数、游标、存储过程和触发器等概念及其运用。

6.1 脚本、批和注释符

6.1.1 脚本

脚本是一种纯文本保存的程序，它由若干条语句或命令组成。脚本程序在执行时，由系统的解释器将其语句或命令逐条翻译成机器可识别的指令。因为脚本是由解释方式执行的，所以它的执行效率要稍低一些。各类脚本被广泛地应用于网页设计中。因为脚本不仅可以减少网页的规模和提高网页的浏览速度，而且可以丰富网页的表现，如动画、声音等。

脚本也可以将 T-SQL 语言中的语句或命令组织起来，实现一个完整的功能。T-SQL 语言的脚本中可以使用变量、函数、流程控制语句等，这就为解决复杂问题提供了方便。通过将 T-SQL 语言中的语句或命令组织成脚本程序，可以降低管理和使用数据库的复杂性。

6.1.2 批

当多个 T-SQL 语句要执行时，把它们一个一个地发送给 SQL Server 服务器并执行显然是低效的。SQL Server 的批处理机制可以把一组 T-SQL 语句作为一个整体发送给 SQL Server 服务器进行语法分析、优化、编译和执行。因此，批是一起提交给 SQL Server 服务器执行的一个或多个 T-SQL 语句的集合。

批以 GO 命令结束，但 GO 命令本身并不是 T-SQL 语句，它仅作为一个批结束的标志。GO 命令将脚本划分成了多个批。若一个批中的任何一个 SQL 语句存在语法错误，或语句处理的对象不存在，则 SQL Server 服务器将取消整个批中所有语句的执行，否则批中的所有语句被编译并创建一个执行计划。当批中的语句执行时发生运行错误，则停止执行该语句，但错误发生之前执行的语句不受影响。

使用批时应注意以下四点。

(1) GO 命令必须单独占用一行。

(2) 所有 CREATE 语句应单独构成一个批。

(3) 使用 ALTER TABLE 语句修改表结构后，不能在同一个批中引用被修改或新增的列。

(4) 一个批中可以有多个事务,一个事务中也可以有多个批,事务内批的数量不影响事务的提交或回滚操作。

批有多种用途,但常常被用在某些语句必须在前面做,或者必须与其他语句分开的脚本中。

6.1.3 注释符

注释用于对 SQL 语句的作用、功能等给出简要的解释和提示,注释也可以用于暂时禁用正在调试的部分 SQL 语句。使用注释对程序进行说明,可便于程序的维护。T-SQL 语言中支持两种类型的注释符,其格式如下:

```
-- 注释文本
/* 注释文本 */
```

"--"开始的注释为单行注释,从双减号开始到行尾均为注释。"/*"和"*/"括起来的注释为多行注释,注释长度不限。多行注释不能跨越批,整个注释必须包含在一个批内。

6.2 常量、变量和运算符

6.2.1 常量

在程序执行过程中,其值不能被改变的量称为常量。常量的类型一般可由字面形式进行判断。T-SQL 语言中有如下六种常见的常量。

(1) integer 常量由正号、负号、数字 0～9 组成,正号可以省略。如 746、－2895。

(2) decimal 常量由正号、负号、小数点、数字 0～9 组成,正号可以省略。如 36.14、－7.52。

(3) float 和 real 常量使用科学记数法表示。如 503.9E5、－3.86E－2。

(4) 字符串常量需用定界符单引号(')括起来。如果在字符串中包含单引号本身,需用两个连续的单引号('')表示,而中间没有任何字符的两个连续的单引号('')表示空串。如'Expo2010'、'中国上海'、'SQL''99'。

(5) Unicode 字符串常量是以标识符 N(N 必须大写)为前缀,再由定界符单引号(')括起来的字符串。如 N'Expo2010'、N'中国上海'。存储 Unicode 字符串时每个字符使用两字节,而不是每个字符一字节。

(6) 日期时间常量是用定界符单引号(')括起来的特定格式的字符串。T-SQL 提供并识别多种格式的日期/时间,使用 SET DATEFORMAT 命令可以设置日期格式。如'01-14-2019'、'01/14/2019'、'2019-01-14'、'2019/01/14'、'14:30:24'、'04:36 PM'、'2019-01-14 22:30:24'。

6.2.2 变量

在程序执行过程中,其值可以被改变的量称为变量。T-SQL 语言中可以使用两种变量,一种是全局变量,另一种是局部变量。

1. 全局变量

全局变量是 SQL Server 2014 系统内部使用的变量,主要用来记录 SQL Server 服务器的配置设定值和活动状态值。全局变量以"@@"开头，由SQL Server自动定义并赋值，其作用范围是所有程序，用户可以引用全局变量但不能改变它的值，表6.1列出了SQL Server 2014中部分全局变量的名称及其功能。

表6.1 全局变量名及其功能

全局变量名	功能
@@servername	返回正在运行的本地SQL Server服务器的名称
@@servicename	返回正在运行的SQL Server服务器所使用的实例名
@@version	返回SQL Server的版本号
@@language	返回SQL Server使用的语言名称
@@max_connections	返回允许连接到SQL Server的最大连接数目
@@lock_timeout	返回当前会话所设置的资源锁超时时长，单位为毫秒
@@cpu_busy	返回自SQL Server最近一次启动以来，CPU的工作时间总量，单位为毫秒
@@idle	返回SQL Server处于空闲状态的时间总量，单位为毫秒
@@io_busy	返回执行输入输出操作所花费的时间总量，单位为毫秒
@@trancount	返回当前连接中处于活动状态的事务数目
@@nestlevel	返回当前执行的存储过程的嵌套级数，初始值为0，最大值为16
@@error	返回最近一次执行T-SQL语句的错误代码号，0表示成功
@@rowcount	返回最近一次T-SQL语句所影响的数据行的行数，0表示不返回任何行
@@identity	返回最近一次插入行的identity(标识列)列值
@@fetch_status	返回最近一次执行fetch语句的游标状态值，0表示成功，-1表示失败，指定位置超出结果集，-2表示不存在该行
@@cursor_rows	返回当前打开的最后一个游标中还未被读取的有效数据行的行数，-1表示游标是动态的

2. 局部变量

局部变量是用户自定义的变量，它仅在声明它的批处理、存储过程或触发器等内部有效，一般用来存储从表中查询到的数据，或作为程序执行过程中所需的变量。局部变量必须以"@"开头，且必须先用DECLARE语句声明后才可使用。声明局部变量的格式如下：

```
DECLARE  @局部变量名 [AS] <数据类型> [, …n]
```

这里的数据类型可以是系统数据类型，也可以是用户自定义数据类型，但不能定义为text、ntext或image数据类型。局部变量声明时不能同时赋初值，但系统会自动将其初始化为null。T-SQL语言中采用SET语句或SELECT语句给局部变量赋值，格式如下：

```
SET  @局部变量名 = <表达式>
SELECT  @局部变量名 = <表达式>  [, …n]
        [ FROM <表名>[, …n] WHERE <条件表达式> ]
```

一条SET语句只能给一个变量赋值，而一条SELECT语句可以给多个变量赋值。另外，SELECT语句也可以把查询的结果存放到局部变量中保存起来。

3. PRINT语句

变量的值可以用PRINT语句向客户端用户显示，PRINT语句的格式如下：

```
PRINT <字符串表达式>
```

字符串表达式可以是字符串常量、字符串变量以及用运算符"＋"和字符函数构成的字符串。PRINT 语句也可以显示能够隐式转换为字符串类型的表达式的值。

6.2.3　运算符

T-SQL 语言中的运算符包括算术运算符、字符串运算符、位运算符、比较运算符和逻辑运算符。

(1) 算术运算符有：＋(加)、－(减)、*(乘)、/(除)、%(取余)，%运算只能对 int、smallint 或 tinyint 类型的操作数进行。

(2) 字符串运算符有：＋(连接)，连接就是将两个字符串首尾连接，形成一个新的字符串。

(3) 位运算符有：&(按位与)、|(按位或)、~(按位取反)、^(按位异或)。

(4) 比较运算符有：＝(等于)、>(大于)、<(小于)、>＝(大于或等于)、<＝(小于或等于)、<>(不等于)、!＝(不等于)、!>(不大于)、!<(不小于)。

(5) 逻辑运算符有：NOT(非)、AND(与)、OR(或)。

当混合使用多种运算符构成一个复杂的表达式时，表达式中有括号先算括号内，再算括号外。无括号时，运算符的优先级决定了运算的先后顺序，并影响计算的结果。各类运算符的优先级从高到低排列顺序如表 6.2 所示。

表 6.2　运算符及其优先级

运　算　符	优　先　级
＋(正)，－(负)，~(按位取反)	1
*，/，%	2
＋(加)，－(减)，＋(连接)	3
＝，>，<，>＝，<＝，<>，!＝，!>，!<	4
^，&，|	5
NOT	6
AND	7
OR	8

6.3　流程控制语句

T-SQL 语言中的流程控制语句与常见的程序设计语言中的类似，主要有块语句、分支语句、循环语句以及其他控制语句。

6.3.1　块语句

块语句由位于 BEGIN 和 END 之间的一组语句组成，其格式如下：

```
BEGIN
    T-SQL 语句[,…n]
END
```

一个块语句逻辑上应视为一条语句。BEGIN 和 END 语句可以嵌套，即一个块语句中又可以包含另一个块语句。

6.3.2 分支语句

1. IF 语句

IF 语句的格式如下：

```
IF <条件表达式>
    语句 1
[ELSE
    语句 2]
```

该语句的含义是：如果<条件表达式>为“真”，则执行语句 1，否则执行语句 2(若没有 ELSE 部分，则什么也不做)。其中，语句 1 和语句 2 都只能是一条语句(简单语句或块语句)，语句 1 和语句 2 本身也可以是 IF 语句，从而形成 IF 语句的嵌套形式。

IF 语句常与关键字 EXISTS 结合使用，用于检测是否存在满足条件的元组，只要检测到有一个元组存在，条件就为真。

例 6.1 查询 16005 号学生的选课信息，如果该生没有选课，则显示“16005 号学生没有选课记录！”。

```
IF  EXISTS(SELECT * FROM SC WHERE Sno = '16005')
    SELECT * FROM SC WHERE Sno = '16005'
ELSE
    PRINT '16005 号学生没有选课记录！'
```

2. CASE 表达式

CASE 表达式返回其中一个符合条件的结果表达式的值。CASE 表达式不是语句，不能独立运行，必须嵌入其他语句中才能起作用。有两种形式的 CASE 表达式，即简单 CASE 表达式和搜索 CASE 表达式。

简单 CASE 表达式的格式如下：

```
CASE <输入表达式>
    WHEN <简单表达式 1 > THEN <结果表达式 1 >
      …
    WHEN <简单表达式 n > THEN <结果表达式 n >
    [ELSE <结果表达式 n + 1 >]
END
```

搜索 CASE 表达式的格式如下：

```
CASE
    WHEN <条件表达式 1 > THEN <结果表达式 1 >
      …
    WHEN <条件表达式 n > THEN <结果表达式 n >
    [ELSE <结果表达式 n + 1 >]
END
```

简单 CASE 表达式的计算过程是：将<输入表达式>的值依次与各 WHEN 子句中<简

单表达式>的值进行比较，如果某个<简单表达式 i>的值与<输入表达式>的值相等，则返回<结果表达式 i>的值，不再与后续 WHEN 子句中<简单表达式>的值比较。若所有 WHEN 子句中<简单表达式>的值都不等于<输入表达式>的值，则返回<结果表达式 n+1>的值（如果没有 ELSE 子句，则返回空值 NULL）。

搜索 CASE 表达式的计算过程是：依次求各 WHEN 子句中<条件表达式>的值，如果某个<条件表达式 i>的值为“真”，则返回<结果表达式 i>的值，不再求后续 WHEN 子句中<条件表达式>的值。若所有 WHEN 子句中<条件表达式>的值都为“假”，则返回<结果表达式 n+1>的值（如果没有 ELSE 子句，则返回 NULL）。

同一个 CASE 表达式中各个<输入表达式>、<简单表达式>和<结果表达式>的数据类型必须相同或者可隐式转换。CASE 表达式可以嵌套，即一个 CASE 表达式可以出现在另一个 CASE 表达式的结果表达式中。

例 6.2 查询每个教师的工号、姓名和职称。要求职称按以下规则显示：助教显示为初级，讲师显示为中级，教授和副教授显示为高级。

```
SELECT Tno, Tname, CASE Title
                        WHEN '助教' THEN '初级'
                        WHEN '讲师' THEN '中级'
                        ELSE '高级'
                   END AS 职称
FROM T
```

例 6.3 查询每个学生 2017 年秋选修的各门课程的学习成绩，输出学号、姓名、课程名和成绩。要求成绩按以下规则显示：60 分以下显示为不合格，60～84 显示为合格，85 分或以上显示为优秀，空值显示为缺考。

```
SELECT S.Sno, Sname, Cname, CASE
                              WHEN Score IS NULL THEN '缺考'
                              WHEN Score < 60 THEN '不合格'
                              WHEN Score < 85 THEN '合格'
                              ELSE '优秀'
                           END AS 成绩
FROM S, SC, C
WHERE S.Sno = SC.Sno AND SC.Cno = C.Cno AND Sdate = '2017 秋'
```

6.3.3 循环语句

循环语句的格式如下：

```
WHILE <条件表达式>
    语句
```

其中的语句称为循环体，该语句的含义是：如果<条件表达式>为“真”，则执行循环体，否则终止循环。循环体只能是一条语句（简单语句或块语句），循环体中可以使用 BREAK 语句用于结束本层循环，也可以使用 CONTINUE 语句用于提前终止本次循环并进入下一次循环。循环体中可以使用 WHILE 语句，从而形成 WHILE 语句的嵌套形式。

例 6.4 找出 3～100 的全部素数。

```
DECLARE @m smallint, @n smallint, @k smallint
SET @m = 3
WHILE @m < 100
BEGIN
    SET @k = SQRT(@m)
    SET @n = 2
    WHILE @n < = @k
        IF (@m % @n) = 0
            BREAK
        ELSE
            SET @n = @n + 1
    IF @n>@k
        PRINT @m
    SET @m = @m + 2
END
```

6.3.4 其他控制语句

1. 无条件转移语句

无条件转移语句用于改变程序的执行流程，使程序无条件地转移到有标号的语句处继续执行，其格式如下：

```
GOTO <标号>
```

其中作为转移目标的<标号>可以是数字和字符的组合，但必须以冒号(:)结尾，GOTO 语句中的标号不要跟“:”。

GOTO 语句破坏了程序结构化的特点，使得程序的流程变得混乱而难以理解，而且它实现的逻辑结构完全可以用其他语句实现，因此建议尽量少用。GOTO 语句最常用于从循环嵌套的内层循环跳出到外层循环的外面。

2. 返回语句

返回语句用于结束当前程序的执行，返回到调用它的程序，其格式如下：

```
RETURN [<整型表达式>]
```

RETURN 语句通常在用户自定义函数或用户自定义存储过程中使用，其中的<整型表达式>的值是 RETURN 语句的返回值。

3. 等待语句

等待语句使程序暂停一段时长或暂停到某一时刻后继续执行，其格式如下：

```
WAITFOR { DELAY 'hh:mm:ss' | TIME 'hh:mm:ss' }
```

说明：DELAY 关键字表示暂停到由“hh:mm:ss”指定的时长间隔后，再继续执行其后语句，时长最大值为 24 小时。TIME 关键字表示暂停到由“hh:mm:ss”指定的时间点，再继续执行其后语句。

6.4　函　　数

函数是由一条或多条 T-SQL 语句组成的集合，用于实现某个特定的功能。SQL Server 中有两种类型的函数：系统函数和用户自定义函数。

6.4.1　系统函数

系统函数是系统内部预定义的函数，是 T-SQL 语言的一部分，可分为三类。

（1）行集函数：返回的结果是对象，该对象可在 T-SQL 语句中可作为表来引用。例如，使用 OPENQUERY 函数从指定的服务器执行一个指定的查询。

（2）聚合函数：对表中的一组值进行处理和计算，并返回一个数值，第 3 章中已作介绍。

（3）标量函数：对传递给它的一个或者多个值进行处理和计算，并返回一个数值。

本小节主要介绍标量函数。

1. 数学函数

常见的数学函数如表 6.3 所示。

表 6.3　数学函数及其功能

函数名	功　　能	函数名	功　　能
abs(x)	求 x 的绝对值	log10(x)	求以 10 为底的对数值
sqrt(x)	求 x 的平方根	round（x, n)	n<0 对整数部分四舍五入 n>0 保留 n 位小数
square(x)	求 x^2 的值	ceiling(x)	求大于等于给定数的最小整数
power(x,y)	求 x^y 的值	floor(x)	求小于等于给定数的最大整数
sin(x)	求正弦值	pi()	返回圆周率
cos(x)	求余弦值	radians(x)	将角度值转换为弧度值
tan(x)	求正切值	degrees(x)	将弧度值转换为角度值
log(x)	求自然对数值	sign(x)	返回一个数的符号
exp(x)	求 e^x 的值	rand([x])	0～1 的随机数，x 为种子

2. 字符串函数

常见的字符串函数如表 6.4 所示。

表 6.4　字符串函数及其功能

函数名	功　　能	函数名	功　　能
upper(str)	将 str 转换为大写	lower(str)	将 str 转换为小写
ltrim(str)	删除 str 左边的空格	rtrim(str)	删除 str 右边的空格
char(n)	返回 ASCII 码值为 n 的字符	ascii(str)	返回 str 中第一个字符的 ASCII 码值
nchar(n)	返回代码值为 n 的 Unicode 字符	space(n)	返回 n 个空格
left(str,n)	从 str 左边截取 n 个字符后返回	right(str,n)	从 str 右边截取 n 个字符后返回

续表

函数名	功　能	函数名	功　能
reverse(str)	将 str 逆序后返回	datalength(str)	返回 str 占的字节数
replicate(str,n)	将字符串 str 重复 n 次后返回	len(str)	返回 str 中的字符个数,不包括尾部空格
replace(str1,str2,str3)	用 str3 替换 str1 中的所有子串 str2 后返回	stuff(str1,n,len,str2)	将 str1 中位置 n 开始的 len 个字符替换为 str2 后返回
substring(str,n,m)	从 str 中位置 n 开始取 m 个字符后返回	charindex(str1,str2[,n])	从 str2 中位置 n 开始查找子串 str1 的开始位置
str(value,n[,m])	将 value 转换为长度为 n 的字符串,同时含 m 位小数	patindex('%subs%',str)	从 str 中查找指定模式串 subs 的开始位置

3. 时间日期函数

时间日期用于对日期和时间数据进行各种不同的处理,并返回一个字符串、数字值或日期和时间值,常见的时间日期函数如表 6.5 所示。

表 6.5　时间日期函数及其功能

函　数　名	功　　能
getdate()	返回当前系统日期和时间
day(d)	返回日的值
month(d)	返回月的值
year(d)	返回年的值
dateadd(间隔因子,n,d)	返回日期时间 d 加上间隔 n 后的日期时间
datediff(间隔因子,d1,d2)	返回 d2-d1 以间隔因子为单位的差
datename(间隔因子,d)	返回日期时间 d 指定间隔因子的字符串, 如 datename(month,'2015-3-4')='03'
datepart(间隔因子,d)	返回日期时间 d 指定间隔因子的整数值, 如 datepart(month,'2015-3-4')=3

间隔因子可以使用年、月、日等表示日期时间的英文全称,也可以使用缩略字母,间隔因子及其含义如表 6.6 所示。

表 6.6　间隔因子及其含义

间隔因子(缩写)	含　义	间隔因子(缩写)	含　义
year(yyyy|yy)	年	week(wk|ww)	星期几
quarter(qq|q)	季	hour(hh)	时
month(mm|m)	月	minute(mi|n)	分
day(dd|d)	日	second(ss|s)	秒
dayofyear(dy|y)	年内日数	millisecond(ms)	毫秒

4. 转换函数

一般情况下,SQL Server 会自动完成各数据类型之间的转换。有时,自动转换的结果不符合预期结果,这时可考虑利用转换函数进行转换。SQL Server 2014 提供了两个转换函数:CAST()函数和 CONVERT()函数。

1）CAST 函数

CAST 函数用于将某种数据类型的表达式显式转换为另一种数据类型的数据，其格式如下：

```
CAST( <表达式> AS <目标数据类型>[(<长度>)] )
```

2）CONVERT 函数

CONVERT 函数也用于将某种数据类型的表达式显式转换为另一种数据类型的数据。CONVERT 函数的优点是可以格式化日期时间类型和数值类型数据，即在将日期时间类型或数值类型的数据转换为字符类型的数据时，可以指定转换后的字符样式。格式如下：

```
CONVERT( <目标数据类型>[(<长度>)], <表达式> [,< style >] )
```

其中 style 用于指定转换后的字符样式，详细请参考 SQL Server 2014 提供的联机丛书。

例 6.5　CAST 函数和 CONVERT 函数示例。

```
PRINT CAST(getdate() AS char) + '星期三'
PRINT CONVERT(char, getdate(), 110) + '星期三'
PRINT CONVERT(char, getdate(), 111) + '星期三'
PRINT CONVERT(char, getdate(), 113) + '星期三'
PRINT CAST(1.23456789E2 AS char)
PRINT CONVERT(char, 1.23456789E2, 0)
PRINT CONVERT(char, 1.23456789E2, 1)
PRINT CONVERT(char, 1.23456789E2, 2)
```

运行结果如下：

```
01 23 2019 8:47PM             星期三
01 - 23 - 2019                星期三
2019/01/23                    星期三
23 01 2019 20:47:12:550       星期三
123.457
123.457
1.2345679e + 002
1.234567890000000e + 002
```

6.4.2　用户自定义函数

除了可使用系统函数外，用户还可以根据需要自定义函数。自定义函数可以避免代码的重复，可以隐藏 SQL 的细节，更有意义的是可以用自定义函数封装业务逻辑，以后修改业务逻辑时，只要修改自定义函数而不用修改（或尽量少改）用户程序。

在 SQL Server 2014 中根据函数返回值类型的不同将用户自定义函数分为三种类型：标量型函数（Scalar Functions）、内联表值型函数（Inline Table-valued Functions）和多语句表值型函数（Multi-statement Table-valued Functions）。下面分别讨论这三种函数的创建、修改和删除。

1. 标量型函数

标量函数可以接受 0 到多个参数进行计算，并返回单个值。标量函数类似于系统函数，

可以在 T-SQL 的表达式中使用该函数,创建该类函数的格式如下:

```
CREATE FUNCTION [<模式名>.]<函数名>
        ( [ { <@形式参数名> [AS] <数据类型> [ = <默认值> ] } [ ,…n ] ] )
RETURNS <返回值数据类型>
[ WITH { ENCRYPTION | SCHEMABINDING } [ ,…n ] ]
[ AS ]
BEGIN
    函数体
    RETURN <返回值表达式>
END
```

说明:

(1) 定义形式参数(形参)时可以指定默认值,形参数据类型不可以是 text、ntext、image、cursor、table 和 timestamp,形参在函数中不能作为表名、列名或其他数据库对象的名称;

(2) 返回值数据类型指定返回值的数据类型,返回值数据类型不可以是 text、ntext、image、cursor、table 和 timestamp;

(3) ENCRYPTION 是指对函数定义进行加密,以防止将自定义函数作为 SQL Server 复制的一部分发布;

(4) SCHEMABINDING 指定将函数绑定到它引用的数据库对象上,一旦绑定,被绑定的数据库对象从此将不能被修改(ALTER)或删除(DROP),除非绑定被解除;

(5) 调用函数时必须为形参提供实参值或指定关键字 DEFAULT 引用默认值。

例 6.6 创建一个成绩转换标量函数,实现将百分制成绩转换为优秀、良好、中等、及格、不及格五个等级,若成绩为空,则转换为“未考试”。

```
USE test2
GO
CREATE FUNCTION F_百分制到五级制(@成绩 tinyint = 70)
RETURNS char(6)
BEGIN
    DECLARE @等级 char(6)
    SET @等级 = CASE
                    WHEN @成绩 IS NULL THEN '未考试'
                    WHEN @成绩 < 60 THEN '不及格'
                    WHEN @成绩 < 70 THEN '及格'
                    WHEN @成绩 < 80 THEN '中等'
                    WHEN @成绩 < 90 THEN '良好'
                    ELSE '优秀'
                END
    RETURN @等级
END
GO
```

下面是两个调用该自定义函数的示例:

```
PRINT dbo.F_百分制到五级制(DEFAULT)
SELECT Sno, Cno, Sdate, dbo.F_百分制到五级制(Score) FROM SC
```

2. 内联表值型函数

内联表值函数的函数体只能包含一条 SELECT 语句，其查询结果构成了内联表值函数的返回值（即表）。内联表值函数可以有形参，也可以没有形参，创建该类函数的格式如下：

```
CREATE FUNCTION [<模式名>.]<函数名>
        ( [ { <@形式参数名> [AS] <数据类型> [ = <默认值> ] } [ ,…n ] ] )
RETURNS TABLE
[ WITH { ENCRYPTION | SCHEMABINDING } [ ,…n ] ]
[ AS ]
    RETURN ( SELECT 语句 )
```

说明：

(1) 内联表值函数的函数体不使用 BEGIN 和 END 语句，而是通过 RETURN 语句返回 SELECT 语句查询得到的结果集，其功能相当于一个参数化的视图，即可以当成一个虚表来使用；

(2) 在 T-SQL 语言中允许使用表或视图的地方，可以使用内联表值函数。

例 6.7 创建一个内联表值函数，返回指定专业学生的学号、姓名、性别和联系电话。

```
USE test2
GO
CREATE FUNCTION F_学生信息(@专业 char(8) = '计算机')
RETURNS TABLE
    RETURN (SELECT Sno, Sname, Ssex, Mphone
            FROM S
            WHERE Major = @专业
           )
GO
```

下面是一个调用该自定义函数的示例：

```
SELECT * FROM dbo.F_学生信息('通信')
```

3. 多语句表值型函数

多语句表值函数的返回值也是表，用法与内联表值函数也一样。区别在于：一是多语句表值函数中的 RETURNS 子句指定的 TABLE 短语可以带有列名及其数据类型，二是多语句表值函数的返回值是由带子查询（SELECT 语句）的 INSERT 语句填充。创建该类函数的格式如下：

```
CREATE FUNCTION [<模式名>.]<函数名>
        ( [ { <@形式参数名> [AS] <数据类型> [ = <默认值> ] } [ ,…n ] ] )
RETURNS <@表名> TABLE (<列名> <数据类型> [ ,…n])
[ WITH { ENCRYPTION | SCHEMABINDING } [ ,…n ] ]
[ AS ]
BEGIN
    函数体
    RETURN
END
```

说明：

(1) 表名是 TABLE 类型的局部变量名，其作用域位于函数内，用于存储和累积应作为函数值返回的行；

(2) 函数体中的 T-SQL 语句用于生成结果并将其插入 RETURNS 子句定义的返回变量中。函数体中可以使用赋值语句、流程控制语句、DECLARE 语句、SELECT 语句、INSERT 语句、UPDATE 语句、DELETE 语句和游标操作。

例 6.8 创建一个多语句表值函数，返回选修指定课程的学生的姓名、选修学期和成绩。

```
USE test2
GO
CREATE FUNCTION F_课程成绩(@课程名 char(20) = '数据库原理')
RETURNS @成绩 TABLE ( 课程名 char(20), 姓名 char(10),
                    选修学期 char(6), 成绩 tinyint )
BEGIN
    INSERT INTO @成绩
        SELECT Cname, Sname, Sdate, Score
        FROM S JOIN SC ON S.Sno = SC.Sno JOIN C ON SC.Cno = C.Cno
        WHERE Cname = @课程名
    RETURN
END
GO
```

下面是两个调用该自定义函数的示例：

```
SELECT * FROM dbo.F_课程成绩(DEFAULT)
SELECT * FROM dbo.F_课程成绩('C程序设计')
```

4. 管理用户自定义函数

创建用户自定义函数后，可以使用系统存储过程 sp_help 查看该函数的概要信息，使用系统存储过程 sp_helptext 查看该函数的定义信息，格式如下：

```
EXEC sp_help <函数名>
EXEC sp_helptext <函数名>
```

标量型用户自定义函数的所有者对该函数具有 EXECUTE 和 REFERENCES 权限，而表值型用户自定义函数的所有者对该函数具有 DELETE、INSERT、REFERENCES、SELECT 和 UPDATE 权限。不过，也可将这些权限授予其他用户。例如，语句“GRANT EXECUTE ON F_百分制到五级制 TO carluser”将函数的执行权授予用户 carluser。

修改用户自定义函数使用 ALTER FUNCTION 语句，修改函数就是改变现有函数中存储的源代码，因而其格式与创建函数语句的格式相同。使用 ALTER FUNCTION 语句其实相当于重建了一个同名用户自定义函数。

使用 DROP FUNCTION 语句可从当前数据库中删除一个或多个用户自定义函数，删除函数的格式如下：

```
DROP FUNCTION [<模式名>.]<函数名> [ ,…n ]
```

修改和删除函数的权限默认授予 sysadmin 固定服务器角色成员、db_ddladmin 和 db_owner 固定数据库角色成员以及函数的所有者，且不可转让。

6.5 游　标

在数据库应用程序中，对数据的处理通常有两种方式：一种是基于数据行集合的整体处理方式，即直接使用 SELECT、UPDATE、DELETE 等语句操作所有符合条件的数据行；另一种是逐行处理数据行的方式，而游标就是这种数据访问机制，它允许用户一次访问单个数据行，而非整个数据行集。游标解决了 SQL 语句面向集合操作和应用程序面向数据行操作之间的矛盾。

游标是系统为用户程序开设的一个数据缓冲区，存放 SQL 语句的执行结果集。每个游标区都有一个与结果集相关联的特殊"指针"，该指针指向结果集中某一行的位置，以便对指定位置上的数据行进行处理。

根据游标创建方式和执行位置的不同，SQL Server 支持三种类型的游标。

(1) T-SQL 游标：该类游标由 DECLARE CURSOR 定义，位于服务器上，主要用在 T-SQL 脚本、存储过程和触发器中。

(2) API 游标：该类游标支持在 OLE DB、ODBC 及 DB_library 中使用游标函数，位于服务器上，主要用在应用程序调用 API 游标函数。OLE DB 提供者、ODBC 驱动程序及 DB_library 的动态链接库(DLL)都会将这些客户请求传送给服务器以对 API 游标进行处理。

(3) 客户游标：该类游标主要是在客户机上缓存结果集时才使用。在客户游标中，有一个默认的结果集，用来在客户机上缓存整个结果集。

前两类游标称为服务器游标，也称为后台游标，客户游标称为前台游标。由于服务器游标不支持所有的 T-SQL 语句，所以客户游标常常仅用作服务器游标的辅助，这是因为在一般情况下，服务器游标能支持绝大多数游标操作。这里主要介绍 T-SQL 游标。

6.5.1 定义游标

T-SQL 语言中定义游标有两种语法格式，一种是 SQL92 标准的语法格式，另一种是 T-SQL 扩展的语法格式。

1. SQL92 标准语法格式

定义游标的 SQL92 标准格式如下：

```
DECLARE <游标名> [INSENSITIVE][SCROLL] CURSOR
    FOR < SELECT 语句>
    [FOR { READ ONLY | UPDATE [OF <列名> [ ,…n] ] } ]
```

说明：

(1) INSENSITIVE 表示不敏感游标，即静态游标，这种游标数据集被临时复制到 tempdb 数据库中，不会随着基本表内容变化而变化，也不能与 FOR UPDATE 一起使用，因而无法更新游标内数据，缺省时，则对基本表的修改和删除操作都会反映在游标后续提取数据行中；

(2) SCROLL 表示滚动游标，支持 FETCH 语句的所有提取选项存取数据，缺省时，则只支持 NEXT 选项；

(3) READ ONLY 表示只读游标，禁止更新游标内数据，即 UPDATE 或 DELETE 语句的 WHERE CURRENT OF 子句中不允许引用该游标，缺省时，则允许更新游标内数据；

(4) FOR UPDATE [OF <列名> [,…n]]表示如果指定 OF <列名> [,…n]，则只能修改给出的列，否则可修改所有的列；

(5) SELECT 语句是定义游标数据集的标准 SELECT 语句，其中不允许使用 COMPUTE、COMPUTE BY、FOR BROWSE 和 INTO 子句。

注意，如果有下列四种情况之一，则系统自动将游标声明为静态游标：

(1) SELECT 语句中包含 DISTINCT、UNION、GROUP BY 子句或 HAVING 选项；

(2) SELECT 语句查询的一个或多个基本表中没有唯一性索引；

(3) SELECT 子句中包含了常量表达式；

(4) 查询使用了外连接。

例 6.9 使用 SQL92 标准格式定义一个动态滚动游标，结果集为计算机专业学生的学号、姓名、性别和联系电话。

```
USE test2
GO
DECLARE 学生信息_cur1 SCROLL CURSOR
    FOR SELECT Sno, Sname, Ssex, Mphone
        FROM S
        WHERE Major = '计算机'
GO
```

2. T-SQL 扩展语法格式

定义游标的 T-SQL 扩展格式如下：

```
DECLARE <游标名> CURSOR
    [LOCAL | GLOBAL]                                   /* 游标作用域 */
    [FORWARD_ONLY | SCROLL]                            /* 游标移动方向 */
    [STATIC | KEYSET | DYNAMIC | FAST_FORWARD]         /* 游标类型 */
    [READ_ONLY | SCROLL_LOCKS | OPTIMISTIC]            /* 访问属性 */
    [TYPE_WARNING]                                     /* 类型转换警告信息 */
    FOR < SELECT 语句>                                  /* SELECT 查询语句 */
    [FOR UPDATE [OF 列名 [ , …n ] ] ]                   /* 可修改的列 */
```

说明：

(1) LOCAL 局部游标的作用域局限于定义它的批处理、存储过程或触发器中，而 GLOBAL 全局游标的作用域为当前连接的任何批处理、存储过程或触发器中。

(2) FORWARD_ONLY 表示只进游标，只支持 FETCH 语句中的 NEXT 选项，SCROLL 表示滚动游标，支持 FETCH 语句中的所有提取选项。指定 FORWARD_ONLY 时，若没有指定 STATIC、KEYSET 或 DYNAMIC，则游标作为 DYNAMIC 类型。

(3) STATIC、KEYSET 和 DYNAMIC 游标默认为 SCROLL，除非用 FORWARD_ONLY 指定为只进游标。STATIC 表示静态游标，游标内数据不会随着基本表内容变化而变化，也禁止更新游标内数据。DYNAMIC 表示动态游标，游标内数据能够随时反映应用程序已提交的更新操作。动态游标不支持 FETCH 中的 ABSOLUTE 提取选项。

(4) FAST_FORWARD 和 FORWARD_ONLY 是互斥的,如果指定一个,则不能指定另一个。FAST_FORWARD 是优化了的 FORWARD_ONLY、READ_ONLY 游标。注意,FAST_FORWARD 不能与 SCROLL、SCROLL_LOCKS、OPTIMISTIC 和 FOR_UPDATE 同时使用。

(5) READ_ONLY 表示只读游标,禁止更新游标结果集中的数据,即 UPDATE 或 DELETE 语句的 WHERE CURRENT OF 子句中不能引用该游标。注意,如果 SELECT 语句中包含 ORDER BY 子句,则系统自动将游标声明为只读游标。

(6) SCROLL_LOCKS 表示在将数据填充游标的同时锁定基本表中的数据行,以确保能够通过游标对基本表进行定位修改或定位删除。

(7) OPTIMISTIC 表示在将数据填充游标时不锁定基本表中的数据行。应用程序通过游标对基本表进行定位修改或定位删除操作时,SQL Server 首先检测游标填充之后基本表中的数据是否被修改,如果数据已被修改,应用程序的定位修改或定位删除操作失败,这种处理方式叫做乐观并发控制方式。

(8) TYPE_WARNING 表示如果无法建立用户指定类型的游标而隐式转换为另一种类型,则向客户端发送警告消息。

例 6.10　使用 T-SQL 扩展格式定义一个动态滚动游标,结果集为计算机专业学生的学号、姓名、性别和联系电话。

```
USE test2
GO
DECLARE 学生信息_cur2 CURSOR
    LOCAL SCROLL DYNAMIC TYPE_WARNING
    FOR SELECT Sno, Sname, Ssex, Mphone
        FROM S
        WHERE Major = '计算机'
GO
```

6.5.2　打开游标

定义游标后,就可以对游标数据进行操作,操作的顺序是:打开游标,填充游标数据,读取数据(或游标定位修改或删除操作),操作结束后还要关闭和释放游标。

打开一个 T-SQL 服务器游标使用 OPEN 语句,其格式如下:

```
OPEN { { [GLOBAL] <游标名> } | <@游标变量名> }
```

游标打开后,可以使用全局变量@@cursor_rows 来返回游标中数据行的数量,该变量取值如下。

(1) -m:表示正在向游标中填充数据,其绝对值表示结果集当前的数据行数。

(2) -1:表示游标为动态游标。

(3) 0:表示没有符合条件的数据行或者游标已经关闭。

(4) n:表示向游标填充数据已经完成,n 即为游标结果集中的数据行数。

在刚打开游标时,游标指针指向结果集第 1 行之前。

6.5.3 通过游标读取数据

打开游标后，就可以对游标进行数据读取，读取游标的语法格式如下：

```
FETCH [ [ NEXT | PRIOR | FIRST | LAST |
        ABSOLUTE { n | @nvar } | RELATIVE { n | @nvar } ] FROM ]
    { { [GLOBAL] <游标名>} | <@游标变量名> }
    [ INTO <@变量名> [ , …n] ]
```

说明：

(1) NEXT 返回当前行之后的数据行，如果 FETCH NEXT 为对游标的第一次提取操作，则返回结果集中的第一行，NEXT 是默认选项。

(2) PRIOR 返回当前行之前的数据行，如果 FETCH PRIOR 为对游标的第一次提取操作，则没有数据行返回，并且把游标指针置于第一行之前。

(3) ABSOLUTE {n|@nvar} 如果 n 或@nvar 为正数，则返回从游标开头开始的第 n 行，并将返回行变成新的当前行。如果 n 或@nvar 为负数，则返回从游标末尾开始的第 n 行，并将返回行变成新的当前行。如果 n 或@nvar 为 0，则不返回行。n 必须是整数常量，并且@nvar 的数据类型必须为 smallint、tinyint 或 int。

(4) RELATIVE {n|@nvar} 如果 n 或@nvar 为正数，则返回从当前行之后的第 n 行，并将返回行变成新的当前行。如果 n 或@nvar 为负数，则返回当前行之前的第 n 行，并将返回行变成新的当前行。如果 n 或@nvar 为 0，则返回当前行。如果对游标的第一次提取操作时将 n 或@nvar 指定为负数或 0，则没有行返回。n 必须是整数常量，@nvar 的数据类型必须为 smallint、tinyint 或 int。

(5) INTO <@变量名> [,…n]允许将提取操作的列数据放到局部变量中。注意：各变量的数据类型必须与结果列的数据类型或其隐性转换的数据类型相匹配，同时变量的数目必须与游标中列表数目一致。

(6) 读取游标时，可以使用全局变量@@fetch_status 来返回游标提取后的状态值，该变量取值为 0 表示上一个 FETCH 语句执行成功；−1 表示 FETCH 语句执行失败，没有提取出数据行，即要读取的数据行不在结果集中；−2 表示被提取的行不再是结果集中的成员，即已经被删除。

6.5.4 通过游标修改和删除数据

若要利用游标修改或删除当前游标中的数据及其对应基本表中的数据，则该游标必须定义为可更新的游标。对于可更新的游标，可使用 UPDATE 语句或 DELETE 语句来修改或删除当前游标中当前行的数据，这种修改或删除会自动影响游标对应的基本表中相应的数据行。格式如下：

```
UPDATE <表名> SET 子句
    WHERE CURRENT OF { { [GLOBAL] <游标名>} | <@游标变量名> }
DELETE FROM <表名>
    WHERE CURRENT OF { { [GLOBAL] <游标名>} | <@游标变量名> }
```

例 6.11 打开例 6.10 中定义的游标，从中读取数据，并将学号为 16004 的学生的联系电话改为18034567812。

```
USE test2
GO
DECLARE @Sno char(8), @Sname char(10), @Ssex char(2), @Mphone char(11)
DECLARE 学生信息_cur2 CURSOR                              -- 定义游标
    LOCAL SCROLL DYNAMIC TYPE_WARNING
    FOR SELECT Sno, Sname, Ssex, Mphone
        FROM S
        WHERE Major = '计算机'
OPEN 学生信息_cur2                                        -- 打开游标
FETCH NEXT FROM 学生信息_cur2                              -- 通过游标读取数据
    INTO @Sno, @Sname, @Ssex, @Mphone
WHILE @@fetch_status = 0
BEGIN
    IF @Sno = '16004'
        UPDATE S SET Mphone = '18034567812'                -- 通过游标修改数据
            WHERE CURRENT OF 学生信息_cur2
    FETCH NEXT FROM 学生信息_cur2
        INTO @Sno, @Sname, @Ssex, @Mphone
END
CLOSE 学生信息_cur2                                       -- 关闭游标
DEALLOCATE 学生信息_cur2                                  -- 释放游标
GO
```

6.5.5 关闭游标和释放游标

1. 关闭游标

使用CLOSE语句可关闭游标，其格式如下：

```
CLOSE { { [GLOBAL] <游标名> } | <@游标变量名> }
```

说明：

(1) 关闭游标意味着释放当前数据结果集，并解除定位于游标的行上的游标锁定。

(2) 关闭游标并不释放它占用的数据结构以便重新打开，但在重新打开游标之前，不允许读取和定位修改。由于关闭游标并不释放数据结构，所以不能创建同名游标。

(3) 游标可应用在脚本、存储过程和触发器中。如果在定义游标和释放游标之间使用了事务结构，那么在事务结束时游标会自动关闭。例如有以下执行流程：

① 定义游标；

② 打开游标；

③ 读取游标；

④ BEGIN TRANSATION；

⑤ 处理数据；

⑥ COMMIT 或 ROLLBACK；

⑦ 回到第③步。

当流程执行到第⑦步回到第③步时，会出现游标未打开的错误信息，原因就在于到第

⑥步事务结束，SQL Server 服务器会自动关闭游标。解决这种错误的方法是用 SET 语句将参数 CURSOR_CLOSE_ON_COMMIT 设置为 OFF 状态。

2. 释放游标

使用 DEALLOCATE 语句可释放游标，其格式如下：

```
DEALLOCATE { { [GLOBAL] <游标名> } | <@游标变量名> }
```

说明：

(1) 该语句删除游标与游标名或游标变量之间的关联。如果一个游标名或游标变量是最后引用游标的名称或变量，则释放游标后，游标使用的任何资源也随之释放，见例 6.12。

(2) 释放游标后，可以定义新的同名游标，但游标变量要直到批处理、存储过程或触发器结束时变量离开作用域，才释放变量本身占用的空间。例如：

```
DECLARE 师生信息_cur CURSOR LOCAL SCROLL
    FOR SELECT Sno, Sname, Ssex FROM S
DEALLOCATE 师生信息_cur                              -- 释放游标占用的资源
DECLARE 师生信息_cur CURSOR LOCAL SCROLL             -- 定义新的同名游标
    FOR SELECT Tno, Tname, Tsex FROM T
DEALLOCATE 师生信息_cur                              -- 释放游标占用的资源
DECLARE @cur CURSOR                                  -- 定义游标变量
SET @cur = CURSOR LOCAL SCROLL                       -- 使游标变量与游标关联
    FOR SELECT Sno, Sname, Ssex FROM S
DEALLOCATE @cur                                      -- 释放游标占用的资源
SET @cur = CURSOR LOCAL SCROLL                       -- 使游标变量与另一个游标关联
    FOR SELECT Tno, Tname, Tsex FROM T
DEALLOCATE @cur                                      -- 释放游标占用的资源
GO
```

例 6.12 游标变量的使用及释放游标示例。

```
DECLARE 师生信息_cur CURSOR GLOBAL SCROLL            -- 定义全局游标
    FOR SELECT Sno, Sname, Ssex FROM S
OPEN 师生信息_cur                                    -- 打开游标
GO
DECLARE @cur1 CURSOR                                 -- 定义游标变量
SET @cur1 = 师生信息_cur                             -- 使游标变量与游标关联
DEALLOCATE @cur1                                     -- 删除游标变量与游标关联
FETCH NEXT FROM 师生信息_cur                         -- 游标仍然存在
GO
DECLARE @cur2 CURSOR                                 -- 定义游标变量
SET @cur2 = 师生信息_cur                             -- 使游标变量与游标关联
DEALLOCATE 师生信息_cur                              -- 释放游标
FETCH NEXT FROM @cur2                                -- 游标仍然存在,因为被@cur2 引用着
GO                                                   -- 游标变量离开作用域,游标被释放
```

说明：本例中游标变量@cur2 是最后引用游标的变量，该游标变量离开作用域，游标被释放，游标使用的任何资源也随之释放。读者可结合例 6.16 进一步加以理解。

6.6 存储过程

存储过程(Stored Procedure)是一组实现某个特定功能的 T-SQL 语句的集合,经预编译后存储在服务器上的数据库中。与用户自定义函数一样,存储过程也可以避免代码的重复,隐藏 SQL 的细节,实现对业务逻辑的封装。由于存储过程是预编译后存储在服务器上的,所以它既执行效率高,又减少了网络流量,降低了网络负载。系统管理员可以通过对执行存储过程的权限进行限制,避免非授权用户对数据的访问,保证数据的安全性。

SQL Server 中有两种类型的存储过程:系统存储过程和用户自定义存储过程。

6.6.1 系统存储过程

系统存储过程就是系统创建的存储过程,主要用于从系统表中获取信息,或者完成系统管理任务。系统存储过程名以“sp_”开头,存储在 master 数据库中,为数据库管理者所有。有些系统存储过程只能由系统管理员使用,有些系统存储过程可以通过授权被其他用户使用。系统存储过程可以分为:目录存储过程、游标存储过程、数据库引擎存储过程、数据库维护计划存储过程、分布式查询存储过程、日志传送存储过程、安全性存储过程等 18 大类。典型的有:sp_addtype、sp_addlogin、sp_adduser、sp_addrole、sp_addrolemember、sp_dboption、sp_configure、sp_help、sp_helptext、sp_depends、sp_rename、sp_lock 等。更多系统存储过程的介绍请参考 SQL Server 2014 的联机丛书。

6.6.2 用户自定义存储过程

用户自定义存储过程是指用户自行创建并存储在用户数据库中的存储过程。为了与系统存储过程相区别,自定义存储过程的名称一般不要以“sp_”开头。自定义存储过程可以通过输入形参接收调用程序的实参,也可以通过输出形参(自定义函数不支持输出形参)将运行结果返回给调用者。执行自定义存储过程时必须为形参提供实参值,若不为具有默认值的形参提供实参值,则该形参取默认值,这一点与自定义函数不同。另外,自定义存储过程虽然也有返回值,但是它与自定义函数不同,自定义存储过程的返回值只是指明存储过程的执行是否成功。

1. 创建存储过程

在 SQL Server 2014 中,可以使用 T-SQL 语言中的 CREATE PROCEDURE 语句创建用户自定义存储过程,其格式如下:

```
CREATE PROC[EDURE] [<模式名>.]<存储过程名> [; 分组编号]
    [{<@形式参数> <数据类型>} [VARYING] [ = <默认值> ] [OUTPUT]] [,…n]
    [WITH { RECOMPILE | ENCRYPTION } [ ,…n ] ]
    [FOR REPLICATION]
  AS
    SQL 语句 [ ,…n]
```

说明:

(1) 分组编号是一个可选的整数,用来对一组同名的存储过程进行分组,以便用一条

DROP PROCEDURE 语句即可删除一组同名的存储过程。

(2) 可以定义多个形参,形参有输入参数和输出参数之分。形参只能代替常量,不能作为表名、列名或其他数据库对象的名称。

(3) 形参的数据类型可以是所有类型,包括 text、ntext 和 image 均可作为形参的数据类型。当形参是输入参数时,不能使用 cursor 数据类型。

(4) OUTPUT 表示形参是输出参数,输出参数可以将返回值传递给调用者,缺省 OUTPUT 时表示参数是输入参数。

(5) VARYING 表示输出参数支持的结果集由存储过程动态构造,其内容可以变化。仅适用于 cursor 参数。

(6) RECOMPILE 表示每次重新编译存储过程,而 ENCRYPTION 表示加密存储过程文本。

(7) FOR REPLICATION 表示创建的存储过程只能在复制过程中执行,而不能在订阅服务器上执行。FOR REPLICATION 和 WITH ENCRYPTION 不能同时使用。

(8) 过程中可以包含任意类型和数目的 SQL 语句,但有一些限制,如不可以使用创建数据库对象的语句。

例 6.13 创建一个无参存储过程,实现对学生的学号、姓名、性别和联系电话的查询。

```
USE test2
GO
CREATE PROC P_学生信息
  AS
    SELECT Sno, Sname, Ssex, Mphone
    FROM S
GO
```

下面是一个执行该自定义存储过程的示例:

```
EXEC P_学生信息
```

例 6.14 创建一个带参数的存储过程,实现对指定的某一专业的学生某门课程成绩的查询。

```
USE test2
GO
CREATE PROC P_课程成绩
    @专业 char(8) = '计算机',
    @课程名 char(20) = '数据库原理'
  AS
    SELECT Cname, Sname, Sdate, Score
    FROM S JOIN SC ON S.Sno = SC.Sno JOIN C ON SC.Cno = C.Cno
    WHERE Major = @专业 AND Cname = @课程名
GO
```

下面是五个执行该自定义存储过程的示例:

```
EXEC P_课程成绩                 -- 省略实参,两个形参均取默认值
EXEC P_课程成绩 '通信'          -- 省略第二个实参,形参"@课程名"取默认值
```

```
EXEC P_课程成绩 '通信', 'C 程序设计'
EXEC P_课程成绩 @专业 = '通信', @课程名 = 'C 程序设计'
EXEC P_课程成绩 @课程名 = 'C 程序设计', @专业 = '通信'
```

说明：执行存储过程时，若省略形参名，则实参值按照位置依次传递给对应的形参，而使用形参名一方面增强了可读性，另一方面是可以改变参数的次序。

例 6.15　创建一个带输出参数和返回值的存储过程，实现对指定的某一名学生各门课程平均成绩的查询。计算平均成绩时，若该生多次选修同一门课程，则成绩最高的作为该门课程的成绩。

```
USE test2
GO
CREATE PROC P_学生平均成绩
    @学号 char(8) = NULL,
    @平均成绩 real OUTPUT
  AS
    IF @学号 IS NULL RETURN 1
    IF NOT EXISTS ( SELECT * FROM S WHERE Sno = @学号 ) RETURN 2
    IF NOT EXISTS ( SELECT * FROM SC WHERE Sno = @学号 ) RETURN 3
    SELECT @平均成绩 = AVG(成绩)
    FROM (SELECT Cno, MAX(Score) AS 成绩
          FROM SC
          WHERE Sno = @学号
          GROUP BY Cno ) AS Temp
    RETURN 0
GO
```

下面是一个执行该自定义存储过程的示例：

```
DECLARE @返回值 smallint, @平均成绩 real
EXEC @返回值 = P_学生平均成绩 DEFAULT, @平均成绩 OUTPUT
IF @返回值 = 1 PRINT '必须提供学生学号！'
ELSE IF @返回值 = 2 PRINT '该学号不存在！'
ELSE IF @返回值 = 3 PRINT '该学生没有选课！'
ELSE PRINT @平均成绩
GO
```

说明：与例 6.14 中的情况不同，本例中因为输出形参对应的实参不能省略，所以若要使得第一个形参取默认值，对应的实参需明确指明为 DEFAULT。

例 6.16　创建一个带 CURSOR 类型输出参数的存储过程，实现对指定的某一专业的学生某门课程成绩的查询。

```
USE test2
GO
CREATE PROC P_课程成绩_CURSOR
    @专业 char(8) = '计算机',
    @课程名 char(20) = '数据库原理',
    @成绩表 CURSOR VARYING OUTPUT
  AS
    SET @成绩表 = CURSOR FORWARD_ONLY STATIC
```

```
        FOR SELECT Cname, Sname, Sdate, Score
            FROM S JOIN SC ON S.Sno = SC.Sno JOIN C ON SC.Cno = C.Cno
            WHERE Major = @专业 AND Cname = @课程名
    OPEN @成绩表
GO
```

下面是一个执行该自定义存储过程的示例：

```
DECLARE @学生课程成绩 CURSOR
EXEC P_课程成绩_CURSOR DEFAULT, DEFAULT, @学生课程成绩 OUTPUT
FETCH NEXT FROM @学生课程成绩
WHILE @@fetch_status = 0
    FETCH NEXT FROM @学生课程成绩
CLOSE @学生课程成绩
DEALLOCATE @学生课程成绩
GO
```

2. 管理存储过程

创建用户自定义存储过程后，可以使用系统存储过程 sp_help 查看该过程的概要信息，使用系统存储过程 sp_helptext 查看该过程的定义信息，格式如下：

```
EXEC sp_help <存储过程名>
EXEC sp_helptext <存储过程名>
```

用户自定义存储过程的所有者对该存储过程具有 EXECUTE、SYNONYM、DELETE、INSERT、SELECT 和 UPDATE 权限。不过，也可将这些权限授予其他用户。例如，语句 GRANT EXECUTE ON P_学生信息 TO carluser 将存储过程的执行权授予用户 carluser。

修改用户自定义存储过程使用 ALTER PROCEDURE 语句，修改存储过程就是改变现有存储过程中存储的源代码，因而其格式与创建存储过程语句的格式相同。使用 ALTER PROCEDURE 语句其实相当于重建了一个同名用户自定义存储过程。

使用 DROP PROCEDURE 语句可从当前数据库中删除一个或多个用户自定义存储过程，删除存储过程的格式如下：

```
DROP PROC[EDURE] [<模式名>.]<存储过程名> [ ,…n ]
```

删除指定名称的存储过程时，如果同时指定存储过程的分组编号，那么只删除指定编号的存储过程，否则一组同名的存储过程一起被删除。修改和删除存储过程的权限默认授予 sysadmin 固定服务器角色成员、db_ddladmin 和 db_owner 固定数据库角色成员以及存储过程的所有者，且不可转让。

6.6.3 使用存储过程实现封装业务逻辑

下面举例说明如何使用存储过程封装业务逻辑。

例 6.17 创建一个存储过程统计每个学生已经取得的总学分。

```
USE test2
GO
-- 首先在 S 表中增加一列 Scredit 存放已经取得的总学分
ALTER TABLE S
```

```
    ADD Scredit smallint DEFAULT 0
GO
-- 创建一个函数对于每名学生找出课程的最终成绩(若该生多次选修同一门课程,
-- 则成绩最高的作为该门课程的最终成绩)及格的每门课程的课程号和最终成绩
CREATE FUNCTION F_学生成绩()
RETURNS TABLE
    RETURN (SELECT Sno, Cno, MAX(Score) AS Mscore
            FROM SC
            GROUP BY Sno, Cno
            HAVING MAX(Score) >= 60                 -- 若该课程成绩为空,则条件不成立
           )
GO
-- 创建一个存储过程计算每名学生已经取得的总学分
CREATE PROC P_计算学分
  AS
    DECLARE @Sno char(8), @Scredit smallint
    DECLARE CUR_S CURSOR
        FOR SELECT Sno, Scredit FROM S
    OPEN CUR_S
    FETCH NEXT FROM CUR_S INTO @Sno, @Scredit           -- 取一名学生
    WHILE @@fetch_status = 0
    BEGIN -- 计算已经取得的总学分,若该学生没有及格的课程或未选修课程
        SELECT @Scredit = SUM(Credit)                   -- 则总学分@Scredit 取空值
        FROM C, F_学生成绩() AS 成绩
        WHERE C.Cno = 成绩.Cno AND Sno = @Sno
        UPDATE S SET Scredit = @Scredit                 -- 总学分存入 S 表
            WHERE CURRENT OF CUR_S
        FETCH NEXT FROM CUR_S INTO @Sno, @Scredit       -- 取下一名学生
    END
    CLOSE CUR_S
    DEALLOCATE CUR_S
GO
```

执行下列三句语句,可以验证存储过程的功能:

```
UPDATE S SET Scredit = 0
EXEC P_计算学分
SELECT * FROM S
```

6.7 触 发 器

触发器是由用户定义的一类特殊的存储过程,常常用于强制业务规则和数据完整性。本节介绍触发器的概念、作用、种类、创建、管理和使用。

6.7.1 触发器概述

1. 触发器的概念

触发器作为一种特殊类型的存储过程,不同于前面介绍过的存储过程。触发器不能被显式地调用,当触发器所定义的触发事件发生时,触发器被触发而自动执行。这一点是触发

器与存储过程不同的地方,因为存储过程是用 EXEC 命令调用而执行的。例如,当对某张表进行诸如 INSERT、DELETE 或 UPDATE 等操作时,SQL Server 会自动执行触发器所定义的 SQL 语句,从而确保对数据的处理必须符合由这些 SQL 语句所定义的规则。

2. 触发器的作用

触发器的作用是能够实现比参照完整性更为复杂的两张表或多张表之间的数据的完整性和一致性,从而保证表中数据的变化符合数据库设计者所确定的业务规则。例如,不允许插入不符合完整性约束的元组,或者当对一张表中的数据进行增删改时,由触发器自动对其关联的另一张表中的数据进行相关操作,从而实时反映数据的同步变化。

但是,触发器性能通常比较低,而且会使得程序的流程混乱,甚至出现递归触发,所以需谨慎使用,不能滥用。

3. 触发器的种类

在 SQL Server 2014 中,根据触发器被触发的操作的不同,将触发器分为 DML 触发器、DDL 触发器和 LOGON 触发器三大类。DML 触发器就是通常所说的触发器,它响应的触发事件是 INSERT、DELETE 或 UPDATE 操作,DML 触发器又分为 AFTER 触发器和 INSTEAD OF 触发器两类。DDL 触发器响应的触发事件是 CREATE、ALTER 或 DROP 操作,主要用于完成一些管理任务,如防止数据表结构被修改等。LOGON 触发器在用户登录时触发。本节只讨论 DML 触发器的创建和管理。

(1) AFTER 触发器是在指定的某一操作(INSERT、DELETE 或 UPDATE)成功执行完毕,并处理过所有约束之后才被触发。只能在表上定义 AFTER 触发器。如果操作违反约束条件,将导致事务回滚,这时就不会执行 AFTER 触发器。

可以针对表的同一操作定义多个 AFTER 触发器,这时可以指定哪一个触发器最先被触发,哪一个触发器最后被触发,使用系统存储过程 sp_settriggerorder 可以完成此项任务。

(2) INSTEAD OF 触发器是在指定的某一操作(INSERT、DELETE 或 UPDATE)之前触发,它的功能是不执行指定的操作,而是执行 INSTEAD OF 触发器本身。可以在表和视图上定义 INSTEAD OF 触发器,但对同一操作只能定义一个 INSTEAD OF 触发器。

4. inserted 表和 deleted 表

在使用触发器时,SQL Server 会为每个触发器建立两个特殊的临时表,即 inserted 表和 deleted 表。这两个表存储在内存中,与创建触发器的表具有相同的结构,由系统维护和管理,不允许用户对其修改。每个触发器只能访问自己的临时表,触发器执行完毕,两表也自动释放。

(1) inserted 表用于存储 INSERT 或 UPDATE 语句所影响的行的副本。当执行 INSERT 或 UPDATE 操作时,新的数据行同时被添加到激活触发器的基本表和 inserted 表中。

(2) deleted 表用于存储 DELETE 或 UPDATE 语句所影响的行的副本。当执行 DELETE 或 UPDATE 操作时,指定的原数据行被从基本表中删除,然后被转移到 deleted 表中。一般来说,在基本表和 deleted 表中不会存在相同的数据行。

需要说明的是,UPDATE 操作分两步完成。首先,将基本表中要修改的原数据行移到 deleted 表中,然后从 inserted 表中复制修改后的新数据行到基本表中。也就是说,对于 UPDATE 操作,deleted 表中存放的是修改之前的旧值,inserted 表中存放的是修改之后的新值。

6.7.2　触发器的创建和管理

1. 创建触发器

在创建触发器之前必须考虑以下几个方面。

(1) CREATE TRIGGER 语句必须是批处理中的第一条语句,将该批处理中随后的其他所有语句解释为 CREATE TRIGGER 语句定义的一部分。

(2) 创建触发器的权限默认分配给表的所有者,且不能将该权限转给其他用户。

(3) 只能在当前数据库中创建触发器,但可以引用其他数据库中的对象。

(4) 一个触发器只能创建在一个表上,且不能在临时表或系统表上创建触发器。触发器中可以引用临时表,但不能引用系统表,而应使用信息架构视图。

(5) 如果已经给一个表的外码定义了级联删除或级联修改,则不能在该表上定义 INSTEAD OF DELETE 或 INSTEAD OF UPDATE 触发器。

(6) 虽然 TRUNCATE TABLE 语句如同没有 WHERE 子句的 DELETE 语句,但由于该语句没有被记入日志,所以它并不会触发 DELETE 触发器。

(7) WRITETEXT 语句(更新 text、ntext 或 image 类型的列)不会触发 INSERT 或 UPDATE 触发器。

(8) 不要在触发器定义中使用创建、修改和删除数据库及数据库对象的语句。

在 T-SQL 语言中可使用 CREATE TRIGGER 语句创建触发器,其格式如下:

```
CREATE TRIGGER <触发器名>
      ON <表名或视图名> [WITH ENCRYPTION]
     {FOR | AFTER | INSTEAD OF} { [DELETE][,][INSERT][,][UPDATE] }
   AS
     SQL 语句 [ ,…n]
```

说明:

(1) 表名或视图名是指在其上创建触发器的表或视图,可以选择是否指定表或视图的所有者名称。

(2) WITH ENCRYPTION 表示加密 CREATE TRIGGER 语句定义的文本内容。

(3) AFTER 表示只有在指定的操作以及所有的引用级联操作和约束检查都成功执行后才激发触发器。如果仅指定 FOR 关键字,则 AFTER 是默认设置。不能在视图上定义 AFTER 触发器。

(4) INSTEAD OF 表示执行触发器本身而不是执行触发触发器的 SQL 语句,从而替代触发语句的操作。

(5) 在表或视图上,每个 INSERT、UPDATE 或 DELETE 操作最多可以定义一个 INSTEAD OF 触发器。可以在每个具有 INSTEAD OF 触发器的视图上定义视图,但不能在指定 WITH CHECK OPTION 选项的可更新视图上定义 INSTEAD OF 触发器。

(6) { [DELETE] [,] [INSERT] [,] [UPDATE] }用来指明在表或视图上执行哪些数据操作时将激活触发器。必须至少指定其中的一个选项,如果指定的选项多于一个,使用以任意顺序组合这些选项,各选项用逗号分隔。

例 6.18　在学生表上创建一个触发器,当有插入或删除操作时,显示新插入的学生信息或被删除的学生信息。

```
USE test2
GO
CREATE TRIGGER T_学生信息 1
    ON S
    AFTER INSERT, DELETE
  AS
    IF EXISTS(SELECT * FROM inserted)
        SELECT * FROM inserted
    ELSE
        SELECT * FROM deleted
GO
```

执行下列语句可验证触发器的功能：

```
DELETE FROM S WHERE Sno = '16005'
INSERT INTO S VALUES('16005', '王翔', '男', 21, '通信', '苏州市', '18945678123')
```

例 6.19 在学生表上创建一个触发器，当有修改操作时，禁止修改学号，同时禁止修改后的学生的手机号码不以 1 开头。

```
USE test2
GO
CREATE TRIGGER T_学生信息 2
    ON S
    AFTER UPDATE
  AS
    IF UPDATE(Sno)
    BEGIN
        RAISERROR ('事务将被取消,学号不能修改 !', 10, 1)
        ROLLBACK TRANSACTION
    END
    ELSE IF UPDATE(Mphone)
    BEGIN
        DECLARE @Mphone char(11)
        SELECT @Mphone = Mphone FROM inserted
        IF left(@Mphone, 1) != '1'
        BEGIN
            RAISERROR ('事务将被取消,手机号码不以 1 开头 !', 10, 2)
            ROLLBACK TRANSACTION
        END
    END
GO
```

执行下列语句可验证触发器的功能：

```
UPDATE S SET Sno = '16008' WHERE Sno = '16005'
UPDATE S SET Mphone = '28945678123' WHERE Sno = '16005'
```

例 6.20 例 4.5 中创建了一个视图 S_2002，在 SQL Server 2014 中可以对该视图执行 UPDATE S_2002 SET Score=90 WHERE Sno='16007'语句，但不可执行 INSERT INTO

S_2002 VALUES('16008','陈亮','男','计算机',55)语句。请在该视图上创建一个 INSTEAD OF 触发器,实现该插入操作。

```
USE test2
GO
CREATE TRIGGER T_2002 成绩
    ON S_2002
    INSTEAD OF INSERT
  AS
    DECLARE @Sno char(8), @Sname char(10), @Ssex char(2),
          @Major char(8), @Score tinyint
    SELECT @Sno = Sno, @Sname = Sname, @Ssex = Ssex,
         @Major = Major, @Score = Score
    FROM inserted
    INSERT INTO S(Sno, Sname, Ssex, Major)
    VALUES(@Sno, @Sname, @Ssex, @Major)
    INSERT INTO SC
    VALUES(@Sno, '2002', '2017 秋', @Score)
GO
```

现在可以成功执行题目中的 INSERT 语句了,可用下列三句语句验证触发器的功能:

```
SELECT * FROM S
SELECT * FROM SC
SELECT * FROM S_2002
```

2. 管理触发器

创建触发器后,可以使用系统存储过程 sp_help 查看该触发器的概要信息,使用系统存储过程 sp_helptext 查看该触发器的定义信息,格式如下:

```
EXEC sp_help <触发器名>
EXEC sp_helptext <触发器名>
```

修改触发器使用 ALTER TRIGGER 语句,修改触发器就是改变现有触发器中存储的源代码,因而其格式与创建触发器语句的格式相同。使用 ALTER TRIGGER 语句其实相当于重建了一个同名触发器。

使用 DROP TRIGGER 语句可从当前数据库中删除一个或多个触发器,删除触发器的格式如下:

```
DROP TRIGGER [<模式名>.]<触发器名> [ ,…n ]
```

修改和删除触发器的权限默认授予 sysadmin 固定服务器角色成员、db_ddladmin 和 db_owner 固定数据库角色成员以及触发器的所有者,且不可转让。

当不需要触发器,又不想删除它以备后用的时候,可以禁用触发器。禁用触发器不同于删除触发器,当禁用时,触发器仍然存在,只是在执行 INSERT、DELETE 或 UPDATE 操作时,不再执行触发器中定义的操作。当然,禁用的触发器可以重新被启用。可以使用语句 ALTER TABLE 禁用或启用触发器,其格式如下:

```
ALTER TABLE [<模式名>.]<表名>
    { ENABLE | DISABLE } TRIGGER { ALL | <触发器名> [ ,…n ] }
```

如果使用系统存储过程 sp_dboption 将数据库选项 recursive triggers 设置为 true,则将启用触发器的直接递归触发。默认为 false,将禁止直接递归触发。若要禁止触发器的间接递归触发,可使用系统存储过程 sp_configure 将服务器选项 nested triggers 设置为 0,禁止嵌套触发,从而禁止间接递归。默认为 1,允许嵌套触发,嵌套触发最多可以达到 32 层。

6.7.3 使用触发器实现强制业务规则

下面举例说明如何使用触发器强制业务规则。

例 6.21 规定如果一名学生某一门课程不及格,可以不断重修直至考试及格为止,而一旦及格就不能再选修。创建一个触发器,当对 SC 表进行插入操作时,检查是否满足选修条件。

```
USE test2
GO
CREATE TRIGGER T_选修课程
    ON SC
    FOR INSERT
  AS
    DECLARE @Sno char(8), @Cno char(6), @Score tinyint
    SELECT @Sno = Sno, @Cno = Cno FROM inserted
    SELECT @Score = MAX(Score) -- 若该门课程没有选修过,@Score 为空
    FROM SC
    WHERE Sno = @Sno AND Cno = @Cno
    IF @Score >= 60
    BEGIN
        RAISERROR ('事务将被取消,已经及格不能再选修!', 10, 1)
        ROLLBACK TRANSACTION
    END
GO
```

分别执行下列四句语句,可以验证触发器的功能:

```
INSERT INTO TC VALUES('6008', '2002', '2018 春', NULL)    -- 新增开课计划
INSERT INTO SC VALUES('16001', '2002', '2018 春', NULL)   -- 未选过,成功
INSERT INTO SC VALUES('16003', '2002', '2018 春', NULL)   -- 已及格,失败
INSERT INTO SC VALUES('16008', '2002', '2018 春', NULL)   -- 未及格,成功
```

例 6.22 创建一个触发器,实现当修改 SC 表中各门课程最近一次的考试成绩时,同时修改 S 表中已经取得的总学分。

```
USE test2
GO
IF EXISTS (SELECT name FROM sysobjects
        WHERE name = 'T_修改学分' AND type = 'TR')
    DROP TRIGGER T_修改学分
GO
CREATE TRIGGER T_修改学分
    ON SC
    FOR UPDATE
  AS
```

```
    IF @@rowcount > 0
    BEGIN
        DECLARE @Sno_d char(8), @Cno_d char(6), @Score_d tinyint
        DECLARE @Sno_i char(8), @Cno_i char(6), @Score_i tinyint
        DECLARE @Credit smallint
        DECLARE CUR_新成绩 CURSOR
            FOR SELECT Sno, Cno, Score FROM inserted
        DECLARE CUR_旧成绩 CURSOR
            FOR SELECT Sno, Cno, Score FROM deleted
        OPEN CUR_新成绩
        OPEN CUR_旧成绩
        FETCH NEXT FROM CUR_新成绩 INTO @Sno_i, @Cno_i, @Score_i
        FETCH NEXT FROM CUR_旧成绩 INTO @Sno_d, @Cno_d, @Score_d
        SELECT @Credit = Credit FROM C WHERE Cno = @Cno_i
        WHILE @@fetch_status = 0
        BEGIN
            IF (@Score_d IS NULL) AND (@Score_i >= 60 )
                UPDATE S SET Scredit = Scredit + @Credit WHERE Sno = @Sno_i
            ELSE IF (@Score_d < 60 ) AND (@Score_i >= 60 )
                UPDATE S SET Scredit = Scredit + @Credit WHERE Sno = @Sno_i
            ELSE IF (@Score_d >= 60 ) AND (@Score_i IS NULL)
                UPDATE S SET Scredit = Scredit - @Credit WHERE Sno = @Sno_i
            ELSE IF (@Score_d >= 60 ) AND (@Score_i < 60 )
                UPDATE S SET Scredit = Scredit - @Credit WHERE Sno = @Sno_i
            FETCH NEXT FROM CUR_新成绩
                INTO @Sno_i, @Cno_i, @Score_i
            FETCH NEXT FROM CUR_旧成绩
                INTO @Sno_d, @Cno_d, @Score_d
            SELECT @Credit = Credit FROM C WHERE Cno = @Cno_i
        END
        CLOSE CUR_新成绩
        CLOSE CUR_旧成绩
        DEALLOCATE CUR_新成绩
        DEALLOCATE CUR_旧成绩
    END
GO
```

分别执行下列两句语句,可以验证触发器的功能:

```
UPDATE SC SET Score = 58
    WHERE Sno = '16001' AND Cno = '1002' AND Sdate = '2017 秋'
UPDATE SC SET Score = 65
    WHERE Sno = '16001' AND Cno = '1002' AND Sdate = '2017 秋'
```

习 题 6

一、单项选择题

1. 下列常量中,不属于字符串常量的是(　　)。

A. '数据库原理'　　B. N'Tom and Mary'

C. 'Tom''s car'　　D. "Tom's car"

2. 下列关于定义两个局部变量的选项中，正确的是（　　）。

A. DECLARE int @a ,int @b　　B. DECLARE int @a ,@b
C. DECLARE @a int,@b int　　D. DECLARE @a ,@b int

3. 表达式'123'+'456'的值是（　　）。

A. 123456　　B. '123456'　　C. 579　　D. "123456"

4. 用户自定义的标量型函数的返回值数据类型可以是（　　）。

A. char(n)　　B. text　　C. ntext　　D. image

5. 通过游标读取数据，可以使用语句（　　）。

A. read　　B. get　　C. fetch　　D. input

6. 存储过程的输入参数的数据类型不可以是（　　）。

A. cursor　　B. text　　C. ntext　　D. image

7. 一个触发器可以定义在（　　）上。

A. 1 个系统表　　B. 1 个临时表　　C. 1 个用户表　　D. 多个用户表

8. AFTER 触发器只能定义在（　　）上。

A. 表　　B. 视图　　C. 表或视图　　D. 函数

9. 在 SQL Server 中，没有（　　）类型的触发器。

A. AFTER　　B. FOR　　C. INSTEAD OF　　D. BEFORE

10. 在触发器被触发执行时，（　　）表用于存储 DELETE 和 UPDATE 语句所影响的行的副本。

A. delete　　B. deleted　　C. update　　D. updated

二、填空题

1. 在 SQL Server 中用________命令作为一个批结束的标志。

2. 在 SQL Server 中有________和/ * … * /两种类型的注释符。

3. 在 SQL Server 中的局部变量名必须用________符号开头。

4. 在 SQL Server 中，用户自定义函数分为标量型函数、内联表值型函数和________函数三种。

5. ________解决了 SQL 语句面向集合操作和应用程序面向数据行操作之间的矛盾。

6. 在 SQL Server 中，游标分为________游标、API 游标和客户游标三种，本书不讨论 API 游标和客户游标。

7. 在 SQL Server 中，存储过程分为系统存储过程和用户自定义存储过程两种，其中系统存储过程名都以________开头。

8. 当 SQL Server 中的存储过程的输出参数是游标时，必须同时指定________和 OUTPUT。

9. 在 SQL Server 中，当________触发器被触发执行时系统会同时建立 inserted 和 deleted 表。

10. 在 SQL Server 中，触发器分为________触发器、DDL 触发器和 LOGON 触发器三大类，本书不讨论后两类触发器。

三、简答题

1. 简述"批"的含义和作用。

2. 从给局部变量赋值角度，简述 SET 语句与 SELECT 语句的区别。

3. 试述关闭游标与释放游标的区别。

4. 试述存储过程的含义和作用。

5. 试述触发器的含义和作用。

四、SQL 语言

下列各题中所涉及基本表的结构见第 3 章练习题四。

1. 创建一个标量型函数，返回指定年份(默认为 2018 年)的销售总金额。

2. 创建一个表值型函数，返回指定年份(默认为 2018 年)各个月份的销售总金额。

3. 创建一个存储过程，实现对指定年份(默认为 2018 年)的销售总金额的查询，若指定的年份没有销售记录，返回 1，否则返回 0。

4. 给销售表增加一列 Smoney 用于存放该销售单的销售总金额，创建一个存储过程，实现统计每张销售单的销售总金额。

5. 在客户表上创建一个触发器，当有插入操作时，禁止客户的电子邮箱中缺少“@”字符。

6. 在销售明细表上创建一个触发器，当有修改操作时，同时修改销售表中的 Smoney 列。

第7章 事务管理

事务是一系列的数据库操作,是数据库应用程序的基本逻辑单元。事务管理技术主要包括并发控制技术和数据库恢复技术。并发控制机制和数据库恢复机制是数据库管理系统的重要组成部分。本章首先介绍事务的概念和性质,然后讨论并发控制和数据库恢复的概念和常用技术,同时介绍 SQL Server 2014 中的相关概念、方法和技术。

7.1 事 务

7.1.1 事务的定义

所谓事务是用户定义的一个数据库操作序列,这些操作要么全做,要么全不做,是一个不可分割的工作单位。事务也是并发控制和数据库恢复的基本单位。在关系数据库中,一个事务可以是一条 SQL 语句、一组 SQL 语句或整个程序。

事务和程序是两个不同的概念,一个应用程序通常包含多个事务。

事务的开始与结束可以由用户显式控制,如果用户没有显式地定义事务,则由数据库管理系统按默认规定自动划分事务。在 SQL 中,定义事务的语句一般有三条,即 BEGIN TRANSACTION、COMMIT 和 ROLLBACK。例如,在银行中有 A 和 B 两个账户,现要从账户 A 转 100 元到账户 B。这时可以定义一个事务,该事务包含两个操作,第一个操作是从账户 A 中减去 100 元,第二个操作是向账户 B 中加上 100 元。

```
BEGIN  TRANSACTION          事务开始
    从账户 A 中  -  100
    向账户 B 中  +  100
IF  @@error = 0
    COMMIT                  事务结束
ELSE
    ROLLBACK                事务结束
```

事务通常是以 BEGIN TRANSACTION 开始,以 COMMIT 或 ROLLBACK 结束。COMMIT 表示提交,即提交事务的所有操作。具体地说就是将事务中所有对数据库的更新写回到磁盘上的物理数据库中去,事务正常结束。ROLLBACK 表示回滚,即在事务运行的过程中发生了某种错误或故障,事务不能继续执行,系统将事务中对数据库的所有已完成的更新操作全部撤销,回滚到事务开始时的状态。

7.1.2 事务的 ACID 性质

事务具有 4 个特性:原子性(Atomicity)、一致性(Consistency)、隔离性(Isolation)和持续性(Durability)。这四个特性简称 ACID 特性。

1. 原子性

原子性表示事务中包含的数据库操作要么都做，要么都不做。一个事务对数据库的所有操作是一个不可分割的操作序列，这一性质即使在系统发生各种故障之后仍能得到保证。

2. 一致性

事务执行的结果必须是使数据库从一个一致性状态变到另一个一致性状态。确保单个事务的一致性是编写该事务的应用程序员的职责。一致性表示无论事务是否成功完成，都能保证数据库中的数据始终处于一致状态（即正确状态）。这种一致性要求比第 3 章中的数据完整性约束更高。当数据库只包含成功事务提交的结果时，数据库处于一致性状态。如果数据库系统运行中发生故障，有些事务尚未完成就被迫中止，这些未完成的事务对数据库所做的修改有一部分已写入物理数据库，这时数据库就处于不一致状态（即不正确状态）。例如，前面所述的 A 和 B 两个账户之间的转账事务中的两个操作要么全做，要么全不做。全做或者全不做，数据库都处于一致性状态。如果只做一个操作，显然数据库就处于不一致状态了，即莫名其妙地增加或减少了 100 元。可见一致性与原子性是密切相关的。

需要说明的是，事务执行过程中出现的暂时的不一致状态，是不会让用户知道的，也不应让用户知道，即对用户是不可见的。

3. 隔离性

隔离性表示一个事务内部的操作及使用的数据对其他并发事务是隔离的，并发执行的各个事务之间不能互相干扰，即每个事务都感觉不到系统中有其他事务在并发地执行。例如，前面所述的 A 和 B 两个账户之间的转账事务中，当从账户 A 中减去 100 元后，系统暂时处于不一致状态。这时如果有第二个事务插进来计算账户 A 与 B 的和（或者修改账户 A 与 B），就将会得到不一致的值，即使两个事务都完成，数据库仍可能处于不一致状态。隔离性使得当多个事务并发执行时，系统总能保证与这些事务依次单独执行时的结果一样，即数据库处于一致性状态。可见一致性与隔离性也是密切相关的。

4. 持续性

持续性也称持久性或永久性，指一个事务一旦提交，它对数据库中数据的改变就应该是永久性的。接下来的其他操作或故障不应该对其执行结果有任何影响，即使在写入磁盘之前，系统发生故障，在下次启动之后，也应保证数据更新的有效。

保证事务的 ACID 特性是事务管理的重要任务。事务 ACID 特性可能遭到破坏的因素有：

（1）多个事务并行运行时，不同事务的操作交叉执行；

（2）事务在运行过程中被强行停止。

在第一种情况下，数据库管理系统必须保证多个事务的交叉运行不影响这些事务的隔离性；在第二种情况下，数据库管理系统必须保证被强行终止的事务的原子性和持久性。前者是并发控制机制的职责；而后者是恢复机制的职责。

7.1.3 事务的状态

如果一个事务不能成功地执行完成，就称该事务被中止（Aborted）了，中止事务对数据库所做过的任何改变必须撤销。成功完成执行的事务称为已提交（Committed），已提交事务使数据库进入一个新的一致性状态，即使系统出现故障，这个状态也必须保持。撤销已提交事务所造成影响的唯一方法是执行一个补偿事务。例如,一个事务从账户 A 中减去了 50 元,其补偿事务应当向账户 A 中加上 50 元。编写和执行补偿事务是用户的责任,而不是通过数据库系统来处理。

为了更准确地定义一个事务成功完成的含义,需要建立一个简单的抽象事务模型。事务必须处于以下状态之一。

(1) 活动状态:初始状态,事务开始运行就进入活动状态,直到部分提交或失败。

(2) 部分提交状态:事务执行完最后一条语句后。

(3) 失败状态:发现事务不能正常运行后。

(4) 中止状态:失败事务对数据库和其他事务的影响已被消除,并且数据库已恢复到事务开始执行前的状态后。

(5) 提交状态:事务成功地完成了所有操作后。

事务的状态图如图 7.1 所示。只有在事务已进入提交状态后,才能说事务已提交。同样的,只有在事务已进入中止状态后,才能说事务已中止。如果事务是已提交或者已中止都称事务是已结束。

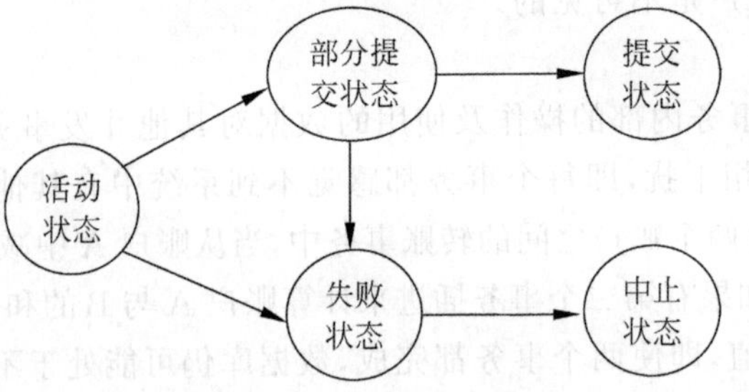

图 7.1 事务状态图

说明:当事务执行完最后一条语句后就进入了部分提交状态,这时事务已经执行完,但由于实际输出可能仍驻留在主存的缓冲区中,一个硬件故障可能阻止其成功完成,因此事务仍有可能不得不中止。

7.1.4 SQL Server 2014 中的事务

在 SQL Server 2014 中,可以通过显式、自动提交或隐式三种模式来管理事务。

1. 显式事务

在该模式下,可以用语句 BEGIN TRANSACTION 来显式启动事务,当事务成功完成时用 COMMIT 来显式结束事务,当遇到错误时用 ROLLBACK 来显式结束事务。显式事务模式持续的时间只限于该事务的持续期。当事务结束时,连接将返回到启动显式事务前所处的事务模式,或者是隐式模式,或者是自动提交模式。

2. 自动提交事务

该模式是 SQL Server 的默认事务管理模式。每个 T-SQL 语句在完成时,都被提交或回滚。如果一个语句成功地完成,则提交该语句;如果遇到错误,则回滚该语句。在使用 BEGIN TRANSACTION 语句启动显式事务或隐式事务模式设置为开启之前,连接一直以自动提交模式操作。当提交或回滚显式事务,或者关闭隐式事务模式时,连接将返回到自动提交模式。

3. 隐式事务

在 T-SQL 中用语句 SET IMPLICIT_TRANSACTIONS { ON|OFF }来管理事务模式,该设置的默认值为 OFF。当设置为 ON 时,连接被设置为隐式事务模式;当设置为 OFF 时,连接将返回到自动提交事务模式。

隐式事务模式下自动启动事务的语句有:ALTER TABLE、CREATE、DELETE、DROP、FETCH、GRANT、INSERT、OPEN、REVOKE、SELECT、TRUNCATE TABLE、UPDATE。

当连接处于隐式事务模式且当前不在事务中时,执行上述语句将自动启动一个事务,当该事务结束(提交或回滚)后,再执行下一个上述语句又将自动启动一个新事务。该连接不断地生成隐式事务链,直到隐式事务模式设置为 OFF 为止。在隐式事务模式下,用户无须描述事务的开始,只需提交或回滚每个事务。

注意:对于因为隐式事务模式设置为 ON 而自动启动的事务,用户必须在该事务结束时将其显式提交或回滚,否则当用户断开连接时,事务及其所包含的所有数据更改将回滚。

7.2 并发控制

数据库系统(如银行数据库系统、订票数据库系统)通常是一个多用户系统,它允许多个用户(多个事务)同时使用同一个数据库,这样才能充分发挥数据库共享性高的特点。数据库系统中的多个事务可以一个一个地串行执行,即任一时刻只有一个事务运行,其他事务必须等到这个事务结束以后才能运行。然而,基于至少以下两个方面的原因,多个事务的并发执行经常会被要求。

(1) 提高吞吐量和资源利用率。一个事务通常由多个步骤组成,一些需要 CPU 处理,一些需要 I/O 操作。在计算机系统中 CPU 处理与 I/O 操作可以并行进行,利用该并行性,多个事务可以并行执行(即并发执行),即当一个事务在进行 I/O 操作时,另一个事务可以进行 CPU 处理。这样就提高了系统的吞吐量(即给定时间内执行的事务数)和资源(处理器和磁盘)的利用率。

(2) 提高响应速度和减少等待时间。数据库系统中可能运行着各种各样的事务,一些较短,一些较长。如果事务串行地执行,短事务可能得等待它前面的长事务完成,这可能导致难以预测的延迟。如果让多个事务并发地执行,它们之间可以共享处理器和磁盘,从而提高事务的响应速度,减少用户的等待时间。

在单处理器系统中,事务的并行执行实际上是这些并行事务的并行操作轮流交叉运行,这种并行执行方式称为交叉并发方式(Interleaved Concurrency)。在多处理器系统中,每个处理器可以运行一个事务,多个处理器可以同时运行多个事务,实现多个事务真正地并行运行,这种并行执行方式称为同时并发方式(Simultaneous Concurrency)。本节讨论的数据库系统并发控制技术是以单处理器系统为基础的,该理论可以推广到多处理器的情况。

事务的并发执行可能会产生多个事务同时存取同一数据的情况(即多个事务之间产生互相干扰),若对事务的并发操作不加控制可能会存取和存储不正确的数据,从而破坏事务的一致性和数据库的一致性。所以数据库管理系统必须提供并发控制机制,对并发操作进行正确的调度，保证事务的隔离性和一致性。

7.2.1 并发操作与数据的不一致性

多个事务并发运行时，如果对并发操作不加控制，可能会产生数据的不一致性。典型的数据不一致性有丢失修改(Lost Update)、读“脏”数据(Dirty Read)和不可重复读(Non-repeatable Read)三种。

1. 丢失修改

两个事务 T1 和 T2 读入同一数据并修改，T2 的提交结果破坏了 T1 提交的结果，导致 T1 的修改被丢失，如图 7.2(a)所示。这种并发操作带来的数据不一致性可以用飞机订票来说明。假设某航班还剩下 20 张机票，甲售票点(事务 T1)卖出一张机票，乙售票点(事务 T2)也卖出一张机票。正常情况下，事务 T1 执行完毕再执行事务 T2，则剩余 18 张机票。考虑到 T1、T2 两个事务都由两个操作实现，数据库系统中这两个事务可能的操作序列为：

(1) 甲售票点(事务 T1)读出某航班的机票余额 A，设 A=20；

(2) 乙售票点(事务 T2)读出同一航班的机票余额 A，也为 20；

(3) 甲售票点卖出一张机票，修改余额 A←A－1，所以 A 为 19，把 A 写回数据库；

(4) 乙售票点也卖出一张机票，修改余额 A←A－1，所以 A 为 19，把 A 写回数据库。

结果明明卖出两张机票，数据库中机票余额只减少 1。这种情况称为数据库的不一致性，是由并发操作引起的。在并发操作情况下，对 T1、T2 两个事务的操作序列的调度是随机的，若按上面的调度序列执行，事务 T1 的修改就被丢失。这时由于第(4)步中事务 T2 修改 A 并写回后覆盖了事务 T1 的修改。

T1	T2
读 A=20	
	读 A=20
A=A-1	
写回 A=19	
	A=A-1
	写回 A=19

(a) 丢失修改

T1	T2
读 A=50	
A=A-30	
写回 A=20	
	读 A=20
ROLLBACK	
A 恢复为 50	

(b) 读“脏”数据

T1	T2
读 A=30	
读 B=50	
求和=80	
	读 B=50
	B=B-30
	写回 B=20
读 A=30	
读 B=20	
求和=50	
(验算不对)	

(c) 不可重复读

图 7.2 并发操作时的三种数据不一致性示例

2. 读“脏”数据

读“脏”数据是指事务 T1 修改某一数据并将其写回磁盘，事务 T2 读取同一数据后，T1 由于某种原因被撤销，这时被 T1 修改过的数据恢复原值，T2 读到的数据就与数据库中的数据不一致，T2 读到的数据就为“脏”数据，即不正确的数据，如图 7.2(b)所示。T1 将 A 值修改为 20，T2 读到 A 为 20，而 T1 由于某种原因撤销，其修改作废，A 恢复原值 50，这时 T2 读到的 A 为 20，与数据库内容不一致，就是“脏”数据。

3. 不可重复读

不可重复读包括以下三种情况。

(1) 事务 T1 读取某一数据后,事务 T2 对其做了修改,当事务 T1 再次读该数据时,得到与前一次不同的值,如图 7.2(c)所示。T1 读取 B=50 进行运算,T2 读取同一数据 B,对其进行修改后将 B=20 写回数据库。T1 为了对读取值校对重读 B,B 已为 20,与第一次读取值不一致。

(2) 事务 T1 按一定条件从数据库中读取了某些数据记录后,事务 T2 删除了其中部分记录,当 T1 再次按相同条件读取数据时,发现某些记录消失了。

(3) 事务 T1 按一定条件从数据库中读取某些数据记录后,事务 T2 插入了一些记录,当 T1 再次按相同条件读取数据时,发现多了一些记录。

后两种不可重复读有时也称为幻影(Phantom Row)现象。

产生上述三种数据不一致性的主要原因是由于并发操作破坏了事务的隔离性。并发控制就是要用正确的方式调度并发操作,使一个用户事务的执行不受其他事务的干扰,从而避免造成数据的不一致性。

7.2.2 可串行性

事务的执行次序称为"调度"。如果多个事务依次执行,则称为事务的串行调度,n 个事务有 n! 种不同的串行调度。虽然以不同的顺序串行执行事务可能会产生不同的结果,但都不会将数据库置于不一致的状态,因此串行调度的执行结果都是正确的。

如果同时执行多个事务,则称为事务的并发调度,n 个事务并发执行,可能的并发调度数目远远大于 n!。但其中有的并发调度的结果是正确的,有的是不正确的。那么什么样的调度是正确的呢?由于串行调度的结果都是正确的,因此执行结果等价于某个串行调度的并发调度也是正确的。

多个事务的并发执行是正确的,当且仅当其结果与按某一顺序串行地执行这些事务时的结果相同,称这种并发调度为可串行化(Serializable)调度。

可串行性(Serializability)是并发事务正确调度的准则。按照这个准则,一个给定的并发调度,当且仅当它是可串行化的,才认为是正确调度。

例如,现在有两个事务,分别包含下列操作。

事务 T1: 从账户 A 中转 50 元到账户 B;

事务 T2: 从账户 A 中转 10%的金额到账户 B。

假设账户 A 的初值为 1000 元,账户 B 的初值为 2000 元。按如图 7.3(a)所示的先 T1 后 T2 次序执行结果为 A=855,B=2145; 按如图 7.3(b)所示的先 T2 后 T1 次序执行结果为 A=850,B=2150。尽管这两种串行调度的结果不同,但都是正确的,因为 A+B 之和不变。

现考虑如图 7.4 所示的两个并发调度示例。在图 7.4(a)中,并发调度的执行结果与先 T1 后 T2 的串行调度一样,A+B 之和保持不变,所以该并发调度是可串行化调度。而在图 7.4(b)中,并发调度的执行结果是 A=950,B=2100。显然,这是一个不一致状态,因为该执行结果与图 7.3 中的两个串行调度的结果都不同,所以该并发调度不是可串行化调度。事实上,图 7.4(b)所示的并发执行过程中多出了 50 元,没有做到 A+B 之和保持不变。

数据库系统应能保证所执行的任何调度都能使数据库处于一致性状态,负责完成该任务的是数据库管理系统中的并发控制机制。

T1	T2
读 A=1000	
A=A-50	
写回 A=950	
读 B=2000	
B=B+50	
写回 B=2050	
COMMIT	
	读 A=950
	T=A*0.1=95
	A=A-T
	写回 A=855
	读 B=2050
	B=B+T
	写回 B=2145
	COMMIT

（a）先T1后T2

T1	T2
	读 A=1000
	T=A*0.1=100
	A=A-T
	写回 A=900
	读 B=2000
	B=B+T
	写回 B=2100
	COMMIT
读 A=900	
A=A-50	
写回 A=850	
读 B=2100	
B=B+50	
写回 B=2150	
COMMIT	

（b）先T2后T1

图 7.3　两个事务的串行调度示例

T1	T2
读 A=1000	
A=A-50	
写回 A=950	
	读 A=950
	T=A*0.1=95
	A=A-T
	写回 A=855
读 B=2000	
B=B+50	
写回 B=2050	
COMMIT	
	读 B=2050
	B=B+T
	写回 B=2145
	COMMIT

（a）可串行化调度

T1	T2
读 A=1000	
A=A-50	
	读 A=1000
	T=A*0.1=100
	A=A-T
	写回 A=900
	读 B=2000
写回 A=950	
读 B=2000	
B=B+50	
写回 B=2050	
COMMIT	
	B=B+T
	写回 B=2100
	COMMIT

（b）不可串行化调度

图 7.4　两个事务的并发调度示例

并发控制的主要技术有封锁（Locking）、时间戳（Timestamp）、乐观控制法（Optimistic Scheduler）和多版本并发控制（Multi-version Concurrency Control，MVCC）。本节只讨论封锁技术。

7.2.3　封锁及封锁协议

封锁是实现并发控制的一个非常重要的技术。所谓封锁就是事务 T 在对某个数据对象（如表、记录等）操作之前，先向系统发出请求，对其加锁。加锁后事务 T 就对该数据对象有了一定的控制，在事务 T 释放它的锁之前，其他事务不能更新此数据对象。

1. 封锁类型

基本的封锁类型有两种：排他锁(Exclusive Locks，简称 X 锁)和共享锁(Share Locks，简称 S 锁)。

(1) 排他锁又称为写锁。若事务 T 对数据对象 A 加上 X 锁，则只允许 T 读取和修改 A，其他任何事务都不能再对 A 加任何类型的锁，直到 T 释放 A 上的锁为止。这就保证了其他事务在 T 释放 A 上的锁之前不能再读取和修改 A。

(2) 共享锁又称为读锁。若事务 T 对数据对象 A 加上 S 锁，则事务 T 可以读 A 但不能修改 A，其他事务只能再对 A 加 S 锁，而不能加 X 锁，直到 T 释放 A 上的 S 锁为止。这就保证了其他事务可以读 A，但在 T 释放 A 上的 S 锁之前不能对 A 做任何修改。

排他锁与共享锁的控制方式可以用表 7.1 所示的相容矩阵来表示。

表 7.1　封锁类型的相容矩阵

T1 \ T2	X	S	—
X	N	N	Y
S	N	Y	Y
—	Y	Y	Y

在表 7.1 所示的封锁类型相容矩阵中，最左边一列表示事务 T1 已经获得的数据对象上的锁的类型，其中横线表示没有加锁。最上面一行表示另一事务 T2 对同一数据对象发出的封锁请求。T2 的封锁请求能否被满足用矩阵中的 Y 和 N 表示，其中 Y 表示事务 T2 的封锁要求与 T1 已持有的锁相容，封锁请求可以满足。N 表示 T2 的封锁请求与 T1 已持有的锁冲突，T2 的请求被拒绝。

2. 封锁协议

在运用 X 锁和 S 锁对数据对象加锁时，还需要约定一些规则。例如，何时申请 X 锁或 S 锁、持锁时间、何时释放等。这些规则称为封锁协议(Locking Protocol)。对封锁方式制定不同的规则，就形成了各种不同的封锁协议。本节介绍三级封锁协议。三级封锁协议分别在不同的程度上解决了并发操作的不正确调度可能带来的丢失修改、读“脏”数据和不可重复读等不一致性问题，为并发操作的正确调度提供一定的保证。

1) 一级封锁协议

一级封锁协议是指事务 T 在修改数据 R 之前必须先对其加 X 锁，直到事务结束才释放。事务结束包括正常结束(COMMIT)和非正常结束(ROLLBACK)。

一级封锁协议可防止丢失修改，并保证事务 T 是可恢复的。例如在图 7.5(a)中使用一级封锁协议解决了图 7.2(a)中的丢失修改问题。

在一级封锁协议中，如果仅仅是读数据而不对其进行修改，是不需要加锁的，所以它不能保证不读“脏”数据和可重复读。

2) 二级封锁协议

二级封锁协议是指事务 T 在修改数据 R 之前必须先对其加 X 锁，直到事务结束才释放。事务 T 在读取数据 R 前必须先加 S 锁，读完后即可释放 S 锁。

T1	T2
Xlock A	
读 A=20	
	Xlock A
A=A-1	等待
写回 A=19	等待
COMMIT	等待
Unlock A	等待
	获得 Xlock A
	读 A=19
	A=A-1
	写回 A=18
	COMMIT
	Unlock A

(a) 没有丢失修改

T1	T2
Xlock A	
读 A=50	
A=A-30	
写回 A=20	
	Slock A
	等待
ROLLBACK	等待
A 恢复为 50	等待
Unlock A	等待
	获得 Slock A
	读 A=50
	COMMIT
	Unlock A

(b) 不读“脏”数据

T1	T2
Slock A	
Slock B	
读 A=30	
读 B=50	
求和=80	
	Xlock B
	等待
读 A=30	等待
读 B=50	等待
求和=80	等待
COMMIT	等待
Unlock A	等待
Unlock B	等待
	获得 Xlock B
	读 B=50
	B=B-30
	写回 B=20
	COMMIT
	Unlock B

(c) 可重复读

图 7.5 使用封锁技术解决三种数据不一致性示例

二级封锁协议除了可防止丢失修改外，还可进一步防止读“脏”数据。例如在图 7.5(b)中使用二级封锁协议解决了图 7.2(b)中的读“脏”数据问题。

在二级封锁协议中，由于读完数据后即可释放 S 锁，所以它不能保证可重复读。从图 7.5(c)中可清楚地看到，如果采用二级封锁协议，事务 T1 在第一次读完后即可释放 S 锁，这时事务 T2 就可获得 X 锁，这样第二次读后再验算就会发现不可重复读。

3）三级封锁协议

三级封锁协议是指事务 T 在修改数据 R 之前必须先对其加 X 锁，直到事务结束才释放。事务 T 在读取数据 R 前必须先加 S 锁，直到事务结束才释放。

三级封锁协议除了可防止丢失修改和读“脏”数据外，还可进一步防止不可重复读。例如在图 7.5(c)中使用三级封锁协议解决了图 7.2(c)中的不可重复读问题。

上述三种协议的主要区别在于什么操作需要申请封锁，以及何时释放锁（持锁时间）。不同级别的封锁协议与典型的三种数据不一致性之间的关系见表 7.2。从表中可看出封锁协议级别越高，一致性程度也越高。

表 7.2 不同级别的封锁协议和一致性保证

	X 锁		S 锁		一致性保证		
	操作结束释放	事务结束释放	操作结束释放	事务结束释放	不丢失修改	不读“脏”数据	可重复读
一级封锁协议		√			√		
二级封锁协议		√	√		√	√	
三级封锁协议		√		√	√	√	√

3. 活锁和死锁

封锁技术可以有效地解决并发操作的数据一致性问题，但可能引起活锁和死锁等问题。

1）活锁

如果事务 T1 封锁了数据 R，事务 T2 也请求封锁 R，于是 T2 等待；接着 T3 也请求封锁 R，当 T1 释放了 R 上的封锁之后系统首先批准了 T3 的请求，T2 仍然等待；然后 T4 又请求封锁 R，当 T3 释放了 R 上的封锁之后系统又批准了 T4 的请求……T2 有可能永远等待，这就是活锁的情形，如图 7.6(a)所示。

T1	T2	T3	T4
Lock R			
	Lock R		
	等待	Lock R	
	等待	等待	Lock R
Unlock R	等待	等待	等待
	等待	获得 Lock R	等待
	等待		等待
	等待		等待
	等待	Unlock R	等待
	等待		获得 Lock R

(a) 活锁

T1	T2
Lock R1	
	Lock R2
Lock R2	
等待	
等待	
等待	Lock R1
等待	等待
等待	等待
等待	等待

(b) 死锁

图 7.6　活锁与死锁示例

避免活锁的简单方法是先来先服务的策略。当多个事务请求封锁同一数据对象时，封锁子系统按请求封锁的先后次序对这些事务排队，该数据对象上的锁一旦释放就首先批准申请队列中第一个事务获得锁。

2）死锁

如果事务 T1 封锁了数据 R1，T2 封锁了数据 R2，接着 T1 又请求封锁 R2，因 T2 已封锁了 R2，于是 T1 等待 T2 释放 R2 上的锁；然后 T2 又申请封锁 R1，因 T1 已封锁了 R1，T2 也只能等待 T1 释放 R1 上的锁。这样 T1 在等待 T2，而 T2 又在等待 T1，T1 和 T2 两个事务永远互相等待下去而不能结束，形成死锁，如图 7.6(b)所示。

解决死锁主要有两类方法：一类方法是采取一定措施来预防死锁的发生；另一类方法是允许发生死锁，采用一定手段定期诊断系统中有无死锁，若有则解除。

3）死锁的预防

预防死锁还得从源头上着手，产生死锁的原因是两个或多个事务都已封锁了一些数据对象，然后又都请求对已被其他事务封锁的数据对象加锁，从而出现死等待。预防死锁的发生就是要破坏产生死锁的条件。预防死锁的方法通常有一次封锁法和顺序封锁法两种。

一次封锁法要求每个事务必须一次将所有要使用的数据全部加锁，否则就不能继续执行。该方法存在的问题是：①扩大了封锁的范围，降低了系统并发度；②事实上也难于事先精确地确定每个事务所要封锁住的全部数据对象，只能将以后可能要用到的数据全部加锁，势必进一步扩大封锁范围，从而进一步降低系统的并发度。

顺序封锁法要求预先对数据对象规定一个封锁顺序，所有事务都按这个顺序实行封锁。由于数据库系统中封锁的数据对象极多，并且在不断地动态变化，因此该方法存在的问题是：①确定封锁顺序非常困难，成本很高；②事实上也难于按规定的顺序去实施封锁。

可见，在操作系统中广为采用的预防死锁的策略并不太适合数据库的特点，因此数据库管理系统在解决死锁的问题上普遍采用的是诊断并解除死锁的方法。

4）死锁的诊断与解除

数据库系统中诊断死锁的方法与操作系统中的类似，通常有超时法和事务等待图法两种。

超时法的基本思想是如果一个事务的等待时间超过了规定的时限，就认为发生了死锁。该方法的优点是实现简单，缺点是：①有可能误判死锁，因为如果事务因多种原因而使等待时间超过时限，系统会误认为发生了死锁；②如果时限设置得太长，死锁发生后就不能及时发现。

事务等待图法的基本思想是用事务等待图动态反映所有事务的等待情况，并发控制机制周期性地检测事务等待图，如果发现图中存在回路，则表示系统中出现了死锁。

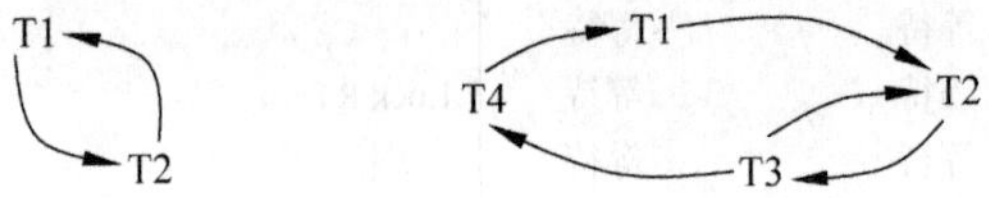

(a) 等待图1 (b) 等待图2

图 7.7 事务等待图

事务等待图是一个有向图 G=(T,U)，T 为顶点的集合，每个顶点表示正运行的事务；U 为弧的集合，每条弧表示事务等待的情况，若 T1 等待 T2，则 T1 和 T2 之间有一条从 T1 指向 T2 的弧，如图 7.7 所示。

图 7.7(a)表示事务 T1 等待 T2，T2 又等待 T1，产生了死锁。图 7.7(b)表示事务 T1 等待 T2，T2 等待 T3，T3 等待 T4，T4 又等待 T1，产生了死锁。图 7.7(b)中事务 T3 可能还等待 T2，在大回路中又有小的回路，死锁的情况可以多种多样。

并发控制机制检测到系统中存在死锁后就要设法解除。通常采用的方法是选择一个处理死锁代价最小的事务，将其撤销，释放此事务持有的所有的锁，使其他事务能继续运行下去。

7.2.4 两段锁协议

为了保证并发调度的正确性，数据库管理系统的并发控制机制必须提供一定的手段来保证调度是可串行化的。两段锁协议（Two-Phase Locking，简称 2PL）是最常用的一种封锁协议。理论上证明，若并发执行的所有事务均遵守两段锁协议，则对这些事务的任何并发调度策略都是可串行化的。目前数据库管理系统普遍采用两段锁协议来实现并发调度的可串行性，从而保证调度的正确性。

两段锁协议是指所有事务必须分两个阶段对数据项加锁和解锁。

(1) 在对任何数据进行读、写操作之前，事务首先要申请并获得对该数据的封锁。

(2) 在释放一个封锁之后，事务不再申请和获得任何其他封锁。

“两段”锁的含义是指事务分为两个阶段。第一阶段是获得封锁，也称为扩展阶段，在这个阶段，事务可以申请获得任何数据项上的任何类型的锁，但是不能释放任何锁；第二阶段是释放封锁，也称为收缩阶段，在这个阶段，事务可以释放任何数据项上的任何类型的锁，但是不能再申请任何锁。

例如，事务 T1 遵守两段锁协议，其封锁序列是：

Slock A　Slock B　Xlock C　Unlock B　Unlock A　Unlock C;

|←　扩展阶段　→|　|←　收缩阶段　→|

又如，事务 T2 不遵守两段锁协议，其封锁序列是：

Slock A　Unlock A　Slock B　Xlock C　Unlock C　Unlock B;

需要说明的是，事务遵守两段锁协议是可串行化调度的充分条件，而不是必要条件。也就是说，若并发事务都遵守两段锁协议，则对这些事务的任何并发调度策略都是可串行化的，如图 7.8(a)所示；但是，若并发事务的一个调度是可串行化的，不一定所有事务都符合两段锁协议，如图 7.8(b)所示。

另外，要注意两段锁协议与防止死锁的一次封锁法的异同之处。一次封锁法要求每个事务必须一次将所有要使用的数据全部加锁，否则就不能继续执行，因此一次封锁法遵守两段锁协议；但是两段锁协议并不要求事务必须一次将所有要使用的数据全部加锁，因此遵守两段锁协议的事务可能发生死锁，如图 7.9 所示。

T1	T2
Xlock A	
读 A=1000	
A=A-50	
写回 A=950	
Xlock B	
读 B=2000	
Unlock A	
	Xlock A
	读 A=950
	T=A*0.1=95
	A=A-T
	写回 A=855
B=B+50	
写回 B=2050	
Unlock B	
	Xlock B
	读 B=2050
	Unlock A
	B=B+T
	写回 B=2145
	Unlock B

(a) 遵守两段锁协议

T1	T2
Xlock A	
读 A=1000	
A=A-50	
写回 A=950	
Unlock A	
	Xlock A
	读 A=950
	T=A*0.1=95
	A=A-T
	写回 A=855
	Unlock A
Xlock B	
读 B=2000	
B=B+50	
写回 B=2050	
Unlock B	
	Xlock B
	读 B=2050
	B=B+T
	写回 B=2145
	Unlock B

(b) 没有遵守两段锁协议

图 7.8　两个事务的可串行化调度示例

T1	T2
Slock A	
读 A=2	Slock B
	读 B=2
Xlock B	
等待	Xlock A
等待	等待
等待	等待

图 7.9　遵守两段锁协议的事务可能发生死锁

7.2.5　锁的粒度

封锁对象的大小称为封锁粒度(Granularity)。封锁的对象可以是逻辑单元，也可以是物理单元。在关系数据库中，封锁对象可以是属性值、属性值集合、元组、关系、索引项、整个索引、整个数据库等逻辑单元；也可以是页(数据页或索引页)、物理块等物理单元。

封锁粒度与系统的并发度和并发控制的开销密切相关。封锁的粒度越大，数据库所能够封锁的数据单元就越少，并发度就越小，系统开销也越小；反之，封锁的粒度越小，并发度较高，但系统开销也就越大。

如果在一个系统中同时支持多种封锁粒度供不同的事务选择是比较理想的，这种封锁方法称为多粒度封锁(Multiple Granularity Locking)。选择封锁粒度时应该同时考虑封锁开销和并发度两个因素，适当选择封锁粒度以求得最优的效果。一般来说，需要处理多个关系的大量元组的事务应该以数据库为封锁粒度；需要处理某个关系的大量元组的事务应该以关系为封锁粒度；而只处理少量元组的事务时，以元组为封锁粒度就比较合适。

1. 多粒度封锁

首先定义多粒度树，多粒度树的树根是整个数据库，表示最大的数据粒度，叶子表示最小的数据粒度。图 7.10 所示的是一颗 4 级粒度树，也可以定义 5 级粒度树。

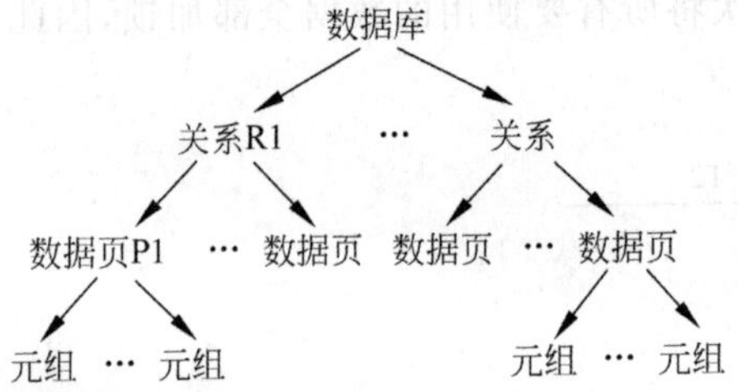

图 7.10　4 级粒度树

然后，来讨论多粒度封锁的封锁协议。多粒度封锁协议允许多粒度树中的每个结点被独立地加锁。对一个结点加锁意味着这个结点的所有后裔结点也被加以同样类型的锁。因此，在多粒度封锁中一个数据对象可能以两种方式封锁，即显式封锁和隐式封锁。

显式封锁是应事务的要求直接加到数据对象上的锁；隐式封锁是该数据对象没有被独立加锁，是由于其上级结点加锁而使该数据对象加上了锁。

多粒度封锁方法中，显式封锁和隐式封锁的效果是一样的，因此系统检查封锁冲突时不仅要检查显式封锁还要检查隐式封锁。例如，事务 T 要对关系 R1 加 X 锁，系统必须搜索其上级结点数据库、关系 R1 以及 R1 的下级结点，即 R1 中的每一个数据页和每一个元组。如果其中某一个数据对象已经加了不相容锁，则 T 必须等待。

一般的，对某个数据对象加锁，系统要检查该数据对象上有无显式封锁与之冲突；再检查其所有上级结点，看本事务的显式封锁是否与该数据对象上的隐式封锁(即由于上级结点已加的封锁造成的)冲突；还要检查其所有下级结点，看它们的显式封锁是否与本事务的隐式封锁(将加到下级结点的封锁)冲突。显然，这样的检查方法效率很低。为此人们引进了一种新型锁，称为意向锁(Intention Lock)。有了意向锁，数据库管理系统就无须逐个检查下级结点的显式封锁，提高了对某个数据对象加锁时系统的检查效率。

2. 意向锁

意向锁的含义是：如果对一个结点加意向锁，则说明该结点的下层结点正在被加锁；对任一结点加锁时，必须先对它的上层结点加意向锁。例如，对任一元组加锁时，必须先对它所在的数据库、关系和数据页加意向锁。下面介绍三种常用的意向锁：意向共享锁(Intent Share Lock，简称 IS 锁)、意向排他锁(Intent Exclusive Lock，简称 IX 锁)和共享意向排他锁(Share Intent Exclusive Lock，简称 SIX 锁)。

(1) IS 锁：如果对一个数据对象加 IS 锁，表示它的后裔结点拟(意向)加 S 锁。例如，事务 T1 要对 P1 中某个元组加 S 锁，则要首先对数据库、关系 R1 和数据页 P1 加 IS 锁。

(2) IX 锁：如果对一个数据对象加 IX 锁，表示它的后裔结点拟(意向)加 X 锁。例如，事务 T1 要对 P1 中某个元组加 X 锁，则要首先对数据库、关系 R1 和数据页 P1 加 IX 锁。

(3) SIX 锁：如果对一个数据对象加 SIX 锁，表示对它加 S 锁，再加 IX 锁，即 SIX＝S＋IX。例如，事务 T1 要对某个表加 SIX 锁，则表示该事务要读整个表(所以要对该表加 S 锁)，同时会更新该表中某个元组(所以要对该表加 IX 锁)。

3. 锁的强度

表 7.3 给出了这些锁的相容矩阵，从中可以发现这 5 种锁的强度有如图 7.11 所示的偏序关系。所谓锁的强度是指它对其他锁的排斥程度。一个事务在申请封锁时以强锁代替弱锁是安全的，反之则不然。

表 7.3　加上意向锁后锁的相容矩阵

T1 \ T2	S	X	IS	IX	SIX	—
S	Y	N	Y	N	N	Y
X	N	N	N	N	N	Y
IS	Y	N	Y	Y	Y	Y
IX	N	N	Y	Y	N	Y
SIX	N	N	Y	N	N	Y
—	Y	Y	Y	Y	Y	Y

在具有意向锁的多粒度封锁方法中，任意事务 T 要对一个数据对象加锁，必须先对它的上层结点加意向锁。申请封锁时应该按自上而下的次序进行，释放封锁时则应该按自下而上的次序进行。

例如，事务 T1 要对关系 R1 加 S 锁，则要首先对数据库加 IS 锁，检查数据库和 R1 是否已加了不相容的锁(X 或 IX)，不再需要搜索和检查 R1 中的数据页和元组是否加了不相容的锁(X 锁)。

具有意向锁的多粒度封锁方法提高了系统的并发度，减少了加锁和解锁的开销，已经在商用的数据库管理系统产品中得到广泛应用。

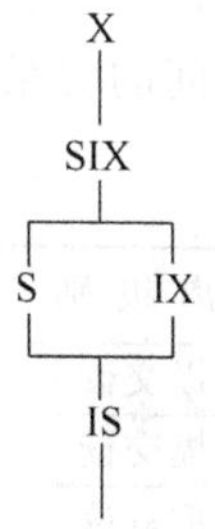

图 7.11　锁的强度的偏序关系

7.2.6　事务的隔离级别

从前面的讨论已知，可串行性可确保事务并发执行时数据库的一致性。但是，保证可串行性的两段锁协议可能会迫使一个事务等待另一个事务，从而降低系统的并发度。然而在现实生活中，可能无须如此严格的要求，完全可以接受较低级别的数据一致性。

例如，一个提供商品销售的网站可能会列出所售商品的库存数，某客户看中了他喜欢的某商品(库存数显示该商品至少有 15 件)，准备购买 10 件，当他下订单时发现只剩下 7 件了(其中的 8 件已被另一个客户买走了)。不过，这种情况很容易解决，该客户可以把剩下的 7 件全部买走，以后多留意就可以了。通过限制一个时刻只允许一个客户选择某商品，可保证可串行化。但是，这样处理可能会给其他客户带来很明显的等待，特别是当一个客户花费很长时间来选择某商品时。

事务准备接受不一致数据的级别称为隔离级别。隔离级别是一个事务必须与其他事务进行隔离的程度。隔离级别越低，系统的并发度越高，数据的不一致性也越高。反之，隔离级别越高，系统的并发度越低，数据的不一致性也越低直至没有数据不一致性。程序员需要在系统的并发度与数据的不一致性风险之间进行平衡。SQL99 标准允许一个事务以一种与其他事务不可串行化的方式执行，并定义了下列四种隔离级别。

(1) 未提交读(Read Uncommitted)：这是四种隔离级别中最低的一种，它允许读取未提交的数据(脏读)。在这种隔离级别下，事务读取数据时不发出共享锁，也不接受排他锁，因此，事务可以对数据执行未提交读或脏读。

(2) 已提交读(Read Committed)：只允许读取已提交的数据。在这种隔离级别下，事务在读取数据时会通过控制共享锁以避免脏读，但可能产生不可重复读和幻影读。

(3) 可重复读(Repeatable Read)：只允许读取已提交的数据。在这种隔离级别下，事务会锁定所有读取的数据以防止在该事务两次读取同一个数据期间其他事务更新数据，即避免不可重复读。但其他事务可以将新的幻影行插入到数据集中，新插入的幻影行将出现在当前事务的后续读取结果集中，从而可能产生幻影读。

(4) 可串行化(Serializable)：这是事务隔离的最高级别，它使得事务之间完全隔离，通常保证可串行化调度，所以并发度较低，应只在必要时才使用该级别。在这种隔离级别下，事务会通过封锁(SQL Server 是在数据集上放置一个范围锁)以防止其他事务更新数据集或将行插入数据集内，从而避免脏读、不可重复读和幻影读。

在许多数据库管理系统中，已提交读是默认的隔离级别。四种隔离级别与数据的不一致性之间的关系见表 7.4。

表 7.4　四种隔离级别与数据的不一致性之间的关系

隔离级别	脏　读	丢失修改	不可重复读取	幻　影
未提交读	是	是	是	是
已提交读	否	是	是	是
可重复读	否	否	否	是
可串行化	否	否	否	否

需要说明的是，事务必须运行于可重复读或更高的隔离级别以防止丢失修改。当两个事务读取相同的行，然后基于原读取的值对行进行修改时，会发生丢失修改。如果两个事务各使用一个 UPDATE 语句修改相同的行，并且不基于以前读取的值进行修改，则在默认的已提交读隔离级别下不会发生丢失修改。

SQL Server 支持 SQL 99 中定义的所有这些隔离级别，其中已提交读是 SQL Server 默认级别，用户也可以显式地设置隔离级别。T-SQL 语言中设置事务隔离级别的语句格式如下：

```
SET  TRANSACTION  ISOLATION  LEVEL
  { Read Committed | Read Uncommitted | Repeatable Read | Serializable }
```

应用程序要求的隔离级别确定了 SQL Server 使用的锁定行为。也就是说，在 SQL Server 中，锁是由系统自动发出的，但用户可通过设置事务隔离级别或锁定提示来干预系统如何加锁。关于锁定提示在 7.2.7 节中介绍。

7.2.7 SQL Server 2014 中的并发控制

本节简要介绍 SQL Server 2014 中的并发控制机制，主要包括锁模式、锁粒度、锁定提示、锁定信息显示、死锁处理等。更多细节请参考 SQL Server 2014 提供的联机丛书。

1. 锁模式

锁的类型在 SQL Server 2014 中称为锁模式，SQL Server 可使用不同的锁模式锁定资源（见表 7.5），这些锁模式确定了并发事务访问数据资源的方式。

表 7.5　SQL Server 2014 中的锁模式

锁　模　式	说　明
共享(S)	用于不更新数据的读取操作，如 SELECT 语句
更新(U)	用于可更新的数据资源中，防止当多个事务在读取、锁定以及随后可能进行的数据资源更新时发生死锁
排他(X)	用于数据更新操作(如 INSERT、UPDATE 或 DELETE)，确保不会同时对同一数据资源进行多重更新
意向	用于建立锁的层次结构。意向锁的类型有：意向共享(IS)、意向排他(IX)、共享意向排他(SIX)、意向更新(IU)、共享意向更新(SIU)以及更新意向排他(UIX)
架构	在执行与表架构有关的操作时使用。架构锁的类型有架构修改(Sch-M)锁和架构稳定性(Sch-S)锁两种
大容量更新(BU)	在向表进行大容量数据复制且指定了 TABLOCK 提示时使用
键范围	当使用可串行化事务隔离级别时保护查询读取的行的范围，确保再次查询时其他事务无法插入符合可串行化事务的查询的行

下面就更新锁和键范围锁做简单介绍，关于它们更详细的说明以及架构锁和大容量更新锁的说明请参考联机丛书。

(1) 更新锁可以防止死锁。一般数据更新由一个事务组成，该事务读取记录行，获取资源（页或行）的共享锁，然后修改行，此操作要求锁转换为排他锁。如果两个事务都获得了资源上的共享锁，然后试图同时更新数据，则肯定有一个事务要将共享锁转换为排他锁。因为一个事务的排他锁与其他事务的共享锁不兼容，发生锁等待。另一个事务也会出现这个问题，由于两个事务都要转换为排他锁，并且都要等待另一个事务释放共享锁，因此发生死锁。

要避免这种潜在的死锁问题，可使用更新锁。一次只有一个事务可以获得资源的更新锁，如果事务修改资源，则更新锁转换为排他锁，否则，锁转换为共享锁。

(2) 键范围锁可以防止幻影现象。在使用可串行化事务隔离级别的情况下，要求在一个事务持续期间的任一次查询必须都获取相同的记录行集。键范围锁可防止其他事务插入其键值位于可串行化事务读取的键值范围内的新行，从而确保满足此要求（即防止幻读）。

键范围锁放置在索引上，并指定开始键值和结束键值。该锁将阻止任何要插入、更新或删除任何带有该范围内的键值的行的尝试，因为这些操作会首先获取索引上的锁。例如，可串行化事务可能发出了一个 SELECT 语句，以读取其键值介于'AAA'与'CZZ'之间的所有行。从'AAA'到'CZZ'范围内的键值上的键范围锁可阻止其他事务插入带有该范围内的键值（例如 'ADG'、'BBD'或'CAL'）的行。

2. 锁粒度

SQL Server 支持多粒度锁定，允许一个事务锁定不同类型的数据资源。为了尽量减少锁定的开销，SQL Server 自动将资源锁定在适合要求的粒度上。SQL Server 2014 中的主要锁粒度如表 7.6 所示，表是按粒度增加的顺序列出锁粒度的。

表 7.6　SQL Server 2014 中的主要锁粒度

锁粒度	说明
RID	行标识符，表中的一行
KEY	索引中用于保护可串行化事务中的键范围
PAGE	8KB 大小的数据页或索引页
EXTENT	相邻的八个数据页或索引页组成的一个组
HOBT	B 树或堆，即索引或没有聚集索引的表中的数据页堆
TABLE	包括所有数据和索引的整个表
FILE	数据库文件
DATABASE	整个数据库

此外，锁粒度还有 APPLICATION(应用程序专用的资源)、METADATA(元数据锁)和 ALLOCATION_UNIT(分配单元)三种，更详细的说明请参考联机丛书。

3. 锁定提示

7.2.6 节中提到应用程序要求的隔离级别确定了 SQL Server 使用的锁定行为。在 SQL Server 中，锁是由系统自动发出的，但用户可通过设置事务隔离级别或锁定提示来干预系统如何加锁。由于 SQL Server 2014 查询优化器通常为查询选择最优执行计划，因此只有在必要时才由经验丰富的开发人员和数据库管理员使用锁定提示。

当需要对对象所获得的锁类型进行更精细控制时，用户可以在 SELECT、INSERT、UPDATE 及 DELETE 语句中为单个表引用指定表级锁定提示。这些锁定提示覆盖应用程序的当前事务隔离级别。SQL Server 2014 中的主要锁定提示如表 7.7 所示。

表 7.7　SQL Server 2014 中的主要锁定提示

锁定提示	分类	说明
ROWLOCK	指定锁粒度	使用行锁，而不使用页锁或表锁
PAGLOCK		使用页锁，而不使用行锁或表锁
TABLOCK		使用表共享锁
TABLOCKX		使用表排他锁
UPDLOCK	指定锁模式	使用更新锁并保持到事务结束
XLOCK		使用排他锁并保持到事务结束，如果同时指定了 ROWLOCK、PAGLOCK 或 TABLOCK，则排他锁将应用于相应的粒度
NOLOCK	指定持锁时间	等价于 READUNCOMMITTED，不使用共享锁，有可能读“脏”数据，仅用于 SELECT 语句
HOLDLOCK		等价于 SERIALIZABLE，使用共享锁并保持到事务结束

例如，在 T-SQL 语言中可以用下列语句实现在查找数据库 test2 中学号为 16004 的学生的全部信息时使用更新锁：

```
SELECT * FROM S WITH(UPDLOCK) WHERE Sno = '16004'
```

需要说明的是：

(1) 上述语句中的关键字 WITH 可有可无，但如果要指定的锁定提示有两项，则必须用关键字 WITH。

```
SELECT * FROM S WITH(TABLOCK, HOLDLOCK) WHERE Sno = '16004'
```

(2) 对于 FROM 子句中的每个表，SQL Server 不允许存在多个来自下列两组的锁定提示。

粒度提示：PAGLOCK、NOLOCK、ROWLOCK、TABLOCK 或 TABLOCKX。

持锁时间（隔离级别）提示：HOLDLOCK、NOLOCK、READCOMMITTED 或 REPEATABLEREAD。

4. 锁定信息显示

在 SQL Server 2014 中提供了系统存储过程 sp_lock 来显示事务执行时的锁定信息。将下列三组语句分别单独作为一个事务，在事务执行 COMMIT 之前用语句 EXEC sp_lock 在默认的已提交读隔离级别情况下得到的锁定信息如表 7.8 所示。

事务 1：

```
BEGIN  TRANSACTION
SELECT * FROM S WHERE Sno = '16004'
COMMIT
```

事务 2：

```
BEGIN  TRANSACTION
SELECT * FROM S WITH(UPDLOCK) WHERE Sno = '16004'
COMMIT
```

事务 3：

```
BEGIN  TRANSACTION
SELECT * FROM S WITH(TABLOCK, HOLDLOCK) WHERE Sno = '16004'
COMMIT
```

表 7.8 SQL Server 2014 中的锁定信息示例

事务	spid	dbid	ObjId	IndId	Type	Resource	Mode	Status
事务 1	52	5	0	0	DB		S	GRANT
	52	1	1115151018	0	TAB		IS	GRANT
事务 2	52	5	0	0	DB		S	GRANT
	52	5	2073058421	1	PAG	1:80	IU	GRANT
	52	5	2073058421	1	KEY	(65005955f3a0)	U	GRANT
	52	5	2073058421	0	TAB		IX	GRANT
	52	1	1115151018	0	TAB		IS	GRANT
事务 3	52	5	0	0	DB		S	GRANT
	52	5	2073058421	0	TAB		S	GRANT
	52	1	1115151018	0	TAB		IS	GRANT

表中 spid、dbid、ObjId、IndId、Type、Resource、Mode、Status 分别表示进程标识号、数据库标识号、持有锁的对象标识号、索引标识号、锁粒度、被锁定资源的值、锁模式、锁的请求状

态。可用系统存储过程 sp_who 获取有关 spid 的进程信息(如进程对应的登录名等),例如执行语句 EXEC sp_who 52 了解到 52 号进程对应登录名 sa。可用函数 db_name()获取有关 dbid 的数据库名,例如执行语句 SELECT db_name(5)了解到 5 号数据库对应 test2。可用函数 object_name()获取有关 ObjId 的对象名,例如执行语句 SELECT object_name(2073058421)了解到 2073058421 号对象对应表 S。

5. 死锁处理

SQL Server 2014 中由锁监视器定期执行死锁检测,默认的时间间隔为 5 秒。由于系统通常很少遇到死锁,定期死锁检测有助于减少系统中死锁检测的开销。

检测到死锁后,SQL Server 通过选择其中一个事务作为死锁牺牲品来结束死锁。SQL Server 将回滚作为牺牲品的事务并将 1205 错误返回到应用程序。回滚作为牺牲品的事务会释放该事务持有的所有锁,这将使其他事务解锁并继续运行。

默认情况下,SQL Server 选择回滚开销最小的事务作为死锁牺牲品。SQL Server 给处理时间最长的事务以最高的优先级,撤销运行时间短的事务。

在 SQL Server 2014 中也可以使用锁定超时来预防死锁。应用程序可用语句 SET LOCK_TIMEOUT timeout _ period 设置超时值 timeout_period(单位毫秒)。当系统锁定等待超过超时值时,将返回错误。超时值为 −1(默认值)表示没有超时期限(即无限期等待);值为 0 表示根本不等待,一遇到等待就返回。超时值更改后,新的设置在其余的连接时间里一直有效。

在结束本节并发控制之前,下面给出编写有效事务的指导原则:

(1) 不要在事务处理期间输入数据;

(2) 浏览数据时,尽量不要打开事务;

(3) 保持事务尽可能短;

(4) 灵活地使用较低的事务隔离级别;

(5) 在事务中尽量使访问的数据量最小。

7.3 数据库恢复技术

尽管数据库系统中采取了各种保护措施来防止数据库的安全性和完整性被破坏,保证并发事务的正确执行,但是计算机系统中硬件的故障、软件的错误、操作员的失误以及人为的恶意破坏是不可避免的。这些故障轻则造成运行事务的非正常中断,从而破坏事务的原子性和持久性,影响数据库中数据的正确性和一致性,重则破坏磁盘,导致数据库被破坏,使得数据库中的全部或部分数据丢失。

数据库恢复就是把数据库从被破坏或不正确的状态恢复到最近一个正确的状态(或称为一致状态)。

7.3.1 恢复的实现技术

数据库恢复的基本原理是冗余,即利用存储在系统其他地方的冗余数据来重建已被破坏的数据库或数据库不正确的那部分数据。尽管恢复的基本原理十分简单,但实现技术却相当复杂。千万不要简单地想象为定期对数据库进行备份,当发生故障后用备份恢复即可。

由于数据库中的数据量可能十分庞大(很有可能在 TB 及以上数量级),另外数据也可能是时时刻刻在动态变化,定期备份一方面时间间隔难以确定,另一方面备份需要的时间很长,存储空间很大。因此,实现恢复涉及两个关键问题,即如何建立冗余数据以及如何利用这些冗余数据实施数据库恢复。

建立冗余数据最常用的技术是数据转储(Backup)和登记日志(Logging),这两种方法通常是一起使用的。数据转储就是由 DBA 定期地把整个数据库或数据库中的部分数据复制到其他磁盘上保存起来,这些备用的数据文件称为后备副本或后援副本。登记日志就是由系统自动记录事务对数据库的更新操作,日志通常记录在稳定存储器(稳定存储器可以由磁盘镜像或磁盘阵列 RAID 等实现)中。

一旦发生故障,分两种情况进行数据库恢复。

(1) 数据库未被破坏,但某些数据不正确、不一致。这时不需要后备副本,只要利用日志“撤销”导致数据不正确的事务所做的数据库更新操作,把数据库恢复到正确的状态。

(2) 数据库已被破坏,数据库已经不存在或不能用。这时需要装入最近一次的数据库后备副本到新的磁盘,然后利用日志进行“重做”处理,将这两个数据库状态之间的所有更新重做一遍,如图 7.12 所示。

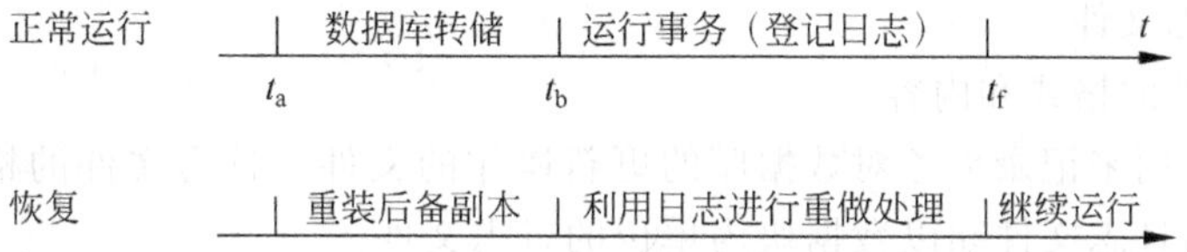

图 7.12　转储和恢复

在图 7.12 中,系统在 t_a 时刻停止运行事务,进行数据库转储,在 t_b 时刻转储完毕,得到 t_b 时刻的数据库一致性副本。系统运行到 t_f 时刻发生故障。为恢复数据库,首先由 DBA 重装数据库后备副本,将数据库恢复至 t_b 时刻的状态,然后利用日志把 $t_b \sim t_f$ 时刻所有已完成的事务进行重做处理,把数据库恢复到故障发生前某一时刻的正确状态。

上面仅仅说明了恢复实现技术的基本原理,下面将就数据转储、登记日志以及恢复技术作进一步的讨论。

7.3.2　数据库备份和登记日志方法

1. 数据库备份

数据库备份也就是前面提到的数据转储。按转储期间是否允许有事务运行,转储可分为静态转储和动态转储两种；按每次转储是否转储数据库中的全部数据,转储可分为海量转储和增量转储两种。

静态转储是在系统中无事务运行时进行的转储操作,转储期间不允许有对数据库的任何存取或修改活动。显然,转储操作开始的时刻数据库处于一致性状态,转储得到的一定是一个数据一致性的副本。该方法实现简单,但转储必须等待正运行的用户事务结束才能进行,新的事务必须等待转储结束才能执行,因此降低了数据库的可用性。

动态转储是指转储期间允许对数据库进行存取或修改,即转储操作与用户事务并发执行。该方法克服了静态转储的缺点,它不用等待正在运行的用户事务结束,也不会影响新事务的运行。但是动态转储结束时不能保证后备副本中的数据正确一致。为此,需要把动态转储期间各事务对数据库的修改活动登记下来,建立日志文件。这样,后备副本加上日志文件才能把数据库恢复到某一时刻的正确状态。

海量转储是指每次转储全部数据库,而增量转储是指每次只转储上一次转储后更新过的数据。从恢复角度来看,使用海量转储得到的后备副本进行恢复往往更方便,但如果数据库很大,事务处理又十分频繁,则增量转储方式更实用更有效。

数据转储有海量和增量两种方式,分别可以在静态和动态两种状态下进行,因此数据转储方法有动态海量转储、动态增量转储、静态海量转储和静态增量转储四种。

在实际进行数据库备份时,往往第一次进行海量备份,然后进行一系列的增量备份,再进行海量备份。两次海量备份之间的时间间隔称为备份周期,如图 7.13 所示。备份周期长短的选择以及期间进行的增量备份次数由实际应用场合来决定。

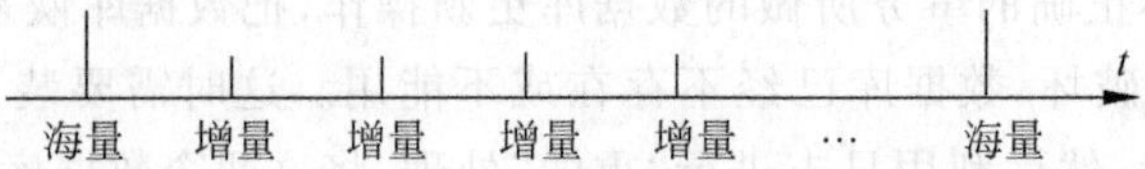

图 7.13　备份周期示例

2. 登记日志文件

1) 日志文件的格式和内容

日志文件是用来记录事务对数据库的更新操作的文件。日志文件的格式主要有两种:以记录为单位的日志文件和以数据块为单位的日志文件。

对于以记录为单位的日志文件,日志文件中需要登记的内容包括:①各个事务的开始标记(BEGIN TRANSACTION);②各个事务的结束标记(COMMIT 或 ROLLBACK);③各个事务的所有更新操作。它们均作为日志文件中的一个日志记录(Log Record)。

以记录为单位的日志文件中,每条登记事务更新操作的日志记录的内容主要包括:①事务标识(标明是哪个事务);②操作类型(插入、删除或修改);③操作对象(记录内部标识);④更新前数据的旧值(对插入操作而言,此项为空值);⑤更新后数据的新值(对删除操作而言,此项为空值)。

对于以数据块为单位的日志文件,每条日志记录的内容包括事务标识(标明是那个事务)和被更新的数据块。

2) 日志文件的作用

日志文件在数据库恢复中起着非常重要的作用,可以用来进行事务故障恢复和系统故障恢复,并协助后备副本进行介质故障恢复(如图 7.12 所示)。详细的说明见 7.3.5 节。

3) 怎样登记日志记录

登记日志记录时必须遵循两条基本原则:①登记的次序严格按并行事务执行的时间次序;②必须先写日志文件,后写数据库。

把对数据的修改写到数据库中(写数据库)和把表示这个修改的日志记录写到日志文件(写日志文件)是两个不同的操作。有可能在这两个操作之间发生故障,即这两个写操作只完成了一个。如果先写了数据库修改,而在日志文件中没有登记这个修改,则以后就无法恢复这个修改了。如果先写日志,但没有修改数据库,按日志文件恢复时只不过是多执行一次不必要的 UNDO 操作,并不会影响数据库的正确性。所以为了安全,一定要先写日志文件

（即首先把日志记录写到日志文件中），后写数据库的修改。

7.3.3　故障类型及恢复策略

数据库系统中可能发生各种各样的故障，大致可以分事务故障、系统故障和介质故障三类。下面介绍这三类故障的含义及相应的恢复策略。

1. 事务故障及恢复策略

事务故障（即事务内部的故障）有的是可以通过事务程序本身发现的（即可以预先估计到的），如存款余额小于取款额、商品库存量小于发货量等。这种故障可以在事务代码中加入判断并用 ROLLBACK 语句回滚事务，撤销已做的修改，恢复数据库到正确状态。

事务内部更多的故障是非预期的，是不能由应用程序处理的，如运算溢出、并发事务发生死锁而被选中撤销该事务、违反了某些完整性限制而被终止的。后面提到的事务故障仅指这类非预期的故障。

事务故障破坏了事务的原子性，从而可能影响数据的正确性。事务故障的恢复策略是对该事务进行撤销（UNDO）处理。所谓撤销处理就是恢复子系统要在不影响其他事务运行情况下，强行回滚该事务，即撤销该事务已经作出的对数据库的所有修改，使得该事务好像根本没有启动过一样。

事务故障的恢复由系统自动完成，对用户是透明的，不需要用户干预。具体的恢复步骤是：

（1）反向扫描日志文件（即从最后向前扫描日志文件），查找该事务的更新操作。

（2）对该事务的更新操作执行逆操作。即将日志记录中“更新前的值”写入数据库。这样，如果记录中是插入操作，则相当于做删除操作（因此时“更新前的值”为空）；如果记录中是删除操作，则相当于做插入操作（因此时“更新后的值”为空）；如果是修改操作，则相当于用修改前值代替修改后值。

（3）继续反向扫描日志文件，查找该事务的其他更新操作，并做同样处理。

（4）如此处理下去，直至读到此事务的开始标记，事务故障恢复就完成了。

2. 系统故障及恢复策略

系统故障常称为软故障，是指造成系统停止运转的任何事件，使得系统要重新启动。例如，特定类型的硬件错误（如 CPU 故障，但不包括磁盘故障）、操作系统故障、DBMS 代码错误、系统断电等。这类故障使得所有正在运行的事务被非正常终止，数据库缓冲区（在内存）中的内容都被丢失，但不破坏数据库。

发生系统故障时，一方面一些尚未完成的事务对数据库的更新可能已写入磁盘上的物理数据库，另一方面有些已完成的事务对数据库的更新可能有一部分甚至全部还留在缓冲区，尚未写入磁盘上的物理数据库，系统故障使得缓冲区中的内容都被丢失。所有这些都导致数据库处于不正确状态，所以系统故障的恢复策略是：系统重新启动时，强行撤销所有未完成的事务，让所有非正常终止的事务回滚，清除它们对数据库的所有修改；同时还需要重做（REDO）所有已提交的事务，将缓冲区中已完成事务提交的结果写入数据库，将数据库恢复到一致状态。

系统故障的恢复由系统在重新启动时自动完成，不需要用户干预。具体的恢复步骤如下：

（1）正向扫描日志文件（即从头扫描日志文件），找出在故障发生前已经提交的事务（这些事务既有 BEGIN TRANSACTION 记录，也有 COMMIT 记录)，将其事务标识放入 REDO 队列。同时找出故障发生时尚未完成的事务(这些事务只有 BEGIN TRANSACTION 记录，无相应的 COMMIT 记录)，将其事务标识放入 UNDO 队列。如图 7.14 所示。

(2) 对 UNDO 队列中的各个事务进行撤销处理。撤销处理的方法是反向扫描日志文件，对每个撤销事务的更新操作执行逆操作。即将日志记录中“更新前的值”写入数据库。

(3) 对 REDO 队列中的各个事务进行重做处理。重做处理的方法是正向扫描日志文件，对每个重做事务重新执行日志文件中登记的更新操作，即将日志记录中“更新后的值”写入数据库。

<T1 BEGIN>	<T1 BEGIN>	<T1 BEGIN>
<T1, A, 20, 19>	<T1, A, 20, 19>	<T1, A, 20, 19>
<T1, B, 10, 11>	<T1, B, 10, 11>	<T1, B, 10, 11>
系统故障	<T1 COMMIT>	<T1 COMMIT>
	<T2 BEGIN>	<T2 BEGIN>
	<T2, C, 8, 7>	<T2, C, 8, 7>
	系统故障	<T2 COMMIT>
		系统故障
UNDO 事务 T1	REDO 事务 T1	REDO 事务 T1
	UNDO 事务 T2	REDO 事务 T2

图 7.14　日志文件示例

3. 介质故障及恢复策略

介质故障常称为硬故障，是指外存故障，如磁盘损坏、磁头碰撞、瞬时强磁场干扰等。这类故障将破坏存储在外存上的数据库，并影响正在存取这部分数据的所有事务。恢复策略是重装数据库，然后重做已完成的事务。

介质故障的恢复需要 DBA 介入，但 DBA 只需要重装最近转储的数据库副本和有关的各日志文件副本，然后执行系统提供的恢复命令即可，具体的恢复操作仍由 DBMS 完成。具体的恢复步骤如下：

(1) 装入最新的数据库后备副本(离故障发生时刻最近的转储副本)，使数据库恢复到最近一次转储时的一致性状态。对于静态转储的数据库副本，装入后数据库即处于一致性状态，而对于动态转储的数据库副本，还须同时装入转储开始时刻的日志文件副本，利用与恢复系统故障相同的方法(即 REDO＋UNDO)，才能将数据库恢复到一致性状态。

(2) 装入有关的日志文件副本(转储结束时刻的日志文件副本)，重做已完成的事务。即首先扫描日志文件，找出故障发生时已提交的事务的标识，将其记入重做队列；然后正向扫描日志文件，对重做队列中的所有事务进行重做处理，即将这些事务已提交的结果重新写入数据库，这样就可以将数据库恢复到故障前某一时刻的一致状态了。

7.3.4 具有检查点的恢复技术

利用日志技术进行数据库恢复时，恢复子系统需要检查所有日志记录，确定哪些事务要重做，哪些事务要撤销。这样做会带来两个问题，一是搜索整个日志将花费大量的时间，二是很多需要重做处理的事务实际上已经将它们的更新操作结果写到了数据库中，然而恢复子系统又重新执行了这些操作，浪费了大量时间。为了解决这些问题，具有检查点的恢复技术术就诞生了。

使用检查点方法可以改善恢复效率，因为该方法保证在检查点之前提交的事务对数据库的修改一定都已写入数据库，进行恢复处理时，没有必要对这些事务做重做操作。

系统出现故障时，恢复子系统将根据事务的不同状态采取不同的恢复策略，如图 7.15 所示。T3 和 T5 在故障发生时还未完成，所以予以撤销；T2 和 T4 在检查点之后才提交，它们对数据库所做的修改在故障发生时可能还在缓冲区中，尚未写入数据库，所以要重做；T1 在检查点之前已提交，所以不必执行重做操作。

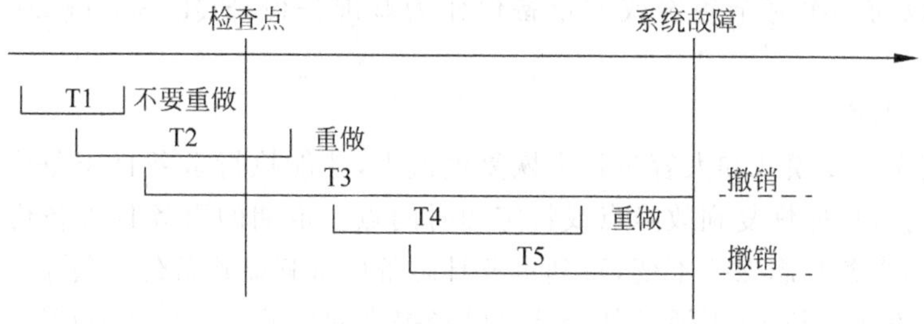

图 7.15 具有检查点的恢复策略示例

通常恢复子系统可以定期或不定期地建立检查点，保存数据库状态。系统可以按照预定的一个时间间隔建立检查点，如每隔一小时建立一个检查点；也可以按照某种规则建立检查点，如日志文件已写满一半建立一个检查点。

7.3.5 SQL Server 2014 中的数据库备份与恢复

尽管 SQL Server 2014 提供了内置的安全性和数据保护，但为了保证在发生意外的情况下可以最大限度地挽救数据，数据库管理员必须要经常备份数据库中的数据，一旦出现问题，可以从备份文件尽快最大程度地恢复数据。

本节介绍 SQL Server 2014 中有关数据库备份与恢复的基本概念、方法和技术，主要包括备份类型、恢复模式、备份设备、备份语句、恢复语句等。更多细节请参考 SQL Server 2014 提供的联机丛书。

1. 备份类型

SQL Server 2014 提供了多种备份类型，包括完全备份、完全差异备份、事务日志备份、部分备份、部分差异备份、文件（文件组）备份等，这里只介绍前三种。

1) 完全备份

完全备份将备份整个数据库，包括事务日志部分（以便可以恢复整个备份），它代表备份完成时的数据库。通过包含在完全备份中的事务日志，可以使得通过使用完全备份恢复的数据库与备份完成时的数据库状态一致，不包含任何未提交的事务，因为恢复数据库后系统将回滚未提交的事务。但完全备份所占的存储空间很大且备份的时间较长。

2) 完全差异备份

完全差异备份是基于以前的完全备份（这样的完全备份称为基准备份）的，它仅备份自基准备份后更改过的数据。完全差异备份包含足够的日志信息，可用于进行恢复。完全差异备份比完全备份更小、更快，可以进行频繁的差异备份操作，减少数据丢失的风险。如果一个数据库的某个部分修改的频率高于其余部分，则完全差异备份尤其有用。在这种情况下，完全差异备份允许用户频繁备份，且开销低于完全备份。

在恢复完全差异备份之前，必须先恢复其基准备份。如果进行了一系列完全差异备份，则在恢复时只需恢复基准备份和最后一次的完全差异备份。使用完全恢复模式和大容量日志恢复模式时，完全差异备份可以尽量减少恢复数据库时回滚事务日志备份所花费的时间。完全差异备份可以将数据库恢复到完成差异备份时刻的状态。为了恢复到故障点，必须使用事务日志备份。

注意，差异备份与前面介绍的增量备份的区别在于：前者以前一次完全备份作为基准备份，而后者以前一次完全备份或增量备份作为基准备份，SQL Server 2014 不支持增量备份。

3）事务日志备份

只有在完全恢复模式和大容量日志恢复模式下，才能执行事务日志备份。使用事务日志备份，可以将数据库恢复到故障点或特定的时间点。定期的事务日志备份是备份策略的重要组成部分，事务日志保持不变，直到事务日志备份将其显式备份。每个事务日志备份都捕获日志中的不活动部分（不活动部分就是已经提交的事务日志），然后截断该日志，删除不活动的部分。日志的活动部分以最早的未提交的事务开始，并保留在日志文件中。为了保护已提交的事务并通过截断日志来降低填满日志文件的可能性，有必要定期进行事务日志备份。

在大容量日志恢复模式下，备份任何包含大容量日志操作的日志都需要访问数据库中的所有数据文件。如果无法访问该数据文件，则不能备份事务日志。在这种情况下，需要手动重做自最近备份日志以来的所有更改。

所有的完全备份和完全差异备份均包含恢复数据库所必需的日志记录，但是完全备份和完全差异备份中包含的日志记录不影响事务日志（简单恢复模式下除外）。一般情况下，事务日志备份比完全备份和完全差异备份使用的资源少，因此，可以更频繁地进行事务日志备份，减少数据丢失的风险。

每个事务日志备份序列都必须在执行完全备份或完全差异备份之后启动，连续的日志备份序列称为"日志链"。若要将数据库恢复到故障点，必须保证日志链是完整的。完整的日志链要求事务日志备份序列未断开，从完全备份或完全差异备份到恢复点之间都是连续的。通常情况下，在恢复最新完全备份或完全差异备份后，需要恢复一系列日志备份直到到达恢复点。

2. 恢复模式

备份和恢复操作是在"恢复模式"下进行的，恢复模式是一个数据库属性，它用于控制数据库备份和恢复操作的基本行为。在 SQL Server 2014 中可以选择三种恢复模式，即简单恢复模式、完全恢复模式和大容量日志恢复模式。

1）简单恢复模式

在简单恢复模式下，系统只是简略地记录大多数事务，所记录的信息只是为了确保在系统崩溃或恢复数据备份之后数据库的一致性。在每次数据备份后事务日志将自动截断，也就是说，不活动的日志将被删除。因为经常会发生日志截断，所以没有事务日志备份，这简化了备份和恢复。但是这种简化是有代价的，正因为没有事务日志备份，数据库只能恢复到最近的数据备份（完全备份或完全差异备份）的时间点，不能恢复到故障时间点，在灾难事件中有丢失数据的可能。

显然，简单恢复模式并不适合实际应用系统。因为对实际应用系统而言，丢失最新的更改是无法接受的，在这种情况下，建议使用完全恢复模式。

2）完全恢复模式

完全恢复模式是 SQL Server 2014 的默认恢复模式，它完整地记录了所有事务的更新操作（包括大容量操作），并保留所有的事务日志记录，直到将它们备份。完全恢复模式可在最大范围内防止出现故障时丢失数据，能使数据库恢复到故障时间点。在此模式下可以进行完全备份、完全差异备份和事务日志备份，以提供全面的保护，使数据库免受故障影响。

3）大容量日志恢复模式

与完全恢复模式完整记录所有事务的操作相反，大容量日志恢复模式下只对大容量操作记录最小日志（尽管会完全记录其他事务），它为大容量操作提供最佳性能并占用最小日志空间。但是，这也增加了这些大容量复制操作丢失数据的风险，数据库只能恢复到日志备份的尾部，而不能恢复到某个时间点或日志备份中某个标记的事务。如果日志损坏或者自最新日志备份后执行了大容量操作，则必须重做自上次备份后所做的更改。

大容量日志恢复模式是对完全恢复模式的补充。执行大规模大容量操作时，应使用大容量日志恢复模式。建议在执行一个或多个大容量操作之前将数据库设置为大容量日志恢复模式，执行完操作后立即将数据库设置为完全恢复模式。要更改数据库的恢复模式有下列两种方法。

方法一，首先进入 SQL Server Management Studio 窗口界面，在对象资源管理器中选择要改变恢复模式的数据库，右击，从弹出的快捷菜单中选择“属性”命令；然后在出现的数据库属性窗口界面中选择“选项”标签，当前恢复模式显示在“恢复模式”列表框中，就可以查看或修改恢复模式。

方法二，使用下列 T-SQL 语句进行更改。

```
ALTER DATABASE <数据库名>
    SET RECOVERY { FULL | BULK_LOGGED | SIMPLE }
```

3. 备份前的准备

在开始数据备份之前，应制定好备份策略同时检查数据的一致性，为接下来备份数据做好准备。

1）制定备份策略

在实施备份之前，应根据系统应用的环境制定好一份完善可行的备份计划，计划的内容包括：

(1) 确定备份的内容。备份内容包括系统数据库（master、msdb 和 model）、用户数据库和事务日志三部分。当改变了系统的配置，或者执行了创建、修改和删除数据库中的对象的语句等情况后，应该考虑备份系统数据库。

(2) 确定备份的频率。备份的频率就是每隔多长时间备份一次，确定的依据一是数据的变化频率，二是对恢复后数据的要求，三是备份的代价。例如，完全备份可以是一周一次，差异备份可以是一天一次，事务日志备份可以是一小时一次。

(3) 确定备份的状态。备份可以是动态备份（即在线状态）或静态备份（即脱机状态）。

动态备份不影响用户使用数据库,但备份的速度以及以后恢复的速度都会受到影响。静态备份不允许用户使用数据库,但备份和恢复的速度相对快一点。

(4) 确定备份的介质。备份的介质可以是磁盘或磁带,具体使用哪一种,要考虑用户的成本、数据的重要程度、用户现有的条件等因素。

最后还要确定备份工作的负责人、备份存储的地方、备份保存的期限等内容。

2) 检查数据一致性

(1) 检查点。检查点机制是保证提交的事务对数据库的修改一定都已写入数据库的一种手段。每次执行检查点都会把缓冲区中事务更新后的数据强制写入数据库。检查点可以由系统自动执行,也可以由用户使用 CHECKPOINT 语句强制执行。执行检查点后再备份数据库,可以保证所备份数据库中的所有数据是当前的,从而缩短将来恢复操作所需要的时间。

(2) 执行 DBCC。因为包含错误的数据库备份在恢复时也会产生错误,甚至导致系统根本无法从备份中恢复数据。所以,在执行备份前,应当使用 DBCC 语句检测数据库逻辑上和物理上的一致性,从而在备份前排除数据库中可能存在的错误。

4. 数据库备份

1) 管理备份设备

备份或恢复操作中使用的磁带机或磁盘驱动器称为备份设备。在创建备份时,必须选择要将数据写入的备份设备。磁盘备份设备就是硬盘或其他磁盘存储器上的文件,引用磁盘备份设备与引用操作系统文件一样。

SQL Server 可使用物理设备名称或逻辑设备名称来标识备份设备。物理设备是操作系统用来标识备份设备的名称,如 D:\Backups\Test2\Full.bak。逻辑设备是用户定义的用来标识物理设备的别名,逻辑设备名称存储在 SQL Server 内的系统表中。使用逻辑设备的优点是引用它比引用物理设备名称简单。例如,逻辑设备名称可以是 Test2_BackupFull,而物理设备名称则可能是 D:\Backups\Test2\Full.bak。备份或恢复数据库时,物理备份设备名称和逻辑备份设备名称可以互换使用。

在 SQL Server 系统中可以用系统存储过程 sp_addumpdevice 创建逻辑备份设备,用系统存储过程 sp_dropdevice 删除逻辑备份设备。其格式如下:

```
EXEC sp_addumpdevice { disk | tape } , <逻辑设备名> , <物理设备名>
EXEC sp_dropdevice  <逻辑设备名> , [ delfile ]
```

例 7.1 创建一个名为 Test2_BackupFull 的逻辑磁盘备份设备,其对应的物理备份设备为 D:\Backups\Test2\Full.bak。

```
EXEC sp_addumpdevice  disk , 'Test2_BackupFull','D:\Backups\Test2\Full.bak'
```

说明:创建逻辑备份设备仅仅是建立起逻辑设备与物理设备之间的对应关系,它本身并不负责创建物理文件 Full.bak,包括文件夹 Backups 及其子文件夹 Test2。在使用逻辑设备 Test2_BackupFull 之前,用户必须手工创建文件夹 Backups 及其子文件夹 Test2。

例 7.2 删除一个名为 Test2_BackupFull 的逻辑磁盘备份设备。

```
EXEC sp_dropdevice  'Test2_BackupFull'
```

说明：删除逻辑备份设备仅仅是删除逻辑设备与物理设备之间的对应关系，它本身并不删除物理文件 Full. bak，除非加上可选项 delfile。

2) BACKUP 语句

T-SQL 语言提供了 BACKUP 语句实现数据备份，其格式比较复杂，不展开详细讨论。下面通过举例说明该语句的主要用法。

例 7.3　对 test2 数据库做一次完全备份，备份到逻辑备份设备 Test2_BackupFull。

```
BACKUP DATABASE test2 TO Test2_BackupFull WITH INIT
```

说明：可选项 INIT 表示本次备份将覆盖备份设备上已有的备份集。可选项 NOINIT 是默认设置，表示本次备份将追加到指定的备份设备上，以保留现有的备份集。

例 7.4　将一个学生（16008，陈亮，男，20）插入 test2 数据库的 S 表中，然后对数据库做一次完全差异备份，备份到物理文件 D:\Backups\Test2\Diff. bak。

```
INSERT INTO S(Sno, Sname, Ssex, Sage)
    VALUES ('16008', '陈亮', '男', '20')
GO
BACKUP DATABASE test2 TO DISK = 'D:\Backups\Test2\Diff.bak'
    WITH INIT , DIFFERENTIAL
```

说明：加上可选项 DIFFERENTIAL 表示执行差异备份，否则执行完全备份。

例 7.5　对 test2 数据库做一次事务日志备份，备份到物理文件 D:\Backups\Test2\Log. bak。

```
BACKUP LOG test2 TO DISK = 'D:\Backups\Test2\Log.bak' WITH INIT
```

5. 恢复前的准备

在开始数据恢复之前，应做好充分的准备，保证恢复后的数据的一致性和有效性。

(1) 验证备份的有效性。验证备份可以检查备份在物理上是否完好无损，以确保备份中的所有文件都是可读、可恢复的，并且在需要使用它时可以恢复备份。在 SQL Server 2014 中，语句“RESTORE VERIFYONLY FROM <逻辑或物理备份设备>”得到了增强，从而可对数据进行其他检查以提高检测到错误的可能性，其目标是尽可能接近实际的恢复操作。

(2) 查看备份信息。“使用语句 RESTORE HEADERONLY FROM <逻辑或物理备份设备>”可查看备份头信息，使用语句“RESTORE FILELISTONLY FROM <逻辑或物理备份设备>”可查看备份设备中的文件信息。

(3) 断开应用程序与要恢复数据库的连接。在恢复数据前，必须断开准备恢复的数据库与所有应用程序之间的连接，并更改连接到 master 数据库。

首先进入 SQL Server Management Studio 窗口界面，在对象资源管理器中选择准备恢复的数据库，右击，从弹出的快捷菜单中选择“任务”命令中的“分离”命令；然后在出现的分离数据库窗口界面中选择“删除连接”选项，断开所有应用程序与数据库的连接。

(4) 备份事务日志。在完全恢复模式或大容量日志恢复模式下，SQL Server 2014 要求先备份日志尾部，然后恢复数据库。“尾日志备份”可捕获尚未备份的日志(日志尾部)，是恢复计划中的最后一个相关备份。除非 RESTORE 语句包含 WITH REPLACE 或 WITH

STOPAT 子句，否则，恢复数据库时不先备份日志尾部将导致错误。

若要备份日志尾部，请在 BACKUP LOG 语句中使用 NO_TRUNCATE 选项（使用 NO_TRUNCATE 选项相当于同时指定 COPY_ONLY 和 CONTINUE_AFTER_ERROR）。仅复制备份不会影响备份日志链，事务日志不会被尾日志备份截断，并且捕获的日志将包括在以后的正常日志备份中。这样就可以在不影响正常日志备份过程的情况下进行尾日志备份，例如，为了准备进行在线恢复。

可以将 NO_TRUNCATE 选项与 NORECOVERY 选项一起使用（NORECOVERY 选项可在备份操作结束时将数据库变为还原状态），可以在创建尾日志备份时，也可以同时使数据库变为还原状态。使数据库离线可保证尾日志备份包含对数据库所做的所有更改并且随后不对数据库进行更改。若要执行最佳日志备份，应跳过日志截断，然后将数据库变为还原状态。

6. 数据库恢复

SQL Server 有两种数据库恢复操作，一种是系统自动执行的修复操作，另一种是用户执行的数据库恢复操作。SQL Server 每次启动时，都要自动执行数据库修复操作，以保证数据的一致性。修复操作主要包括两个方面，一方面是将系统出现故障或连接断开时，已经提交的事务中仍有部分在内存还未写入数据库中的数据重新写入数据库，另一方面是将系统出现故障或连接断开时，未提交的事务中有部分已经写入数据库中的数据回滚。

下面介绍用户执行的数据库恢复操作，在开始恢复之前应做好恢复计划。

1）恢复计划

如果仅仅恢复数据库的某一份完全备份可用语句“RESTORE DATABASE <数据库名> WITH RECOVERY”，RECOVERY 是默认设置，不用也可。该语句也可以与恢复上一次日志备份结合使用。

通常，要将数据库恢复到故障点应按下列步骤进行。但是，在大容量日志恢复模式下，如果日志备份包含大容量更改，则不能恢复到某一时间点。

(1) 备份活动事务日志（称为日志尾部），创建尾日志备份。如果活动事务日志不可用，则该日志部分的所有事务都将丢失。

(2) 恢复最新的完全备份但不恢复数据库，即加 NORECOVERY 可选项。

(3) 如果存在差异备份，则恢复最新的差异备份但不恢复数据库，即加 NORECOVERY。

(4) 从最新的差异备份后创建的第一个事务日志备份开始，使用 NORECOVERY 依次恢复日志。当然恢复最新的日志备份时不要使用 NORECOVERY。

数据库恢复时将回滚未提交的事务，差异备份可减少回滚时间。

2）RESTORE 语句

T-SQL 语言提供了 RESTORE 语句实现数据恢复，其格式比较复杂，不展开详细讨论。下面通过举例说明该语句的主要用法。

例 7.6 针对例 7.3 中的完全备份，恢复数据库 test2。

```
RESTORE DATABASE test2 FROM Test2_BackupFull WITH REPLACE
```

说明：未加可选项 REPLACE 表示 RESTORE 执行时将检查服务器上是否存在同名数据库或者数据库名称与备份中记录的数据库名称是否不同，若是，将放弃恢复操作。使用

REPLACE 表示 RESTORE 执行时不做上述检查。

例 7.7　模拟数据库被破坏，恢复数据库到故障点的示例。

第一步是准备好备份。

(1) 在例 7.3～例 7.5 的基础上，将 test2 数据库 S 表中 16008 号学生的专业改为通信，联系电话改为 13267812345，然后对数据库做一次完全差异备份，备份到物理文件 D:\Backups\Test2\Diff.bak，再对数据库做一次事务日志备份，备份到物理文件 D:\Backups\Test2\Log.bak。

```
UPDATE S SET Major = '通信', Mphone = '13267812345' WHERE Sno = '16008'
GO
BACKUP DATABASE test2 TO DISK = 'D:\Backups\Test2\Diff.bak'
   WITH DIFFERENTIAL
GO
BACKUP LOG test2 TO DISK = 'D:\Backups\Test2\Log.bak'
```

(2) 将 test2 数据库 T 表中工资超过 5000 元的教师加 6%工资，其余教师加 8%工资，然后对数据库做一次事务日志备份(即创建尾日志备份)，备份到物理文件 D:\Backups\Test2\Log.bak。

```
UPDATE T SET Salary = Salary * 1.06 WHERE Salary > 5000
UPDATE T SET Salary = Salary * 1.08 WHERE Salary < = 5000
GO
USE master
GO
BACKUP LOG test2 TO DISK = 'D:\Backups\Test2\Log.bak'
    WITH NO_TRUNCATE , NORECOVERY
```

第二步是模拟数据库 test2 被破坏。

```
DROP DATABASE test2
```

第三步是恢复被破坏的数据库 test2。

恢复计划 1 是通过恢复完全备份、差异备份和尾日志备份实现，步骤如下：

```
RESTORE DATABASE test2 FROM Test2_BackupFull WITH NORECOVERY
GO
RESTORE DATABASE test2 FROM DISK = 'D:\Backups\Test2\Diff.bak'
    WITH FILE = 2 , NORECOVERY
GO
RESTORE LOG test2 FROM DISK = 'D:\Backups\Test2\Log.bak'
    WITH FILE = 3 , RECOVERY
```

恢复计划 2 是通过恢复完全备份、事务日志备份和尾日志备份实现，步骤如下：

```
RESTORE DATABASE test2 FROM Test2_BackupFull WITH NORECOVERY
GO
RESTORE LOG test2 FROM DISK = 'D:\Backups\Test2\Log.bak'
    WITH FILE = 1 , NORECOVERY
GO
RESTORE LOG test2 FROM DISK = 'D:\Backups\Test2\Log.bak'
```

```
    WITH FILE = 2 , NORECOVERY
GO
RESTORE LOG test2 FROM DISK = 'D:\Backups\Test2\Log.bak'
    WITH FILE = 3 , RECOVERY
```

习 题 7

一、单项选择题

1. 保持事务的 ACID 特性是数据库管理系统中(　　)部件的职责。

A. 事务管理　　B. 性能管理　　C. 存取管理　　D. 安全管理

2. 事务一旦成功提交,其对数据库的更新操作将是永久的,即使数据库系统发生故障,这一性质就是事务的(　　)。

A. 原子性　　B. 一致性　　C. 隔离性　　D. 持久性

3. 事务回滚语句 ROLLBACK 执行的结果是(　　)。

A. 跳转到事务开始处继续执行

B. 撤销该事务对数据库所有已完成的更新操作

C. 事务执行出错,停止程序运行

D. 跳转到事务出错处继续执行

4. 在 SQL Server 中,可以通过三种模式来管理事务,其中不包括(　　)事务模式。

A. 显式　　B. 自动提交　　C. 隐式提交　　D. 隐式

5. 产生丢失修改、读脏数据、不可重复读的主要原因是并发操作破坏了事务的(　　)。

A. 原子性　　B. 一致性　　C. 隔离性　　D. 持久性

6. 为了防止一个用户对数据库的操作不适当地影响另一个用户,应该采取(　　)。

A. 安全性控制　　B. 完整性控制　　C. 备份控制　　D. 并发控制

7. 如果事务 T 获得了数据对象 A 上的排他锁,则 T 对 A(　　)。

A. 只能写不能读　　B. 只能读不能写

C. 不能读不能写　　D. 既可读又可写

8. 事务 T 对数据对象 A 加上(　　)后,其他事务只能再对 A 加 S 锁,不能加 X 锁,直到事务 T 释放了 A 上的锁为止。

A. 共享锁　　B. 排他锁　　C. 独占锁　　D. 写锁

9. 一级封锁协议解决了事务并发操作时带来的(　　)不一致性问题。

A. 丢失修改　　B. 重复修改　　C. 读脏数据　　D. 不可重复读

10. 在多个事务请求对同一数据加锁时,总是使得某一事务等待的情况称为(　　)。

A. 共享锁　　B. 排他锁　　C. 活锁　　D. 死锁

11. 下列关于事务调度和封锁的叙述中,正确的是(　　)。

A. 可串行化调度的并发事务一定遵守两段锁协议

B. 遵守两段锁协议的并发事务一定是可串行化的

C. 遵守两段锁协议的并发事务不一定是可串行化的

D. 遵守两段锁协议的并发事务一定不会产生死锁

12. 在具有意向锁的多粒度封锁方法中，事务 T 要写数据 A，则应该对数据 A 的上层结点加(　　)。

A. IS 锁　　B. IX 锁　　C. S 锁　　D. X 锁

13. 下列叙述中，正确的是(　　)。

A. 关系 R 已经被加上了 IX 锁，则 R 中的任何一个元组都不能被加上 S 锁了

B. 关系 R 已经被加上了 IX 锁，则 R 中的任何一个元组都不能被加上 X 锁了

C. 关系 R 已经被加上了 IS 锁，则 R 中的任何一个元组都不能被加上 X 锁了

D. 以上说法都错

14. 下列关于动态增量备份的叙述中，正确的是(　　)。

A. 动态增量备份过程中不允许应用程序访问数据库

B. 动态增量备份装载后数据库即处于一致性状态

C. 动态增量备份宜在系统不繁忙时进行

D. 动态增量备份会备份全部数据

15. 写日志文件和写数据库是两个不同的操作，这两个操作的顺序应该是(　　)。

A. 前者先做　　B. 后者先做

C. 由 DBMS 决定哪一个先做　　D. 由用户程序决定哪一个先做

16. 下列几种故障中，可能会造成数据库中的数据从此不能再进行读写操作的是(　　)。

A. CPU 故障　　B. 内存故障

C. 操作系统故障　　D. 瞬时的强磁场干扰

17. 在 SQL Server 中，完全差异备份所备份的内容是(　　)。

A. 上次完全备份之后更改过的全部数据

B. 上次完全差异备份之后更改过的全部数据

C. 上次事务日志备份之后更改过的全部数据

D. 上次完全备份之后更改过的全部数据，但不包括日志等其他内容

18. 在 SQL Server 中，下列关于事务日志备份的叙述中，正确的是(　　)。

A. 对恢复模式没有要求　　B. 要求恢复模式必须是完全的

C. 要求恢复模式不能是简单的　　D. 要求恢复模式必须是简单的

二、填空题

1. 多种因素会破坏事务的 ACID 特性。事务的并发执行会影响事务的________性，从而影响事务的一致性；而故障会影响事务的________性和________性，从而影响事务的一致性。

2. 事务共有五种状态，事务必须处于这五种状态之一。如果事务是________或者________都称事务已经结束。

3. 在 SQL Server 中，________模式是 SQL Server 默认的事务管理模式。

4. 对数据库的并发操作通常会带来丢失修改、________和不可重复读等不一致性问题。

5. 能防止丢失修改和读脏数据，但不能防止不可重复读的封锁协议是________级封锁协议。

6. 避免活锁的简单方法是________的策略，而预防死锁的方法通常有________封锁法

和________封锁法两种。

7. 在多粒度封锁方法中，________封锁是指该数据对象没有被独立加锁，而是由于其上级结点加锁而使该数据对象加上了锁。

8. 在具有意向锁的多粒度封锁方法中，申请封锁时应该按________的次序进行，释放封锁时则应该按________的次序进行。

9. 隔离级别反映了一个事务必须与其他事务进行隔离的程度。隔离级别越低，系统的并发度越________；反之，隔离级别越高，系统的并发度越________。

10. 在 SQL Server 中，锁是由系统自动发出的，但用户可通过设置事务________或________来干预系统如何加锁。

11. 数据库恢复的基本原理是________。实现恢复涉及两个关键问题，即如何建立________________以及如何利用这些________实施数据库恢复。

12. 建立冗余数据最常用的技术是________和________，这两种方法通常是一起使用的。

13. 数据库系统中可能发生各种各样的故障，大致可以分________、________和介质故障三类。

14. 在 SQL Server 中有多种备份类型，其中主要有完全备份、________备份和________备份三种。

15. 在 SQL Server 中的恢复模式包括简单模式、________模式和________模式三种。

16. 在 SQL Server 中一份完善可行的备份计划包括备份的________、________、状态、介质以及备份工作的负责人、备份存储的地方、备份保存的期限等内容。

17. 在 SQL Server 中可使用________设备名称或________设备名称来标识备份设备。

18. 在 SQL Server 中，________是用户定义的用来标识物理备份设备的别名，可以用系统存储过程________来创建。

三、简答题

1. 试述事务的概念及事务的 ACID 特性。

2. 怎样理解 SQL Server 中的三种事务模式？

3. 事务为什么要并发执行？并发事务会产生哪些数据不一致性？

4. 什么是幻影现象？

5. 什么是正确的并发调度？什么是可串行化调度？

6. 什么是封锁？有哪两种基本类型的锁？试述它们的含义。

7. 如何用封锁机制解决并发操作时的数据一致性问题？

8. 什么是死锁？预防死锁有哪些方法？怎样诊断死锁的发生？怎样解除死锁？

9. 为什么要采用多粒度封锁方法？

10. 为什么要引进意向锁？试述意向锁的含义。

11. 有哪几种意向锁？试述它们的含义。

12. 试述隔离级别与数据的不一致性之间的关系。

13. 试比较各种数据转储方法的优缺点。

14. 什么是日志文件？为什么要设立日志文件？

15. 登记日志文件时为什么必须先写日志文件，后写数据库？

16. 试述不同类型的故障对数据库的影响。

17. 试述各种类型故障的恢复策略。

18. 在数据库恢复时，对没有提交的事务为什么要 UNDO？对提交的事务为什么要 REDO？

19. 具有检查点的恢复技术有什么优点？并举例说明。

20. 在 SQL Server 的完全恢复模式或大容量日志恢复模式下，试述在恢复数据库之前需先进行尾日志备份的必要性。

第8章

关系数据库设计理论

前面章节已经介绍了数据库的基本概念、关系模型的组成、关系数据库的标准语言SQL、索引与视图、数据库安全技术、并发控制技术以及数据库恢复技术。这些章节已经涵盖了关系数据库管理系统的基本概念、基本技术和使用方法,但是还有一个很基本的问题,就是针对一个具体应用,如何设计一个适合于它的关系数据库模式,以满足应用的需求。第2章已经介绍过,关系模型有严格的数学理论基础。数学理论之一是第2章中的关系代数,而之二就是本章的关系数据库的规范化理论。关系数据库的规范化理论为设计出合理的关系数据库模式提供了有力的工具。

本章首先分析一个"不好"的关系模式可能产生哪些问题,产生这些问题的原因是什么,然后介绍设计一个好的关系数据库模式的理论依据,即关系数据库设计理论,内容包括函数依赖、范式、模式分解等。

8.1 关系模式规范化设计的必要性

关系数据库的模式设计为什么要规范化?什么是好的关系模式?一个"不好"的关系模式可能产生哪些问题?下面通过一个例子来加以分析和讨论。

例 8.1 假设有一个存放学生选课有关信息的关系,其关系模式如下:

R(学号,课程号,课程名,课程类型,学时,学分,选修日期,成绩)

通过对某大学的实地调查,已知事实(语义)如下:

(1) 一门课程有唯一的课程号、课程类型、学时和学分,但课程名不唯一;

(2) 一门课程可以被多名学生选修;

(3) 一名学生可以选修多门课程;

(4) 一名学生可以多次选修同一门课程,每选修一次有一个成绩。

一个满足上述语义的关系模式R的一个实例如表8.1所示。

表 8.1 关系模式 R 的一个实例

学号	课程号	课程名	课程类型	学时	学分	选修日期	成绩
16001	1001	离散数学	基础	72	4	2017 秋	75
16001	1002	C 程序设计	基础	54	3	2016 秋	46
16001	1002	C 程序设计	基础	54	3	2017 春	55
16001	1002	C 程序设计	基础	54	3	2017 秋	67
16003	1002	C 程序设计	基础	54	3	2017 春	78
16003	2002	数据库原理	必修	72	4	2017 秋	86
16004	1001	离散数学	基础	72	4	2017 秋	66

续表

学号	课程号	课程名	课程类型	学时	学分	选修日期	成绩
16004	1002	C程序设计	基础	54	3	2016秋	88
16004	2001	计算机组成原理	必修	90	5	2018春	77
16004	2002	数据库原理	必修	72	4	2017秋	95
16004	3001	Java程序设计	选修	54	3	2018春	92
16007	1001	离散数学	基础	72	4	2017秋	85
16007	1002	C程序设计	基础	54	3	2016秋	83
16007	2002	数据库原理	必修	72	4	2017秋	91

分析表8.1发现该关系存在以下几个方面的问题。

(1) 数据冗余。同一门课程的课程名、课程类型、学时和学分重复出现，重复的次数与选修该门课程的学生的人次相同，这将浪费大量的存储空间。

(2) 更新异常。由于数据冗余，当某门课程的课程类型变更时，必须修改与该门课程有关的所有选课记录。这不但工作量大，还可能因为漏改某些记录而导致数据不一致。

(3) 插入异常。当一门课程已经列入课程计划，但尚无学生选修，则无法把该门课程的课程名、课程类型、学时和学分等有关信息插入数据库，即该插入的数据插不进去。

(4) 删除异常。当选修某门课程的所有学生都毕业离校，那么在删除这些选课记录的同时，会把该门课程的课程名、课程类型、学时和学分等有关信息一并删除掉，即在删除数据的同时把不该删的也删掉了。

鉴于存在以上这些问题，可以得出结论：关系模式R是一个“不好”的关系模式。因此，必须对关系模式进行规范化设计。一个好的关系模式应当不会发生插入异常、删除异常和更新异常，数据冗余应尽可能小。可以将关系模式R分解为：R1(学号，课程号，选修日期，成绩)，R2(课程号，课程名，课程类型，学时，学分)，这样前面所述的四个问题就都不存在了。

关系模式R为什么会产生这些问题？一个“不好”的关系模式会有哪些不好的性质？如何改造一个“不好”的模式？这就是下面几节将要讨论的问题。

8.2　函数依赖与码

在讨论之前，先来回顾第2章中有关关系模式的定义。关系模式是对关系的描述，也可以说是对二维表的表头结构的描述。通常关系模式要描述一个关系的关系名，组成该关系的各属性名，这些属性来自的值域，以及属性和值域之间的映像，属性间的数据依赖等。关系模式可以形式化地表示为：

```
R(U,D,DOM,F)
```

其中，R表示关系模式名，U表示组成该关系的属性名集合，D表示属性组U来自的值域的集合，DOM表示属性向值域的映像的集合，F表示属性间数据依赖关系的集合。由于D和DOM与关系模式设计关系不大，所以在本章中把关系模式简化为R(U,F)。

为了解决如何设计出好的关系数据库模式，1971年E.F.Codd提出了针对关系数据库模式设计的规范化理论。这一理论的研究表明使得关系模式“不好”的原因是由于该关系模式中存在某些不合适的数据依赖，而通过分解关系模式可消除这些不合适的数据依赖。本节先讨论数据依赖中最重要的一种依赖形式，即函数依赖。8.3 节讨论如何按属性间的依赖情况来判定关系模式是否存在某些不合适的数据依赖，从而判断关系模式的规范化程度。8.4 节讨论分解关系模式时应遵循的两个原则以及模式分解算法。

8.2.1 函数依赖的定义及分类

数据依赖是一个关系内部属性与属性之间的约束关系，是现实世界属性间相互联系的抽象，是数据内在的性质，是语义的体现。其中函数依赖(Functional Dependency，FD)是最重要的一种数据依赖类型，其他的数据依赖有多值依赖(Multi-Valued Dependency，MVD)等类型。

定义 8.1 设 R(U)是属性集 U 上的关系模式，X，Y 是 U 的子集。若对于 R(U)的任意一个可能的关系 r，r 中不可能存在两个元组在 X 上的属性值相等，而在 Y 上的属性值不等，则称“**X 函数确定 Y**”或“**Y 函数依赖于 X**”，记作 $X \rightarrow Y$。

对于函数依赖，有以下几点说明。

(1) 函数依赖不是指关系模式 R 的某个(或某些)实例应满足的约束条件，而是指 R 的所有实例均要满足的约束条件。

(2) 函数依赖是语义范畴的概念，只能根据数据的语义来确定一个函数依赖，而不能按照其形式化定义来证明一个函数依赖是否成立。例如，对于上述关系模式 R，函数依赖“课程名→学时”只有在课程名不重复的条件下成立。如果允许课程名同名，则学时就不再函数依赖于课程名了。

(3) 数据库设计者可以对现实世界做强制性规定，例如规定课程名不能同名，因而使得“课程名→学时”函数依赖成立。这样当插入某个元组时这个元组上的属性值必须满足规定的函数依赖，若发现有同名课程存在，则拒绝插入该元组。

下面介绍一些术语和记号。

若 $X \rightarrow Y$，则 X 称为这个函数依赖的决定属性组，也称为**决定因素**。

若 $X \rightarrow Y$，$Y \rightarrow X$，则记作 $X \leftrightarrow Y$。

若 Y 不函数依赖于 X，则记作 $X \nrightarrow Y$。

在确定函数依赖时，可以从属性间的联系入手。函数依赖与属性间的联系类型有关：

(1) 若属性 X 和 Y 之间有“一对一”的联系，则 $X \rightarrow Y$，$Y \rightarrow X$，$X \leftrightarrow Y$。

(2) 若属性 X 和 Y 之间有“多对一”的联系，则 $X \rightarrow Y$，但 $Y \nrightarrow X$。

(3) 若属性 X 和 Y 之间有“多对多”的联系，则 X 与 Y 之间不存在任何函数依赖。

定义 8.2 在 R(U)中，对于 U 的子集 X 和 Y。若 $X \rightarrow Y$，但 $Y \nsubseteq X$，则称 $X \rightarrow Y$ 是**非平凡的函数依赖**。若 $X \rightarrow Y$，但 $Y \subseteq X$，则称 $X \rightarrow Y$ 是**平凡的函数依赖**。

显然，对于任一关系模式，平凡函数依赖都是必然成立的，它不反映新的语义。在本章后续的内容中，若不特别声明，总假定讨论的是非平凡的函数依赖。

定义 8.3 在 R(U)中，如果 $X \rightarrow Y$，并且对于 X 的任何一个真子集 X'，都有 $X' \nrightarrow Y$，则称 Y 对 X **完全函数依赖**，记作 $X \xrightarrow{f} Y$。若 $X \rightarrow Y$，但 Y 不完全函数依赖于 X，则称 Y 对 X 部

分函数依赖，记作 $X \xrightarrow{p} Y$。

定义 8.4　在 R(U)中，如果 X→Y，Y↛X，Y→Z(Z⊈Y 且 Z⊈X)，则称 Z 对 X **传递函数依赖**，记作 $X \xrightarrow{t} Z$。

这里加上条件 Y↛X，是因为如果 Y→X，则 X↔Y，实际上 Z 对 X 是直接函数依赖而不是传递函数依赖。

例如，对于关系模式 SMC(学号，专业号，专业名，创办日期，所属学院，课程号，选修日期，成绩)，平凡的函数依赖有：学号→学号，(学号，专业号)→学号，等等；非平凡的函数依赖有：学号→专业号，专业号→(专业名，创办日期，所属学院)，(学号，课程号，选修日期)→成绩；这三个非平凡的函数依赖同时也是完全函数依赖。部分函数依赖有：(学号，课程号，选修日期)$\xrightarrow{p}$专业号；传递函数依赖有：学号$\xrightarrow{t}$专业名。

8.2.2　函数依赖的公理系统和推理规则

定义 8.5　对于满足一组函数依赖 F 的关系模式 R(U，F)，其任何一个关系 r，若函数依赖 X→Y 都成立(即 r 中任意两元组 t 和 s，若 t[X]=s[X]，则 t[Y]=s[Y])，则称 **F 逻辑蕴涵 X→Y**，或称 X→Y 为 F 所蕴涵。

为了从一组函数依赖求得蕴涵的函数依赖，即给定函数依赖集 F，问 X→Y 是否为 F 所蕴涵，就需要一套推理规则，这组推理规则是 Armstrong 在 1974 年首先提出来的，称为 Armstrong 公理系统。该公理系统是模式分解算法的理论基础。

Armstrong 公理系统　对于关系模式 R(U，F)来说有以下的推理规则。

(1) **自反律**(Reflexivity)：若 Y⊆X⊆U，则 X→Y 为 F 所蕴涵。

(2) **增广律**(Augmentation)：若 X→Y 为 F 所蕴涵，且 Z⊆U，则 XZ→YZ 为 F 所蕴涵。

(3) **传递律**(Transitivity)：若 X→Y 及 Y→Z 为 F 所蕴涵，则 X→Z 为 F 所蕴涵。

注意：由自反律所得到的函数依赖均是平凡的函数依赖，自反律的使用并不依赖于 F。

根据 Armstrong 公理系统的三条推理规则又可推出以下三条推理规则。

(4) **合并规则**：若 X→Y，X→Z，则 X→YZ。

(5) **伪传递规则**：若 X→Y，WY→Z，则 XW→Z。

(6) **分解规则**：若 X→Y 及 Z⊆Y，则 X→Z。

根据合并规则和分解规则，很容易得到这样一个重要事实：

引理 8.1　$X \rightarrow A_1A_2\cdots A_k$ 成立的充分必要条件是 $X \rightarrow A_i$ 成立($i=1,2,\cdots,k$)。

合并规则、伪传递规则、分解规则以及引理 8.1 的证明作为练习留给读者自己完成。引理 8.1 中的结论为关系模式设计中各个关系的码的确定奠定了理论基础。

定义 8.6　在关系模式 R(U，F)中为 F 所逻辑蕴涵的函数依赖的全体称为 **F 的闭包**，记为 F^+。

Armstrong 公理系统是有效的、完备的(详细证明过程请参考有关文献)。**有效性**是指由 F 出发根据 Armstrong 公理推导出来的每一个函数依赖一定在 F^+ 中；而**完备性**是指 F^+ 中的每一个函数依赖，必定可以由 F 出发根据 Armstrong 公理推导出来。Armstrong 公理的有效性及完备性说明了“导出”与“蕴涵”是两个完全等价的概念，于是 F^+ 也可以说成是由 F 出发根据 Armstrong 公理导出的函数依赖的集合。

8.2.3 属性集 X 关于函数依赖集 F 的闭包

在关系模式分解时经常要判定一个函数依赖 $X \to Y$ 是否为 F 所逻辑蕴涵，即判定 $X \to Y$ 是否属于 F^+。如果能够计算出 F^+，那么这个判定问题就解决了。但遗憾的是，计算 F^+ 是一个 NP 完全问题。为此，人们经过研究提出了一种利用属性集 X 关于函数依赖集 F 的闭包 X_F^+ 来判定一个函数依赖 $X \to Y$ 是否为 F 所逻辑蕴涵的方法。

定义 8.7 设 F 为属性集 U 上的一组函数依赖，$X \subseteq U$，$X_F^+ = \{A \mid X \to A$ 能由 F 根据 Armstrong 公理导出$\}$，则称 X_F^+ 为**属性集 X 关于函数依赖集 F 的闭包**。

算法 8.1 求属性集 $X(X \subseteq U)$ 关于 U 上的函数依赖集 F 的闭包 X_F^+。

输入：X，F

输出：X_F^+

步骤：

① 令 $X^{(0)} = X, i = 0$；

② 求 B，这里 $B = \{A \mid (\exists V)(\exists W)(V \to W \in F \wedge V \subseteq X^{(i)} \wedge A \in W)\}$；

③ $X^{(i+1)} = B \cup X^{(i)}$；

④ 判断 $X^{(i+1)} = X^{(i)}$ 是否成立；

⑤ 若相等或 $X^{(i+1)} = U$，则 $X^{(i+1)}$ 就是 X_F^+，算法终止；

⑥ 若不相等，则 $i = i+1$，返回第②步。

对于算法 8.1，令 $a_i = |X^{(i)}|$，$\{a_i\}$形成一个步长大于 1 的严格递增的序列，序列的上界是$|U|$，因此该算法最多$|U| - |X|$次循环就会终止。

例 8.2 已知关系模式 R(U,F)，其中 $U = \{A,B,C,D,E\}$，$F = \{AB \to C, B \to D, C \to E, EC \to B, AC \to B\}$。求$(AB)_F^+$。

由算法 8.1，设 $X^{(0)} = AB$。

计算 $X^{(1)}$：逐一扫描 F 集合中各个函数依赖，找左部为 A、B 或 AB 的函数依赖，得到两个依赖 $AB \to C, B \to D$。于是 $X^{(1)} = X^{(0)} \cup CD = AB \cup CD = ABCD$。

因为 $X^{(1)} \neq X^{(0)}$，所以再找出左部为 ABCD 子集的那些函数依赖，又得到两个依赖 $C \to E, AC \to B$。于是 $X^{(2)} = X^{(1)} \cup BE = ABCD \cup BE = ABCDE$。

因为 $X^{(2)} = U$，算法终止，所以$(AB)_F^+ = ABCDE$。

引理 8.2 设 F 为属性集 U 上的一组函数依赖，$X \subseteq U, Y \subseteq U$，$X \to Y$ 能由 F 根据 Armstrong 公理导出的充分必要条件是 $Y \subseteq X_F^+$。

证明：

充分性：设 $Y = A_1A_2 \cdots A_k$，$A_i \subseteq U(i = 1,2,\cdots,k)$。假设 $Y \subseteq X_F^+$，根据 X_F^+ 的定义可知，对于每一个 $X \to A_i(i=1,2,\cdots,k)$都可由 F 根据 Armstrong 公理导出，利用合并规则，即可得 $X \to Y$。

必要性：设 $Y = A_1A_2 \cdots A_k$，$A_i \subseteq U(i = 1,2,\cdots,k)$。假设 $X \to Y$ 能由 F 根据 Armstrong 公理导出，根据引理 8.1 必有，对于每一个 $X \to A_i(i=1,2,\cdots,k)$都可由 F 根据 Armstrong 公理导出，由 X_F^+ 的定义可知，必有 $A_i \subseteq X_F^+(i=1,2,\cdots,k)$，即可得 $Y \subseteq X_F^+$。证毕。

引理 8.2 的意义在于它将判断 $X \to Y$ 是否为 F 所逻辑蕴涵（即判定 $X \to Y$ 是否属于 F^+）的问题，转化为先求出 X_F^+，再判断 Y 是否为 X_F^+ 的子集的问题。而求 X_F^+ 已经由算法

8.1 解决，且计算 X_F^+ 的时间复杂度要远远小于计算 F^+ 的时间复杂度。

8.2.4　码

码是关系模式中的一个重要概念。在第 2 章中已给出了有关码的若干定义，这里再用函数依赖的概念来定义码。

定义 8.8　设 K 为 R(U,F)中的属性或属性组合。若 $K \xrightarrow{f} U$，则 K 称为 R 的**候选码**(Candidate Key)。

注意 U 是完全函数依赖于 K，而不是部分函数依赖于 K。如果 U 部分函数依赖于 K，即 $K \xrightarrow{p} U$，则 K 称为**超码**(Superkey)。候选码是最小的超码，即 K 的任意一个真子集都不是候选码。

若候选码多于一个，则选定其中的一个为**主码**(Primary Key)。

包含在任何一个候选码中的属性称为**主属性**(Prime Attribute)；不包含在任何候选码中的属性称为**非主属性**(Nonprime Attribute)或**非码属性**(Non-key Attribute)。最简单的情况，单个属性是码；最极端的情况，整个属性组是码，称为**全码**(All-key)。

在后面章节中主码或候选码都简称码。读者可根据上下文加以识别。

例如，关系模式 S(<u>Sno</u>,Sname,Ssex,Sage,Major,Address,Mphone)中单个属性 Sno 是码，用下画线显示出来，关系模式 SC(<u>Sno,Cno,Sdate</u>,Score)中属性组合(Sno,Cno,Sdate)是码。

再如，关系模式 R(<u>P,W,A</u>)中，属性 P 表示演奏者，W 表示作品，A 表示听众。假设一个演奏者可以演奏多个作品，某一作品可被多个演奏者演奏，听众也可以欣赏不同演奏者的不同作品，这个关系模式的码为(P,W,A)，即全码。

定义 8.9　关系模式 R 中属性或属性组 X 并非 R 的码，但 X 是另一个关系模式的码，则称 X 是 R 的**外部码**(Foreign Key)，也称**外码**。

例如，在关系模式 SC(<u>Sno,Cno,Sdate</u>,Score)中，Sno 不是码，但 Sno 是关系模式 S(<u>Sno</u>,Sname,Ssex,Sage,Major,Address,Mphone)的码，则 Sno 是关系模式 SC 的外码。

主码与外码提供了一个表示关系间联系的手段，如上述的关系模式 S 与 SC 的联系就是通过 Sno 来体现的。

8.2.5　候选码的快速求解方法

对于一个给定的关系模式 R(U,F)，下面给出一个快速找出它的候选码的方法。该方法首先将关系模式中的属性分为四类。

(1) L 类属性：仅在 F 中的函数依赖左端出现的属性。

(2) R 类属性：仅在 F 中的函数依赖右端出现的属性。

(3) LR 类属性：在 F 中的函数依赖的左右两端都出现过的属性。

(4) N 类属性：在 F 中的函数依赖的左右两端都未出现过的属性。

然后根据属性的分类，属性集 U 的子集 X 是否为关系模式 R(U,F)的候选码的充分条件为：

(1) 若 X 是 L 类属性，则 X 必为 R 的任一候选码中的属性。

(2) 若 X 是 R 类属性，则 X 必不是 R 的任一候选码中的属性。

(3) 若 X 是 N 类属性，则 X 必为 R 的任一候选码中的属性。

例 8.3 设有关系模式 R(U,F)，其中 U={A,B,C,D}，F={D→B,B→D,AC→D}，找出 R 的所有候选码。

考察 F 发现，A、C 两属性是 R 的 L 类属性。由条件(1)可知，AC 必是 R 的任一候选码中的属性，又因为$(AC)_F^+$=ABCD，所以 AC 是 R 的唯一候选码。

例 8.4 设有关系模式 W(U,F)，其中 U={C,T,H,R,S,G}，这些属性分别表示课程名、任课教师、上课时间、上课教室、学生姓名、成绩，F={C→T,CS→G,HR→C,HT→R,HS→R}，找出 W 的所有候选码。

考察 F 发现，H、S 两属性是 W 的 L 类属性。由条件(1)可知，HS 必是 W 的任一候选码中的属性，又因为$(HS)_F{}^+$=CTHRSG，所以 HS 是 W 的唯一候选码。

推论 1：对于给定的关系模式 R(U,F)，若属性集 U 的子集 X 是 R 的 L 类属性，且 U⊆X_F^+，则 X 必为 R 的唯一候选码。

例 8.5 设有关系模式 R(U,F)，其中 U={A,B,C,D,E,P}，F={A→D,E→D,D→B,BC→D,DC→A}，找出 R 的所有候选码。

考察 F 发现，C、E 两属性是 R 的 L 类属性。由条件(1)可知，CE 必是 R 的任一候选码中的属性。再次考查 F 发现，属性 P 是 R 的 N 类属性，由条件(3)可知，P 也必是 R 的任一候选码中的属性。又因为$(CEP)_F^+$=ABCDEP，所以 CEP 是 R 的唯一候选码。

推论 2：对于给定的关系模式 R(U,F)，若属性集 U 的子集 X 是 R 的 L 类属性和 N 类属性组成的属性集，且 U⊆X_F^+，则 X 是 R 的唯一候选码。

8.3 关系模式的规范化

关系数据库的规范化理论是 E. F. Codd 于 1971 年提出的，其目的是要解决如何设计出好的关系数据库模式，其基本思想是通过分解关系模式消除“不好”的关系模式中存在的某些不合适的数据依赖，从而消除插入异常、删除异常、更新异常以及数据冗余太大等问题。本节讨论如何按属性间的依赖情况来判定关系模式是否存在某些不合适的数据依赖，从而判断关系模式的规范化程度。8.4 节讨论分解关系模式时应遵循的两个原则以及模式分解算法。

人们把关系数据库的规范化过程中为衡量关系模式的规范化程度而设立的标准称为范式(Normal Form)。根据规范化程度要求的不同，可以把范式分为第一范式(1NF)、第二范式(2NF)、第三范式(3NF)、BC 范式(BCNF)、第四范式(4NF)、第五范式(5NF)。各种范式之间存在以下联系：

$$5NF \subset 4NF \subset BCNF \subset 3NF \subset 2NF \subset 1NF$$

原本“第几范式”表示关系的某一种级别，所以常称某一关系模式 R 为第几范式。现在则把范式这个概念理解成符合某一种级别的关系模式的集合，如果 R 为第 n 范式，就可以写成 R∈nNF。

一个低一级范式的关系模式通过模式分解(Schema Decomposition)可以转换为若干个高一级范式的关系模式的集合，这种过程称作**规范化**(Normalization)。

8.3.1　第一范式

第一范式是满足最低规范化要求的范式。

定义 8.10　如果一个关系模式 R 的所有属性都是不可再分的基本数据项，则称 R 属于第一范式，记作 R∈1NF。

第一范式是对关系模式的最起码要求，不满足第一范式的数据库模式不能称为关系数据库。但满足第一范式的关系模式并不一定是一个好的关系模式。

例 8.6　分析关系模式 SMC(学号，专业号，专业名，创办日期，所属学院，课程号，选修日期，成绩)中可能存在的问题。

由于关系模式 SMC 中的各个属性都是不可再分的基本数据项，所以它属于第一范式，码是属性集(学号，课程号，选修日期)，但它存在以下几个问题。

(1) 数据冗余。同一专业的专业名、创办日期和所属学院重复出现，重复的次数与该专业所有学生的选课人次相同，这将浪费大量的存储空间。

(2) 更新异常。由于数据冗余，当某学生转专业时，必须修改该学生所有的选课记录。这不但工作量大，还可能因为漏改某些记录而导致数据不一致。

(3) 插入异常。当某专业已经招录了一批新生，但新生还尚未选课，则无法把这批新生的专业号、专业名等有关信息插入数据库，即该插入的数据插不进去。

(4) 删除异常。假定某学生只选修了一门课程，现在这门课程他也不选了，那么在删除这个选课记录的同时，会把该学生的专业号、专业名等有关信息一并删除掉，即在删除数据的同时把不该删的也删掉了。

关系 SMC 为什么会存在这些问题呢？分析一下关系模式 SMC 中存在的函数依赖，发现各个非主属性对码的函数依赖情况如下：

(学号，课程号，选修日期)$\xrightarrow{f}$成绩

(学号，课程号，选修日期)$\xrightarrow{p}$专业号

(学号，课程号，选修日期)$\xrightarrow{t,p}$(专业名，创办日期，所属学院)

由此可见，关系 SMC 中既存在非主属性对码的完全函数依赖，也存在非主属性对码的部分函数依赖和传递函数依赖。正是由于关系 SMC 中存在某些不合适的函数依赖，才导致大量的数据冗余和插入异常、删除异常、更新异常等问题。因此有必要分解关系模式 SMC，消除不合适的函数依赖，向高一级的范式转化。

8.3.2　第二范式

定义 8.11　若 R∈1NF，且每一个非主属性完全函数依赖于任何一个候选码，则 R∈2NF。

由于关系模式 SMC(学号，专业号，专业名，创办日期，所属学院，课程号，选修日期，成绩)中存在非主属性(专业号、专业名等)对码的部分函数依赖，所以 SMC 不符合 2NF 的定义，即 SMC∉2NF。

关系模式中非主属性对码的部分函数依赖是导致关系模式"不好"的主要原因之一。2NF 就是要消除关系模式中非主属性对码的部分函数依赖这类不合适的函数依赖，使得关系模式达到一定程度上的规范化，这也将在一定程度上消除数据冗余和插入异常、删除异

常、更新异常等问题。

用投影将一个 1NF 的关系模式分解为多个 2NF 的关系模式就能消除非主属性对码的部分函数依赖。例如，可以将关系模式 SMC 分解为以下两个关系模式。

SC(学号，课程号，选修日期，成绩)

SM(学号，专业号，专业名，创办日期，所属学院)

其中，关系 SC 的码是(学号，课程号，选修日期)，关系 SM 的码是学号。显然，分解后的关系模式中非主属性都完全函数依赖于码，都属于 2NF，关系模式达到了一定程度上的规范化。例 8.6 中所述的关系 SMC 存在的数据冗余程度减轻了，与选课有关的插入异常、删除异常和更新异常问题消除了。但需要说明的是，将一个 1NF 关系模式分解为多个 2NF 的关系模式，并不能完全消除关系模式中的各种异常情况和数据冗余问题。

例 8.7 分析关系模式 SM(学号，专业号，专业名，创办日期，所属学院)中可能存在的问题。

由于关系模式 SM 的码是学号，且不存在非主属性对码的部分函数依赖，所以它属于第二范式，但它存在以下几个问题。

(1) 数据冗余。同一专业的专业名、创办日期和所属学院重复出现，重复的次数与该专业的学生人数相同，这仍将浪费大量的存储空间。

(2) 更新异常。由于数据冗余，当某专业的所属学院变更时，必须修改该专业的所有学生记录。这不但工作量大，还可能因为漏改某些记录而导致数据不一致。

(3) 插入异常。当一新专业已经列入招生计划，但尚无学生，则无法把该专业的专业名、创办日期和所属学院等有关信息插入数据库，即该插入的数据插不进去。

(4) 删除异常。当某专业暂停招生，而属于该专业的在校生全部毕业离校，那么在删除这些学生记录的同时，会把暂停招生的专业的专业号、专业名、创办日期和所属学院等有关信息一并删除掉，即在删除数据的同时把不该删的也删掉了。

关系 SM 为什么会仍存在这些问题呢？分析一下关系模式 SM 中存在的函数依赖，发现各个非主属性对码的函数依赖情况如下。

学号→专业号

学号$\xrightarrow{t}$(专业名，创办日期，所属学院)

由此可见，关系 SM 中既存在非主属性对码的直接函数依赖，也存在非主属性对码的传递函数依赖。正是由于关系 SM 中仍存在某些不合适的函数依赖，才导致大量的数据冗余和插入异常、删除异常、更新异常等问题。因此有必要继续分解关系模式 SM，消除不合适的函数依赖，向更高一级的范式转化。

8.3.3 第三范式

定义 8.12 若 R∈1NF，且每一个非主属性都不传递函数依赖于任何一个候选码，则称 R∈3NF。

可以证明，若 R∈3NF，则每一个非主属性既不传递依赖于码，也不部分依赖于码。也就是说，若 R∈3NF，则必有 R∈2NF。证明如下。

证明：用反证法。设 R∈3NF，但 R∉2NF，则一定存在非主属性 Y、候选码 X 和 X 的真子集 X′，使得 X′→Y。由于 X′是候选码 X 的真子集，所以 X→X′，但 X′↛X。又由于 Y 是非主属性，所以 Y⊈X 且 Y⊈X′。这样在 R 上存在非主属性 Y 传递依赖于候选码 X，故 R∉3NF，这与假设矛盾，所以 R∈2NF。证毕。

关系模式 SC 中没有非主属性传递依赖于码，而关系模式 SM 中存在非主属性“专业名”传递依赖于码，所以 SC∈3NF，而 SM∉3NF。

关系模式中非主属性对码的传递函数依赖是导致关系模式“不好”的另一个主要原因。3NF 就是要消除关系模式中非主属性对码的传递函数依赖这类不合适的函数依赖，使得关系模式达到更高程度上的规范化，这也将在更高程度上消除数据冗余和插入异常、删除异常、更新异常等问题。

用投影将一个 2NF 的关系模式分解为多个 3NF 的关系模式，就能消除非主属性对码的传递函数依赖。例如，可以将关系模式 SM 分解为以下两个关系模式。

S_M(学号，专业号)

M(专业号，专业名，创办日期，所属学院)

其中，关系 S_M 的码是学号，关系 M 的码是专业号。显然，分解后的关系模式中非主属性都直接函数依赖于码，都属于 3NF，关系模式达到了更高程度上的规范化。

将关系模式 SMC 分解为 3NF 集{SC，S_M，M}后，例 8.6 和例 8.7 中所述的数据冗余和操作异常问题已经全部消除。部分函数依赖和传递函数依赖这两类不合适的函数依赖是产生数据冗余和操作异常的两个主要原因，3NF 已经消除了这两种依赖，也就在很大程度上消除了数据冗余和操作异常问题，但还不彻底。因为 3NF 只消除了非主属性对码的部分函数依赖和传递函数依赖，而没有考虑主属性对码的依赖关系。如果存在依赖关系，仍然有可能导致数据冗余和操作异常问题。

8.3.4 BC 范式

BC 范式是由 Boyce 和 Codd 在 1974 年共同提出的，通常认为 BC 范式是修正的第三范式，有时也称为扩充的第三范式。

定义 8.13　若 R∈1NF，且对于所有的函数依赖 X→Y(Y⊈X)，X 必包含 R 的一个候选码，则称 R∈BCNF。

一个属于 BCNF 的关系模式，它具有以下三个性质：

(1) 所有非主属性对每一个码都是完全函数依赖。

(2) 所有的主属性对每一个不包含它的码也是完全函数依赖。

(3) 没有任何属性完全函数依赖于非码的任何一组属性。

若 R∈BCNF，由定义 8.13 可知关系模式 R 已排除了任何属性对码的传递依赖和部分依赖，所以 R∈3NF(严格的证明留给读者自己完成)。但若 R∈3NF，则 R 未必属于 BCNF。

例 8.8　在关系模式 SCP(S，C，P)中，S 表示学生，C 表示课程，P 表示名次。假定每一个学生选修每一门课程的成绩都有一个名次，每一门课程中每一名次只对应一个学生(假设没有并列名次)。由语义可得到函数依赖：(S，C)→P 和 (C，P)→S，所以(S，C)和(C，P)都可以作为候选码。也就是说这个关系模式中 S，C 和 P 都是主属性，没有非主属性，所以 SCP∈3NF。由于仅有的两个决定因素(S，C)和(C，P)都是候选码，所以 SCP∈BCNF。

例 8.9 在关系模式 STC(S,T,C)中,S 表示学生,T 表示教师,C 表示课程。假定每个教师只教一门课,每门课有若干教师,某一学生选定某门课,就对应一个固定的教师。由语义可得到函数依赖：T→C,(S,T)→C 和 (S,C)→T,所以(S,T)和(S,C)都可以作为候选码。也就是说这个关系模式中 S,T 和 C 都是主属性,没有非主属性,所以 STC∈3NF。但由于决定因素 T 中不包含任何一个候选码,所以 STC∉BCNF。

对于不是 BCNF 的关系模式,仍然存在不合适的地方。例如 STC(S,T,C)不是 BCNF,存在以下两个问题。

(1) 设有“赵亮教 C 程序设计”这一信息,若没有学生选修赵亮上的课,则这一信息将无法存储,产生插入异常。

(2)“赵亮教 C 程序设计”这一信息存储的次数与选赵亮上的课的学生人数一样多,显然冗余太大。

不是 BCNF 的关系模式也可以通过分解成为 BCNF 来消除某些毛病。例如 STC(S,T,C)可分解为 ST(S,T)和 TC(T,C),它们都是 BCNF。但这有可能引起新的问题,例如 STC 分解为 ST 和 TC 后将丢失函数依赖 (S,C)→T,这将会引起数据语义上的矛盾,这一点后面还要详述。

8.3.5 规范化小结

在关系数据库中,对关系模式的最低要求是满足第一范式。但满足最低要求的关系模式往往不能很好地描述现实世界,可能会存在插入异常、删除异常、修改复杂以及数据冗余等问题,需要寻求解决这些问题的方法,这就是规范化的目的。

规范化的基本思想是逐步消除数据依赖中不合适的部分,使各关系模式达到某种程度的“分离”。而规范化的实现是通过模式分解把一个低级别范式的关系模式逐步转换为若干个高级别范式的关系模式集合来完成的。关系模式规范化的基本步骤如图 8.1 所示。

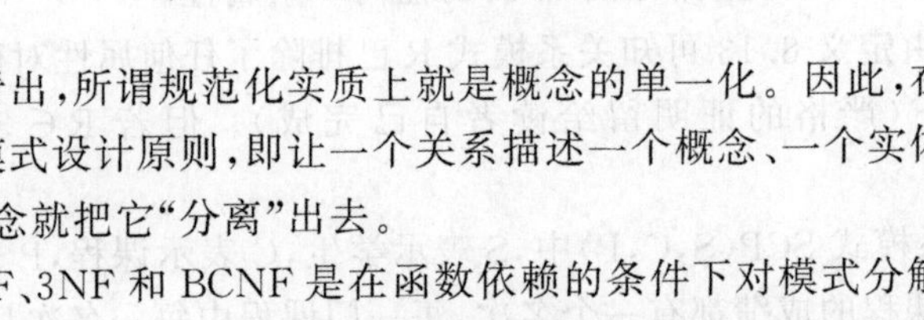

图 8.1 关系模式规范化的基本步骤

从图 8.1 可以看出,所谓规范化实质上就是概念的单一化。因此,在设计关系模式时应遵循“一事一地”的模式设计原则,即让一个关系描述一个概念、一个实体或者实体间的一种联系,若多于一个概念就把它“分离”出去。

前面介绍的 2NF、3NF 和 BCNF 是在函数依赖的条件下对模式分解所能达到的分离程度的测试。一个数据库模式中的关系模式如果都属于 BCNF,那么在函数依赖的范畴内它已实现了彻底的分离,已消除了数据冗余和操作异常等问题。3NF 的“不彻底性”表现在它没有考虑可能存在的主属性对码的部分函数依赖和传递函数依赖。

最后要特别强调的是，在设计关系数据库模式时，不能教条主义。关系模式的范式级别过低可能会导致数据冗余和操作异常等问题，但这并不意味着规范化程度越高的关系模式就越好。在设计数据库模式结构时，必须对现实世界的实际情况和用户应用需求做进一步分析，确定一个合适的、能够反映现实世界的模式。例如当对数据库的操作主要是查询而更新较少时，为了提高查询效率，可能宁愿保留适当的数据冗余，让关系模式中的属性多一些，而不愿把关系模式分解得太小，否则在查询时需要做大量的连接运算，会花费大量时间而大大降低查询速度。

例 8.10 设有关系模式 R(U,F)，其中 U={A,B,C,D}，F={AB→D,AC→BD,B→C}，问在函数依赖范畴内该关系模式最高属于第几范式？为什么？

考察 F 发现，L 类属性为 A，R 类属性为 D，LR 类属性为 B 和 C。因为 $A_F^+=A$，所以属性 A 本身不是候选码。又因为 $(AB)_F^+=(AC)_F^+=ABCD$，所以关系 R 有两个候选码 AB 和 AC。因此关系 R 的主属性为 A、B、C，非主属性为 D。

因为非主属性 D 不存在对任何码的部分函数依赖和传递函数依赖，所以 R∈3NF。又因为有函数依赖 B→C，而 B 不是关系 R 的候选码，所以 R 不属于 BCNF，最高属于 3NF。

例 8.11 设有关系模式 R(职工编号，日期，日营业额，部门名，部门经理)，它用来存储某商店每个职工的日营业额、职工所在的部门以及部门的经理等信息。如果规定：每个职工每天只有一个营业额；每个职工只在一个部门工作；每个部门只有一个经理。试回答下列问题。

(1) 根据上述规定，写出关系模式 R 的基本函数依赖和候选码。

(2) 在函数依赖范畴内关系模式 R 最高属于第几范式？为什么？

(3) 如果 R 不属于 3NF，请将 R 分解成 3NF 模式集。

解：

(1) 基本的函数依赖有以下 3 个。

(职工编号，日期)→ 日营业额
职工编号 → 部门名
部门名 → 部门经理

按照候选码的快速求解方法，求得唯一的候选码：(职工编号，日期)。

(2) 因为 R 中存在非主属性“部门名”对候选码(职工编号，日期)的部分函数依赖，所以 R 不属于 2NF，最高属于 1NF。

(3) 将 R 分解为：R1(<u>职工编号，日期</u>，日营业额)，候选码为(职工编号，日期)
R2(<u>职工编号</u>，部门名，部门经理)，候选码为职工编号

显然 R1 已属于 3NF，而在 R2 中存在非主属性“部门经理”对候选码“职工编号”的传递函数依赖，R2 不是 3NF。

将 R2 进一步分解为：R21(<u>职工编号</u>，部门名)，候选码为职工编号
R22(<u>部门名</u>，部门经理)，候选码为部门名

显然 R21 和 R22 都已属于 3NF。

因此，关系模式 R 分解成的 3NF 模式集为{R1，R21，R22}。

8.4 关系模式的分解

关系模式的规范化过程是通过对关系模式的分解来实现的，即把低一级范式的关系模式分解为若干个高一级范式的关系模式集合。这种分解不是唯一的，本节将进一步讨论分解后的关系模式与原关系模式“等价”的问题以及模式分解的算法。

8.4.1 模式分解的概念

定义 8.14 关系模式 R(U,F)的一个分解是指：

$$\rho=\{R_1(U_1,F_1),R_2(U_2,F_2),\cdots,R_n(U_n,F_n)\}$$

其中 $U=U_1\cup U_2\cup\cdots\cup U_n$，且不存在 $U_i\subseteq U_j(1\leqslant i,j\leqslant n)$，$F_i$ 为 F 在 U_i 上的投影，即 $F_i=\{X\to Y|X\to Y\in F^+\wedge XY\subseteq U_i\}$。

从定义 8.14 可知，当一个关系模式 R(U,F)分解时，除了要将其属性集 U 分解成 n 个属性子集 $U_i(1\leqslant i\leqslant n$，且这 n 个属性子集中的任何一个都不能是其他任何一个属性子集的子集)外，也要将依赖集 F 分解成 n 个依赖子集 $F_i(1\leqslant i\leqslant n)$，$F_i$ 中的每一个函数依赖 $X\to Y$ 的决定因素 X 和被决定因素 Y 组成的属性子集 XY 均是 U_i 的子集。

显然，当一个关系模式 R 分解成多个关系模式$\{R_1,R_2,\cdots,R_n\}$时，该关系模式的实例关系 r 也将相应地分解成多个实例关系$\{r_1,r_2,\cdots,r_n\}$，并称 r_i 为 r 在 R_i 上的投影。

例 8.12 设有关系模式 R(U,F)，其中 U={学号，专业名，所属学院}，F={学号→专业名，专业名→所属学院}，关系 R 的一个实例关系 r 如图 8.2 所示。下面考查关系模式 R 的三种分解与原模式 R 的等价性。

学号	专业名	所属学院
17001	计算机	信息
17002	计算机	信息
17003	通信	信息
17004	数学	数理

图 8.2 例 8.12 关系 R 的实例关系 r

解：由于 R 中存在传递函数依赖“学号→所属学院”，所以存在例 8.7 中所述的数据冗余和操作异常。下面采用三种不同的方法对关系 R 进行分解。

(1) $\rho_1=\{R_1$(学号，所属学院)，R_2(专业名，所属学院)}

分解后的实例关系 r_1 和 r_2 是 r 在 R_1 和 R_2 上的投影，如图 8.3 所示。

学号	所属学院
17001	信息
17002	信息
17003	信息
17004	数理

(a) 实例关系r_1

专业名	所属学院
计算机	信息
通信	信息
数学	数理

(b) 实例关系r_2

图 8.3 实例关系 r 在 R_1 和 R_2 上的投影

要使这个分解有意义，只要求分解后的各关系模式的 U_i 的并集等于 U 是不够的，最起码的要求是分解后的各关系 r_i 能够恢复到原来的关系 r。r_i 向 r 的恢复是通过自然连接来实现的，这就产生了“无损连接性”的概念。显然，本例中的分解 ρ_1 所产生的 r_1 和 r_2 的自然连接结果比原关系 r 多出了三个元组，即{(17001，通信，信息)，(17002，通信，信息)，

(17003,计算机,信息)}。元组增加了,信息丢失了,因为现在已经无法回答"17001 在哪个专业学习"。这样的分解当然没有意义,原因就是分解 ρ_1 没有做到无损连接性。

(2) ρ_2={R_1(学号,专业名),R_2(学号,所属学院)}

可以证明分解 ρ_2 具有无损连接性,但该分解没有解决例 8.7 中提到的插入异常和删除异常问题,原因就在于原来在 R 中存在的函数依赖"专业名→所属学院",现在在 R_1 和 R_2 中都不再存在了。显然,这样的分解的意义也不大,所以又提出了"保持函数依赖"的概念。

(3) ρ_3={R_1(学号,专业名),R_2(专业名,所属学院)}

可以证明分解 ρ_3 既具有无损连接性,又保持函数依赖。也就是说分解 ρ_3 既没有丢失原关系 R 的信息,又解决了原关系 R 存在的数据冗余和操作异常问题,这样的分解正是所希望的。

从例 8.12 可知,对于一个关系模式,满足定义 8.14 的分解有许多种,但是分解后产生的关系模式应与原关系模式等价。人们从不同的角度去观察问题,就形成了三种不同的模式分解等价的定义。

(1) 分解具有无损连接性(Lossless Join)。

(2) 分解要保持函数依赖(Preserve Functional Dependency)。

(3) 分解既要具有无损连接性,又要保持函数依赖。

这三个定义是实行分解的三条不同的准则。按照不同的分解准则,模式所能达到的分离程度各不相同,各种范式就是对分离程度的测度。8.4.2 节将给出分解的无损连接性和函数依赖保持性的严格定义,并讨论它们的判别算法。

8.4.2 分解的无损连接性和函数依赖保持性

1. 无损连接性

定义 8.15 设 $\rho=\{R_1(U_1,F_1),R_2(U_2,F_2),\cdots,R_n(U_n,F_n)\}$ 是关系模式 R(U,F)的一个分解,若对 R 的任何一个满足 F 的关系 r,均有 $r=r_1\bowtie r_2\bowtie\cdots\bowtie r_n$(其中 r_i 为 r 在 R_i 上的投影,$1\leqslant i\leqslant n$)成立,则称分解 ρ 具有无损连接性。

显然,直接根据定义 8.15 去判断一个分解是否具有无损连接性是不可行的,定理 8.1 给出了当一个关系模式 R 分解为两个关系模式 R_1 和 R_2 时的判别方法。

定理 8.1 对于关系模式 R(U,F)的一个分解 $\rho=\{R_1(U_1,F_1),R_2(U_2,F_2)\}$,ρ 具有无损连接性的充要条件是:$U_1\cap U_2\rightarrow U_1-U_2\in F^+$ 或 $U_1\cap U_2\rightarrow U_2-U_1\in F^+$。

例 8.13 判别例 8.12 中的三种分解是否具有无损连接性。

解:对于 ρ_1={R_1(学号,所属学院),R_2(专业名,所属学院)},$U_1\cap U_2$=所属学院,U_1-U_2=学号,U_2-U_1=专业名。由于$(所属学院)_F^+$={所属学院},根据引理 8.2,所属学院→学号$\notin F^+$,所属学院→专业名$\notin F^+$,所以分解 ρ_1 不具有无损连接性。

对于 ρ_2={R_1(学号,专业名),R_2(学号,所属学院)},$U_1\cap U_2$=学号,U_1-U_2=专业名,学号→专业名$\in$F(即学号→专业名$\in F^+$),所以分解 ρ_2 具有无损连接性。

对于 ρ_3={R_1(学号,专业名),R_2(专业名,所属学院)},$U_1\cap U_2$=专业名,U_1-U_2=学号,U_2-U_1=所属学院。显然,专业名→学号$\notin F^+$,专业名→所属学院$\in F^+$,所以分解 ρ_3 具有无损连接性。

需要说明的是,定理 8.1 的充要条件中只要有一个被满足就具有无损连接性。另外,定理 8.1 只适用于一个关系模式 R 分解为两个关系模式 R_1 和 R_2 的情况。如果一个关系模式分解为三个或以上关系模式，如何判别分解是否具有无损连接性，请参考有关文献。

2. 保持函数依赖

定义 8.16 设 $\rho=\{R_1(U_1,F_1),R_2(U_2,F_2),\cdots,R_n(U_n,F_n)\}$是关系模式 R(U,F)的一个分解，并令 $G=F_1\cup F_2\cup\cdots\cup F_n$。若 $G^+=F^+$，则称分解 ρ 保持函数依赖。

例 8.14 判别例 8.12 中的三种分解是否保持函数依赖。

解：对于 ρ_1={R_1(学号,所属学院),R_2(专业名,所属学院)}，F_1={学号→所属学院}，F_2={专业名→所属学院}，$G=F_1\cup F_2$={学号→所属学院,专业名→所属学院}。由于(学号)$_G^+$={学号,所属学院}，根据引理 8.2，学号→专业名$\notin G^+$，即学号→专业名不为 G 所逻辑蕴涵，也就是说“学号→专业名”被丢失了，所以分解 ρ_1 不保持函数依赖。

对于 ρ_2={R_1(学号,专业名),R_2(学号,所属学院)}，F_1={学号→专业名}，F_2={学号→所属学院}，$G=F_1\cup F_2$={学号→专业名,学号→所属学院}。由于(专业名)$_G^+$={专业名}，根据引理 8.2，专业名→所属学院$\notin G^+$，所以分解 ρ_2 不保持函数依赖。

对于 ρ_3={R_1(学号,专业名),R_2(专业名,所属学院)}，F_1={学号→专业名}，F_2={专业名→所属学院}，$G=F_1\cup F_2$={学号→专业名,专业名→所属学院}=F，所以分解 ρ_3 保持函数依赖。

有以下两点需要说明。

(1) 定义 8.16 中强调的是 $G^+=F^+$，而不是 G=F。因为完全有可能 $G\neq F$，但 $G^+=F^+$。

(2) 当关系模式 R(U,F)比较复杂(即 U 中的属性个数多，F 中的函数依赖个数多)时，直接根据定义 8.16 去判断一个分解是否保持函数依赖是不可行的，因为计算出 G(即各个 F_i)本身的开销很大。

下面给出一个不用计算 G，就能计算出 X_G^+ 的算法，从而判断 F 中的每一个函数依赖 X→Y 是否被 G 所逻辑蕴涵。该分解是保持函数依赖的，当且仅当 F 中的每一个函数依赖 X→Y，均有 $Y\subseteq X_G^+$。

算法 8.2 判别关系模式 R(U,F) 的一个分解 $\rho=\{R_1(U_1,F_1),R_2(U_2,F_2),\cdots,R_n(U_n,F_n)\}$是否保持函数依赖。

步骤如下：

① 取 F 中的第一个函数依赖 X→Y；

② 计算出 result(即 X_G^+)，方法如下：

```
result = X
repeat
    for each  ρ中的 Ri  do
    begin
        t = (result ∩ Ui)F+ ∩ Ui
        result = result ∪ t
    end
until (result 没有变化)
```

③ 如果 result 不包含 Y，则 X→Y 被丢失，分解 ρ 不保持函数依赖，算法终止；

④ 如果 result 包含 Y，且 F 中存在下一个 X→Y，则取出下一个 X→Y 后返回第②步；

⑤ F 中的每一个函数依赖 X→Y，均有 $Y\subseteq X_G^+$，分解 ρ 保持函数依赖，算法结束。

算法 8.2 的时间复杂度是多项式的。

3. 保持函数依赖的意义

分解具有无损连接性和分解保持函数依赖是两个互相独立的准则。具有无损连接性的分解不一定能够保持函数依赖；同样，保持函数依赖的分解也不一定具有无损连接性。如果一个分解具有无损连接性，则它能够保证不丢失信息。如果一个分解保持了函数依赖，则它可以减轻或解决数据冗余和各种操作异常情况，从而保证分解后的关系模式保留了原关系模式的所有语义。

更重要的是，如果一个分解能够保持函数依赖，那么在数据输入或修改时，只要分解后的每个关系模式本身的函数依赖被满足，就能确保整个数据库中数据的语义完整性不受破坏。下面举例说明保持函数依赖的重要性。

例 8.15　考查例 8.12 中的一个分解 ρ_2 由于没有保持函数依赖，对数据库中数据的语义所带来的影响。

解：设数据库中存放了分解 $\rho_2=\{R_1$(学号，专业名)，R_2(学号，所属学院)$\}$后的两个关系如图 8.4(a)和(b)所示。显然，关系 r_1 和 r_2 分别满足函数依赖集 $F_1=\{$学号$\rightarrow$专业名$\}$和 $F_2=\{$学号$\rightarrow$所属学院$\}$。

学号	专业名
17001	计算机
17002	计算机
17003	通信
17004	数学

(a) 关系 r_1

学号	所属学院
17001	信息
17002	信息
17003	信息
17004	数理

(b) 关系 r_2

学号	专业名	所属学院
17001	计算机	信息
17002	数学	信息
17003	通信	信息
17004	数学	数理

(c) $r_1 \bowtie r_2$

图 8.4　例 8.15 中的关系

假设当学生 17002 从计算机专业转到数学专业时，仅仅修改了关系 r_1 中 17002 的专业名，而没有修改关系 r_2 中的所属学院，尽管这时 r_1 和 r_2 仍然满足各自的 F_1 和 F_2，但 $r_1 \bowtie r_2$ 的结果(如图 8.4(c)所示)已经不满足“专业名$\rightarrow$所属学院”，即破坏了一个专业只属于一个学院的语义要求。如果要保证数据的语义不受破坏，必须同时修改关系 r_2 中 17002 的所属学院，也就是说，修改 r_1 时必须同时修改 r_2。

例 8.16　考查例 8.9 中 STC(S,T,C)分解为 ST(S,T)和 TC(T,C)后对数据库中数据的语义所带来的影响。

解：STC(S,T,C)可分解为 ST(S,T)和 TC(T,C)，它们都是 BCNF，但很显然 F 中原有的函数依赖(S,C)$\rightarrow$T 被丢失了，即该分解没有保持函数依赖。

设数据库中存放了分解为 ST(S,T)和 TC(T,C)后的两个关系如图 8.5(a)和(b)所示。显然，关系 r_1 和 r_2 分别满足函数依赖集 $F_1=\phi$ 和 $F_2=\{T\rightarrow C\}$。

假设现要向关系 r_1 中插入元组(17001，王荣翔)，尽管插入操作完成后 r_1 和 r_2 仍然满足各自的 F_1 和 F_2，但 $r_1 \bowtie r_2$ 的结果(如图 8.5(c)所示)已经不满足(S,C)$\rightarrow$T，即破坏了某一学生选定某门课只对应一个教师的语义要求。如果要保证数据的语义不受破坏，那么在向关系 r_1 中插入元组(17001，王荣翔)时，必须同时检查关系 r_1 和关系 r_2 中数据。如果插入的数据破坏了数据的语义，则拒绝插入。

S	T
17001	胡晓军
17003	胡晓军
17004	王荣翔

(a) 关系r_1

T	C
胡晓军	Java
王荣翔	Java

(b) 关系r_2

S	T	C
17001	胡晓军	Java
17001	王荣翔	Java
17003	胡晓军	Java
17004	王荣翔	Java

(c) $r_1 \bowtie r_2$

图 8.5　例 8.16 中的关系

在关系数据库中，函数依赖是数据完整性约束的形式之一(其他形式的完整性约束有实体完整性、参照完整性和用户定义的完整性)。如果一个函数依赖所涉及的属性都在一个关系模式中，那么这种约束比较容易实现，开销很低。但如果一个函数依赖所涉及的属性分布在两个或以上的关系模式中，那么在数据库中就必须要用触发器机制才能实现这种约束，开销就很大。

从例 8.15 和例 8.16 中可以看出，如果分解不保持函数依赖，那么被丢失的函数依赖所涉及的属性分布在两个关系模式中，若这时发生数据输入或修改，就必须用触发器来保证数据的语义不受破坏，开销很大。如果分解能够保持函数依赖，那么在数据输入或修改时，只要分解后的每个关系模式本身的函数依赖被满足，就能确保整个数据库中数据的语义完整性不受破坏，且开销很低。

8.4.3 模式分解的算法

前面的讨论从一个低一级范式的关系模式出发，通过规范化把它分解为若干个高一级范式的关系模式集合，从而消除可能存在的数据冗余和操作异常问题，并讨论了分解后的关系模式与原关系模式的等价问题。根据等价的定义不同，模式分解所能达到的分离程度各不相同。关于模式分解的几个重要事实是：

(1) 若要求分解具有无损连接性，那么模式分解一定能够达到 BCNF；

(2) 若要求分解保持函数依赖，那么模式分解总能够达到 3NF，但不一定能达到 BCNF；

(3) 若要求分解既具有无损连接性，又保持函数依赖，则模式分解一定能够达到 3NF，但不一定能够达到 BCNF。

下面给出两个模式分解算法，利用这些算法可以将关系模式分解为 BCNF 集或 3NF 集，并满足一定的等价条件。

1. BCNF 分解算法

算法 8.3　将关系模式 R(U,F)无损连接分解到 BCNF 集。

步骤：

① 置初值 $\rho=\{R\}$；

② 检查 ρ 中各 R_i 是否均属于 BCNF，若是，算法终止；

③ 设 ρ 中 $R_i \notin$ BCNF，那么在 R_i 中必存在 $X \rightarrow Y (X \cap Y = \phi)$，且 X 不包含 R_i 的候选码；

④ 对 R_i 进行分解，把它分解为两个关系模式 R_{i1} 和 R_{i2}，且 $U_{i1}=\{XY\}$，$U_{i2}=\{U_i-Y\}$；

⑤ 在 ρ 中用 R_{i1} 和 R_{i2} 代替 R_i，即 $\rho=\{\rho-R_i\} \cup \{R_{i1}, R_{i2}\}$，返回第②步。

说明：由于 U 中的属性个数有限，因此在有限次循环后算法 8.3 一定会终止。另外，该算法得到的 BCNF 集不一定是唯一的，因为这与第③步中选的 X→Y 有关。

例 8.17　设有关系模式 R(U,F)，其中 U＝{A,B,C,D}，F＝{A→C,C→A,B→A,D→A}，将 R 无损连接地分解到 BCNF 集。

解：按照候选码的快速求解方法，求得 R 唯一的候选码为 BD。

由于函数依赖 A→C 的决定因素不包含 R 的候选码，所以 R∉BCNF。将 R 分解为两个关系模式 R_1 和 R_2，其中 U_1＝{A,C}，F_1＝{A→C,C→A}，U_2＝{A,B,D}，F_2＝{B→A,D→A}。R_1 只有两个属性肯定已经是 BCNF(请读者思考为什么)。R_2 的候选码为 BD。

由于函数依赖 B→A 的决定因素不包含 R_2 的候选码，所以 R_2∉BCNF。将 R_2 分解为两个关系模式 R_{21} 和 R_{22}，其中 U_{21}＝{A,B}，F_{21}＝{B→A}，U_{22}＝{B,D}，F_{22}＝ϕ。

故 R 的一个 BCNF 分解为 ρ＝{R_1,R_{21},R_{22}}。

2. 3NF 分解算法

算法 8.4　将关系模式 R(U,F) 既无损连接又保持函数依赖地分解到 3NF 集。

步骤：

① 假设 F 已经是最小函数依赖集，如果不是，则应最小化(这里不介绍如何进行最小化，根据实际应用场合得到的基本函数依赖集一般都是最小依赖集)；

② 对 F 中的函数依赖按左部(即决定因素)相同原则进行分组(假设分为 k 组)，并用合并规则将每一组函数依赖合并为一个函数依赖，如有 X→Y_1，X→Y_2，…，X→Y_t，则合并为 X→$Y_1Y_2\cdots Y_t$；

③ 对合并后的 F 中的每一个函数依赖 X→Y，均构成一个关系模式 R_i($1\leqslant i\leqslant k$)，且 U_i＝{XY}，得到关系模式集 ρ＝{R_1,R_2,…,R_k}；

④ 对 ρ 中的每一个 R_i，若有 $U_i\subseteq U_j$($i\neq j,1\leqslant i,j\leqslant k$)，则去掉 R_i，最终得到不重复的关系模式集 ρ＝{R_1,R_2,…,R_m}($m\leqslant k$)；

⑤ 若 ρ 中存在 R_i($1\leqslant i\leqslant m$)，且 U_i 包含 R 的候选码，则算法终止；

⑥ 否则，生成一个新的关系模式 R_{m+1}，且 U_{m+1}＝R 的候选码，$\rho=\rho\cup\{R_{m+1}\}$，算法结束。

例 8.18　设有关系模式 R(U,F)，其中 U＝{A,B,C,D,E}，F＝{A→B,C→D}，将 R 既无损连接又保持函数依赖地分解到 3NF 集。

解：F 是最小函数依赖集，且不再需要分组合并。对 F 中的两个函数依赖构成两个关系模式 R_1 和 R_2，其中 U_1＝{A,B}，F_1＝{A→B}，U_2＝{C,D}，F_2＝{C→D}。

按照候选码的快速求解方法，求得 R 唯一的候选码为 ACE。由于 U_1 和 U_2 中都没有包含 R 的候选码 ACE，所以生成一个关系模式 R_3，其中 U_3＝{A,C,E}，F_3＝ϕ。

故 R 的一个 3NF 分解为 ρ＝{R_1,R_2,R_3}。

习　题　8

一、单项选择题

1. 关系数据库的规范化理论要解决的是如何构造合适的(　　)。

A. 用户操作权限　　B. 应用程序界面

C. 数据库物理结构　　D. 数据库逻辑结构

2. 关系模式规范化的目的是为了(　　)。

A. 减少数据查询的复杂度　　B. 消除插入异常、删除异常和数据冗余

C. 提高数据查询的速度　　D. 保证数据的安全性

3. 在用规范化理论进行关系数据库的逻辑结构设计时,每个关系的任一属性都必须是(　　)。

A. 不可分解的　　B. 互不相关的　　C. 长度可变的　　D. 互相关联的

4. 数据依赖讨论的是(　　)之间的约束关系。

A. 关系　　B. 元组　　C. 属性　　D. 函数

5. 消除了部分函数依赖的 1NF 关系模式必定是(　　)。

A. 1NF　　B. 2NF　　C. 3NF　　D. BCNF

6. 任何一个属于 2NF 但不属于 3NF 的关系模式都存在(　　)。

A. 主属性对码的部分依赖　　B. 非主属性对码的部分依赖

C. 主属性对码的传递依赖　　D. 非主属性对码的传递依赖

7. 设有关系模式 R(U,F),其中 U={A,B,C,D},F={AB→C,C→D},则 R 最高属于(　　)。

A. 1NF　　B. 2NF　　C. 3NF　　D. BCNF

8. 设关系 R 属于 1NF,且 R 中的属性全部是主属性,则 R 最高属于(　　)。

A. 1NF　　B. 2NF　　C. 3NF　　D. BCNF

9. 设有关系模式 R(U,F)属于 3NF,其中 U={A,B},F={A→B},则 R(　　)。

A. 一定消除了插入和删除异常　　B. 仍然存在一定的插入和删除异常

C. 一定属于 BCNF　　D. A 和 C 都对

10. 下列关于规范化理论的叙述中,正确的是(　　)。

A. 属于 3NF 的关系模式一定属于 2NF

B. 关系模式的规范化程度越高越好

C. 1NF 要求非主属性完全函数依赖于码

D. 规范化有时是通过合并关系模式实现的

二、填空题

1. 一个不好的关系模式往往存在插入异常、删除异常、更新异常和________等问题。

2. 理论研究表明导致关系模式“不好”的原因是由于该关系模式中存在不合适的________。

3. 数据依赖中最重要的一种依赖形式是________。

4. 在一个关系模式中,包含在任何一个候选码中的属性称为________,不包含在任何候选码中的属性称为________。

5. 关系数据库的规范化过程中为衡量关系模式的规范化程度而设立的标准称为________。

6. 一个低一级范式的关系模式通过模式分解可以转换为若干个高一级范式的关系模式的集合,这种过程称作________。

7. 若关系模式 R 属于 3NF,且只有一个候选码,则 R 一定也达到了________。

8. 导致关系模式产生数据冗余和操作异常的两个主要原因是该关系模式中存在两类

不合适的函数依赖，即________和________。

9. 在设计关系模式时应遵循“一事一地”的模式设计原则，即让一个关系描述一个________、一个实体或者实体间的一种________。

10. 对一个关系模式进行规范化时分解产生的关系模式集合应与原关系模式等价，这等价包括________和________两个方面。

三、简答题

1. 什么是平凡的函数依赖、部分的函数依赖和传递的函数依赖？

2. 什么是1NF、2NF、3NF和BCNF？它们之间的关系如何？

3. 在函数依赖的范畴中，3NF的不彻底性表现在什么地方？

4. 关系模式为什么要规范化？怎样进行规范化？规范化的实质是什么？

5. 试述关系模式分解时具有无损连接性和保持函数依赖的意义。

四、综合题

1. 对于下列各关系模式，试分别求出它们的所有候选码，判断它们在函数依赖范畴内最高属于第几范式，并说明原因。

(1) 关系模式R(U,F)，其中U={A,B,C,D,E}，F={A→B,A→C,C→D,D→E}。

(2) 关系模式R(U,F)，其中U={C,T,S,N,G}，F={C→T,CS→G,S→N}。

(3) 关系模式R(U,F)，其中U={A,B,C,D}，F={AB→C,C→D,D→A}。

(4) 关系模式R(U,F)，其中U={A,B,C,D,E}，F={A→BC,CD→E,B→D,E→A}。

2. 设有关系模式R(运动员编号，比赛项目，成绩，比赛类别，比赛主管)，用来存储每个运动员参加各项比赛的成绩以及各项比赛所属的类别和主管。如果规定：每个运动员每参加一个比赛项目，只有一个成绩；每个比赛项目只属于一个比赛类别；每个比赛类别只有一个比赛主管。试回答下列问题。

(1) 根据上述规定，写出关系模式R的基本函数依赖和候选码。

(2) 在函数依赖范畴内关系模式R最高属于第几范式？为什么？

(3) 如果R不属于3NF，请将R分解成3NF模式集。

3. 设有关系模式R(工号，姓名，性别，年龄，工种，定额，日期，超额)，用来存储每个职工的个人信息以及每天的超额信息。如果规定：每个职工只有一个工种；姓名可能重复；每种工种只有一个定额；每个职工每天只有一个超额。试回答下列问题。

(1) 根据上述规定，写出关系模式R的基本函数依赖和候选码。

(2) 在函数依赖范畴内关系模式R最高属于第几范式？为什么？

(3) 如果R不属于3NF，请将R分解成3NF模式集。

4. 设有关系模式R(图书编号，书名，作者，出版社，价格，读者编号，姓名，性别，住址，联系电话，借书日期，还书日期)，用来存储每本图书的图书信息、每个读者的个人信息以及借书信息。如果规定：每本图书只有一个作者，但一个作者可以著有多种图书；每个读者只有一个住址和一个联系电话；姓名可能重复；每个读者一次可以借阅多本图书；每个读者也可以多次借阅同一本书；同一本书一天内只被借出一次。试回答下列问题。

(1) 根据上述规定，写出关系模式R的基本函数依赖和候选码。

(2) 在函数依赖范畴内关系模式R最高属于第几范式？为什么？

(3) 如果 R 不属于 3NF，请将 R 分解成 3NF 模式集。

5. 设有关系模式 R(U,F)，其中 U={A,B,C,D,E}，F={A→BC,CD→E,B→D,E→A}，对于下列各种分解，试分别判断它们是否是无损连接分解，并说明原因。

(1) 将 R 分解为：R1(A,B,C)和 R2(A,D,E)。

(2) 将 R 分解为：R1(A,B,C)和 R2(C,D,E)。

(3) 将 R 分解为：R1(A,B,C)和 R2(B,C,D,E)。

6. 对于下列两个关系模式，试分别将它们既无损连接又保持函数依赖分解到 3NF 集。

(1) 关系模式 R(U,F)，其中 U={A,B,C,D,E}，F={A→B,A→C,C→D,D→E}。

(2) 关系模式 R(U,F)，其中 U={C,T,S,N,G}，F={C→T,CS→G,S→N}。

第9章

数据库设计

在前面章节介绍 SQL 语言时,我们假设了一个给定的数据库模型,目的是简单明了,容易理解,便于查询和分析。在实际的工程项目中,一个设计合理的数据库模式是信息系统应用成功的重要保证。那么,究竟如何设计数据库模式呢?这就是本章要讨论的问题。

本章从数据库在软件开发中的地位入手,介绍基于 E-R 图的概念结构设计、逻辑结构设计和物理结构设计,最后以基础教育学校的简化需求为例,分析数据库模式设计的全过程,力求通俗易懂,便于实践操作。

9.1 数据库设计概述

9.1.1 数据库设计在软件开发中的地位和作用

信息系统从立项到上线运行要经历需求分析、系统设计、系统实现和维护四个阶段,其中数据库设计又是系统设计中最为关键的一项任务。因此建立一个简洁、高效、全面的数据库变成了尤为重要的事情。一个优秀的数据库设计无疑能够帮助程序员减少业务逻辑操作,减少出错的可能性,甚至有助于提高软件的性能;而一个糟糕的数据库设计会在需要添加功能的时候无从扩展,或是大量的冗余造成性能的瓶颈。试想如果底层的数据不可靠,那么无论使用这些数据的应用程序完成什么任务,结果也将是不可信的。

那么到底什么是数据库设计呢?下面给出数据库设计的一般定义。

数据库设计是针对一个特定的应用环境,构造优化的数据库逻辑模式和物理结构,并据此建立数据库及其应用系统,使之能够有效地存储和管理数据,满足各种用户的应用需求,包括信息管理要求和数据操作要求。信息管理要求是指应该存储和管理哪些数据对象,数据操作要求是指需要对数据对象做哪些操作。

设计一个完整的数据库应用环境,满足被建模企业的要求,需要关注广泛的问题,其中用户需求在设计过程中扮演一个中心角色。数据库设计必须与需求相对应,各种功能需求都要在数据库中予以体现。因此,数据库是整个应用开发的根基。如何做到这些,就涉及数据库设计的过程。

9.1.2 数据库设计的基本步骤

依照规范设计的方法,考虑到数据库及其应用系统开发全过程,将数据库设计分为以下五个阶段。

1. 需求收集与分析

如果连用户想要什么都不清楚,怎么可能为其设计产品呢?因此设计数据库的第一步就是完全彻底地理解用户的需求。本阶段需要就系统功能、数据需求、数据完整性和安全性等诸多方面与应用领域专家和用户展开多种方式的沟通，同时综合不同用户的应用需求。虽然存在图形方式的用户需求表示，但是在本章中仅限于采用文字方式描述。

2. 概念结构设计

概念结构设计是将用户需求以概念模型的方式表达出来，独立于具体 DBMS 产品，用以和用户沟通并确认需求。检查概念模型，看该模型是不是包含了所有的数据；能不能满足对数据的各种操作(如查询和增删改等)。概念结构设计是整个数据库设计的关键。基于 E-R 图的实体-联系模型(E-R 模型)是目前最为广泛使用的概念模型。

3. 逻辑结构设计

在逻辑结构设计阶段将概念模型转换成具体的数据库产品支持的逻辑模型(比如关系数据库模型)，形成数据库的逻辑模式并对它进行优化。然后根据用户处理的要求、安全性的考虑，在全局逻辑结构的基础上再建立必要的视图，形成数据的外模式。

4. 物理结构设计

物理结构设计是为逻辑模型选取一个最合适应用环境的物理结构，包括物理存储安排和索引结构的选择等，形成数据库内模式。

5. 实施、运行和维护

在数据库实施阶段，设计人员运用 DBMS 提供的数据库语言(如 SQL)及其宿主语言，根据逻辑结构设计和物理结构设计的结果建立数据库，编制与调试应用程序，组织数据入库，并进行试运行。数据库应用系统经过试运行后即可投入正式运行，在数据库系统运行过程中必须不断地对其进行评价、调整与修改。

设计一个完善的数据库应用系统往往是上述几个阶段的不断反复，如图 9.1 所示。

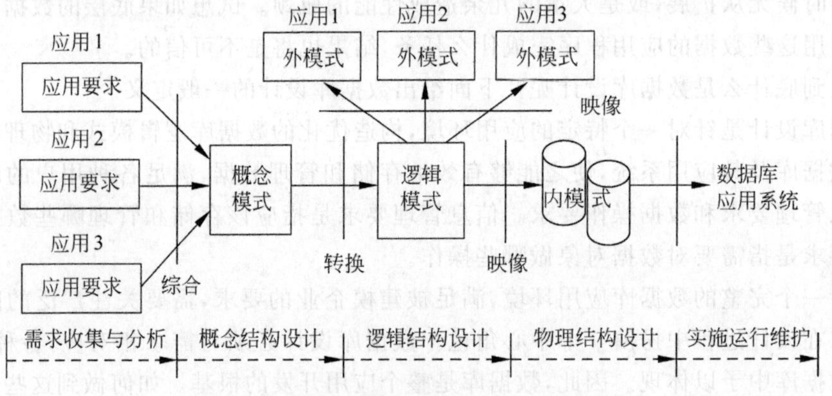

图 9.1 完整的数据库设计过程与三级模式

在应用建立之后，要改变数据库的物理模式相对简单。但是，由于可能影响到应用程序代码中散布的大量查询和更新操作，因此改变逻辑模式的任务执行起来常常更加困难。所以，在建立后续的数据库应用之前，慎重实施数据库设计是非常重要的。

下面就以图 9.1 的设计过程为主线，从概念结构设计开始介绍数据库设计各阶段的设计内容和设计方法，9.6 节将以具体背景下的实例完整介绍数据库概念结构设计和逻辑结构设计的全过程。

9.2　基于 E-R 图的概念结构设计

对现实世界做需求分析得到用户需求，将它抽象为信息世界即概念模型的过程就是概念结构设计。它是整个数据库设计的关键。

Peter Chen 1976 年提出的 E-R 模型是用 E-R 图来描述现实世界的概念模型，关于 E-R 模型已在 2.2 节有所提及。本节先介绍 E-R 模型中实体、属性、联系的概念及 E-R 图的图形符号表示，然后给出概念结构设计的方法和步骤。

表 9.1 是 Chen 氏模型中使用的图形符号。

表 9.1　Chen 氏模型 E-R 图的图形符号

实体联系图的图素		图 形 符 号
实体		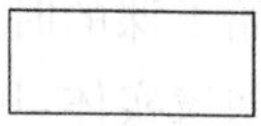
弱实体		
联系		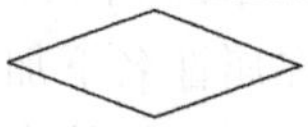
标识联系类型		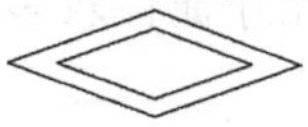
属性	描述属性	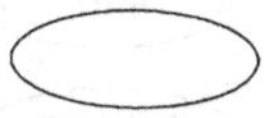
	码属性	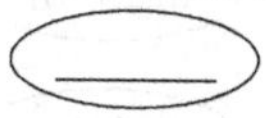
	复合属性	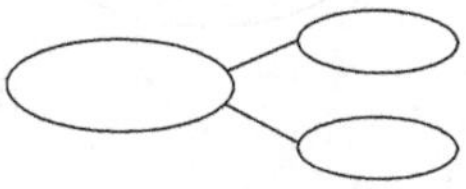
	多值属性	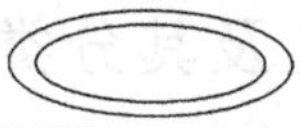
	派生属性	
实体部分参与		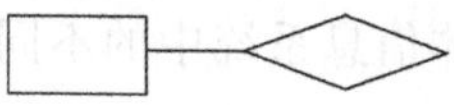
实体全部参与		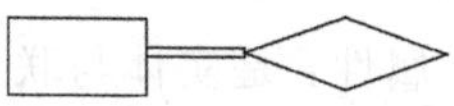

9.2.1　实体与用户需求

2.2 节已经对概念模型中的实体、实体集、实体型、属性、域和码的基本概念做过介绍，在此不再重复。本章中谈到的实体，若无特别说明都是指实体型。

实体可以是具体的人、事、物，例如学生、教师、课程等，也可以是抽象的概念或联系，如时间段、考试安排等。实体由实体名和属性名集合组成。在实际开发中，实体的属性集是由用户的实际需求决定的。

在基础教育信息世界里，学籍系统中除需要记录学生的校内学号、姓名、性别、入学年月、出生日期等常规信息外，如果还需要考虑学生的民族饮食文化习惯，就要抽取出民族和宗教信仰两个属性。若要区分学生户籍所在地正常入学、外省市转入、外区县转入、引进人才居住证借读、蓝印户口借读、港澳台侨借读、外籍借读等不同入学方式时，就要抽取出学生来源属性。若要记录学生学习状态如正常、休学、转出、退学、开除、死亡等信息时，需要抽取学籍状态属性。

根据用户不同需求抽取学生实体的属性，比如学生实体可定义为：学生(学号，姓名，性别，入学年月，出生日期，年龄，学生来源，籍贯，民族，宗教信仰，健康状况，户籍地址，居住地址，电话号码，学籍状态，特长)，属性学号的属性值"3201400101"唯一地标识这位特定学生，学号就是该实体的码。

一个学校可能是单独的小学、初中、高中，也可能是九年一贯制，甚至十二年制的学校，不同学部可能开始上课的时间不同，每节课长度不同，每天节次不同。因此需要定义一个抽象的概念——时间段实体，用以区分不同学部。该实体可定义为：时间段(节次，开始时间，结束时间，适用部门)。

在 E-R 图中用矩形框表示实体型，框内写明实体型的名称。用椭圆表示属性并注明属性名称，码属性在属性名下加下画线。并用无向边将其与相应的实体连接起来。学生实体如图 9.2 所示，由于属性较多，在此只标出几个需要特别关注的属性。

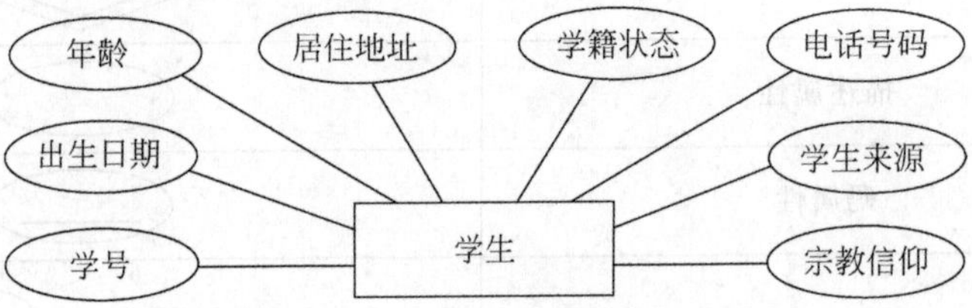

图 9.2 学生实体的 E-R 图表示

9.2.2 属性及其分类

属性是实体所具有的某一特性，每个实体在每个属性上都有各自的属性值，这个属性值有个可取值的范围，称为属性的域。

依照具体信息系统中的不同需求，E-R 图中的属性可以按照属性类型进行多种划分，下面分别介绍。

(1) 简单属性：是实体与联系的最基本属性，不能划分为更小的部分(其他属性)，就是说该属性是不能再进行分割的最小单位。如前面学生实体中的学号、性别、学生来源、年龄、籍贯等都是简单属性，用椭圆形表示。

(2) 复合属性：由多个简单属性组成，可以再分割为更小部分的属性。复合属性可以是有层次结构的，此时用树状的简单属性图形符号来表示上下层次关系。

那么复合属性到底在什么场合下使用呢？如果一个用户希望在一些场景中引用完整的属性，而在另外的场景中仅引用属性的一部分，这时使用复合属性是一个好的选择。比如，学生实体的属性居住地址包括邮编、区名、街道、路名门牌等信息，可以把它定义为一个复合属性，把所包含信息对应的简单属性聚集起来，无论用户引用完整的复合属性还是引用复合属性的一部分都便于操作，这样概念模型更加清晰。复合属性居住地址可以用树状层次化表示，如图 9.3 所示。

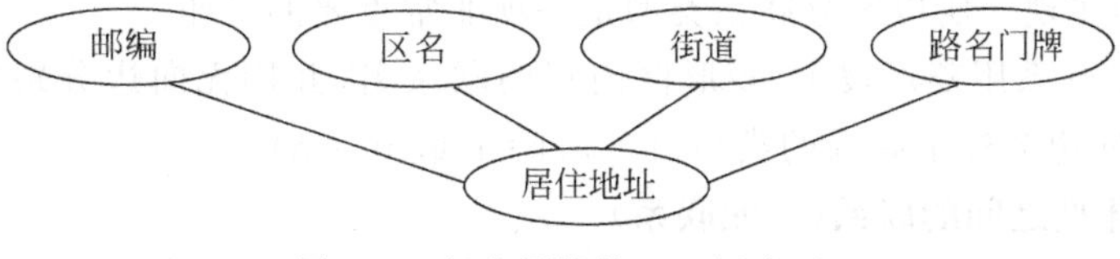

图 9.3 复合属性的 E-R 图表示

(3) 单值属性：对一个特定实体，一个属性只有单独的一个值，如学号、姓名、籍贯等。

(4) 多值属性：对一个特定实体，一个属性可能对应一组值，用双线椭圆形表示。

例如学生实体中的属性电话号码，对于某个特定学生，属性值有家庭电话、本人电话、父亲电话、母亲电话等一组值，而且每个学生实体电话号码数目不同，有一个的，有多个的。那么属性电话号码就是多值属性，如图 9.4(a)所示。

(5) 派生属性：由其他属性计算得出的属性，使用虚线椭圆形表示。例如：学生实体的属性年龄可以根据出生日期计算而得，如图 9.4(b)所示。派生属性会造成数据冗余。

(6) 码属性：如果属性是实体型中用来唯一标识实体的属性称为码属性。码属性在属性名的下面画一条线表示。学生实体中学号是码属性，如图 9.4(c)所示。

(a) 多值属性 (b) 派生属性 (c) 码属性

图 9.4 多值属性、派生属性和码属性的 E-R 图表示

用上面各种属性符号重新绘制学生实体，如图 9.5 所示。

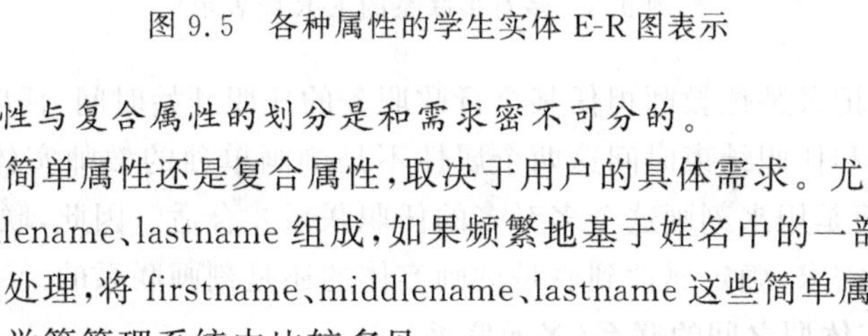

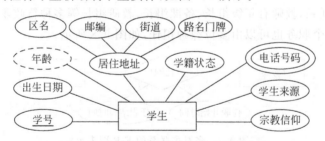

图 9.5 各种属性的学生实体 E-R 图表示

注意：简单属性与复合属性的划分是和需求密不可分的。

姓名属性作为简单属性还是复合属性，取决于用户的具体需求。尤其是外国人的名字由 firstname、middlename、lastname 组成，如果频繁地基于姓名中的一部分做查询，此时就需要作为复合属性处理，将 firstname、middlename、lastname 这些简单属性聚集起来。这点在针对外籍的学生学籍管理系统中比较多见。

9.2.3 联系及其分类

在现实世界中，事物内部以及事物之间是有联系的，这些联系在信息世界中反映为实体内部的联系和实体之间的联系。实体内部的联系通常是指组成实体的各属性之间的联系；

实体之间的联系通常是指不同实体集之间的联系。

实体内部和实体之间联系类型的不同,将直接导致数据库逻辑结构设计的不同,最后影响到用户功能的实现。所以区分联系类型是一项非常重要的工作。

在 E-R 图中联系用菱形表示,菱形框内写明联系名,并用无向边分别与有关实体连接起来,同时在无向边旁标上联系的类型(1∶1,1∶n 或 m∶n)。

1. 两个实体型之间的联系(二元联系)

1) 一对一联系(1∶1)

有两个实体集 A 和 B。如果任一个实体集中的每个实体最多与另一个实体集中的一个实体有联系,则称实体集 A 和实体集 B 具有一对一联系,记为 1∶1。例如一位教师最多对应一个班级的班主任,一个班级有且仅有一位教师担任班主任,如图 9.6 所示。

2) 一对多联系(1∶n)

有两个实体集 A 和 B。如果实体集 A 中的每个实体可与实体集 B 中的多个(可 0 个)实体有联系;反之,实体集 B 中的每个实体最多可与实体集 A 中的一个实体有联系,则称实体集 A 和实体集 B 具有一对多联系,记为 1∶n。例如学校中每个房间都明确责任人,一位员工可负责多个房间,一个房间最多只能由一位员工负责,如图 9.7 所示。

图 9.6 一对一联系的 E-R 图表示

图 9.7 一对多联系的 E-R 图表示

3) 多对多联系(m∶n)

有两个实体集 A 和 B。如果任一个实体集中的每个实体可与另一个实体集中的多个(可 0 个)实体有联系,则称实体集 A 和实体集 B 具有多对多联系,记为 m∶n。例如教师和行政职务的任职联系,教师有年级组长、备课组长、教研组长等多种行政职务,一位教师可以担任多个职务,一个职务也可以由多位教师担任,如图 9.8 所示。

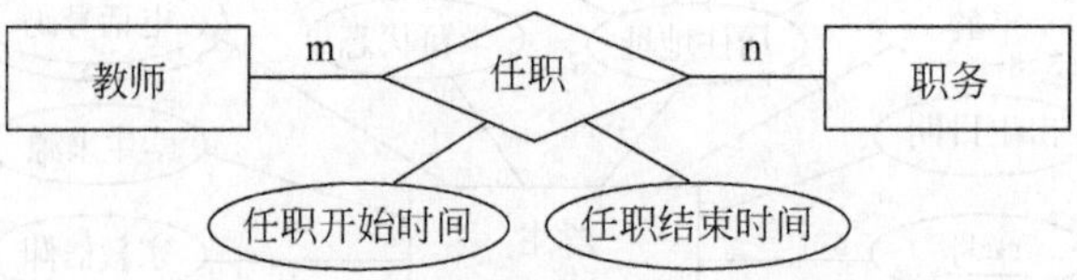

图 9.8 多对多联系的 E-R 图表示

若需求中需要记录某位教师担任某个行政职务的任职开始时间、任职结束时间等信息,那么任职开始时间和任职结束时间这两个属性不是刻画单独的教师实体的,也不是刻画单独的职务实体的,而是用来刻画这个多对多的任职联系才合适。因此,联系也是可以有属性的。需要仔细分析需求,确定属性到底是刻画实体的还是刻画联系的。

2. 两个以上实体型之间的联系(多元联系)

两个以上的实体型之间也存在着一对一,一对多和多对多联系。例如,一个班级可以有多门课程,由多位教师授课;每门课程可以安排在多个班级,由多位教师讲授;每位教师可以为多个班级讲授不同课程。这时,班级、教师、课程三个实体,通过任课联系相关联,如图 9.9 所示。

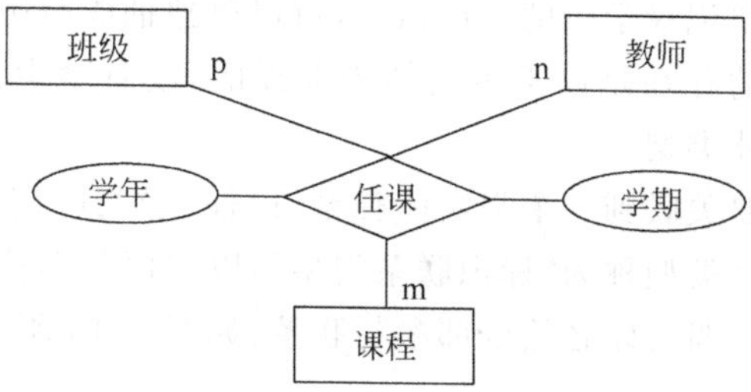

图 9.9　两个以上实体型之间的联系的 E-R 图表示

3. 单个实体型内部的联系

同一实体集内部的各实体之间也存在着一对一、一对多和多对多联系。例如学生内部班长负责管理其他所有同学，而一位学生仅被一个班长所管理，因此这也是一对多的联系，如图 9.10 所示。

4. 两个实体型之间的多种联系

两个实体型之间可能存在着一种以上的联系。例如员工和房间两个实体除了上面提到的员工负责房间的一对多联系外，还有员工和房间之间办公的一对多联系，如图 9.11 所示。

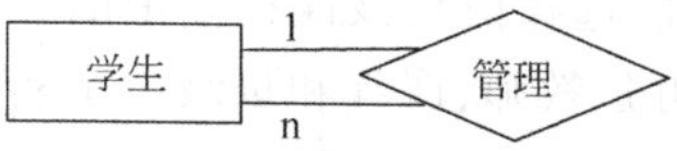

图 9.10　单个实体型内部联系的 E-R 图表示

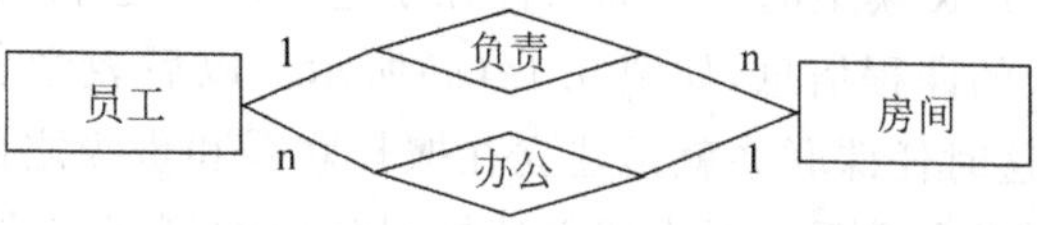

图 9.11　两个实体型之间多种联系的 E-R 图表示

5. 参与约束

实体集与联系之间的关系称为参与，那么参与约束是指实体集的实体全部或者部分参与到联系中。参与约束分为两种。

(1) 全部参与约束：实体集中的所有实体都参与该联系，图形符号使用双线表示。

(2) 部分参与约束：实体集中只有部分实体参与该联系，图形符号使用单线表示。

例如，员工与房间的负责联系，不是每个员工都参与联系对应有房间实体的，而每个房间实体都必须参与联系对应一个员工实体，所以员工实体是部分参与约束，而房间实体是全部参与约束，如图 9.12 所示。

图 9.12　参与约束的 E-R 图表示

9.2.4　弱实体类型

在现实世界中，有时某些实体对于另一些实体有很强的依赖关系，即一个实体的存在必须以另一实体的存在为前提，该实体主码的全部或者部分从依赖的实体获得。前者称为弱实体类型(简称弱实体)，后者称为强实体类型或常规实体类型(简称强实体或实体)。

例如学籍系统中需要记录学生的简历信息,可以单独抽取简历实体,该实体与学生实体相关联。而且简历实体的存在是以学生实体为前提的,没有学生谈简历就没有任何意义。所以简历实体就是弱实体类型。

弱实体类型一定需要关联到一个强实体类型,以便识别其身份,该强实体类型称为“标识实体类型”,使用的联系类型称为“标识联系类型”,以双框菱形符号来表示,弱实体类型使用双线矩形符号来表示。弱实体必然全部参与联系,如图 9.13 所示。

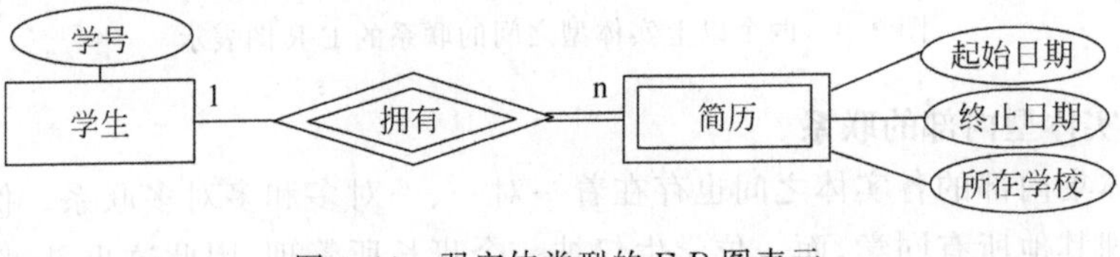

图 9.13　弱实体类型的 E-R 图表示

同样考虑实际需求,学生实体与学籍变动实体、教师实体与学历信息实体、教师实体与专业技术职务信息实体也都可以描述为弱实体联系。

9.2.5　扩展的 E-R 特性

E-R 模型的一个局限性在于它不能表达联系间的联系。例如,教师入职时首先登记所擅长的课程信息,如图 9.14(a)所示。以后教学负责人只能选择擅长该课程登记的教师任教,这时任课联系就是建立在擅长联系和班级之间,而不再是教师、课程和班级三个实体上的多对多联系。对类似上述情况建模的最好方法是使用聚集。

聚集是一种抽象,通过这种抽象,联系被看作高层实体,从而和其他实体或者聚集的高层实体建立联系,如图 9.14(b)所示。把擅长聚集为高层实体与班级建立多对多联系,体现出班级只和某教师擅长的某门课建立任课联系。

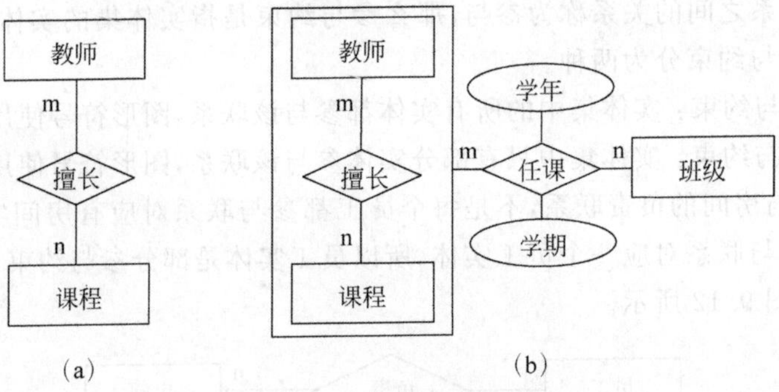

图 9.14　包含聚集的 E-R 图

9.2.6　E-R 图实例

本节以基础教育学校背景为例,分析了实体、属性和联系的分类,现将上面的各 E-R 子图综合起来,以便对实体间关联关系有整体概念,如图 9.15 所示。该图中员工实体与教师实体的区别将在后面设计实例 9.6.5 节中介绍,这里不做说明。

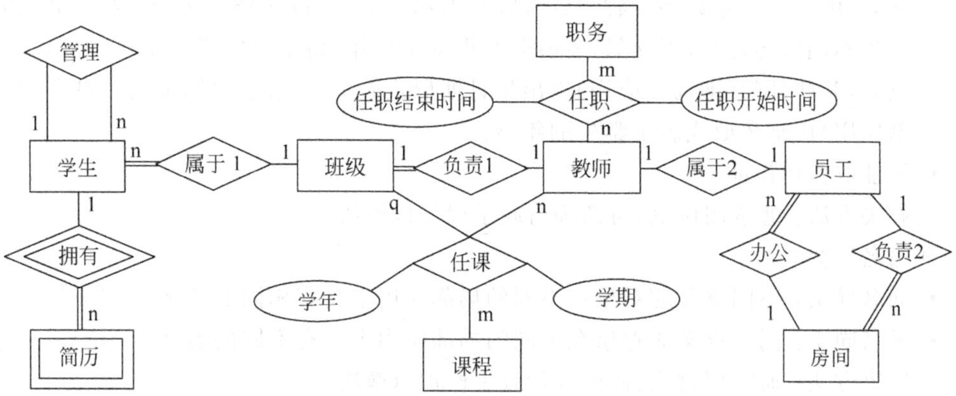

图 9.15 E-R 图实例

9.2.7 概念结构设计的方法和步骤

1. 概念结构设计的方法

设计概念结构通常有 4 类方法。

(1) 自顶向下：首先定义全局概念结构的框架，然后逐步细化。

(2) 自底向上：首先定义各局部应用的概念结构，然后将它们集成起来，得到全局概念结构。

(3) 逐步扩张：首先定义最重要的核心概念结构，然后向外扩充，以滚雪球的方式逐步生成其他概念结构，直至总体概念结构。

(4) 混合策略：将自顶向下和自底向上相结合，用自顶向下策略设计一个全局概念结构的框架，以它为骨架集成由自底向上策略中设计的各局部概念结构。

其中经常采用的策略是自底向上方法，即自顶向下地进行需求分析，然后自底向上地设计概念结构。

2. 概念结构设计的步骤

自底向上设计概念结构分为两步。

(1) 抽象数据并设计局部视图。首先需要根据系统的具体情况，从某个层面为出发点，作为分 E-R 图的分割依据。然后逐一设计分 E-R 图，标定局部应用中的实体、属性、码和实体间的联系。

(2) 集成局部视图，得到全局概念结构。各个局部视图即分 E-R 图建立好后，还需要对它们进行合并，集成为一个整体的概念结构即总 E-R 图。

3. 视图的集成

集成局部 E-R 图时需要合并、修改与重构两个步骤进行。

(1) 合并。各个局部应用所面向的问题不同，而且可能由不同的设计人员进行局部视图设计，导致各个分 E-R 图之间必定会存在许多不一致的地方。合并分 E-R 图的主要工作就是合理消除各分 E-R 图的冲突。

① 属性冲突。

• 属性域冲突：属性值的类型、取值范围或取值集合不同。

例如，由于学号是数字，因此某些部门（即局部应用）将学号定义为整数形式，而由于学号不用参与运算，因此另一些部门（即局部应用）将学号定义为字符型形式。

例如，某些部门（即局部应用）以出生日期形式表示学生的年龄，而另一些部门（即局部应用）用整数形式表示学生的年龄。

- 属性取值单位冲突

解决方法：通常用讨论、协商等行政手段加以解决。

② 命名冲突。

- 同名异义：不同意义的对象在不同的局部应用中具有相同的名字。
- 异名同义：同一意义的对象在不同的局部应用中具有不同的名字。

解决方法：通常用讨论、协商等行政手段加以解决。

③ 结构冲突。

- 同一对象在不同应用中具有不同的抽象。

例如，"职称"在某一局部应用中被当作实体，在另一局部应用中则被当作属性。

解决方法：通常是把属性变换为实体或把实体变换为属性，使同一对象具有相同的抽象。

- 同一实体在不同局部视图中所包含的属性不完全相同或者属性的排列次序不完全相同。

产生原因：不同的局部应用关心的是该实体的不同侧面。

解决方法：使该实体的属性取各分 E-R 图中属性的并集，再适当设计属性的次序。

(2) 修改与重构。消除不必要的冗余（冗余数据或者冗余联系），设计生成基本 E-R 图。

并不是所有的冗余数据与冗余联系都必须加以消除，有时为了提高某些应用的效率，不得不以冗余信息作为代价。设计数据库概念结构时，哪些冗余信息必须消除，哪些冗余信息允许存在，需要根据用户的整体需求来确定。

最后，整体概念结构还应该提交给用户，征求用户和有关人员的意见，进行评审、修改和优化，才能作为最终的数据库概念结构，同时也是下一步数据库逻辑结构设计的依据。

9.3 逻辑结构设计

完成面向用户的、与计算机系统无关的数据库概念结构设计之后，就要开始面向计算机系统的数据库逻辑结构设计。以关系模型数据库为例，就是要将 E-R 图转换成关系数据库模型。本节首先介绍 E-R 图到关系模式的转换原则，然后对转换后的逻辑结构进行优化设计，至少满足 3NF 的规范化形式，最后根据用户处理的要求及安全性的考虑，在基本表的基础上再建立必要的视图，形成数据库的外模式（用户子模式）。

9.3.1 强实体的表示

E-R 图中的强实体转换成关系模式的规则如下。

(1) 每个实体对应一个关系模式，实体的名称就是关系模式的名称。

(2) 实体的码属性就是关系模式的主码。

(3) 实体中的复合属性、多值属性和派生属性之外的属性，直接作为关系模式的属性。

(4) 对于复合属性,这种包含子属性违背了1NF要求每个属性都是不可分割的要求,因此需要将该复合属性的每个子属性变为关系模式中的一个属性,关系模式中不再保留原来的复合属性,以满足1NF要求的原子性。

(5) 对于多值属性,由于每个具体实体的属性值个数不同,为避免存储空间的浪费,一般来说要为该多值属性创建一个新的关系模式。此关系模式包含原实体主码的属性和该多值属性。

(6) 对于派生属性,它是由其他属性推导得出,存在对码的传递依赖,这是一种冗余,同时也违背了3NF的要求。但冗余数据并不总是不好的,是否保留派生属性要分析实际情况决定,不能一概而论。

例如,9.2.2节中的图9.5给出的学生实体的E-R图,转换关系模式的分析过程为:

居住地址属性是复合属性,不再保留,换做区名、邮编、街道、路名门牌四个属性;派生属性年龄也不再保留;多值属性电话号码从学生实体中分离出来,单独成为关系模式电话号码。

转换后的关系模式如下。

学生(<u>学号</u>,出生日期,区名,邮编,街道,路名门牌,学籍状态,学生来源,宗教信仰)

电话号码(<u>学号</u>,<u>电话号码</u>),其中学号是外码,参照学生关系中的学号。如图9.16所示。

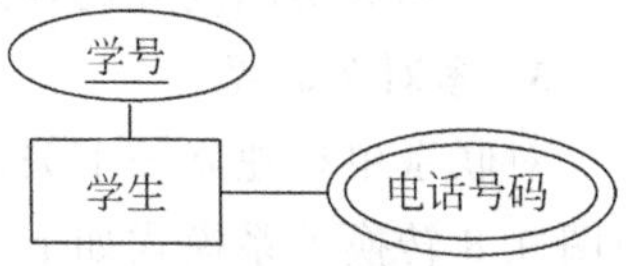

图9.16 学生实体的主码和多值属性电话号码

这样,每位学生有几个电话号码就对应几行数据,避免了存储空间的浪费。

说明:学生实体属性较多,图9.5没有标出学生实体全部的属性,转换关系模式为保证清晰,只依照该图中标注的属性进行转换。

9.3.2 联系的表示

根据概念结构设计中联系类型的不同,逻辑结构设计时需要做不同的转换。下面针对9.2.3节中谈到的联系类型分别介绍各种类型的联系到关系模式的转换规则。

1. 一对一联系

可以把任一方的主码纳入另一方或者建立一个新的关系模式,包括双方的主码,根据双方实体是完全参与约束还是部分参与约束,采取不同处理方式,如图9.17所示。

图9.17 一对一联系

图9.17转换关系模式如下。

第一步实体的转换:教师(<u>工号</u>,姓名,性别,出生日期,民族,职称)

班级(<u>班级号</u>,班级名称,班级类型)

第二步联系的转换:班级(<u>班级号</u>,班级名称,班级类型,*班主任工号*)

班主任工号作为班级的外码,必须非空(班级实体是完全参与约束),参照教师的工号。

教师实体是部分参与约束,班级实体是完全参与约束,因此若把班级的主码班级号加入教师关系模式中,不是每个教师都担任班主任,且教师的数量远大于班级的数量,会占用更多的存储空间。因此将教师主码加入到班级关系模式中更为合适。

2. 一对多联系

将“1”方的主码纳入“n”方实体对应的关系模式中，同时把联系的属性也纳入“n”方的关系中，如图 9.18 所示。

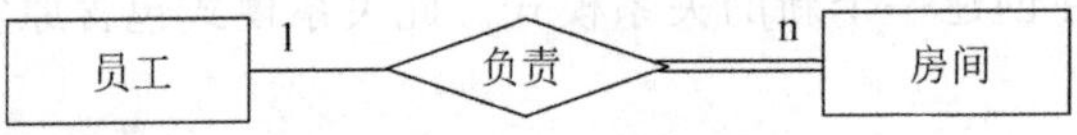

图 9.18　一对多联系

图 9.18 转换关系模式如下。

第一步实体的转换：员工(工号，姓名，性别，出生日期，民族，入校年月，工龄)

房间(房间号，房间名称，使用类别，建筑面积)

第二步联系的转换：房间(房间号，房间名称，使用类别，建筑面积，工号)

工号作为房间的外码，必须非空(房间实体是完全参与约束)，参照员工的工号。

3. 多对多联系

对联系单独建立一个关系模式，该关系模式包括两实体的码及联系的属性。9.2.3 节中图 9.8 转换关系模式如下。

第一步实体的转换：教师(工号，姓名，性别，出生日期，民族，职称)

职务(职务编号，职务名称，职务类别)

第二步联系的转换：任职(工号，职务编号，任职开始时间，任职结束时间)

工号、职务编号作为任职的外码，分别参照教师的工号和职务的职务编号。这两个外码同时又是任职关系的主属性，不可为空。

4. 两个以上实体型之间的联系

对联系单独建立一个关系模式，该关系模式包括各个实体的码及联系的属性。9.2.3 节中图 9.9 转换关系模式如下。

第一步实体的转换：教师(工号，姓名，性别，出生日期，民族，职称)

班级(班级号，班级名称，班级类型)

课程(课程号，课程名称，总学时，类别)

第二步联系的转换：任课(工号，班级号，课程号，学年，学期)

工号、班级号、课程号作为任课的外码，分别参照教师、班级和课程中相应的属性列，外码同时也是任课的主属性，不可为空。

5. 单个实体型内部的联系

对于一对一或一对多单个实体型内部联系的转换就是在这个实体对应的关系模式中多设一个属性，该属性与主码属性的类型、长度相同，并作为外码列指向实体本身。该属性的命名需与主码属性不同，表明其用意。外码的约束根据实际需求进行确定。9.2.3 节中图 9.10 转换关系模式如下。

第一步实体的转换：学生(学号，出生日期，区名，邮编，街道，路名门牌，学籍状态，学生来源，宗教信仰)

第二步联系的转换：学生(学号，出生日期，区名，邮编，街道，路名门牌，学籍状态，学生来源，宗教信仰，班长学号)

班长学号作为学生的外码，参照自身的学号。根据实际情况一个班级可以暂时没有班长。所以允许为空。

9.3.3 弱实体的表示

弱实体如同强实体一样也是要转换成关系模式。只是弱实体一定拥有一个对应的标识实体类型(强实体类型)。将标识实体的主码加入到弱实体的关系模式中作为外码。弱实体的部分码加上外码，构成新关系模式的主码。9.2.4节中图9.13转换关系模式如下。

第一步实体的转换：学生(学号，出生日期，区名，邮编，街道，路名门牌，学籍状态，学生来源，宗教信仰)

简历(起始日期，终止日期，所在学校)

第二步联系的转换：简历(学号，起始日期，终止日期，所在学校)

学号是简历的外码，参照学生的学号，弱实体对应的关系模式中外码同时也是主属性，不可取空。

9.3.4 聚集的表示

将包含聚集的E-R图转换成关系模式时把聚集看作一般实体一样对待，此时对聚集无须用单独的关系模式表示，直接将定义该聚集的联系看作高层实体即可。此前介绍的联系集上主码和外码的设置规则，也同样适用于与聚集相关联的联系集。9.2.5节中图9.14(b)转换关系模式如下。

教师(工号，姓名，性别，出生日期，民族，职称)

课程(课程号，课程名称，总学时，类别)

擅长(工号，课程号)

班级(班级号，班级名称，班级类型)

任课(工号，课程号，班级号，学年，学期)

9.3.5 逻辑结构设计的步骤

就关系数据模型来说，逻辑结构的设计分三步完成。

1. E-R图向关系模型的转换

关系模型的逻辑结构是一组关系模式的集合。E-R图则是由实体、实体的属性和实体之间的联系三个要素组成。所以将E-R图转换为关系模型实际上就是将实体及其联系转换为关系模式，其转换原则上面几小节已做介绍。

2. 数据模型的优化处理

数据库逻辑结构设计的结果不是唯一的。为了进一步提高数据库应用系统的性能，还应该根据应用需要适当地修改、调整数据模型的逻辑结构，即做优化处理。通常以规范化理论为指导。规范化到什么程度，是否保留冗余，要根据具体应用系统而定，最后形成全局逻辑模型。

3. 设计外模式(用户子模式)

根据局部应用需求，结合具体DBMS的特点，设计外模式(用户子模式)。定义数据库全局模式主要是从系统的时间效率、空间效率、易维护等角度出发。由于外模式与模式是相对独立的，因此在定义外模式时可以注重考虑用户的习惯、方便及安全性等多方面需求。

9.4 E-R 模型设计问题

前面两节已经介绍了概念结构设计及转换成逻辑结构设计的相关问题，那么规范化理论如何融入到数据库设计中呢？在实际需求背景下，概念结构设计中实体、属性、联系的准确识别也不是易事，如何分析需求灵活处理呢？本节将讨论 E-R 模型设计中的几个基本问题。

1. E-R 模型和规范化

通俗地说，规范化就是分析表中各属性之间的依赖关系，消除不合理的数据依赖，把大表分解为多个小表的过程。其实质就是概念的单一化，把多余的概念"分离"出去，实现"一事一地"的模式设计原则。而 E-R 模型正是一个实体或者一个联系描述一个概念，完全符合规范化的目标。

因此，好的数据库设计者能够在建立 E-R 模型时靠直觉经验识别实体、属性和联系，直接得到规范化的关系模式或只需稍许修改即为规范化的关系模式，从而减少后期逻辑结构设计中规范化的工作。而 E-R 模型设计不好就会在转换后的逻辑结构中出现不合理的数据依赖，此时就要分析数据依赖关系进行规范化处理，避免冗余和异常。设计 E-R 模型的重要性也正体现在这里，它从一开始就潜移默化地引导着设计者走向规范化的数据库设计。

例如，在建立 E-R 模型时，识别学生实体的属性时把班号和班主任老师作为刻画学生的属性，那么学生实体对应的关系模式为：

学生(学号，姓名，性别，入学年月，出生日期，…，班级号，班主任老师)

这里存在"学号→班级号，班级号→班主任老师"这一传递依赖从而导致冗余的发生，根源在于 E-R 模型设计不好。班号作为刻画学生的属性不合适，应引入班级实体(后面还有按班级进行排课的需求，引入班级实体很有必要)，反映出学生与班级的对应关系；班主任老师也与学生实体没有直接关系，而是关联班级和教师实体的联系，因此需要引入教师实体。通过教师和班级的关联关系，反映出教师担任班主任的对应关系，如图 9.19 所示。该图直接可以转换成规范化的逻辑结构。

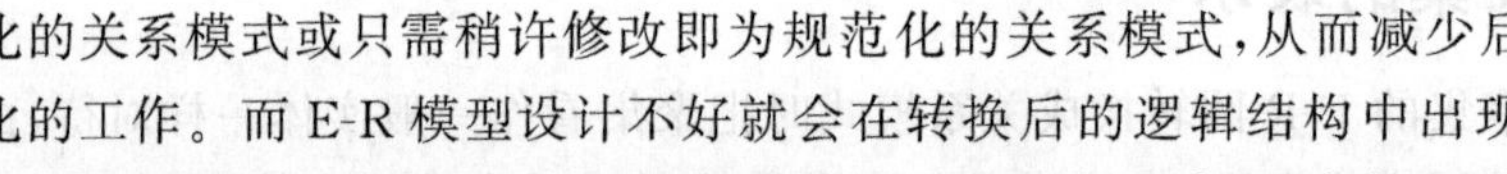

图 9.19 E-R 模型和规范化

学生(学号，姓名，性别，入学年月，出生日期，…，*班级号*)

班级(班级号，班级名称，班级类型，*班主任老师工号*)

教师(工号，姓名，性别，出生年月，民族，职称)

2. 用实体还是用属性

作为实体要包含刻画它的属性信息，而属性不能再包含刻画它的属性信息，即若有属性还有刻画它的属性，则该属性作为实体来处理更为合适。

例如，需求要求“每位员工只在一个办公室办公”，仅此要求的话就可以把办公室房间号作为员工的属性，描述员工的办公地点信息，即可满足需求，如图 9.20 所示。

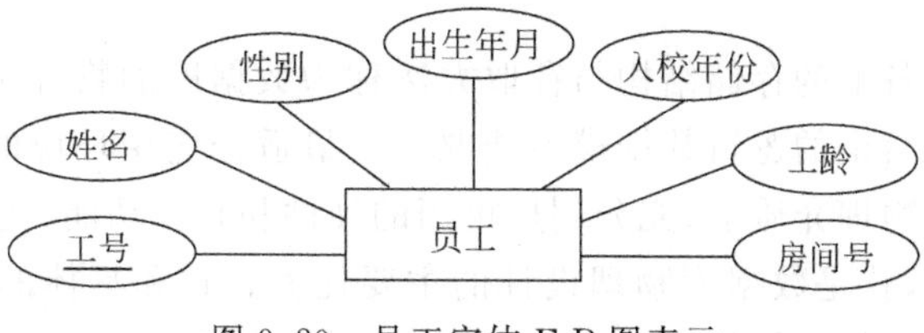

图 9.20　员工实体 E-R 图表示

但若需求还要求记录房间的房间号、房间名称、使用类别、建筑面积等信息，并且学校每个房间都必须指定一个员工负责。这种需求下，房间不仅是房间号单个属性，还有刻画它的其他属性存在，因此必须作为实体，并且和员工实体建立关联，如图 9.21 所示。

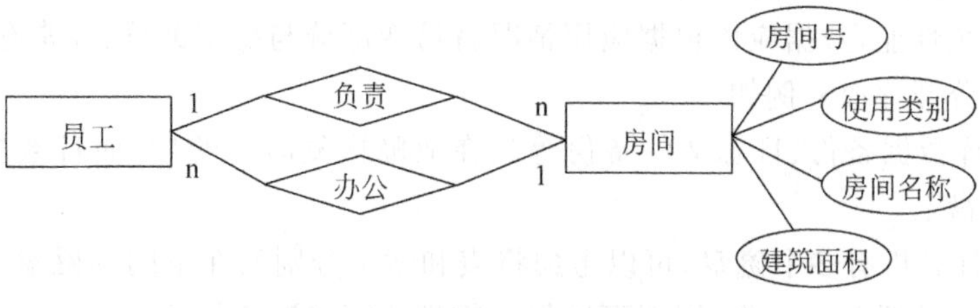

图 9.21　员工房间联系 E-R 图表示

3. 二元还是多元联系

二元联系关联两个实体，当二元联系无法准确描述关联的语义时，就需要使用多元联系。

在图 9.22 所示的这个例子中，图 9.22 (a)能反映出一个班级某门课程由某位教师担任教学工作，图 9.22 (b)只能看出一个班级开设有什么课程，该班级有哪些教师任教，但无法知道某个班级某门课程到底是由哪位教师担任教学工作的。

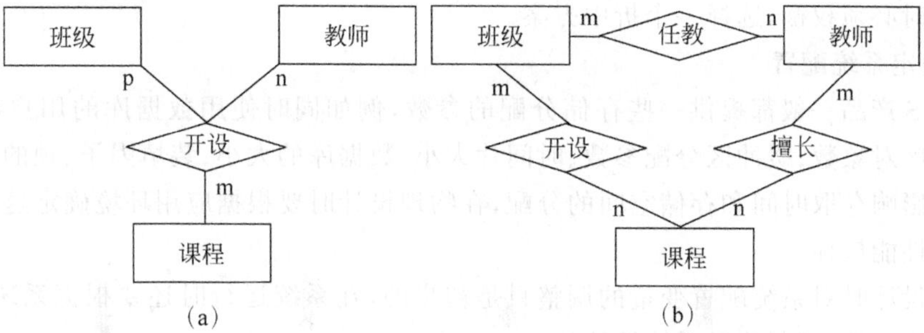

图 9.22　二元多元联系对比

到底是采用二元还是多元要分析实际背景下的具体需求，采取不同的设计方案。这点将在 9.6 节需求实例中详细剖析。

总之，E-R 模型设计受具体需求制约，是一个“仁者见仁，智者见智”的工作。所以这里只能给出设计时常用的原则，具体背景下建立概念模型要因地制宜，灵活应对。

9.5 物理结构设计

数据库在物理设备上的存储结构与存取方法称为数据库的物理结构，它依赖于给定的计算机系统。为一个给定的逻辑数据模型选取一个最适合应用环境的物理结构，将逻辑结构设计的结果映射到物理介质上，充分利用可用的硬件和软件功能，实现尽可能快的数据物理访问和维护的过程，就是数据库物理设计的主要任务。它和具体的 DBMS 产品、系统处理器、内存、存储介质等软硬件都有直接关系，涉及因素诸多。

1. 确定数据库的存储结构

数据库中要存储的数据主要包括：关系表、数据字典、索引、日志和备份文件等。DBMS 对不同数据的物理组织方式通常是不同的。

1）确定数据的存放位置

为提高系统性能，数据应该根据应用情况将易变部分与稳定部分、经常存取部分和存取频率较低部分分开存放。例如：

(1) 数据库数据备份、日志文件备份等只在故障恢复时才使用，而且数据量很大，可以考虑存放在磁盘上。

(2) 如果计算机有多个磁盘，可以考虑将表和索引分别放在不同的磁盘上。在查询时，由于两个磁盘驱动器并行工作，因而可以保证物理读写速度比较快。

(3) 可以将比较大的表分别放在两个磁盘上，以加快存取速度，这在多用户环境下特别有效。

(4) 可以将日志文件与数据库对象(表、索引等)放在不同的磁盘以改进系统的性能。

2）确定数据库存储结构

确定数据库存储结构时要综合考虑存取时间、存储空间利用率和维护代价三个方面的因素。这三个方面常常是相互矛盾的。

例如，消除一切冗余数据虽能够节约存储空间和减少维护代价，但往往会导致检索代价增加。此时必须权衡，选择一个折中方案。

3）确定系统配置

DBMS 产品一般都提供一些存储分配的参数，例如同时使用数据库的用户数、同时打开的数据库对象数、缓冲区分配参数、时间片大小、数据库的大小、装填因子、锁的数目等，这些参数都影响存取时间和存储空间的分配，在物理设计时要根据应用环境确定这些参数值，使得系统性能最佳。

物理设计时对系统配置变量的调整只是初步的，在系统运行时还要根据系统实际运行情况进一步调整，不断改进系统性能。

2. 关系模式存取方法的选择

确定关系模式的存取方法即建立哪些存取路径。数据库系统是多用户共享的系统，对同一个关系要建立多条存取路径才能满足多用户的多种应用要求。

DBMS 一般提供多种存取方法，常用存取方法有索引方法，目前主要是 B^+ 树索引方法、聚簇方法和 HASH 方法。B^+ 树索引方法是数据库中经典的存取方法，使用最普遍。创建索引的基本原则 4.1.2 节已做介绍，这里不再展开。

3. 评价物理结构

数据库物理设计过程中,需要从时间效率、空间效率、维护代价和各种用户要求进行权衡,其结果可以产生多种方案。设计人员必须对这些方案进行细致的评价,从中选择一个较优方案作为数据库的物理结构。

4. 影响物理设计的因素

1) 应用处理要求

在进行数据库物理设计前,应先弄清应用的处理需求,如吞吐量、平均响应时间、系统负荷、事务类型及发生频率等。这些需求直接影响设计方案的选择,而且它们还会随应用环境的变化而变化。

2) 数据特征

数据本身的特性对数据库物理设计也会有较大影响。如关系表中每个属性值的分布、记录的长度与个数等,这些特性都影响数据库的物理存储结构和存取路径的选择。

3) 运行环境

数据库的物理设计与运行环境有关,在设计时要充分考虑DBMS、操作系统、网络、计算机硬件等运行环境的特征和限制。

4) 物理设计的调整

数据库物理设计是基于数据库当前状况从许多可供选择的方案中选择一个合适的方法。但是随着时间的变化,数据库的状态和特性也会发生变化。因此需对物理设计不断调整,甚至有时需要重新设计。

影响物理设计的因素是多方面的,具体设计时要根据软硬件环境,同时考虑应用需求,给出最优方案,并不断调整。

9.6 数据库设计实例——学校管理信息系统

本节以基础教育学校管理信息系统的三个子系统为例,依据用户的特定功能需求,给出概念结构设计和逻辑结构设计的分析过程,并体会需求与数据库设计的紧密关系,能够对实际项目中数据库设计有个直观的认识,掌握数据库设计的分析方法和过程。

9.6.1 系统概述

无论小学、初中还是高中,课表的制定和调整都是教务人员最基础的日常工作之一,通常的排课操作是手工Excel表形式,或者在Excel表中少量使用宏代码方式进行,一旦出现班级、学生、教师和教室等基础信息的变更,已经完成的工作必须重新编排,耗费教务人员较大精力。

现有一个九年一贯制学校,以传统教学模式的自然班为单位组织教学,课表制定中涉及学生、班级、教师、课程、教室等相关基础信息,本节以涉及学生基础信息的学籍管理子系统、涉及教职工和房间基础信息的行政管理子系统和教务中的课表制定子系统为例,分析数据库设计的全过程。通过建立信息系统动态维护基础信息的变更,使得教务制定课表时所需数据完全来自最新的基础信息。通过基础信息的控制确保课表信息的准确性,同时也避免了排课的随意性(本系统不涉及排课约束条件和算法)。

9.6.2 学籍管理子系统的需求与概念设计

在现实的基础教育信息世界里，学籍系统中需要记录诸多信息。

(1) 学生常规信息：学号、姓名、性别、入学年月、年龄、出生日期、民族、身份证号、籍贯、健康状况、血型、居住地址、户口所在地、联系电话、来源学校。

属性识别：在 9.2.2 节已经分析过，年龄可由出生日期得到，是派生属性；居住地址是复合属性，联系电话是多值属性，具体情况不再赘述。其他都是简单且单值属性。

(2) 和教委信息系统相对接，每位学生有全市的统一学籍号。

属性识别：学籍号属性，格式按照市里统一规定：六位市区码-四位学校编码-一位学段代码-四位入学年份-四位年级内编码共 19 位。其中一位学段代码是小学 1、初中 2、高中 3。

(3) 军烈子女予以特殊关爱。

属性识别：是否军烈子女。

(4) 考虑学生的不同信仰的饮食和文化习俗。

属性识别：宗教信仰。

(5) 区分学生户籍所在地正常入学、外省市转入、外区县转入、引进人才居住证借读、蓝印户口借读、港澳台侨借读、外籍借读等不同入学方式。

属性识别：学生来源，属性可取值是以上所述。

(6) 记录学生正常就读、休学、退学、开除、转出、死亡等。

属性识别：学籍状态，属性可取值是以上所述。

(7) 学生升学时不同户口有不同的政策处理，升学方式不同。

属性识别：户口类别，属性值是本区、外区、外省、外籍、引进人才居住证、蓝印、港澳台等多种类别。

(8) 记录学生学籍变动(转入转出)信息，包括变动日期、变动原因、审批日期、审批文号、变动来源、变动去向。期初期末批量操作，平时偶尔操作。

属性识别：已经不适合作学生实体的属性，增加依赖于学生实体的弱实体学籍变动，以上属性刻画该弱实体。考虑到学生可能在不同学期转入再转出，需要再加上学年、学期属性。

(9) 记录学生简历信息，包括起始日期、终止日期、所在学校名称、担任职务、证明人、备注。

属性识别：已经不适合作学生实体的属性，增加依赖于学生实体的弱实体简历，以上属性刻画该弱实体。

(10) 记录班级信息，包括班级编号和班级名称。同一年级会设置不同的班级类型，开设不同的课程，甚至采取不同的考试试卷。一个行政班级至多 50 位学生，一个学生只属于一个行政班级。每个班级设置一位班长，管理本班学生。记录每位学生所在班的班长信息。

属性识别：常规属性班级编号和班级名称。由于同一年级会设置不同的班级类型，需要加上属性班级类型予以区分不同类型班级，也可以更好地和其他子系统的功能相衔接。学生实体内部存在一对多的管理与被管理关系，班级与学生一对多联系。

根据以上需求分析，学籍管理子系统的概念设计如图 9.23 所示。

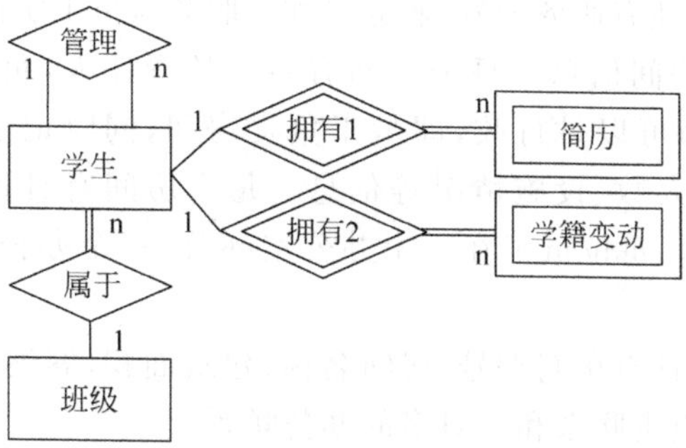

图 9.23 学籍管理子系统的概念设计 E-R 图

说明：实体属性众多，图 9.23 中没有标注出各实体的属性。

9.6.3 行政管理子系统的需求与概念设计

在现实的基础教育信息世界里，行政管理子系统非常庞大，这里只涉及和课表制定相关的员工和房间信息的管理。需求如下。

(1) 员工(教职工)常规信息：职工号、姓名、身份证号、性别、民族、年龄、工龄、出生日期、健康状况、婚姻状况、政治面貌、籍贯、居住住址、户口所在地、文化程度、联系电话、电子邮箱。

属性识别：年龄可由出生日期得到，是派生属性；居住地址是复合属性，分为邮编、所在区和详细地址。联系电话在此是单值属性，每位员工只记录唯一联系电话。其他都是简单且单值属性。

(2) 考虑员工的不同信仰的饮食和文化习俗。

属性识别：宗教信仰。

(3) 员工分为专职教师，行政两类。

属性识别：编制类别。

(4) 记录员工年份相关信息：参加工作年月、来校年月。若是教师编制，还要记录其从教年份。工龄作为派生属性，可由参加工作年份与当前年份计算得出。

(5) 区分离职离岗人员和在职在岗人员。

属性识别：员工状态。

(6) 记录员工学历信息，包括学历、所学专业、入学年份、学制、毕业年月、毕业学校、学位，学位授予日期、学位授予单位。这时要增加依赖于员工实体的弱实体学历。

属性识别：抽取相关属性，考虑到可能有国外学历，为今后便于查询，加属性学位授予国家。考虑到学历多样性(高校、夜大、函授、研修等)加属性“学习形式”。考虑到有在职学历进修的可能(脱产、半脱产和业余)，加属性“学习方式”。

(7) 记录员工专业技术职称信息，包括任职资格名称、评审单位、评定日期。

增加依赖于员工实体的弱实体专技职称，以上属性刻画该弱实体。

(8) 员工有行政职务信息，一位员工可以有多个职务，一个职务可以多位员工担任，记录任职开始时间、任职结束时间。行政职务有校长、副校长、书记、副书记、总务主任、工会主席、教导主任等。

识别出实体职务，属性有职务编号、职务名称。职务与员工实体多对多联系。

(9) 记录学校所有房间信息。每个房间有唯一的责任人，负责管理该房间的安全等问题，责任人可以是教师可以是行政，即员工负责房间，同时记录每个房间的房间号、房间名称、建筑面积、容纳人数、设施情况等信息。每个房间有且仅有一个员工负责，一位员工可以负责多个房间。每位员工在一个办公室办公，一个办公室可以有一名或者多名员工办公。

识别出实体房间，属性有房间编号、房间名称、建筑面积，容纳人数，设施情况。房间与员工实体存在多对一的负责联系和一对多的办公联系。

根据以上需求分析，行政管理子系统的概念设计如图 9.24 所示。

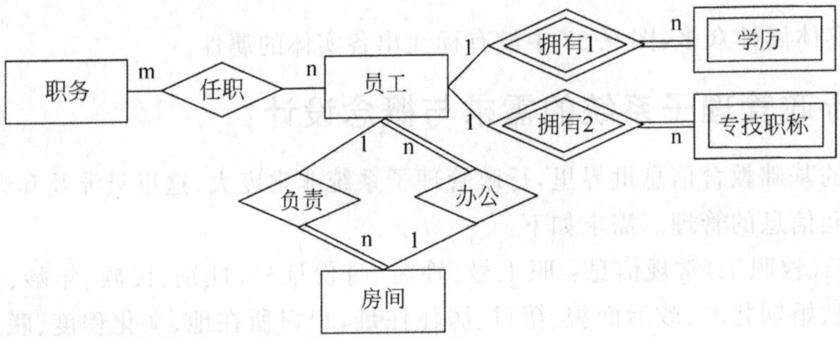

图 9.24 行政管理子系统的概念设计 E-R 图

说明：由于实体属性众多，图 9.24 中没有标注出各实体的属性。

9.6.4 课表制定子系统的需求与概念设计

在现实的基础教育信息世界里，教务管理子系统非常庞大，这里只考虑课表制定子系统的设计。

1. 课表制定子系统的用户需求

一张以传统教学班为单位的课表包含的信息有学年、学期、周几上课、节次、任课老师、班级、课程名称、上课地点等信息。

(1) 课程记录其课程号、课程名称、课程类别和总学时。

(2) 学生记录其学号、学籍号、姓名、性别、入学年月、学籍状态。

(3) 教师记录其职工号、姓名、出生日期、性别、民族、健康状况、文化程度、联系电话、电子邮箱、从教年份、参加工作年月、来校年月、员工状态、当前专业技术职称信息。

教师有多种业务职务，比如教研组长、年级组长、备课组长，一位教师可以有多个职务，一个职务可以在不同时期由不同教师担任，记录任职开始时间、任职结束时间。

(4) 班级：传统自然班。一个班级最多 50 位学生。每个班级有一位班主任老师负责。

(5) 节次：该学校包括小学和初中两个学部，两学部学生第一节课开始时间、每节课课时长度和每天节次都不相同。

(6) 上课地点：不仅是该班教室、也可能是其他任何可以教学的场所，统称教室。

(7) 任课教师的选择制约规则与业务流程：

① 新教师入职要登记擅长任教的课程(可以是一门或多门)，当然一门课程可以登记多位擅长教师。

② 每学期由部门教学负责人安排各课程的任课教师：可以依据系统中记录的该课程擅长教师，从中做出选择，安排该教师对该课程的任教班级；也可以选择其他任何教师任教该课程。

③ 教务员制定课表：根据部门教学负责人的课程安排，为每门课程安排时间和地点。

(8) 课表系统需包括生成、查询、打印三大基本功能；功能面向相关教师、学生、教务及行政后勤维保岗位。

2. 课表功能的概念设计

1) 实体的识别

(1) 该学校是包括小学、初中的九年一贯制学校，不同学部开始上课的时间不同，每节课长度不同，每天节次不同。所以仅仅安排节次信息，而不知道学部就无法获知该节次具体的上课开始时间和上课结束时间(上课时间节次基础信息有可能动态调整)。因此节次有诸多刻画它的属性，本身已经不能再作属性，需要定义时间段实体，来区分不同学部，也便于日后动态调整的可能。该实体可定义为：

时间段(节次，开始时间，结束时间，适用部门)

(2) 上课地点不仅是该班教室，也可能是其他任何可作为教学地点的场所，统称教室。每个教室有教室号，教室名称，容纳人数，设施情况等信息。因此上课的教室不仅是教室号单一属性来描述，需要抽取教室实体。该实体可定义为：

教室(教室号，教室名称，容纳人数，设施情况)

所以课表制定涉及时间段和教室两个实体及班级、教师和课程三个常规实体。

2) 联系的识别

仔细研究上面课表制定子系统的需求，理解任课教师选择的制约规则和业务流程，得到实体间的联系。

(1) 新教师入职登记擅长课程，可以是一门或多门。

教师与课程存在多对多联系“擅长”，该联系不涉及其他实体。

(2) 部门教学负责人安排各课程的任课教师。

可以依据系统中记录的该课程擅长教师，从中做出选择，安排该教师对该课程的任教班级；也可以选择其他任何教师。也就是说理论上全体教师都可以作为某班级该课程的任课教师，因此这时教师、班级、课程三个实体建立多对多的联系“任课”。而不是将联系“擅长”抽象为聚集，再和班级建立二元联系，即该需求不能建模成如图 9.25(c)所示的形式。

(3) 教务员根据部门教学负责人的课程安排进行课表制订。

教务人员根据负责人安排好的教师班级课程对应信息，安排周几、节次和地点，其实是在时间段、教室和联系“任课”的聚集三者间建立多对多的关联关系。

根据上面分析，可以得知教师、课程和班级三个实体不再如图 9.22 所示为三实体间多对多联系或者三实体间两两联系，因为那样无法表达出这里的业务需求。

建立教师实体与课程实体二者间的多对多联系“擅长”(如图 9.25(a)所示)，此时与其他实体无关,体现了教师入职时登记擅长课程的要求。建立教师、班级、课程三个实体间的多对多联系"任课"(如图 9.25(b)所示),表明课程的任课教师可以选择所有教师而不局限于该课程登记的擅长教师,当然可以根据登记的擅长信息推荐该课程的教师。

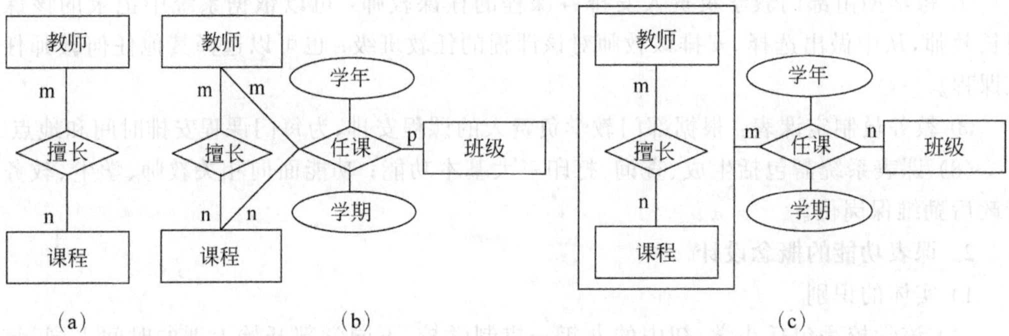

图 9.25 班级安排课程 E-R 图

如果需求改为教学负责人只能选择该课程登记的擅长教师任教,则 E-R 建模如图 9.25(c)所示。把擅长聚集为高层实体与班级建立多对多联系,体现出班级只和某教师擅长的某门课建立任课联系。

图 9.26 将图 9.25(b)中任课这个多对多联系聚集为高层实体与时间段、教室建立三实体间的多对多联系,体现出教务人员只能根据负责人安排好的教师班级课程对应信息,安排节次、周几和地点。至此准确建模反映出任课教师选择的制约规则与业务流程的用户需求。

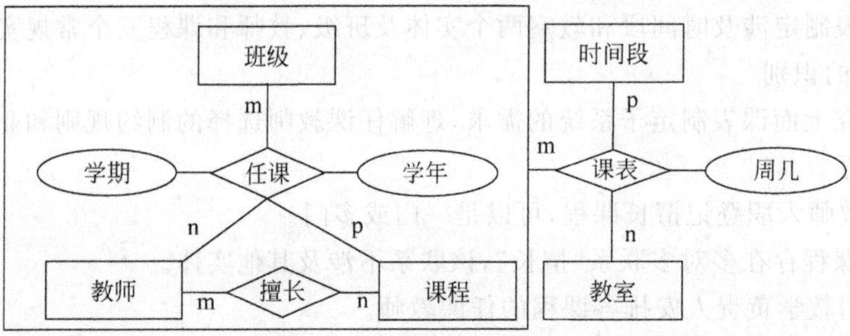

图 9.26 课表安排 E-R 图

学校实际需求中往往不止是课表,每学期要安排校历信息,记录每个学期的工作开始日期、工作结束日期、学生开学日期和学生放假日期。根据校历信息安排每周教学和学生活动,排课、考试安排等功能也都和学期周密不可分。这时,不能单纯考虑排课的单一需求,统观全局,学年学期不再作属性,而是抽象为实体。

学期(学年,学期,工作开始日期,工作结束日期,学生开学日期,学生放假日期)

因此,将任课这个三实体联系改为教师、课程、班级和学期四实体间的多对多联系,同时加上学生与班级的多对一联系和教师与职务的多对多联系,形成课表制定子系统的概念模型,如图 9.27 所示。

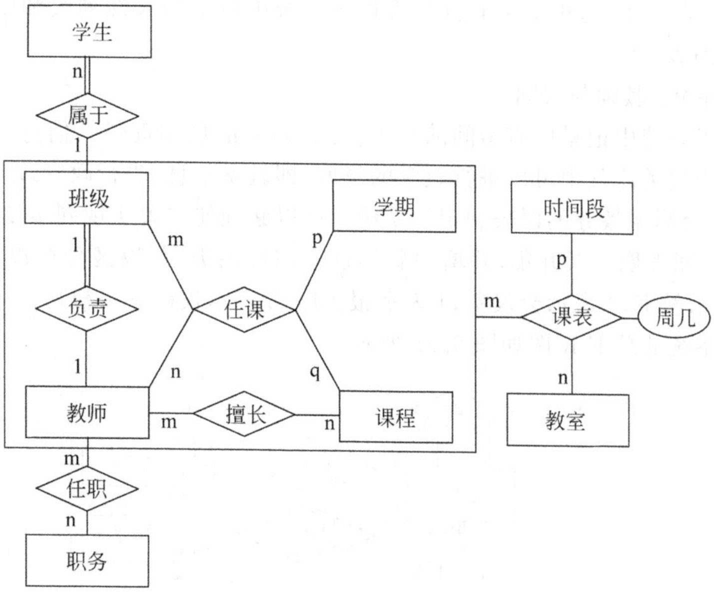

图 9.27　课表制定子系统的概念建模

9.6.5　子系统视图的集成

合并三个子系统的分 E-R 图，得到整个系统的总 E-R 图。

1. 属性冲突

两个子系统中职务实体的属性职务名称的属性值不同。

行政管理子系统中职务实体的属性职务名称是行政职务，如校长、副校长、书记、副书记、总务主任、工会主席、教导主任等。

而在教务的课表制定子系统中职务实体的属性职务名称是教师的业务职务，如教研组长、年级组长、备课组长。

解决方法：两个子系统的职务实体合并，在职务实体中增加属性职务类别，以区分不同的分类方法，1 表示行政职务，2 表示业务职务。

2. 结构冲突

(1) 同一对象在不同应用中具有不同的抽象。

行政管理子系统中记录员工专业技术职称信息，包括任职资格名称、评审单位、评定日期，这里记录该员工历史职称信息详情。

在教务的课表制定子系统中专业技术职称只作为属性，表明该教师当前职称信息，不关心历史职称信息详情。

解决方法：把属性变换为实体，统一为专业技术职称实体，在该实体中加属性是否当前职称。

(2) 同一实体在不同 E-R 图中所包含的属性个数不同。

教务的课表制定子系统中教师实体的属性只是行政管理子系统中员工属性的一部分，而且只关心教师的信息，与行政人员无关。

教务的课表制定子系统中学生实体的属性只是学籍管理子系统中学生属性的一部分。

解决方法：取并集，这里就是取行政管理子系统中员工的属性列表和学籍管理子系统中学生的属性列表。

(3) 其他冲突：教师与房间。

行政管理子系统中记录所有房间的基本信息、办公信息和责任人信息。而在教务的课表制定子系统中仅关注其中可以进行教学的场所，即教室信息，当行政管理子系统中房间信息做出变更时，会影响教务的课表制定子系统。所以必须使二者实现同步变更。

解决方法：属性取二者并集，并增加新属性房间使用类别，以区分可以教学的场所。1表示办公，2表示教室，3表示会议室，4表示报告厅，5表示校园网络机房。

合并后的系统的总E-R图如图9.28所示。

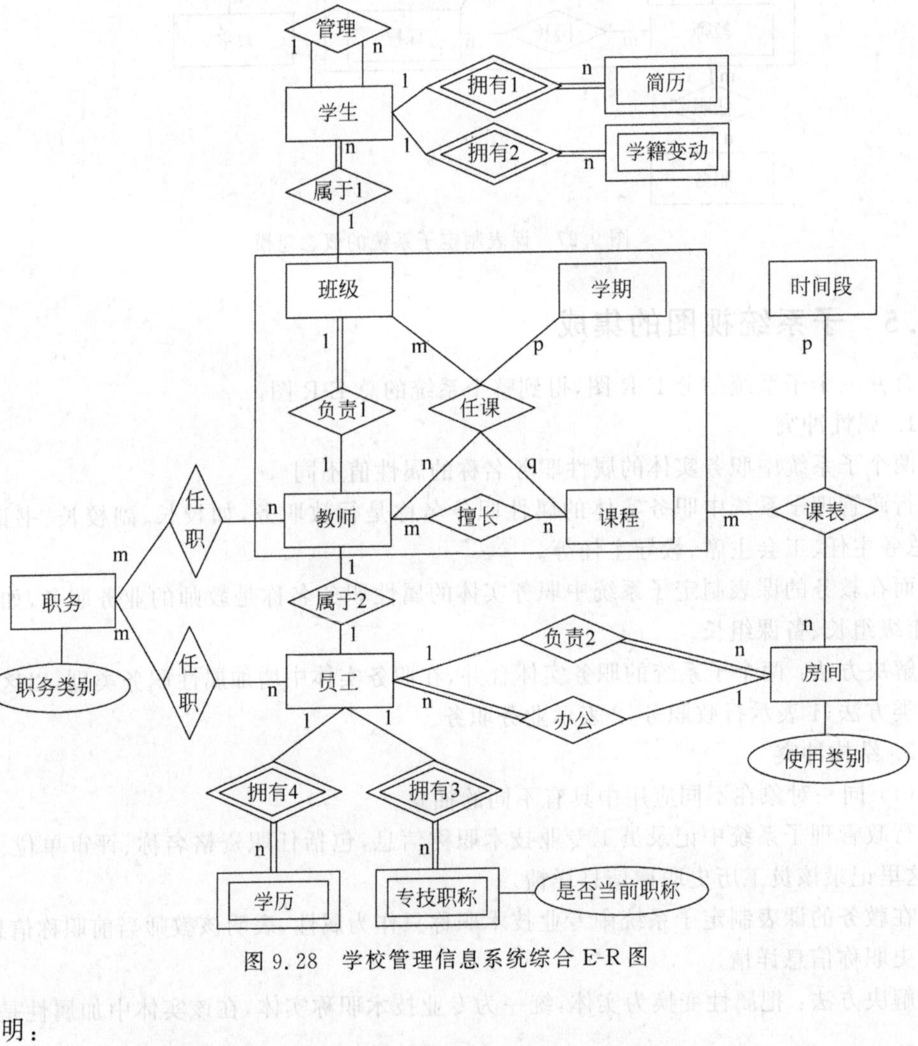

图9.28 学校管理信息系统综合E-R图

说明：

(1) 由于实体属性众多，图9.28中只标出集成时增加的属性。

(2) 上面分析得出，课表制定子系统中教师实体集只是取行政管理子系统员工实体集的一部分，集成时取员工的属性列表。为了方便设计各子系统外模式，图9.28中仍然标出教师实体，但在后面设计全局逻辑模式时教师实体并不转换成关系模式。

9.6.6　逻辑结构设计

根据用户现实需求，概念结构设计已经将现实世界抽象为信息世界，明确识别出实体、联系以及各自属性，接下来依照相关规则将概念设计的 E-R 图转换为关系数据模型的逻辑结构设计，并进行优化以及设计外模式。

1. E-R 图向关系模型的转换

（1）学生实体：学生实体中年龄可由出生日期得到，是派生属性，转换时不做保留；居住地址是复合属性，代之以区名、邮编、街道、路名门牌；联系电话是多值属性转换成关系模式。其他属性如 9.6.2 节中分析所得。

学生实体内部存在一对多联系，加班长学号属性。

学生与班级多对一联系，在学生关系模式中加班级编号属性。

逻辑结构如表 9.2 所示。

表 9.2　学生基本信息表

字段名称	类　型	长度	可空	说　明
学号	char	10	N	主码，学校内部编号
学籍号	char	19	N	全市的统一学籍号
姓名	varchar	40	N	可能非汉族，长名字
性别	char	1	N	F,M
入学年月	char	6	N	YYYYMM
出生日期	smalldatetime		Y	
民族	varchar	20	Y	
身份证号	char	18	Y	
籍贯	char	6	Y	
健康状况	char	4	Y	
血型	char	1	Y	
区名	char	8	Y	
邮编	char	6	Y	
街道	char	10	Y	
路名门牌	char	30	Y	
班长学号	char	10	Y	外码，参照自身的学号
班级编号	char	4	Y	外码，参照班级的班级编号
户口所在地	varchar	60	Y	
学生来源	char	20	N	正常入学、外省市转入、外区县转入、引进人才居住证借读、蓝印户口借读、港澳台侨借读、外籍借读
军烈属子女	char	1	Y	1 是，0 否
宗教信仰	varchar	30	Y	
来源学校	varchar	50	Y	
学籍状态	char	8	N	正常就读、休学、退学、开除、转出、死亡
户口类别	char	14	N	本区、外区、外省、外籍、引进人才居住证、蓝印、港澳台

考虑到篇幅关系仅以学生基本信息表为例，给出详细的逻辑结构，其他只给出其关系模式中的属性列表，不再以表格形式列出详细设计信息。下画线表示主码，斜体字表示外码，不再加文字说明。

(2) 学生实体的弱实体和多值属性。

弱实体转换时加上所依赖实体的主码：

简历(<u>学号</u>,<u>起始日期</u>,终止日期,所在学校名称,担任职务,证明人,备注)

学籍变动(<u>学号</u>,<u>学年</u>,<u>学期</u>,<u>变动日期</u>,变动原因,审批日期,审批文号,变动来源,变动去向)

学生实体的多值属性联系电话，转换成新的关系模式：

学生联系电话(<u>学号</u>,<u>电话号码</u>)

(3) 员工实体：员工实体中工龄可由参加工作年月得到，是派生属性；年龄可由出生日期得到，是派生属性，转换时都不做保留；居住地址复合属性代之以邮编、所在区和详细地址；其他属性如 9.6.3 节中分析所得。员工关系模式中加房间号，对应所在办公室的一对多联系。

转换成关系模式，逻辑结构如下：

员工(<u>职工号</u>,姓名,身份证号,性别,民族,出生日期,健康状况,婚姻状况,政治面貌,籍贯,邮编,所在区,详细地址,户口所在地,文化程度,联系电话,电子邮箱,编制类别,参加工作年月,来校年月,从教年份,宗教信仰,员工状态,*房间号*)

(4) 员工实体的弱实体：两个弱实体转换时加上所依赖实体的主码。

学历(<u>职工号</u>,<u>学历</u>,<u>所学专业</u>,入学年月,学制,学习形式,学习方式,毕业年月,毕业学校,学位,学位授予日期,学位授予单位,国家)

学习形式：高校、夜大、函授、研修

学习方式：脱产、半脱产和业余

专业技术职称(<u>职工号</u>,<u>任职资格名称</u>,评审单位,评定日期,是否当前职称)

注意：根据子系统视图集成，增加了是否当前职称属性。

(5) 房间实体：房间关系模式中加职工号，对应房间与负责人的一对多联系。

房间(<u>房间号</u>,房间名称,使用类别,建筑面积,容纳人数,*职工号*)

注意：根据子系统视图集成，增加了使用类别属性。

(6) 职务实体与任职联系。

职务(<u>职务编号</u>,职务名称,职务类别)

任职(<u>职工号</u>,<u>职务编号</u>,<u>任职开始时间</u>,任职结束时间)

注意：根据子系统视图集成，增加了职务类别字段。

(7) 班级实体、课程实体、学期实体、时间段实体。

班级(<u>班级编号</u>,班级名称,班级类型,*班主任职工号*)

加班主任职工号，表示班级和教师的一对一班主任联系。

课程(<u>课程号</u>,课程名称,课程类别,总学时)

学期(<u>学年</u>,<u>学期</u>,工作开始日期,工作结束日期,学生开学日期,学生放假日期)

时间段(<u>节次</u>,开始时间,结束时间,<u>适用部门</u>)

(8) 擅长联系、任课联系、课表联系。

擅长(<u>职工号</u>,<u>课程号</u>)

任课(学年,学期,职工号,班级编号,课程号)

课表(学年,学期,职工号,班级编号,课程号,节次,适用部门,房间号,周几)

2. 规范化及优化处理

(1) 学生关系模式中有学号、班级编号和班长学号属性。

存在"学号→班级编号,班级编号→班长学号"这个传递依赖,所以学生只是 2NF,存在冗余,造成更新复杂。

解决方法:将班长学号从学生中删除,加到班级关系模式中。

班级(班级编号,班级名称,班级类型,*班主任职工号*,*班长学号*)

(2) 考虑员工关系模式中加冗余属性当前职称。

原来员工关系模式中没有当前职称属性,而在专业技术职称(*职工号*,任职资格名称,评审单位,评定日期,是否当前职称)中记录历史职称信息。而当前职称信息是经常要查询用到,所以考虑在员工关系模式中加冗余属性当前职称,可以通过业务逻辑控制确保冗余信息保持一致。这样,专业技术职称中是否当前职称属性可以去掉。

(3) 为学籍变动、学历、任职、时间段、任课和课表另外设置主码:这几个关系模式原来的主码是属性组,且属性较多,另外加编号做主码,更加方便。

学籍变动(学籍变动编号,学号,学年,学期,变动日期,变动原因,审批日期,审批文号,变动来源,变动去向)

学历(学历编号,*职工号*,学历,所学专业,入学年月,学制,学习形式,学习方式,毕业年月,毕业学校,学位,学位授予日期,学位授予单位,国家)

任职(任职编号,*职工号*,*职务编号*,任职开始时间,任职结束时间)

时间段(时间段编号,节次,开始时间,结束时间,适用部门)

任课(任课编号,学年,学期,*职工号*,*班级编号*,*课程号*)

课表(排课编号,*任课编号*,*时间段编号*,*房间号*,周几)

(4) 为了信息系统的标准化,可以考虑做部分信息的代码化处理,尽量遵从国标、行标或者学校自身定义的标准,确保系统的兼容性。

例如学生关系模式中,户口类别、民族、学籍状态、学生来源都可以遵从相关代码,单独设计代码表。本章不涉及代码设计相关问题,在此不做详细介绍。

优化后的全局数据库模式不再重新列出。

3. 外模式设计

根据全局逻辑模式设计及各子系统的应用需求,结合分 E-R 图,设计子系统的外模式。

(1) 学籍管理子系统的外模式设计(图 9.29)。

学生(学号,学籍号,姓名,性别,入学年月,出生日期,民族,身份证号,籍贯,健康状况,血型,区名,邮编,街道,路名门牌,*班级编号*,户口所在地,学生来源,军烈属子女,宗教信仰,来源学校,学籍状态,户口类别)

简历(*学号*,起始日期,终止日期,所在学校名称,担任职务,证明人,备注)

学籍变动(学籍变动编号,*学号*,学年,学期,变动日期,变动原因,审批日期,审批文号,变动来源,变动去向)

学生联系电话(*学号*,电话号码)

班级(班级编号,班级名称,班级类型,*班主任职工号*,*班长学号*)

图 9.29 学籍管理子系统的外模式

(2) 行政管理子系统的外模式设计(图 9.30)。

员工(职工号，姓名，身份证号，出生日期，性别，民族，健康状况，婚姻状况，
政治面貌，籍贯，邮编，所在区，详细地址，户口所在地，文化程度，联系
电话，电子邮箱，宗教信仰，编制类别，参加工作年月，来校年月，从教年
份，员工状态，当前职称，*房间号*)
学历(学历编号，*职工号*，学历，所学专业，入学年月，学制，学习形式，学习方式，
毕业年月，毕业学校，学位，学位授予日期，学位授予单位，国家)
专业技术职称(*职工号*，任职资格名称，评审单位，评定日期)
职务(职务编号，职务名称，职务类别)
任职(任职编号，*职工号*，*职务编号*，任职开始时间，任职结束时间)
房间(房间号，房间名称，使用类别，建筑面积，容纳人数，*职工号*)

图 9.30 行政管理子系统的外模式

(3) 教务的课表制定子系统的外模式设计(图 9.31)。

学生视图：从全局逻辑模式学生中依照教务课表制定子系统的需求抽取部分属性，构造而成。

教师视图：从全局逻辑模式员工中依照教务课表制定子系统的需求抽取部分属性，而且只选择编制类别是教师的行信息，构造出教师视图。

教室视图：从全局逻辑模式房间中，选择使用类别是教室的房间，而且不关心其负责人信息，即本子系统只关注类别是教室的教室号、教室名称、建筑面积、容纳人数信息。

View_学生(学号，学籍号，姓名，性别，入学年月，*班级编号*，学籍状态)
View_教师(职工号，姓名，出生日期，性别，民族，健康状况，文化程度，联系电话，
电子邮箱，从教年份，参加工作年月，来校年月，员工状态，当前职称，
房间号)
View_教室(教室号，教室名称，建筑面积，容纳人数)
职务(职务编号，职务名称，职务类别)
任职(任职编号，*职工号*，*职务编号*，任职开始时间，任职结束时间)
班级(班级编号，班级名称，班级类型，*班主任职工号*，*班长学号*)
课程(课程号，课程名称，课程类别，总学时)
学期(学年，学期，工作开始日期，工作结束日期，学生开学日期，学生放假日期)
时间段(时间段编号，节次，开始时间，结束时间，适用部门)
擅长(*职工号*，*课程号*)
任课(任课编号，学年，学期，*职工号*，*班级编号*，*课程号*)
课表(排课编号，*任课编号*，*时间段编号*，*房间号*，周几)

图 9.31 课表制定子系统的外模式

本节以学校管理信息系统为例，首先分析三个子系统各自的功能需求，并针对各子系统特定的功能需求进行概念设计，识别强实体或弱实体、抽取实体的属性、确定实体间联系的类型，使得概念设计与功能需求完全对应，为最终数据库的设计结果完全承接需求打好坚实的基础。然后分析三个子系统的需求细节的区别，进行视图集成，得到整个系统的概念设计 E-R 图。进而转换成逻辑设计的全局模式并做出优化处理。最后给出三个子系统各自的外模式，从而为后面各子系统的开发做好数据库的铺垫。

习　题　9

一、单项选择题

1. 将局部的 E-R 图合并成全局的 E-R 图时可能出现冲突，不属于合并冲突的是(　　)。

A. 属性冲突　　B. 语法冲突　　C. 结构冲突　　D. 命名冲突

2. 将 E-R 图转换为关系模型时，由一个 m ：n 联系转换而来的关系模式的码是(　　)。

A. m 端实体的码　　B. n 端实体的码

C. 重新选取码　　D. 由 m 端和 n 端实体的码组合而成

3. 如果采用关系数据库来实现应用，在数据库设计的(　　)阶段将进行关系模式规范化处理。

A. 需求分析　　B. 概念结构设计

C. 逻辑结构设计　　D. 物理结构设计

4. 设计外模式，应该在数据库设计的(　　)阶段完成。

A. 概念结构设计　　B. 逻辑结构设计

C. 物理结构设计　　D. 数据库实施

5. 下列选项中，属于数据库物理结构设计工作的是(　　)。

A. 收集和分析用户需求　　B. 将 E-R 图转换为关系模式

C. 选择存取路径和存取方法　　D. 构造概念模型

二、填空题

1. E-R 模型中的属性按照类型可以分为简单属性、________、单值属性、________、________和码属性。

2. 概念结构设计分为__________________和__________________两个步骤。

3. 在数据库设计中，当合并局部 E-R 图时，学生在某一局部应用中被当作实体，而在另一局部应用中被当作属性，那么被称为________。

4. 在设计 E-R 模型时，区分属性和实体的原则是__________________。

5. 在数据库设计中，概念结构常用的表示方法是________；逻辑结构设计的任务是将概念结构转换为 DBMS 所支持的________。

三、简答题

1. 简述数据库设计的过程。

2. 试述全部参与约束与部分参与约束的区别。

3. 试述弱实体集与强实体集的区别。

4. 将实体转换为关系模式时，如何处理不同类型的属性？

5. 简述数据库逻辑结构设计的主要步骤。

四、综合题

1. 一个图书借阅管理数据库要求提供下述服务：

(1) 可随时查询书库中现有图书的品种和存放位置。所有图书均可由书号唯一标识。

(2) 可随时查询图书借还情况，包括借书人单位、姓名、手机号码、借书证号、借书日期和还书日期。任何人可借多种书，任何一种书可为多个人所借，借书证号具有唯一性。

(3) 当需要时,可通过数据库中保存的出版社的电子邮箱、电话、邮编及地址等信息联系有关图书的出版社。一个出版社可出版多种图书,同一种书只能由一个出版社出版,出版社名具有唯一性。

请设计满足该需求的 E-R 图,并将 E-R 图转换为关系模式的集合。

2. 某大学实行学分制,学生可根据自己的情况选修课程。每位学生可同时选修多门课程,每门课程可由多位教师讲授,每位教师可讲授多门课程。每位学生只有一位教师指导,每位教师可指导多位学生。

请设计满足该需求的 E-R 图,并将 E-R 图转换为关系模式的集合。

3. 为书城设计一个网购系统的数据库。数据库能够支持书城的促销及畅销书推荐等活动、客户下单、填写订单配送信息,并能随时跟踪订单的状态及物流运送的详细信息。系统能够记录客户订单的历史送货地址信息。设计内容应该包括 E-R 图、关系模式的集合以及主码约束和外码约束。

4. 为医院设计一个门诊管理系统的数据库。数据库能够实现病人选择科室挂号,医生根据挂号诊疗,并能开各种检查单、化验单和处方。系统能够记录病人的病情诊断、检查化验结果以及付费信息。设计内容应该包括 E-R 图、关系模式的集合以及主码约束和外码约束。

第10章

Python数据库应用系统开发技术

通过前面章节内容的学习，读者已经了解了数据库的基本概念和基本原理，并通过在SQL Server平台上的实践也已经掌握了数据库的基本技术。本章将介绍基于Python语言的数据库应用系统开发技术，内容包括Python语言及开发环境、Python第三方库及其安装、Python数据库访问模块pymssql和Python图形用户界面编程。具有良好程序设计基础的读者，通过本章内容的学习能够很快地使用Python语言进行数据库应用系统的开发。

10.1 Python语言及开发环境

10.1.1 Python语言概述

1. Python语言的诞生和发展

Python语言诞生于1990年，它由Guido Van Rossum设计并领导开发。1989年12月，Guido为了打发圣诞节前后的时间，考虑开发一个新的脚本语言的解释程序，作为解释型语言ABC的一种继承（Guido对ABC语言有着丰富的设计经验，但ABC语言的开发能力有限），新语言被命名为Python，源于Guido对当时一部英剧"Monty Python's Flying Circus"的极大兴趣。

2000年10月，Python 2.0正式发布，标志着Python语言解决了其解释器和运行环境中的诸多问题，开启了Python被广泛应用的新时代。2008年12月，Python 3.0正式发布。该版本在语法层面和解释器内部做了很多重大改进，解释器内部采用面向对象的方法实现，但这些重大改进的代价是3.0版本的代码无法向下兼容2.x系列的既有语法。为此，Python 2.6和2.7作为过渡版本，基本使用2.x系列的语法和库函数，同时考虑向Python 3.0的迁移，允许使用部分Python 3.0的语法和库函数。

2010年7月，Python 2.x系列的最后一个版本2.7发布。该版本于2020年1月1日终止支持。至2019年，绝大部分Python函数库和Python程序员都采用Python 3.x系列语法和解释器。

2011年1月，Python被TIOBE编程语言排行榜评为2010年度编程语言（"年度编程语言"是授予在一年中比例增长量最多的编程语言）。2011年以来，随着云计算技术的逐渐成熟和GPU（Graphic Processing Unit）芯片计算能力的持续增长，人工智能算法取得了重大突破。2016年，基于深度学习的AlphaGO围棋程序战胜了曾经的世界冠军李世石，使得Google公司的TensorFlow迅速风靡业界，成为人工智能领域深度学习的首选开发框架。由于TensorFlow主要使用Python语言，这使得Python语言的使用迅猛增长，在SQL Server 2017版中也嵌入了Python机器学习服务。2017年11月以来，Python语言稳居TIOBE编程语言排行榜第4名（前3名分别为Java、C和C++），2018年9月更是超越C++居排行榜第 3 名,并再次被 TIOBE 评为 2018 年度语言。

2. Python 语言的特点

自从 1990 年诞生至 2019 年,Python 语言已经成为最受欢迎的程序设计语言之一,许多大学已经采用 Python 来教授程序设计课程。下面介绍 Python 语言的主要特点。

(1) 简洁易读。Python 语言的语法简洁而清晰,结构简单,可以快速上手,易于学习。Python 语言通过强制缩进来体现语句间的逻辑关系,显著提高了程序的可读性,进而增强了 Python 程序的可维护性。

(2) 可移植性。Python 作为解释型语言,执行时不需要编译成二进制代码,而是通过解释器把源代码转换成称为字节码的中间形式,然后由 Python 虚拟机来执行这些字节码。因此 Python 程序可以在任何安装了解释器和 Python 虚拟机的计算机环境中执行,实现跨平台运行。

(3) 可扩展性。Python 被称为"胶水语言",具有优异的扩展性。通过接口和函数库等方式,Python 能够将用 C、C++、Java 等语言编写的代码进行集成和封装,形成扩展模块。例如,当一段关键代码需要运行得更快或者某些算法不希望公开时,可以用 C 或 C++来编写这部分程序,然后在 Python 程序中使用它们。

(4) 面向对象。Python 语言在语法层面同时支持面向对象和面向过程两种编程方式。面向对象是当前主流的编程模式,大大提高了源代码的可重用性;而面向过程编程方式又大大降低了初学者的学习难度,交互式的运行方式提高了初学者的学习兴趣。

(5) 通用灵活。Python 是一个通用编程语言,可用于编写各领域的应用程序,不仅包括科学计算、网络编程、游戏开发、桌面应用、软件原型开发等领域,更是在数据分析、Web 开发、自动化运维、机器学习、网络爬虫等领域得到了广泛的应用。

(6) 开源和丰富的类库。Python 语言倡导的开源软件理念对程序员产生了强大的吸引力,也为该语言的发展奠定了群众基础。Python 语言提供了几百个内置类和函数库,而全球各地的程序员通过开源社区贡献了十多万个第三方函数库,几乎覆盖了计算机技术的各个领域,使得 Python 语言具备了良好的编程生态。

10.1.2 开发环境搭建

1. 安装 Python 解释器

Python 语言解释器可以在 Python 语言的官网(https://www.python.org/downloads)下载。下载时首先选择 Python 语言的版本(如 3.6.6),然后选择操作系统的类型(如 Windows),再选择是 64 位版还是 32 位版,最后选择安装包类型(如 Executable Installer)。若下载的是 3.6.6 版本 64 位 Windows 操作系统环境下的 Executable Installer 安装包,则安装包文件名为 python-3.6.6-amd64.exe(32 位的是 python-3.6.6.exe)。

执行下载的安装包,在引导安装的第一个界面中,选中 Add Python 3.6 to PATH 复选框,把 Python 添加到环境变量,方便以后在 Windows 命令提示符窗口中也可以运行 Python。建议选择自定义安装(Customize Installation)并将 Python 解释器安装到 D:\Python36 文件夹中。

2. Python 程序运行方式

运行 Python 程序有交互式和文件式(批量式)两种方式。交互式是指 Python 解释器即时响应用户输入的每条语句，输出执行结果，这种方式非常适合初学者学习和少量代码的调试。文件式是指用户将 Python 程序写在一个或多个文件中，然后由 Python 解释器批量执行文件中的代码。文件式是最常见的执行方式，其他的编程语言一般只有这种执行方式。

IDLE(Python's Integrated DeveLopment Environment)是 Python 自带的集成开发环境，是一个简单有效的小规模软件项目的主要编写工具，它支持交互式和文件式两种 Python 程序运行方式。稍后将介绍一个比 IDLE 更酷、功能更强大的 Python 语言集成开发环境 PyCharm，它主要用于开发中等及以上规模的软件项目。

（1）交互式运行方式：首先启动 IDLE，然后在提示符“>>>”后输入 Python 语言的语句。用户输入一条语句，系统就执行一条语句，用户再输入下一条语句，系统就再执行下一条语句。如用户输入语句 print("Hello World!")，系统会立即执行该语句并给出输出结果：“Hello World!”。

（2）文件式运行方式：首先启动 IDLE，然后选择 File 菜单中的 New File 子菜单，系统会打开一个新窗口。该窗口不是交互模式，它是一个具备 Python 语法高亮的编辑器，可在其中输入 Python 源代码。源程序以“.py”为文件扩展名保存后，选择 Run 菜单中的 Run Module 子菜单即可运行该程序。

3. 安装 PyCharm

虽然可以用任何文本编辑器编写 Python 程序，但功能丰富的集成开发环境会带来更好的编程体验。PyCharm 是由 JetBrains 公司开发的一款 Python 集成开发环境，主要针对 Python 专业程序员。PyCharm 提供了许多的编程辅助功能，如调试、语法高亮、项目管理、智能提示、自动完成、单元测试、版本控制等。此外，PyCharm 还支持一些高级的 Python 第三方库，如 Django 框架下的专业 Web 开发等。PyCharm 的安装包可以从它的官网(https://www.jetbrains.com/pycharm)下载获得。PyCharm 有收费的专业版(Professional Edition)和免费的社区版(Community Edition)两个版本。若下载的是2018.2.4版本 Windows 平台下的社区版安装包，则安装包文件名为 pycharm-community-2018.2.4.exe。

执行下载的安装包启动安装，由于 PyCharm 需要占用较多的磁盘空间，建议将其安装目录(Destination Folder)改为 D:\PyCharm CE 2018.2.4。在安装过程中：①可根据操作系统的版本选择创建桌面快捷方式(Create Desktop Shortcut)是32位(32-bit launcher)还是64位(64-bit launcher)；②选中复选框“.py”创建文件关联(Create Associations)，这样以后就会用 PyCharm 打开文件扩展名为“.py”的文件。

安装好 PyCharm 后，第一次启动 PyCharm 需要进行配置。如果是首次安装 PyCharm，则选中 Do not import settings 单选按钮，即不导入之前的设置；然后，在弹出的“设置 UI 主题(Set UI theme)”窗口中，可根据自己的喜好选择一种主题(建议选择 Darcula)；最后，单击 Skip Remaining and Set Defaults 按钮完成配置。

完成 PyCharm 的配置后，可选择 Create New Project 选项新建项目。在弹出的窗口中，Location 是存放 Python 文件的位置(假定项目名为 test)，展开 Project Interpreter 并选中 Existing interpreter 单选按钮。该单选按钮下面的 Interpreter 是存放 Python 解释器的位置，可以看到目前已安装的 Python 版本。如果没有自动显示 Python 版本，则可以手动添加(在弹出的 Add Python Interpreter 窗口中选择 System Interpreter 选项即可)。

作为使用 PyCharm 集成开发环境的第一步，当然是先写一个输出“Hello World!”的小程序,并运行它。首先在 Python 主窗口的左边右击上面创建的项目名 test,在弹出的菜单中选择 New 菜单中的 Python File 子菜单,在对话框中输入文件名 test;然后就可在 Python 主窗口右边的 test. py 窗口中输入源代码 print("Hello World!");最后再在 Python 主窗口的左边右击刚才创建的文件 test. py,在弹出的菜单中选择 Run 'test' 命令即可运行该小程序。

10.2 Python 第三方库及其安装

10.2.1 第三方库概述

约 20 年前,随着开源运动的兴起和蓬勃发展,一批开源项目诞生,这有效地降低了专业人员编写程序的难度,实现了专业级别的代码复用。约 10 年前,随着开源运动的深入开展,专业人士开始大量贡献信息技术各领域最优秀的研究和开发成果,并通过开源库形式发布出来,形成了大量的可重用资源。产业界广泛利用可重用资源快速构建应用,已经成为主流产品开发方式,这有力地推动了信息技术的发展。如今,编程领域已经形成了良好的"计算生态",迫切需要一种编程语言或方式将不同语言、不同领域、不同使用方式的代码统一起来。历史选择了 Python 语言。

Python 第三方程序包括库(library)、模块(module)、类(class)和包(package)等多种命名,这里不对这些命名进行区分,统一将这些可重用代码称为"库"。Python 内置的库称为标准库,其他库称为第三方库。需要说明的是,Python 语言的函数库并非都采用 Python 语言编写,很多采用 C、C++等语言编写的专业库可以通过简单的接口封装供 Python 语言程序调用。这样的黏性功能使得 Python 语言成为了各类编程语言之间的接口,所以 Python 语言也被称为"胶水语言"。

Python 的官网(https://pypi. python. org/pypi)提供了第三方库索引功能(Python Package Index,PyPI),它给出了 Python 语言十多万个第三方库的基本信息,这些函数库覆盖了信息技术领域的所有技术方向。

10.2.2 安装第三方库

Python 语言有标准库和第三方库两类库,标准库随 Python 安装包一起发布,用户可以随时使用,第三方库需要安装后才能使用。由于 Python 语言经历了版本更迭过程,且第三方库由全球开发者分布式维护,缺少统一的集中管理,因此,Python 的第三方库曾经一度制约了 Python 语言的普及和发展。随着官方 pip 工具的应用,Python 第三方库的安装变得十分容易。

下面根据安装方式的灵活性和难易程度依次介绍 pip 工具安装、自定义安装和文件安装三种安装方法。

1. pip 工具安装

最常用且最高效的 Python 第三方库安装方式是采用 pip 工具安装。pip 是 Python 官方提供并维护的第三方库在线安装工具。对于同时安装 Python 2 和 Python 3 环境的系统,建议采用 pip3 命令专门为 Python 3 版本安装第三方库。

pip 是 Python 内置命令,只能在 Windows 命令提示符窗口中执行,执行 pip -h 命令将列出 pip 常用的子命令。pip 支持安装(install)、下载(download)、卸载(uninstall)、列表(list)、查看(show)、查找(search)等一系列安装和维护子命令。

例 10.1 安装将 Python 程序(.py 文件)打包成可执行文件的第三方库 PyInstaller。

```
pip install pyinstaller
```

安装第三方库时,pip 默认会从 Python 的官网 https://pypi.python.org/simple 下载待安装库的安装文件,并自动安装到系统中,库安装成功后会显示"Successfully installed …"的提示。如果该待安装库依赖其他函数库,则 pip 也会自动安装。

例 10.2 查看已安装的 PyInstaller 库的相关信息。

```
pip show pyinstaller
```

命令显示的相关信息包括:库的版本号、库的概要(Summary)、库的官方主页、库开发者的姓名和邮箱地址等。

例 10.3 列出系统中已经安装的第三方库清单。

```
pip list
```

命令将列出系统中已经安装的第三方库的名和版本号。

例 10.4 下载 Python 专用数据库访问第三方库 pymssql。

```
pip download pymssql
```

本例仅下载第三方库 pymssql 的安装文件 pymssql-2.1.4-cp36-cp36m-win_amd64.whl,并不真正安装它。10.2.3 节将介绍如何使用 pymssql 访问 SQL Server 数据库。

需要说明的是,有时访问 Python 第三方库的官方源 PyPI 很慢,有时甚至访问不了,这时可以使用国内镜像源来安装第三方库。国内镜像源有清华大学的 https://pypi.tuna.tsinghua.edu.cn/simple、中国科技大学的 https://pypi.mirrors.ustc.edu.cn/simple 等。

例 10.5 使用清华大学的镜像源安装基于 Qt 的专业级 GUI 第三方库 PyQt5。

```
pip install pyqt5 -i https://pypi.tuna.tsinghua.edu.cn/simple
```

2. 自定义安装

pip 是安装 Python 第三方库的最主要方式,可以安装超过 90%以上的第三方库。但是,由于一些历史、技术和政策等原因,还有一些第三方库暂时不能用 pip 安装,需要用其他的方法安装。

自定义安装是指按照第三方库提供的步骤和方式安装,第三方库都有主页用于维护库的代码和文档。以科学计算用的 numpy 为例,开发者维护的官方主页为 https://www.numpy.org,浏览该网页找到下载链接为 https://www.scipy.org/scipylib/download.html,进而根据指示的步骤安装。

自定义安装一般适用于 pip 中尚未登记或安装失败的第三方库。

3. 文件安装

由于某些第三方库仅提供源代码,通过 pip 下载文件后无法在 Windows 平台编译安装,导致第三方库安装失败。在 Windows 平台下所遇到的安装第三方库失败问题大多属于这类。

为了解决这类第三方库的安装问题,美国加州大学尔湾分校提供了一个可帮助 Python 用户获得 Windows 平台下第三方库文件的网站(https://www. lfd. uci. edu/～gohlke/pythonlibs)。该网站列出了一批在 pip 安装中可能出现问题的第三方库,用户可根据 Python 语言的版本和 Windows 操作系统的版本选择对应的. whl 文件下载。下载完成后,用户可用 pip 命令安装。

例 10.6 安装例 10.4 中下载的第三方库 pymssql,假定安装文件在 D:\Python 文件夹中。

```
pip install D:\Python\pymssql-2.1.4-cp36-cp36m-win_amd64.whl
```

如果需要在没有网络的环境下安装第三方库,可以采用文件安装方法。

需要说明的是,如果已经安装了 PyCharm 集成开发环境,则也可以在 PyCharm 中安装第三方库。方法是选择 File 菜单中的 Settings 子菜单,然后在弹出的 Settings 窗口中展开左侧的 Project 标签并选择 Project Interpreter,则可以在窗口的右侧看到已经安装的第三方库的名和版本号。如果需要安装新的第三方库,则可以单击窗口右上方的"+",然后在弹出的 Available Packages 窗口中选择所要安装的库名,再单击 Install Package 按钮即可。如果需要从国内的镜像源安装第三方库,则可以单击 Manage Repositories 按钮,再添加镜像源的 URL 即可。

10.2.3 导入第三方库

在使用第三方库中的函数之前,首先要导入第三方库。使用 import 导入库有以下三种方法。

1) import <库名> [as <别名>]

这种方法导入第三方库后,可以使用该库中的所有函数,调用库中函数的格式为:

```
<库名>.<函数名>([<函数参数>])
```

如果用 as 指定了别名,则可以用别名来代替上面格式中的库名。别名一般比较简短,可以让程序员更轻松地调用模块中的函数。

2) from <库名> import { * |<函数名>[,…n] }

这种方法导入第三方库后,可以使用该库中的所有函数或者所列出的函数,使用时不再需要库名,调用库中函数的格式为:

```
<函数名>([<函数参数>])
```

需要注意的是,由于"*"导入了库中的所有函数,可通过函数名来调用每个函数,而无须使用句点表示法。如果导入的函数名称与开发的项目中使用的名称相同,可能导致意想不到的结果,所以请谨慎使用星号。

3) from <库名> import <函数名> as <别名>

如果要导入的函数的名称可能与程序中现有的名称冲突,或者函数的名称太长,可用 as 指定简短而独一无二的别名,这样在程序中就可以用别名来代替函数名调用函数了。

10.3 Python 数据库访问模块 pymssql

在 Python 程序中访问数据库是通过 Python 的 DB-API 进行的，DB-API 的当前版本是 2.0 版(即 PEP 249)。每一个 Python 增强提案(Python Enhancement Proposal，PEP)都是汇总了多方建议，最终由 Python 的核心开发者形成技术文档并对外发布。DB-API 为不同的关系数据库提供了一致性的接口，使得不同数据库间的代码移植变得更为简单。关于它的详细信息可以在 Python 的官网(https://www.python.org/dev/peps/pep-0249)上找到。

模块就是.py 文件，它将类、函数、变量等封装起来以便重用，需要的时候可以导入模块。用户自己编写的一个.py 文件就是一个自定义模块。库就是相关功能模块的集合，第三方库就是由其他的第三方机构发布的具有特定功能的模块集合，为 SQL Server 和 MySQL 提供 DB-API 接口的第三方库分别是 pymssql 和 PyMySQL。另外，用户可以使用第三方库 pymongo 访问主流的 NoSQL 数据库 MongoDB。

下面介绍使用 pymssql 的 2.1.4 版本访问 SQL Server 数据库的步骤以及几个相关函数和对象，有关 pymssql 的详细信息请查阅其官网(http://pymssql.org)。

10.3.1 connect 函数

要在应用程序与数据库服务器之间进行通信，首先需要建立数据库连接，建立数据库连接后才能把命令传送到服务器，并得到返回的结果。在 pymssql 中，用 connect 函数连接数据库，若连接成功，则返回连接对象(Connection Object)。调用 connect 函数的常用格式为：

```
pymssql.connect(server, user, password, database)
```

connect 函数的参数众多，其中最主要的是以上四个。其中 server 是连接的数据库服务器主机名，本地可以使用“127.0.0.1”(在不联网的状态下也可使用，但是“.”只能在联网状态下使用)；user 是连接数据库的用户名；password 是用户密码；database 是用户连接的数据库名，所以在连接数据库之前，一定要先建好库。

需要注意的是：①建议在传递参数时，采用关键字参数方式向形参传递实参，这样可以避免因实参顺序而导致的错误；②为了能够成功连接 SQL Server 服务器，该服务器版本应当是 Developer 版或 Enterprise 版，而不能是 Express 版；③在调用 connect 函数之前，应当首先在 SQL Server 配置管理器中启用 TCP/IP 协议，并确认其 TCP 端口号为 1433。

10.3.2 Connection 对象

Connection 对象没有数据属性，但定义了五个方法。

(1) cursor()方法用于创建一个游标对象(Cursor Object)。

(2) commit()方法提交当前事务。如果数据库不支持事务，或者创建的连接对象启用了自动提交功能，则不能使用该方法。

(3) rollback()方法回滚当前事务。与 commit()方法相似，如果数据库不支持事务，则不能使用该方法。如果关闭当前连接而没有事先提交事务，将会导致隐式回滚。

(4) autocommit(status)方法将根据参数 status 的值(True 或 False)启用或者关闭自动提交功能。默认情况下，连接对象的自动提交功能处于关闭状态。

(5) close()方法用于关闭当前连接。

10.3.3 Cursor 对象

当建立数据库连接后，还必须创建游标对象，才能把 SQL 语句传送到数据库服务器，并从结果集中取回一行或多行结果。游标对象有以下四个数据属性。

(1) connection 是创建此游标的连接对象。

(2) lastrowid 是最近一次所插入行的 ID 值(IDentity value)。如果最近一次操作不是插入操作，则为 None。

(3) rowcount 是最近一次操作所影响的行数。

(4) rownumber 是当前结果集中游标的索引(从 0 开始)。

除了上述四个属性外，游标对象还定义了 11 个方法，下面介绍其中主要的六个方法。

(1) execute(operation[,params])方法将执行参数 operation(字符串类型)所指定的 SQL 语句。当 operation 是含有占位符%s(或%d)的 SQL 语句时，可以用 params 为占位符提供值。建议使用占位符构建 SQL 语句，而不要使用字符串的连接运算符构建 SQL 语句，以免遭受 SQL 注入攻击。

(2) executemany(operation,params_seq)方法将对参数 params_seq(常常是列表类型)中的每一个元素重复执行由参数 operation(字符串类型)所指定的 SQL 语句。

(3) fetchone()方法获取查询结果集中的下一行，并返回一个元组。如果没有数据可被获取，则返回 None。

(4) fetchmany(size=None)方法获取查询结果集中的下 size 行，并返回一个由元组组成的列表。如果没有数据可被获取，则返回一个空列表。

(5) fetchall()方法获取查询结果集中余下的所有行，并返回一个由元组组成的列表。如果没有数据可被获取，则返回一个空列表。

(6) close()方法用于关闭当前游标。一个连接一次只能有一个游标，在游标关闭前，只能使用这一个游标。

10.3.4 Python 访问数据库的主要步骤

在 Python 语言中使用 pymssql 访问 SQL Server 数据库的步骤如下：

(1) 用 connect 函数创建数据库连接，返回连接对象 conn。

(2) 用连接对象 conn 的 cursor 方法创建游标，返回游标对象 cur。

(3) 用游标对象 cur 的 execute、executemany、fetchone、fetchmany、fetchall 等方法操作数据库。

(4) 用连接对象 conn 的 commit 方法提交(3)中所做的操作。如果(3)中做的仅仅是查询操作，或者连接对象的自动提交功能处于开启状态，可以省略(4)。

(5) 用连接对象 conn 的 close 方法关闭连接。

例 10.7　使用 pymssql 访问 SQL Server 数据库示例。

```
import pymssql
#连接 SQL Server 并创建游标对象
conn = pymssql.connect(server = '127.0.0.1', user = 'sa',
                       password = '123456', database = 'test2')
cur = conn.cursor()
#创建表 Class
cur.execute("""
IF OBJECT_ID('Class', 'U') IS NOT NULL
    DROP TABLE Class
CREATE TABLE Class
(   classId int CONSTRAINT PK_Class PRIMARY KEY,
    classSection nvarchar(6) NOT NULL,
    classGrade nvarchar(6) NOT NULL,
    classNo nvarchar(2) NOT NULL,
    classRoomNo nvarchar(10) NOT NULL
)
""")
#向表 Class 中插入 10 个班级
data = [(111, '初中部', '一年级', '1', '1-101'),
        (112, '初中部', '一年级', '2', '1-102'),
        (113, '初中部', '一年级', '3', '1-103'),
        (114, '初中部', '一年级', '4', '1-104'),
        (121, '初中部', '二年级', '1', '1-203'),
        (122, '初中部', '二年级', '2', '1-202'),
        (123, '初中部', '二年级', '3', '1-205'),
        (131, '初中部', '三年级', '1', '1-301'),
        (132, '初中部', '三年级', '2', '1-302'),
        (211, '高中部', '一年级', '1', '2-101')
       ]
try:
    sSQL = "INSERT INTO Class VALUES (%d, %s, %s, %s, %s)"
    cur.executemany(sSQL, data)
    conn.commit()
except:
    conn.rollback()
#查询表 Class 中的全部信息,验证前面的插入操作
cur.execute("SELECT * FROM Class")
print(" ID Section  Grade  No  RoomNo")
rows = cur.fetchall()
for row in rows:
    print("%3d%6s%4s%4s%8s" % (row[0],row[1],row[2],row[3],row[4]))
print("共有%d个班级" % cur.rowcount)
#删除全部一年级班级,并修改 122 号班级的教室
try:
    sSQL = "DELETE FROM Class WHERE classGrade = %s"
    cur.execute(sSQL, '一年级')
    sSQL = "UPDATE Class SET classRoomNo = %s WHERE classId = %d"
    cur.execute(sSQL, ('1-204',122))
    conn.commit()
```

```
except:
    conn.rollback()
#查询表 Class 中的全部信息,验证前面的删除操作和修改操作
cur.execute("SELECT * FROM Class")
print("\n 删除所有一年级并修改 122 号班级的教室后: \n")
print(" ID  Section  Grade  No  RoomNo")
row = cur.fetchone()
while row:
    print("%3d%6s%4s%4s%8s" % (row[0],row[1],row[2],row[3],row[4]))
    row = cur.fetchone()
#断开与 SQL Server 的连接
conn.close()
```

运行结果如图 10.1 所示。

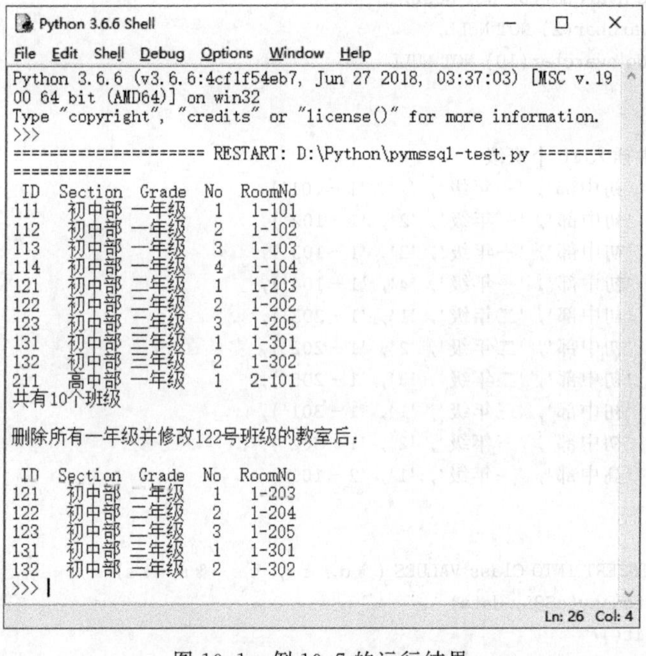

图 10.1　例 10.7 的运行结果

10.4　Python 图形用户界面编程

用户界面作为应用程序的重要组成部分,主要负责用户与应用程序之间的交互。图形用户界面(Graphical User Interface,GUI)是用户与应用程序交互最重要的方式之一,数据库应用系统的开发当然也离不开 GUI。在 GUI 环境下,用户通过鼠标点击菜单、单选按钮、命令按钮等,或者通过键盘在文本框中输入文本,就能达到与应用程序交互,这给用户带来了良好的使用体验。

GUI 在给用户带来便利的同时,也给程序员编程增加了难度。GUI 编程涉及的内容很多,这短短的一节不可能展示 GUI 应用开发所有的方面,但相信会给读者奠定一个坚实的基础。下面介绍 GUI 第三方库 PyQt5 的使用,有关 PyQt5 的详细信息请参考有关文献或

查阅其官网(https://www.riverbankcomputing.com/software/pyqt)。

10.4.1 GUI编程概述

1. GUI库介绍

Python作为一个通用的编程语言,拥有标准GUI库Tkinter,也能够通过安装GUI第三方库开发出专业级的GUI程序。Python中的GUI库主要有以下四个。

(1) Tkinter是绑定了Python的Tk GUI工具集,就是Python包装的Tcl代码,通过内嵌在Python解释器内部的Tcl解释器实现。将Tkinter的调用转换成Tcl命令,然后交给Tcl解释器进行解释,实现Python的GUI。

Tkinter内置在Python的安装包中,是Python事实上的标准GUI库。Tkinter是轻量级跨平台的,且足够易用。Python自带的IDLE就是使用它来实现GUI的,但它提供的控件有限。

(2) wxPython是跨平台的GUI工具集wxWidgets(用C++编写)的Python封装,是一套优秀的GUI图形库,使用它能够方便快速地创建完整、功能健全的GUI程序。wxPython的官网为https://wxpython.org。

(3) PyGTK是GUI库GTK的Python封装库,使用它可以轻松开发具有GUI的程序。PyGTK有可选的实现,但在Windows平台上似乎表现不太好。

(4) PyQt是基于专业级跨平台GUI工具集Qt(用C++编写)的Python封装库,每一个PyQt控件都有其对应的Qt控件。PyQt有620多个类和约6000个函数或者方法,其功能非常强大。用PyQt开发的界面效果与用Qt开发的界面效果相同,其跨平台的支持性很好。下面所讲的PyQt5就是Qt v5的Python封装库。

2. 窗口和控件

在GUI编程中,窗口包含组成GUI的各种图形化元素(如文本框、单选按钮、命令按钮等),这些元素称为控件或组件(Widget),而创建一个窗口就是为了用来摆放所有这些控件。如果一个窗口包含一个或多个窗口,那么这个窗口就是父窗口,被包含的窗口则是子窗口。没有父窗口的窗口称为顶层窗口或主窗口。

控件可以独立存在,也可以作为容器存在。如果一个控件包含其他控件,那么该控件就是其他控件的父控件(父控件就是一个容器控件),而被父控件所包含的其他控件就是子控件。使用容器控件的目的是将容器控件中的控件归为一类,以有别于其他控件。

在PyQt5中,QMainWindow、QWidget和QDialog三个类都可以用来创建窗口,可以直接使用,也可以继承后再使用。

QMainWindow窗口可以包含菜单栏、工具栏、状态栏、标题栏等,是最常见的窗口形式,也可以说是GUI程序的主窗口。

QDialog是对话框的基类。对话框主要用来执行短期任务,或者与用户进行交互。它可以是模态的,也可以是非模态的。QDialog窗口没有菜单栏、工具栏、状态栏等。

如果是主窗口就使用QMainWindow类;如果是对话框,就使用QDialog类;如果不确定,有可能作为顶层窗口,也有可能嵌入到其他窗口中,那么就使用QWidget类。QWidget类是所有用户界面对象的基类,所有的窗口和控件都直接或间接继承自QWidget类。在PyQt5中,没有父类的控件被定义为窗口,所以使用QWidget类可以用来创建窗口。

3. 布局管理

制作程序的GUI,就是通过布局将各个控件合理地放到程序的窗口中,这项烦琐又费时的工作称为布局管理。布局管理一般可以通过GUI制作工具或者纯代码编写两种方式来完成。在前面介绍的四种GUI库中,只有PyQt拥有一个称为Qt设计师(Qt Designer)的可视化GUI设计工具,而其他三种库都没有类似的GUI制作工具。有了Qt Designer,程序员就能够更快地设计出程序的界面,避免了用纯代码编写的烦恼。

Qt Designer需要用pip命令安装,在笔者的机器上,Qt Designer的安装路径是D:\Python36\Lib\site-packages\PyQt5\Qt\bin,它的启动文件为designer.exe。使用Qt Designer设计的用户界面默认保存为.ui文件,其内容结构类似于XML。可以使用随PyQt5安装而一起安装的命令行工具pyuic5.exe(安装路径是D:\Python36\Scripts)将.ui文件转换为.py文件。限于篇幅本节不介绍Qt Designer和pyuic5的使用,需深入了解的读者请参阅有关文献。

布局涉及坐标系,PyQt5使用统一的坐标系来定位控件的位置和大小。屏幕的左上角为坐标系的原点,即坐标为(0,0),从左到右为x轴正向,从上到下为y轴正向,屏幕的坐标系是用来定位顶层窗口的。而在窗口内部也有自己的坐标系,该坐标系仍然以左上角作为原点,从左到右为x轴正向,从上到下为y轴正向,窗口的坐标系是用来定位控件的。在窗口内部由原点、x轴和y轴围成的区域就是客户区,在客户区的周围则是标题栏和边框。

对使用PyQt5所开发的界面用纯代码进行布局管理主要有两种方法,即绝对位置布局和布局类布局。绝对位置布局就是通过用setGeometry(x,y,width,height)方法指定每一个控件在窗口中的位置(坐标)和大小来实现的。绝对位置布局有如下几个缺点。

(1) 如果改变一个窗口的大小,窗口中控件的大小和位置不会随之改变;

(2) 所生成的窗口在不同的平台下看起来可能不一样;

(3) 在程序中改变字体时可能会破坏布局;

(4) 如果修改布局,如新增一个控件,就必须全部重新布局,既烦琐又费时。

在PyQt5中用布局类布局有四种布局方式,即水平布局、垂直布局、网格布局和表单布局。四种布局方式对应四个布局类。

(1) 水平布局类(QHBoxLayout)可以把所添加的控件在水平方向上依次排列;

(2) 垂直布局类(QVBoxLayout)可以把所添加的控件在垂直方向上依次排列;

(3) 网格布局类(QGridLayout)可以把所添加的控件以网格的形式排列;

(4) 表单布局类(QFormLayout)可以把所添加的控件以两列的形式排列。

在窗口中进行单一的布局并不难,但若要进行比较复杂的布局,如布局的嵌套,推荐使用Qt Designer可视化管理工具来进行界面布局。

4. 事件驱动处理

事件驱动是一种操作方式,GUI程序会在屏幕上呈现出一系列控件,然后等待用户操作。用户移动鼠标、单击按钮或者输入文本等操作被称为一个事件(Event),产生的事件将会被发送给相应的应用程序处理(实现用户定义的功能),应用程序负责响应事件。程序的主事件循环(main event loop)主要负责不断刷新程序界面直到出现事件进行处理,然后再刷新界面等待下一个事件的到来后再去处理。

在 Qt 编程中，采用“信号-槽”机制来实现事件驱动处理，即对鼠标或键盘在界面上的操作进行响应处理。简单地说，信号(Signal)就是事件，槽(Slot)就是事件的处理程序。在创建事件循环之后，通过建立信号和槽的连接就可以实现对象之间的通信。当信号发射时，连接的槽函数将会自动执行。在 PyQt5 中，信号和槽通过 sender. signal. connect(receiver. slot)连接，其中 sender 是发送信号的对象，signal 是信号名称，receiver 是接收信号的对象，slot 是信号绑定的方法(即槽函数)。

所有从 QObject 类或其子类(如 QWidget)派生出的类都能够包含信号和槽。一个控件能够发射什么信号，以及在什么情况下发射信号，在其官网的文档中都有说明。不同类型的控件所能够发射的信号种类和触发的时机也不同。信号与槽是多对多的关系，一个信号可以连接多个槽，一个槽也可以监听多个信号。一个信号甚至还可以触发其他信号。在 PyQt5 编程时，用户可以使用预先定义好的信号(内置信号)和槽函数(内置槽函数)，也可以自定义信号和槽函数。自定义信号和槽函数的适用范围很灵活，比如，因为业务需要，程序可以在某处发射一个信号用于传递数据，然后槽函数可接收传递过来的数据，这样就可以实现业务逻辑。

10.4.2 PyQt5 中应用程序的创建

PyQt5 库中 QtWidgets 模块是 PyQt5 界面设计中最常用的模块，它包含了一系列 UI 元素，用于创建典型的桌面风格用户界面。其他的模块还有 49 个(5.11.1 版本)，如 QtCore 模块包含核心非 GUI 功能；QtGui 模块包含控件的公共核心功能；QtMultimedia 模块包含处理多媒体内容和访问摄像机、无线电等功能。

使用 PyQt5 库创建一个图形用户界面程序的基本步骤如下：

(1) 导入 PyQt5 库；

(2) 创建一个图形用户界面程序的主窗口；

(3) 添加组件或更多的图形用户界面窗口；

(4) 调用 exec_()方法进行主事件循环。

在 QtWidgets 模块中有一个 QApplication 类，该类管理 GUI 应用程序的控制流和主要设置。可以说 QApplication 对象是 Qt 的整个后台管理的命脉，它包含主事件循环，处理和调度来自窗口系统和其他资源的所有事件，它处理应用程序的初始化和结束，它也处理绝大多数系统范围和应用程序范围的设置。对于任何一个使用 Qt 的图形用户界面应用程序，都只存在一个 QApplication 对象，而不论这个应用程序在同一时间内是不是有 0、1、2 或更多个窗口。

例 10.8 使用 PyQt5 创建 GUI 应用程序示例。

```
import sys
from PyQt5.QtWidgets import *
#sys.argc 是一个命令行参数列表，在命令行环境中运行时，由系统传递给程序
app = QApplication(sys.argv)
#创建程序的主窗口，并通过 move()方法设置窗口的位置在屏幕中央
window = QWidget()
window.resize(300, 200)                          #设置窗口的大小
screen = QDesktopWidget().screenGeometry()       #获取屏幕的大小
```

```
size = window.geometry()                           #获取窗口的大小
window.move((screen.width() - size.width())/2,(screen.height() - size.height())/2)
#在主窗口中创建一个标签和一个命令按钮
label = QLabel("Hello Python !", window)
label.resize(label.sizeHint())                     #sizeHint()方法返回一个合适的大小
label.move(120,60)
button = QPushButton("退出", window)
button.resize(button.sizeHint())
button.move(120,100)
#将命令按钮发射的clicked信号连接到窗口的close()槽函数
button.clicked.connect(window.close)
#app对象的exec_()方法使程序进入主事件循环
window.setWindowTitle("创建GUI应用程序示例")  #设置窗口标题
window.show()                                      #将窗口显示在屏幕上
sys.exit(app.exec_())                              #如果程序运行成功,exec_()返回0,否则为非0
```

运行结果如图 10.2 所示。

图 10.2 例 10.8 的运行结果

例 10.8 是一个典型的 GUI 程序，编程时涉及 10.4.1 节所介绍的的窗口、控件、布局管理、事件驱动处理等各个方面。程序使用 resize()方法和 move()方法进行绝对位置布局。程序在调用 exec_()方法进入主事件循环后，主循环不断接收事件消息并将其分发给程序的各个控件，如果主窗口被销毁，主循环就结束。使用 sys.exit()方法退出可以确保程序完整地结束，在这种情况下系统的环境变量会记录程序是如何退出的。

需要说明的是，QApplication 类的 exec_()方法来自于 PyQt4 及以前版本，因在 Python 2.x 中，exec 是 Python 的关键字，为避免冲突，PyQt5 继续使用 exec_这个名称。这个问题在 Python 3.x 中已经解决，如果程序只在 Python 3.x 下运行，那么完全可以用 exec()方法代替 exec_()方法。当然，为了保持向后兼容，exec_()方法还是可以使用的。

10.4.3 PyQt5 中的常用控件

在 PyQt5 中定义了大量的控件，这里仅简要介绍几个最常用的控件，以及它们相应类中的常用方法和常用信号，更详细的信息请参考有关文献或查阅其官网。

1. QLabel 控件

QLabel 类在例 10.8 中已经使用过，它可以显示不可编辑的文本或图片，也可以放置一个 GIF 动画，还可以被用作其他控件的提示。纯文本、富文本或链接可以显示在标签上。QLabel 控件常用的方法如表 10.1 所示。

表 10.1 QLabel 控件常用的方法

方 法	描 述
setAlignment()	设置文本对齐方式
setIndent()	设置文本缩进值
text()	返回 QLabel 的文本内容
setText()	设置 QLabel 的文本内容

续表

方　　法	描　　述
selectedText()	返回所选择的字符
setPixmap()	设置 QLabel 为一个 Pixmap 图片
setBuddy()	设置 QLabel 的助记符及伙伴(buddy)
setWordWrap()	设置是否允许换行

2. QLineEdit 控件

QLineEdit 类是一个单行文本框控件，可以输入单行字符串。如果需要输入多行字符串，则使用 QTextEdit 控件。QLineEdit 控件常用的方法如表 10.2 所示。

表 10.2　QLineEdit 控件常用的方法

方　　法	描　　述
setAlignment()	设置文本对齐方式
clear()	清除文本框内容
setFocus()	得到焦点
setEchoMode()	设置文本框回显方式，如正常显示、不显示或显示密码掩码等
text()	返回文本框内容
setText()	设置文本框内容
setMaxLength()	设置允许输入字符的最大长度
setInputMask()	设置输入掩码
setValidator()	设置文本框的验证规则，如是否为整数、浮点数或正则表达式

QLineEdit 类的常用信号有 selectionChanged、textChanged、editingFinished，当选择改变、文本内容改变、编辑文本结束时就分别发送上述信号。

例 10.9　文本框 QLineEdit 使用示例。

```
import sys
from PyQt5.QtCore import Qt
from PyQt5.QtGui import QIntValidator, QDoubleValidator, QFont
from PyQt5.QtWidgets import QApplication, QWidget, QLineEdit, QLabel, QFormLayout

class LineEditDemo(QWidget):
    def __init__(self):
        super().__init__()
        self.initUI()
    #以下函数定义用户界面
    def initUI(self):
        formlayout = QFormLayout()          #使用表单布局类进行布局
        edit1 = QLineEdit(self)
        edit1.setFont(QFont("Arial",18))
        edit1.setValidator(QIntValidator())   #设置整型验证规则
        formlayout.addRow("Integer Validator", edit1)
        edit2 = QLineEdit(self)
        edit2.setValidator(QDoubleValidator(0.99,99.99,2))
        formlayout.addRow("Double Validator", edit2)
```

```
        edit3 = QLineEdit(self)
        edit3.setInputMask('9999 - 99 - 99')      #设置输入掩码
        formlayout.addRow("Input Mask", edit3)
        edit4 = QLineEdit(self)
        edit4.setMaxLength(8)
        edit4.setEchoMode(QLineEdit.Password) #设置回显方式
        formlayout.addRow("Password", edit4)
        self.label = QLabel(self)
        self.label.setAlignment(Qt.AlignCenter)
        formlayout.addRow("PasswordEchoOnLabel", self.label)
        self.setLayout(formlayout)                #进行表单布局
        #连接 textChanged 信号和槽函数 onChanged
        edit4.textChanged[str].connect(self.onChanged)
        self.setWindowTitle("QLineEdit 示例")
    #自定义槽函数
    def onChanged(self, text):
        self.label.setText(text)

if __name__ == "__main__":
    app = QApplication(sys.argv)
    window = LineEditDemo()
    window.show()
    sys.exit(app.exec_())
```

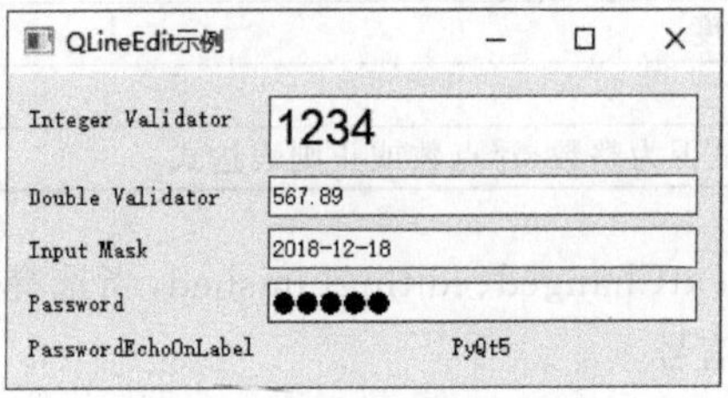

图 10.3　例 10.9 的运行结果

运行结果如图 10.3 所示。

上例中创建了一个名为 LineEditDemo 的类，该类继承自 QWidget 类，并通过 super().__init__()调用父类的构造函数。在 Python 语言中，__init__()方法是构造函数，每一个模块文件都有一个__name__属性。属性__name__的值是这样规定的：如果该文件作为模块被导入，则它的值就是这个模块文件的名字；如果该文件是被当成程序来执行，则它的值就是"__main__"。

需要说明的是，QLineEdit 对象发射 textChanged 信号时会传递一个字符串 str(该字符串就是 QLineEdit 对象的当前文本)，自定义槽函数可以通过形参 text 接收该字符串。

3. QPushButton 控件

在任何 GUI 设计中，按钮都是最重要的和常用的与用户进行交互的控件。在 PyQt5 中，常见的按钮类 QPushButton、QToolButton、QRadioButton 和 QCheckBox 均继承自 QAbstractButton 类。QAbstractButton 类是抽象类，不能实例化，必须由它的派生类来实现不同的功能。QAbstractButton 类提供的状态如表 10.3 所示。

表 10.3　QAbstractButton 类提供的状态

状　　态	含　　义
isDown()	提示按钮是否被按下
isChecked()	提示按钮是否已经标记
isCheckable()	提示按钮是否为可标记的
isEnable()	提示按钮是否可以被用户单击

QAbstractButton 类提供的信号如表 10.4 所示。

表 10.4 QAbstractButton 类提供的信号

信　号	含　义
pressed	当鼠标指针在按钮上并按下左键时触发该信号
released	当鼠标左键被释放时触发该信号
clicked	当鼠标左键被按下然后释放时(或快捷键释放时)触发该信号
toggled	当按钮的标记状态发生改变时触发该信号

QPushButton 类在例 10.8 中已经使用过,其形状是长方形,长方形内可以显示文本标题或图标。它是最常见的一种按钮,单击该按钮可以执行一些命令,或者响应一些事件。QPushButton 控件常用的方法如表 10.5 所示。

表 10.5 QPushButton 控件常用的方法

方　法	描　述
setEnabled()	设置按钮是否可以使用
isChecked()	返回按钮的状态,True 或 False
setDefault()	设置按钮的默认状态
setText()	设置按钮的显示文本
text()	返回按钮的显示文本
setIcon()	设置按钮上的图标

通过按钮名字能为 QPushButton 设置快捷键,如名字为"&Download",则它的快捷键是 Alt+D,字符 & 本身不会被显示出来,但字母 D 被显示为 D。

4. QRadioButton 控件

QRadioButton 类提供了一组可供选择的按钮和文本标签,标签用于显示对应的文本信息。单选按钮控件默认是独占的(Exclusive),对于继承自同一父类 Widget 的多个单选按钮,它们属于同一个按钮组合。在同一个组中,一次只能选择其中一次单选按钮。如果需要多个独占的按钮组合,则需要将它们放在 QGroupBox 或 QButtonGroup 中。QRadioButton 控件常用的方法如表 10.6 所示。

表 10.6 QRadioButton 控件常用的方法

方　法	描　述
setChecked()	设置单选按钮是否已经被选中
isChecked()	返回单选按钮的状态,True 或 False
setText()	设置单选按钮的显示文本
text()	返回单选按钮的显示文本

单选按钮是一种开关按钮,当将按钮切换到 on 或 off 时,就会发射 toggled 信号,绑定该信号后,一旦按钮状态发生改变,就会触发相应的行为。注意,toggled 信号是在切换状态时发射的,而 clicked 信号则在每次点击单选按钮时就会发射。在实际应用中,一般只有状态发生改变时才有必要去响应,因此 toggled 信号更适合用于状态监控。

5. QCheckBox 控件

QCheckBox 类提供了一组带文本标签的复选框，用户可以从中选择多个选项。和 QPushButton 一样，复选框可以显示文本或者图标，其中文本可以通过构造函数或者 setText()来设置，图标可以通过 setIcon()来设置。QCheckBox 控件常用的方法如表 10.7 所示。

表 10.7 QCheckBox 控件常用的方法

方　法	描　述
setChecked()	设置复选框的状态，True 时表示选中，False 时表示取消选中
isChecked()	返回复选框的状态，True 或 False
setText()	设置复选框的显示文本
text()	返回复选框的显示文本
setTristate()	设置复选框是否为一个三态复选框
setCheckState()	设置三态复选框的状态
checkState()	返回三态复选框的状态
isTristate()	返回是否为一个三态复选框

三态复选框的三个状态分别为 Qt. Checked、Qt. Unchecked 和 Qt. PartiallyChecked。只要复选框被选中或者取消选中，都会发射 stateChanged 信号。

6. QComboBox 控件

QComboBox 类是一个集按钮和下拉选项于一体的控件，也被称为下拉列表框。QComboBox 控件常用的方法如表 10.8 所示。

表 10.8 QCombokBox 控件常用的方法

方　法	描　述
addItem()	添加一个下拉选项
addItems()	从列表中添加下拉选项
clear()	删除下拉选项集合中的所有选项
count()	返回下拉选项集合中的数目
currentText()	返回选中选项的文本
currentIndex()	返回选中选项的索引
itemText(i)	返回索引为 i 的选项文本
setItemText(i)	设置索引为 i 的选项文本

QComboBox 类的常用信号有 activated、currentIndexChanged，当选中一个下拉选项或下拉选项的索引发生改变时就分别发射上述信号。

需要说明的是，activated 信号是只要选中选项就发射，即使选项没有发生改变，也会发射该信号；而 currentIndexChanged 信号必须是索引发生改变才发射。

例 10.10　单选按钮、复选框和下拉列表框使用示例。

```
import sys
from PyQt5.QtWidgets import *

class RadioCheckComboDemo(QWidget):
```

```
    def __init__(self):
        super().__init__()
        self.initUI()

    def initUI(self):
        self.radiobtn1 = QRadioButton("非常")
        self.radiobtn1.setChecked(True)
        self.radiobtn2 = QRadioButton("比较")
        self.radiobtn3 = QRadioButton("一般")
        hlayout1 = QHBoxLayout()
        hlayout1.addWidget(self.radiobtn1)
        hlayout1.addWidget(self.radiobtn2)
        hlayout1.addWidget(self.radiobtn3)

        self.checkBox1 = QCheckBox("简洁易读")
        self.checkBox1.setChecked(True)
        self.checkBox2 = QCheckBox("通用灵活")
        self.checkBox3 = QCheckBox("类库丰富")
        hlayout2 = QHBoxLayout()
        hlayout2.addWidget(self.checkBox1)
        hlayout2.addWidget(self.checkBox2)
        hlayout2.addWidget(self.checkBox3)

        groupBox1 = QGroupBox("喜欢程度")
        groupBox1.setFlat(False)
        groupBox1.setLayout(hlayout1)

        groupBox2 = QGroupBox("特点")
        groupBox2.setFlat(False)
        groupBox2.setLayout(hlayout2)

        self.combo = QComboBox()
        self.combo.addItem("C")
        self.combo.addItems(["Python","C++","Java","C#"])
        self.combo.activated[str].connect(self.onActivated)

        self.textEdit = QTextEdit()

        mainLayout = QGridLayout()
        mainLayout.addWidget(groupBox1,1,0)
        mainLayout.addWidget(groupBox2,1,1)
        mainLayout.addWidget(self.combo,2,0)
        mainLayout.addWidget(self.textEdit,2,1,4,1)

        self.setWindowTitle("单选按钮、复选框和列表框示例")
        self.setGeometry(200,200,400,200)
        self.setLayout(mainLayout)

    def onActivated (self, text):
        if self.radiobtn1.isChecked() == True:
            str = self.radiobtn1.text()
```

```
        if self.radiobtn2.isChecked() == True:
            str = self.radiobtn2.text()
        if self.radiobtn3.isChecked() == True:
            str = self.radiobtn3.text()
        str = str + "喜欢：" + text + "\n 特点：" 
        if self.checkBox1.isChecked() == True:
            str = str + "\n" + self.checkBox1.text()
        if self.checkBox2.isChecked() == True:
            str = str + "\n" + self.checkBox2.text()
        if self.checkBox3.isChecked() == True:
            str = str + "\n" + self.checkBox3.text()
        self.textEdit.setPlainText(str)

if __name__ == "__main__":
    app = QApplication(sys.argv)
    window = RadioCheckComboDemo()
    window.show()
    sys.exit(app.exec_())
```

运行结果如图 10.4 所示。

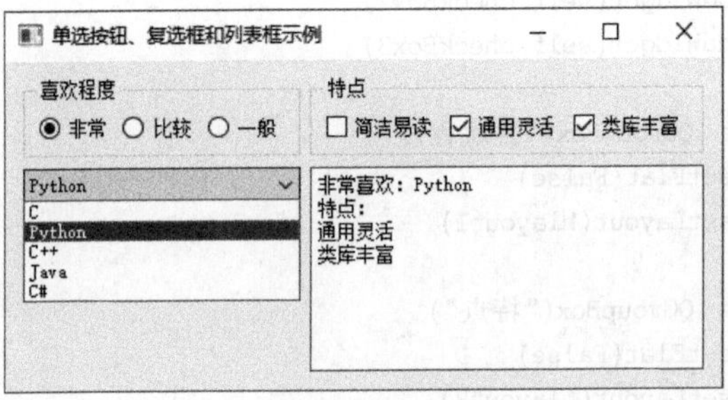

图 10.4 例 10.10 的运行结果

上例中使用了嵌套布局，并自定义了槽函数 onActivated，当下拉列表框中的某个选项被选中时，程序就在多行文本框 QTextEdit 控件中输出用户所选的结果。

需要说明的是，QComboBox 对象发射 activated 信号时会传递一个字符串 str（该字符串就是 QComboBox 对象当前选中选项的文本），自定义槽函数可以通过形参 text 接收该字符串。

7. QTableWidget 控件

QTableWidget 类是一个常用的显示数据表格的控件，类似于 C# 中的 DataGrid。QTableWidget 是 QTableView 的子类，它使用标准的数据类型，并且其单元格数据是通过 QTableWidgetItem 对象来实现的。使用 QTableWidget 控件时需要 QTableWidgetItem 对象来表示表格中的一个单元格，整个表格就是由一系列单元格构建成的。QTableWidget 控件的方法很多，这里通过一个示例来说明 QTableWidget 控件的初步使用方法。

例 10.11 表格 QTableWidget 使用示例。

```
import sys
from PyQt5.QtWidgets import *
```

```
class TableWidgetDemo(QWidget):
    def __init__(self):
        super().__init__()
        self.initUI()

    def initUI(self):
        self.tableWidget = QTableWidget()
        self.tableWidget.setColumnCount(3)
        self.tableWidget.setRowCount(3)
        self.tableWidget.setVerticalHeaderLabels(["1","2","3"])
        self.tableWidget.setHorizontalHeaderLabels(["姓名","性别","年龄"])
        self.tableWidget.setItem(0,0,QTableWidgetItem("张文杰"))
        combo = QComboBox()
        combo.addItems(["男","女"])
        self.tableWidget.setCellWidget(0,1,combo)

        addbtn = QPushButton("增加行(&A)")
        addbtn.clicked.connect(self.addRow)
        removebtn = QPushButton("删除行(&D)")
        removebtn.clicked.connect(self.removeRow)
        vlayout = QVBoxLayout()
        vlayout.addWidget(addbtn)
        vlayout.addWidget(removebtn)

        groupBox = QGroupBox("")
        groupBox.setFlat(False)
        groupBox.setLayout(vlayout)

        mainLayout = QHBoxLayout()
        mainLayout.addWidget(self.tableWidget)
        mainLayout.addWidget(groupBox)

        self.setWindowTitle("QTableWidget 示例")
        self.setGeometry(200,200,400,200)
        self.setLayout(mainLayout)

    def addRow(self):
        row_count = self.tableWidget.rowCount()
        self.tableWidget.insertRow(row_count)

    def removeRow(self):
        row_count = self.tableWidget.rowCount()
        self.tableWidget.removeRow(row_count - 1)

if __name__ == "__main__":
    app = QApplication(sys.argv)
    window = TableWidgetDemo()
    window.show()
    sys.exit(app.exec_())
```

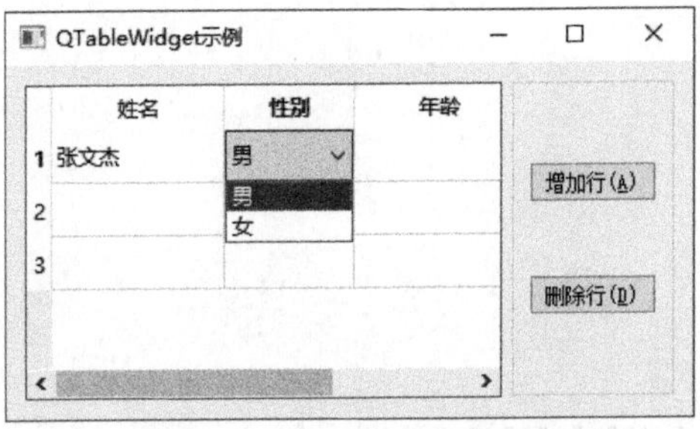

图 10.5　例 10.11 的运行结果

运行结果如图 10.5 所示。

上例中给两个命令按钮分别设置了快捷键，单击（或按 Alt＋A）“增加行(A)”按钮，表格自动在最后添加一行，而单击（或按 Alt＋D）“删除行(D)”按钮可以依次从最后一行开始，逐行删除。

8. QMenuBar 类

QMainWindow 窗口可以包含菜单栏对象 QMenuBar，菜单栏上可以包含 QMenu 对象。QMenu 类是一个可以被添加到菜单栏上的小控件，每个 QMenu 对象都可以包含一个或多个 QAction 对象或级联的 QMenu 对象。

QMainWindow 对象的 menuBar()方法返回主窗口的 QMenuBar 对象；QMenuBar 对象的 addMenu()方法可以将菜单（即 QMenu 对象）添加到菜单栏中；QMenu 对象的 addAction()方法可以在菜单中添加操作按钮（即子菜单），子菜单可以是 QAction 对象，也可以是 QMenu 对象。

QAction 对象的 setShortcut()方法可以设置操作按钮的快捷键；setEnabled()方法可以设置操作按钮为启用或禁用状态；text()方法返回操作按钮的文本。

单击 QAction 对象（子菜单）时，QMenu 对象将发射 triggered 信号。发射 triggered 信号时会传递一个 QAction 对象，自定义槽函数可以通过形参 action 接收该对象，再通过 QAction 对象的 text()方法就可以知道用户单击了哪一个子菜单。

例 10.12　菜单栏 QMenuBar 使用示例。

```
import sys
from PyQt5.QtCore import pyqtSignal,Qt
from PyQt5.QtWidgets import *

class MenuDemo(QMainWindow):
    signal = pyqtSignal()                                   #自定义信号

    def __init__(self):
        super().__init__()
        self.initUI()

    def initUI(self):
        #添加菜单栏
        bar = self.menuBar()

        file = bar.addMenu("File")                          #添加主菜单 File
        file.addAction("New")                               #添加子菜单 New
        file.addAction("Save")
        file.addAction("Exit")

        edit = bar.addMenu("Edit")                          #主菜单是一个 QMenu 对象
        copy = QAction("Copy",self)                         #子菜单是一个 QAction 对象
        copy.setShortcut("Ctrl + C")                        #设置快捷键
```

```
        edit.addAction(copy)
        paste = QAction("Paste",self)
        paste.setShortcut("Ctrl + V")
        edit.addAction(paste)
        #用户点击菜单时,执行槽函数 onTriggered
        file.triggered[QAction].connect(self.onTriggered)
        edit.triggered[QAction].connect(self.onTriggered)

        self.setGeometry(200, 200, 240, 140)
        self.setWindowTitle("主窗口")
    #自定义槽函数
    def onTriggered(self,action):
        if action.text() == "New":
            self.signal.emit()                      #发射自定义信号
        elif action.text() == "Exit":
            self.close()                            #关闭主窗口
        else:
            QMessageBox.information(self, "对话框示例", "功能暂未实现",
              QMessageBox.Yes | QMessageBox.No , QMessageBox.Yes )

class NewWindow(QWidget):
    def __init__(self):
        super().__init__()
        self.setWindowModality(Qt.ApplicationModal) #设置为模态窗口
        self.setGeometry(300, 300, 240, 140)
        self.setWindowTitle("新窗口")

if __name__ == "__main__":
    app = QApplication(sys.argv)
    menuWindow = MenuDemo()
    newWindow = NewWindow()
    menuWindow.show()
    #发射自定义信号时,显示新窗口
    menuWindow.signal.connect(newWindow.show)
    sys.exit(app.exec_())
```

运行结果如图 10.6 所示。

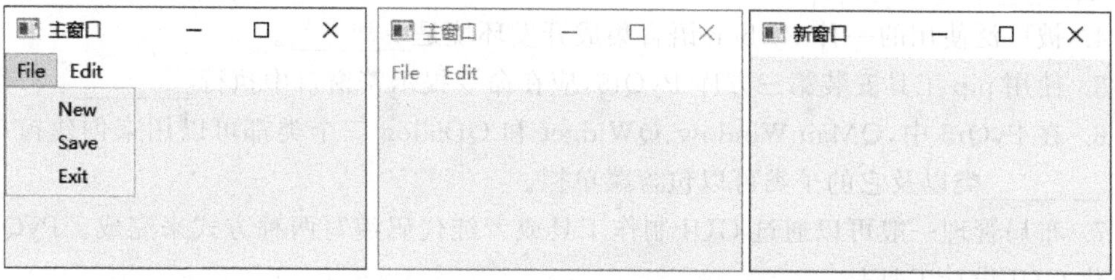

(a) 执行New操作之前　　(b) 执行New之后，显示新的模态窗口

图 10.6　例 10.12 的运行结果

上例中除了说明如何为主窗口添加菜单栏、主菜单和子菜单之外，还说明了如何通过自定义信号显示新窗口，实现窗口之间的跳转。由于新窗口设置为模态窗口，所以在关闭新窗口之前，用户不能切换到主窗口。

使用 QtCore 模块的 pyqtSignal()函数可以自定义一个信号，自定义信号必须定义为类的属性，必须在类创建时定义，不能在类创建后作为类的属性动态添加进来。自定义信号可以传递多个参数，本例中定义的为无参信号。

至此，通过几个示例已经初步了解了使用 PyQt5 进行 GUI 编程的方法和步骤，读者可以参考有关文献或查阅其官网进一步了解和掌握这一专业级 GUI 第三方库的强大功能。

习 题 10

一、单项选择题

1. Python 语言是一种(　　)语言。

A. 编译型　　B. 解释型　　C. 静态类型　　D. 汇编

2. Python 语言诞生于 20 世纪(　　)年代。

A. 60　　B. 70　　C. 80　　D. 90

3. Python 语言不具有(　　)特点。

A. 可扩展性　　B. 通用灵活　　C. 速度快　　D. 丰富的类库

4. Python 程序中使用第三方库 pymssql 可以访问(　　)。

A. MySQL　　B. SQL Server　　C. MongoDB　　D. PostgreSQL

5. Python 的 GUI 工具集中，一般认为(　　)是专业级的。

A. Tkinter　　B. wxPython　　C. PyGTK　　D. PyQt

二、填空题

1. 至 2019 年，Python 语言的发展经历了诞生、2. x 和________三个发展阶段。

2. Python 可用于编写各领域的应用程序，不仅包括科学计算、网络编程、游戏开发、桌面应用、软件原型开发等领域，更是在________、Web 开发、自动化运维、________、________等领域得到了广泛的应用。

3. Python 语言的执行方式除了最常见的文件式(批量式)外，还有其他编程语言一般不具有的________。

4. 被广泛使用的一种 Python 语言集成开发环境是________。

5. 使用 pip 工具安装第三方库 PyQt5，应在命令提示符窗口中执行________。

6. 在 PyQt5 中，QMainWindow、QWidget 和 QDialog 三个类都可以用来创建窗口，但只有________类以及它的子类可以包含菜单栏。

7. 布局管理一般可以通过 GUI 制作工具或者纯代码编写两种方式来完成。PyQt5 的可视化 GUI 设计工具是________。

8. 在 Python 语言中，________方法是构造函数。

三、简答题

1. 试述导入第三方库的三种方法。

2. 试述用 connect 函数连接 SQL Server 时，应注意的几个方面。

3. 试述 Python 语言中访问数据库的主要步骤。

4. 试述 PyQt5 中的事件驱动处理机制。

四、编程题

1. 从上海交通大学研发的“软科中国最好大学排名 2018”网站 http://www.zuihaodaxue.cn/ zuihaodaxuepaiming2018.html 上爬取 601 所国内大学的排名数据（排名、学校名称、省市、总分），并将它们存放到数据库中，最后将这些数据从数据库中取出后输出，运行结果如图 10.7 所示。

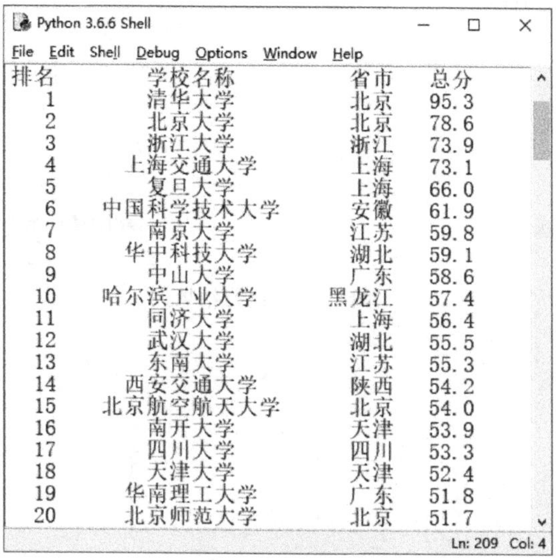

图 10.7 运行结果

提示：爬取排名数据需要用 pip 命令安装 requests 和 beautifulsoup4 两个第三方库，然后用以下几行语句就可以得到由 601 所大学的排名数据组成的列表 allUniv。表中的元素 oneUniv 是一所大学的排名数据，可以用语句 allData=oneUniv.find_all("td")得到一所大学的排名数据组成的列表 allData，表中的前四个元素即为该所大学的排名、学校名称、省市、总分。

```
import requests
from bs4 import BeautifulSoup
url = "http://www.zuihaodaxue.cn/zuihaodaxuepaiming2018.html"
response = requests.get(url, timeout = 30)
response.encoding = "utf - 8"
html = response.text
soup = BeautifulSoup(html, "html.parser")
allUniv = soup.find_all("tr")
```

2. 聊天软件是日常网络交流必不可少的软件，如腾讯的 QQ 等。聊天窗体一般分为上下两部分，上面为聊天信息窗体，展示双方的聊天记录；下面是当前输入的信息框和控制按钮。编程实现一个模拟的聊天工具，运行结果如图 10.8 所示。用户在下面的信息框中输入信息后，单击“发送”按钮时，输入的信息会显示在上面的聊天信息窗体中，同时该信息也会存放到数据库中。当用户单击“读取历史信息”按钮时，程序会读取数据库中存储的历史聊天信息，并显示在聊天信息窗体中。当用户单击“清除历史信息”按钮时，程序会清除数据库中存储的所有历史聊天信息。

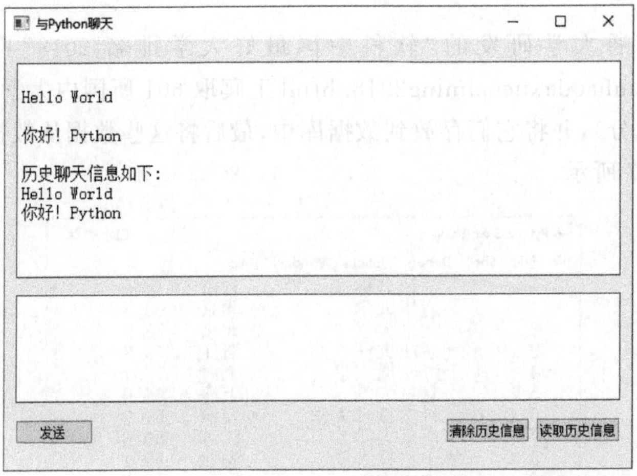

图 10.8　运行结果

第11章

NoSQL 数据库技术

本书前面章节主要介绍了关系数据库技术及其在 SQL Server 中的实践应用，但随着大数据问题的出现，在某些场合下关系数据库的不足会突显出来。为此，非关系型的 NoSQL 数据库技术（以下简称 NoSQL 技术）在十余年内迅猛发展，以 HBase、MongoDB、Redis 等为代表的 NoSQL 产品以其强扩展性和高性能成为关系数据库的有力补充。

本章首先从 NoSQL 技术产生的根源和必要性入手，以关系数据库为参照物对比介绍 NoSQL 技术，明确 NoSQL 技术和关系数据库的各自特点和适用场合，然后介绍 NoSQL 数据库的四种存储模式，接着以实际产品 MongoDB 为例介绍 NoSQL 数据库的实践操作，最后总结两种数据库技术的地位，以及如何根据不同业务要求合理选择和搭配不同的数据库技术。

11.1 NoSQL 产生的根源和必要性

11.1.1 关系数据库的特点

自从 1970 年 IBM 公司研究员 E. F. Codd 提出关系模型的概念以来，关系数据库技术在全球范围内已经流行了几十年。作为应用广泛的通用数据库技术，它有以下三个主要特点。

(1) 采用强存储模式技术。数据库中的表结构需要预先严格定义，明确字段名称和数据类型并进行相关约束定义以保证数据完整性。

(2) 采用 SQL 技术标准定义和操作数据库，可以进行 JOIN 等复杂查询。

(3) 采用事务处理保证数据一致性。

由此可见，关系数据库作为一种成熟的数据库技术，存储的是结构化数据，给预定义的结构带来了可靠性和稳定性。在需要严格保证数据完整性和一致性的情况下，关系数据库具有非常好的通用性和非常高的性能。SQL 支持数据库 CRUD（Create、Read、Update 和 Delete 的简写）操作的功能非常强大，是业界的标准用法。所以，对绝大多数应用而言，关系数据库是最有效的解决方案，在数据存储方面占据不可动摇的地位。

由于受时代特征所限，关系数据库技术初始设计是基于单机集中管理数据的理念，所以其性能受单机物理性能的限制。另外关系数据库技术是基于关联关系处理数据，一般情况下只能在单机范围内实现。随着信息化的快速发展，应用系统对数据库产品的数据存储量和高并发下读写性能的要求越来越高，关系数据库技术需要在服务器纵向和横向扩展方面不断加强。

所谓纵向扩展是基于服务器本身的功能挖掘，例如向现有服务器添加内存、硬盘或更强大的 CPU 等资源以提升服务器性能的过程。而横向扩展是向系统添加更多硬件的过程，通常意味着向现有系统添加新服务器。数据库的横向扩展支持三种方法，分别是主从复制、集群和分片。关系数据库通常先是纵向扩展，但达到一定程度后只能横向扩展。由于受设计理念的制约，其在横向多机扩展方面存在很大困难。尤其是面对当今基于互联网大数据应用的某些需求时，就会发现关系数据库支持 JOIN 连接和为保证完整性和一致性所付出的代价很大。因而在应对此类需求时关系数据库显得力不从心，暴露了很多难以克服的问题。

11.1.2 大数据下关系数据库存在的问题

随着互联网的发展，各种类型的大数据应用层出不穷。新浪微博每天新增的数据量是百万级甚至千万级的，还可能在某些特殊时刻出现大量数据的突发写入。淘宝网每天产生超过 30 亿的店铺和商品浏览信息，8 亿在线商品数，上千万的成交、收藏和评价数据，每天活跃数据量超过 50TB。互联网应用在某些集中时间段还会面临在线访问的高并发问题，网站的平均每秒点击量达到几十万次甚至更高。分析以上数据，可以看出大数据下的需求是大量数据的存储、高并发下的快速读写和数据的多样化。

下面分析关系数据库在应对上述场景需求时出现的常见问题。

(1) 扩展困难。关系数据库的数据存储在关系表中，存在 JOIN 多表查询机制，操作的性能瓶颈可能涉及多个表，这种限制导致扩展很艰难。因此通常是纵向扩展，若要提高处理能力，就要提升计算机性能来克服。虽然有很大的扩展空间，但是最终会达到纵向扩展的上限，使得数据库在扩展方面难以应对。

(2) 大量数据的写入问题。纵向扩展到达一定程度时只能横向扩展。关系数据库在大量数据的高并发读取方面，由复制产生的主从模式(数据的写入由主数据库负责，数据的读取由从数据库负责，这是数据库主从复制的横向扩展方法)可以比较简单地通过增加从数据库来实现规模化。但是在数据的写入方面却完全没有简单的方法来解决规模化的问题。一般采取的措施有两种：其一是增加关联复制的主数据库，从而减少每台主数据库的负荷，但可能会造成更新处理的不一致性；其二是分割数据库，分别放在不同的数据库服务器上，从而减少每台服务器的数据量和硬盘 I/O 处理。这种措施效果较好，但问题是分别存储在不同服务器的表之间无法进行 JOIN 处理，必须在程序中关联，这是非常困难的。

(3) 读写慢。数据量达到一定规模时，由于关系数据库的系统逻辑非常复杂，多表的 JOIN、事务 ACID 特性、表的锁定和解锁等开销，甚至发生死锁等并发问题，所以导致读写速度下滑，系统的性能大大降低。

(4) 有限的容量。现有关系型解决方案很难应对大量的数据存储，这些数据甚至需要存放在数千万台机器的大规模并行系统中。

(5) 表结构的变更困难。关系数据库采用强存储模式技术，要求预定义表结构。当表中字段不固定时，在实际应用中反复变更表结构是很痛苦的。如果数据库设计之初就根本无法明确表结构的话，更是无从下手，难以应对大数据下多样化的数据需求。

上述分析可见，随着互联网的迅速发展以及云计算与 Web 2.0 的出现，大数据的存储、高并发的交互给数据库提出了更高的存储和性能要求，关系数据库技术的优势技术，在应对大数据的某些应用需求时，反而成为其原生的制约因素，很难满足设计要求。业界为了解决大数据下的共性需求，只能由繁到简，放弃关系数据库的优势，在数据模型及完整性、一致性方面做“减法”，而在迫切需要的新特性——可扩展性和高并发等方面做“加法”。于是，一种全新的数据库技术 NoSQL 应运而生。

11.2 NoSQL 数据库技术概述

既然 NoSQL 是用以应对互联网背景下大数据应用难题的数据库技术，那么要分析 NoSQL 技术，首先必须明确大数据的概念和具体特征。

11.2.1 大数据 4V 特征

对于大数据，研究机构 Gartner 给出了这样的定义：大数据是需要新处理模式才能具有更强的决策力、洞察发现力和流程优化能力来适应海量、高增长率和多样化的信息资产。这个定义强调了处理大数据需要一种不同于关系数据库技术的新处理模式。麦肯锡全球研究所给出的定义是：一种规模大到在获取、存储、管理、分析方面大大超出了传统数据库软件工具能力范围的数据集合，具有海量的数据规模、快速的数据流转、多样的数据类型和价值密度低四大特征。该定义强调了大数据四个方面的典型特征，也被业界称为 4V 特征。

大数据 4V 特征的具体含义如下。

(1) 海量(Volume)：数据量巨大，对 TB、PB 数量级的处理，已经成为基本配置。

(2) 多样(Variety)：广泛的数据来源，决定了大数据形式的多样性。不仅包括结构化数据，也包括非结构化数据，能处理 Web 数据、语音数据甚至是图像视频等数据间没有因果关系的数据。

(3) 快速(Velocity)：数据的生成或者变化速度快，对处理数据的响应速度有更严格的要求。

(4) 价值(Value)：价值密度低，商业价值高。大数据最大的价值在于，通过从大量不相关的各种类型的数据中挖掘出对未来趋势与模式预测分析有价值的数据，并通过机器学习方法、人工智能方法或数据挖掘方法深度分析，发现新规律和新知识。

11.2.2 NoSQL 定义

通常情况下，NoSQL 很容易被误以为是 No SQL 的缩写，理解为数据库技术中 SQL 已经没有必要存在，这是完全错误的。NoSQL 实际上是 Not Only SQL 的缩写，意思是“不仅仅是 SQL”，那么含义就完全不同了。NoSQL 官网(http://nosql-database.org)上对 NoSQL 的最新定义是：主体符合非关系型、分布式、开放源码和具有横向扩展能力的下一代数据库。可见 NoSQL 是一种非关系数据库技术，必须具备强扩展能力，并且能够应对大数据 4V 特征应用需求，是新一代数据库技术。

NoSQL 采用非关系数据库技术，抛弃了关系数据库的关系型特性，数据之间不再有关联关系，因而数据存储简单化；与关系数据库技术设计的出发点是单机，因而导致纵向扩展困难相比，NoSQL 技术原生支持分布式的环境，因而非常容易扩展。它的出现主要就是为了解决大数据背景下高并发要求的数据库应用需求，弥补关系数据库的技术缺陷。

11.2.3 NoSQL 技术介绍

1. NoSQL 特点

11.1.1 节给出了关系数据库的特点，现在介绍非关系型 NoSQL 数据库技术的特点，通过对比更好地理解两者的区别及关系，从而选择各自适用的场合。

(1) 采用弱存储模式技术。关系数据库的表结构预先强制定义，以及数据存入时类型强制检查等技术已经不存在，它不需要预定义表结构，每行数据都可能有不同的属性和格式，很容易适应数据类型和结构的变化。因此，NoSQL 技术大大简化了存储方面的约束要求，插入一条数据时处理速度自然比关系数据库要快。同时，各个数据都是独立设计，数据之间不再相互关联，从而易于数据的横向扩展。

(2) 没有采用 SQL 技术标准定义和操作数据库。关系数据库定义了统一的数据库访问标准 SQL，各种 RDBMS 产品都支持该标准，便于移植。到目前为止，NoSQL 没有定义统一的操作语言来处理数据，有利于不同特点的 NoSQL 数据处理技术的创新，但同时也意味着不同的 NoSQL 数据库产品在项目上无法很好地进行技术移植。

(3) BASE 特性。相对于事务严格的 ACID 特性，NoSQL 数据库保证的是 BASE 特性。BASE 是最终一致性和软状态。具体技术将在本小节详细介绍。

(4) 采用多机分布式技术。关系数据库是以 JOIN 为前提的，各个数据之间存在关联关系。为了 JOIN 处理，关系数据库不得不把数据存储在同一个服务器上，因此不利于数据扩展。相反 NoSQL 技术原本就不支持 JOIN 处理，很容易将数据分散到多个服务器上，从而原生支持分布式处理。

2. 大数据下 NoSQL 技术的应对效果

11.1.2 节中介绍了关系数据库技术面对大数据下某些应用需求时出现的问题。在了解 NoSQL 技术的特点后，现在再回过头来分析 NoSQL 技术在此类场景下的应对效果。

(1) 强扩展。NoSQL 是弱存储模式技术，数据之间不再相互关联，可以在轻松保证良好性能的情况下实现数据的横向扩展。

(2) 大量数据的写入问题。从 NoSQL 的“采用多机分布式技术”这一特点，可知 NoSQL 技术原生支持分布式处理，从而减少了每台服务器上的数据量，遇到大量数据的读写问题时，处理更加容易。

(3) 读写速度。使用 NoSQL 技术使得数据之间不再相互关联，各数据是独立设计的，不再有复杂的逻辑关系，不支持多表的 JOIN，不支持事务 ACID 特性，关系数据库下影响读写速度的因素不复存在。此外，NoSQL 技术中数据存入类型的强制检查也不复存在，写入数据时处理速度自然加快。

(4) 存储容量。NoSQL 的弱存储模式技术，使得它必然支持大数据存储。

(5) 表结构的变更。NoSQL 的弱存储模式技术，不需要预定义表结构，每行数据都可能有不同的属性和格式，因此表结构变更的问题已经不复存在。

由此可知，NoSQL 技术能够很好地应对大数据下高并发的快速读写问题，能够在关系数据库技术不擅长处理的领域有效地满足实际需求。

3. NoSQL 技术的缺点

NoSQL 作为一种非关系数据库技术，其根本特征是使用弱存储模式技术，那么它在支持非结构化数据存储、大数据应用方面具有诸多优势的同时，必然存在相应的不足，主要有以下四点。

(1) 各数据独立设计、无完整性约束，对于复杂业务场景支持较差。

(2) 通用性差。往往是面向一个主题、一个方向，解决某一方面的问题，应用面会明显受限制。

(3) 不支持 SQL。如果不支持 SQL 这样的工业标准，将会对用户产生一定的学习和应用迁移成本，而且到目前为止，NoSQL 还没有定义统一的操作语言来处理数据。

(4) 现有产品不够成熟。大多数产品都还处于初创期，和关系数据库已经过几十年的完善不可同日而语。

4. NoSQL 的数据一致性

分布式处理是 NoSQL 数据库技术的主要特点之一，而一致性、可用性和分区容忍性是分布式系统的三个核心需求。如果必须在三者间做出选择时，如何抉择呢？CAP 理论、BASE 和最终一致性是 NoSQL 技术存在的三大基石，可从技术上解决这一问题。

1) CAP 理论

CAP 理论是由 EricBrewer 教授提出的，在设计和部署分布式应用的时候，存在三个核心的系统需求，这三个需求之间存在一定的特殊关系。这三个需求如下。

(1) 一致性(Consistency)：任何一个读操作总是能读取到之前完成的写操作的结果，也就是在分布式环境中多点的数据是一致的。任何时刻，所有的应用程序都能访问得到相同的数据。

(2) 可用性(Availability)：每一个操作总是能够在确定的时间内返回，也就是系统随时都是可用的。在集群中一部分节点故障后，集群整体应依然能响应客户端的读写请求。任何时候，任何应用程序都可以读写数据。

(3) 分区容忍性(Partition Tolerance)：在出现网络分区(即由于某种原因造成网络被分割成若干互不相通的区域)的情况下，分离的系统也能正常运行。

CAP 理论的核心是一个分布式系统不可能同时很好地满足一致性、可用性和分区容忍性这三个核心需求，最多只能同时较好地满足两个。对于一个分布式系统而言，其组件需要被部署到不同的节点，因此必然出现子网络。而网络分区是一个必定会出现的异常情况，因此分区容忍性是分布式系统必然需要面对和解决的问题。

关系数据库关注的是一致性和可用性，所以可扩展性受限，满足 CA 原则。而大多数 NoSQL 系统都以水平扩展著称，倾向于坚持分区容忍性，根据其设计理念在一致性和可用性中进行选择。

如果关注一致性，就需要处理因为系统不可用而导致的写操作失败的情况，满足 CP 原则，通常性能不是特别高；而如果关注可用性，就要承受系统的读操作可能不能精确地读取到写操作写入的最新值，满足 AP 原则，通常就要对一致性要求低一些。满足 AP 原则的数据库系统主要以实现最终一致性来确保可用性和分区容忍性。因此系统的关注点不同，采用的策略会不一样。只有真正的理解系统的需求，才有可能利用好 CAP 理论。本章后面介绍的 NoSQL 数据库产品 Redis 和 MongoDB 都属于 CP 系统。

2) BASE

(1) 基本可用(Basically Availble):系统能够基本运行,一直提供服务。

(2) 软状态(Soft-state):系统可以有一段时间不同步,而不是时时保持强一致性,只要最终数据一致即可。

(3) 最终一致性(Eventual consistency):系统需要在某一时刻后达到一致性要求。

BASE模型完全不同于ACID模型,它牺牲高一致性,获得可用性。例如对于网站评论功能而言,对比可用性和最新的评论是否被看到这样的强一致性,显然并不需要保证强一致性。因此可以采取最终一致性的办法保证系统的可用性而牺牲数据的短暂不一致。在更新操作还没有同步到其他客户端的时间段内,容忍数据不一致。在类似于这类对一致性不太敏感的业务场景下,将关系数据库严格遵守CAP理论的实时一致性降低为NoSQL的最终一致性,换来的是性能的大幅提升,这样的交换是值得的。

11.3 NoSQL数据库的存储模式

NoSQL数据库不需要预先定义存储结构,存储模式没有统一的标准,因而涉及产品种类众多,其官网上公布的产品数已经大于225种。如果说关系数据库是具有非常好的通用性的"通才",那么NoSQL数据库则是解决某一方面问题或者某个特殊问题的"专才"。为了在特定的应用需求下,准确选择合适的NoSQL数据库产品,就需要掌握NoSQL各存储模式的基本特征。本节介绍键值存储模式、文档存储模式、列族存储模式和图存储模式这四种常见的NoSQL数据存储模式,也为后面学习数据库产品MongoDB奠定基础。

11.3.1 键值存储模式

关系数据库严格的表结构定义、过多的约束、以行为单位的读写操作拖累了数据的执行效率,硬盘读写数据影响了大数据下高并发的读写速度。因此,NoSQL意图避开硬盘低效的读写速度,采取以内存或者SSD为主要存储的全新设计思路,采用最简单的"键值对"的存储模式。通过去规则化和去约束化,实现提高数据处理速度这个第一目标。于是,键值数据存储技术应运而生。

1. 键值存储模式的存储结构

1) 键(Key)

键作为唯一标识符,确保一个键值结构中数据记录的唯一性。同时键的定义比较自由,可以采用复杂的自定义结构,起到记录信息的作用。例如"书:计算机:软件:数据库:9787111433038"和"鞋:女鞋:运动:秋冬:98374"。这里用":"做分隔,当然也可以用其他符号分隔,但在同一类数据集合里键的命名规则应统一。不同的数据库产品,键的约束会有不同。

2) 值(Value)

值是对应键的数据,通过键来获取。键值数据库的值由二进制大对象(Binary Large Object,BLOB)存储,可以存放任何类型的数据。与关系数据库不同,键值无须预先定义数据类型。

3) 键值对(Key-Value)

键和值的组合形成键值对,键与值是一一对应关系。例如,“书:计算机:软件:数据库:9787111433038”只能指向“《数据库基础》”这个值。一个键值对类似于关系数据库表中的一条记录。键值对的含义由应用程序负责理解。

4) 命名空间(NameSpace)

为了更好地分类识别,通常将一类键值对数据构成的集合称为命名空间,以区分不同的数据集。在同一命名空间中通过键查找到对应的值。命名空间类似于关系数据库中的表,不过这张表只有两个字段(键和值)。而且理论上命名空间中的每个键值对是独立设计的,键的命名和值的类型不受其他键值对的约束。这与关系数据库中表结构需要预先定义并强制类型检查完全不同。

2. 键值数据存储的分类

键值数据库将数据存储于内存,数据容易丢失,无法持久性保存,所以是不能称为真正的数据库。于是,不同的键值数据库存储技术随之出现。

根据数据的保存方式,键值数据库存储分为临时性、永久性和两者兼具三种。

1) 临时性

临时性是将所有数据都保存在内存中,保存和读取的速度非常快,但是当数据库产品停止时,数据便不复存在。由于数据保存在内存中,所以无法操作超出内存容量的数据,数据会丢失。如 Memcached 就是此类 NoSQL 产品。

2) 永久性

永久性是将数据保存在硬盘上,因而数据不会丢失。与临时性比起来,由于要发生对硬盘的 I/O 操作,所以性能上还是有差距的。但数据不会丢失,容量不受内存制约是它最大的优势。如 ROMA、Tokyo Tyrant、Flare 都是此类 NoSQL 产品。

3) 两者兼备

这类数据库首先把数据保存在内存中,在满足特定条件的时候将数据写入到硬盘中。这样既确保了内存中数据的处理速度,又可以通过写入硬盘来保证数据的永久。如目前最流行的键值数据库 Redis 就是此类 NoSQL 产品。

3. 键值存储模式的优点

(1) 简单。键值存储模式最大的优势就是数据关系非常简单,存储结构只有键和值,而且键和值都可以采用自定义结构,适合存储多样性数据。

(2) 快速。以内存为主的设计思路,能提供非常快的查询速度,非常适合通过键对数据进行查询和修改等简单操作。得益于近几年内存技术的快速进步,更大容量更快速的内存的出现使得键值数据库具备了在互联网上应对高并发访问的速度处理能力。

(3) 分布式处理。分布式处理可以把 PB 级别的大数据放到几百台 PC 服务器的内存中同时计算,具备了应对大数据的能力。

4. 键值存储模式的缺点

(1) 缺少约束,容易出错。去约束、去规则化、数据关系过于简单、对“键”和“值”所存储的类型没有约束,在具体的业务处理中原则上“键”和“值”可以放任何数据而不会报错,很可能发生致命错误。对于类型的识别,对自定义结构的识别,对数据正确性的判断只能依靠程序员的业务代码进行编程约束,容易引发代码混乱。

(2) 对值做查找的功能弱。键值存储设计出发点是根据键对值做各种操作。反之已知值查找键则很困难。因此,即使键值对存储在访问速度上常常比关系数据库系统性能要快数个数量级,但键需已知这一要求也限制着其应用。

5. 键值数据存储的应用场合

针对其特点分析,键值数据存储适用于以键值对存储、数据变化快且数据库大小可预见(适合内存容量)的应用程序,常应用于股票价格、实时数据搜集、实时通信、热门网页点击量、电商用户喜好推荐、电商购物车、Web 应用程序的会话信息等系统中。

11.3.2 文档存储模式

关系数据库必须事先定义严格的表结构,有统一的 SQL 标准方便做各类查询,因而被设计成可以应对各种情况的通用型数据库,但在大数据场景下也暴露出海量数据存储和复杂数据结构存储困难的问题。那么为了应对大数据的需求,能否有一种无须定义表结构、拥有自由模式而且便于扩展,同时又支持便捷查询的存储模式呢?于是,文档数据存储技术应运而生。

与键值存储模式不同,文档存储模式主要解决的不是高性能的并发读写,而是保证海量数据存储的同时,具有良好的查询性能和灵活的数据结构。

考虑到不同文档数据库产品在存储结构上会有细节区别,这里以 MongoDB 产品为例介绍文档存储模式的存储结构及特点,也为后面学习 MongoDB 实践做好铺垫。

1. 文档存储模式的存储结构

1) 键值对(Key-Value)

文档存储结构的基本形式是键值对,由数据和格式组成。数据分键和值两部分,格式根据数据种类的不同而不同,如 JSON、XML、BSON(Binary JSON)等。MongoDB 的键值对使用 BSON 组织数据,支持比 JSON 更多的基本数据类型。

键值对的形式是"键:值"。键一般用字符串表示,值可以是基本数据类型,也可以是数组或者文档等带结构的数据。对应的键值对分别被称为基本键值对和带结构的键值对。

2) 文档(Document)

文档是由键值对构成的有序集。BSON 格式的一个文档如下:

```
{
  name:"lemo",
  age:12,
  address:{city:"suzhou", country:"china", code:215000},
  scores:[
       {"name":"English", "Grade:80},
       {"name":"Chinese", "Grade:90}
  ]
}
```

上述代码中最外层{}里的内容代表一个文档。该文档由四个键值对组成。其中 name:"lemo"和 age:12 两个键值对是基本键值对,其键值是基本数据类型。address 键的键值是一个文档(称为嵌入文档),scores 键的键值是数组类型,数组元素又是嵌入文档。可见键值可以按需设计,存储数据非常灵活,适合存储多样性数据。

MongoDB 中的每个文档都有一个默认的主键_id,这个主键名称是固定的,它可以是

MongoDB 支持的任何数据类型，默认是 ObjectId。如果在增加文档时，没有这个_id 键，则系统会使用 ObjectId 对象自动生成一个。在分布式环境中，不同的机器都能用全局唯一的同种方法生成值，如：{_id：ObjectId("5c20e211f452652826b7d207")}。虽然系统会自动创建_id 键，但在高并发的应用下建议使用客户端的驱动程序来创建，避免增加数据库的负担。

3）集合(Collection)

集合是由若干文档构成的对象。一个集合对应的文档应该具有相关性。每个文档的主键_id 值在同一集合中必须唯一，它是集合中标识该文档的唯一标识符。在文档数据库中，为了便于操作，每个集合都有一个集合名称，用以标识该集合。

4）数据库(Database)

文档数据库中包含若干集合，在对数据操作之前，必须指定数据库名。一台服务器上允许多个数据库并存。

从以上介绍可以看出，文档数据库的用语和关系数据库的用语存在着对应关系，如表 11.1 所示。

表 11.1 文档数据库与关系数据库用语对比

关系数据库	数据库	表	记录	字段和值
文档数据库	数据库	集合	文档	键值对

2. 文档存储模式的优点

(1) 无表结构。不需要定义表结构，减少了变更表结构所需要的开销。不关心表结构和程序设计之间的一致性，只需保证程序正确即可。

(2) 灵活的数据结构。文档中键值对的键值支持内嵌文档和数组，数据组织灵活，适合多样性数据的存储。

(3) 查询语言强大。与键值存储不同，文档存储模式几乎可以实现类似关系数据库单表查询的绝大部分功能，并且像关系数据库那样支持索引以进行高速处理。

(4) 便于扩展。文档存储模式设计的出发点就考虑到扩展问题，可以自动在多台服务器之间分散数据，便于海量数据的存储。

3. 文档存储模式的缺点

(1) 缺少约束。去约束去规则化，追求了效率，自然有所牺牲。这给应用程序员提出了更高的代码编写要求。代码需要解决输入数据的验证工作和集合之间的关系问题，依靠代码保证数据完整性和一致性。

(2) 不支持事务和 JOIN 查询。不支持事务处理，事务处理一般是通过关系数据库来完成的。集合之间没有关联，不支持 JOIN，但为了存储关联关系可以把必要的数据以嵌入文档的形式存储到文档中。

4. 文档数据存储的应用场合

针对文档数据存储的特点，它适用于需要存储海量数据、多样性数据、支持动态查询并且对数据库有性能要求的场合。例如电商网站中存储日志以发现并解决问题，存储商品评论以便客户商家良性互动，存储用户扩展信息以便分析用户喜欢并更好地个性化推送，存储商品信息以便向用户展示商品和应对用户搜索及存储点击量以便个性化推荐商品。这些应用的共性是海量数据或多样性数据，而且是“低价值数据”的存储。电商 eBay 采用文档数据库 MongoDB 实现优化搜索推荐功能。东航的 Shopping 项目旨在为用户提供个性化的航班搜索服务，支持多目的地搜索、基于预算范围的搜索、城市主题的搜索、灵感语义的搜索、实时的低价日历搜索等。此时采用文档数据库就很合适。

文档存储模式的典型产品有 MongoDB 和 CouchDB。

11.3.3 列族存储模式

列族存储模式是为大数据而生。

关系数据库是以行为基本单位的磁盘记录方式，擅长以行为单位的读取数据操作。但是这种操作遇到存储上亿条记录的表时，则面临磁盘寻道耗费时间的问题。

列族存储模式如同关系数据库一样以 Table 为存储结构，但是以列作为磁盘记录方式，数据按列存储在不同数据块中，擅长以列为单位读取数据。这样的设计方案在应对大数据的查询需求，而且每次涉及的列不多时，只需要从磁盘数据块中读取相应的列，磁盘寻道速度加快很多，而且读取的数据量相对较少。还可以进一步将多个关系紧密的列并为一个小组作为列族，放在一起存储，以提高这些列的查询速度。这就是列族数据库在物理层面的优势。在数据库逻辑层面上，采用稀疏矩阵实现对数据存储的设计和管理。

列族存储模式擅长大数据处理，特别是 PB、EB 级别的大数据存储和从几千台到几万台的服务器分布式存储管理，体现了更好的可扩展性和可用性。

列族存储模式的典型产品有 HBase 和 Cassandra。

11.3.4 图存储模式

图存储模式中的“图”，不是指“图片”，而是数学图论中的“图”。因此，其存储结构的基本要素是节点、边和描述节点、边的属性，以存储图形关系。

图存储模式可以存储并处理现实中实体间复杂的关联关系，特定于图论的应用，例如互联网社交关系、交通地图、生物研究。通过对节点与节点关系的深入分析，可以发现有价值的数据规律，运用于规则推理等方面。

图存储模式的典型产品是 Neo 科技公司的 Neo4j。

11.4 MongoDB 实践环境的创建

11.4.1 MongoDB 安装与配置

MongoDB 是 10gen(现已改名为 MongoDB) 公司开发的一款以高性能和可扩展性为特征的开源软件，它作为文档数据库，介于关系数据库和非关系数据库之间，是 NoSQL 中功能最丰富、最像关系数据库的一款产品。

MongoDB 的安装包可以从官网(https://www.mongodb.com)下载获得。MongoDB 有收费的企业版(Enterprise Edition)和免费的社区版(Community Edition)两个版本。若下载的是 3.4.18 版本 64 位 Windows 平台下的社区版安装包，则安装包文件名为 mongodb-win32-x86_64-2008plus-ssl-3.4.18-signed.msi。建立安装路径(如 D:\MongoDB\data)，并在

该文件夹下分别创建存放数据库文件和日志文件的子文件夹“\db”和“\log”，运行安装包文件启动安装。安装完成后，在 D:\MongoDB\data\bin 路径下看到一系列可执行文件，其中 mongod. exe 是 MongoDB 最核心的服务器端数据库管理软件，Mongo. exe 是客户端 Shell 运行支持程序，为用户提供了交互式操作数据库统一界面。

配置文件方式启动 MongoDB 操作如下。

(1) 进入 Windows 命令提示符界面，执行下列命令设置 MongoDB 环境：

```
d:\mongodb\data\bin\mongod  - dbpath  "d:\mongodb\data\db" - logpath
        "d:\mongodb\data\log\MongoDB.log"  - install  - serviceName "MongoDB"
```

(2) 接着在 Windows 命令提示符界面下，执行下列命令启动 MongoDB 服务：

```
d:\mongodb\data\bin\net start MongoDB
```

提示服务器启动成功之后，每次打开计算机无须手动启动 MongoDB，即可在 Shell 界面中执行各种数据库操作命令。考虑到 MongoDB Shell 不直观，可以采用类似于 SQL Server 的 Management Studio 的可视化管理工具，使得交互式操作更加容易。这里采用 Robomongo，它是一款免费且开源的软件。

特殊情况下如果需要关闭服务，可执行下列命令：

```
d:\mongodb\data\bin\net stop MongoDB
```

11.4.2 MongoDB 数据类型

虽然 MongoDB 无须定义数据存储结构，无须明确文档数据类型，但也存在数据类型的概念，由程序员通过代码进行控制，MongoDB 本身不做类型检查和出错提示。

MongoDB 的文档使用类似于 JSON 的 BSON 组织数据。JSON 是一种简单的表示数据的方式，只包含六种数据类型(Null、布尔、数字、字符串、数组及对象)，不能完全满足复杂业务的需要，而 BSON 还提供日期、32 位数字、64 位数字等类型。下面对 MongoDB 中的主要数据类型做一简要说明。

(1) Null：用于表示空值或不存在的字段，如{ x:null }。

(2) Undefined：未定义，如{ x:undefined }。

(3) 布尔类型(Boolean)：布尔类型只有两种值，true 和 false。

(4) 32 位整数(32-bit integer)：Shell 不支持此类型，默认会转换成 64 位浮点数。

(5) 64 位整数(64-bit integer)：Shell 不支持此类型，默认会转换成 64 位浮点数。

(6) 64 位浮点数(Double)：Shell 中仅支持这种类型的数。可以使用 NumberInt()或 NumberLong()方法将浮点数转为 32 位或 64 位整数。

(7) 字符串类型(String)：使用 UTF-8 编码的字符表示，如{ x:"Hello World " }。

(8) 日期(Date)：从标准纪元开始的毫秒数，如{ date:new Date() }。

(9) 符号(Symbol)：Shell 不支持此类型，将自动转换成字符串。

(10) 正则表达式(Regular Expression)：文档中可以包含正则表达式，遵循 JavaScript 的语法。正则表达式主要用在查询文档时作为限定条件。

(11) 数组(Array)：值的集合或者列表，与 JavaSript 中的数组表示相同，如{ x: ["Shoes",

"Women"," Pumps"]}。

(12) 内嵌文档(Embedded Documents):文档可以作为文档中某个 Key 的 Value。文档总大小被限制为 16MB。

(13) ObjectId:对象 id 是用于唯一标识一个文档的 ID。在 MongoDB 存储文档时,必须有一个"_id"键,这个键可以是任何类型,默认是 ObjectId。

(14) JavaScript:MongoDB 的文档中可以包括 JavaScript 代码,如{ x:function(){ /* 这里是一段 JavaScript 代码 */} }。

11.4.3 电商案例的数据模型设计方案

电商平台下存在海量的店铺和商品,为便于用户浏览商品就需要电商网站实现多功能商品目录系统,该系统要求数据库不仅能够存储海量数据,还能够基于特定属性做类似于关系数据库的商品及该商品不同系列的检索。因此,NoSQL 的文档数据库 MongoDB 自然成为不二选择,原因如下。

(1) 文档灵活性:每个 MongoDB 文档都可以将数据存储为丰富的 BSON 结构。这就使得 MongoDB 对于存储任何对象都非常理想,可以应对每个商品都有若干系列的庞大目录,实现数据多样性的存储设计。

(2) 动态的模式:每个文档中的 BSON 结构可以随时进行调整,保证了需要修改时数据的灵活性以及易重构性。在 MongoDB 中,这些多重模式可以存储于一个单一的集合中。

(3) 有表现力的查询语言:具备基于文档属性进行各类查询的能力。

下面分析存储商品和商品系列信息所需要的数据模型。

1. 商品数据模型的设计方案

作为电商中展示的商品,必然有描述其特征的基本信息。此外每种商品又对应有不同型号、颜色等若干商品系列。在此先建立集合 goodsinfo 作为商品数据模型,仅展示每种商品的基本信息,这些信息与其对应的不同系列无关。例如部门、分类、品牌、名称以及描述等信息。可用下面的文档描述集合 goodsinfo 中一种商品的基本属性信息:

```
{
  _id:"30671",                              //人工指定_id 键值
  department:"Shoes",
  category:"Shoes/Women/Pumps",
  brand:"Calvin Klein",
  title:"Evening Platform Pumps",
  description:"Perfect for a casual night out or a formal event.",
  price:298                                  //假设价格与不同系列无关
}
```

当然这里键值对 category:"Shoes/Women/Pumps"也可以设计["Shoes"," Women"," Pumps"]的形式,用数组数据类型来定义键值。

不同商品的基本属性不完全相同时,MongoDB 支持动态模式,文档中的键值对可以随时调整,不完全相同的文档可共存于一个集合中。

2. 商品系列数据模型的三种设计方案

商品数据模型只能获取到关于每种商品最基础的数据,而事实上每种商品都存在若干

商品系列，例如尺寸、颜色等。在关系数据库中，这种情况是通过表之间的关联关系来实现。在 NoSQL 技术的 MongoDB 数据库中如何体现这种数据关联关系呢？下面给出三种不同的设计方案。

(1) 由于 MongoDB 数据库的键值可以是数组和内嵌文档，所以可以在单一文档中存储一种商品以及它所有的系列信息。其优点是能够在单一查询中检索一种商品及其所有系列，而缺点是可能造成无限制的文档增长(仅受文档最大长度制约)。如果产品系列的数据非常小，在商品文档中存储这些不同系列数据的方法可以作为一种数据存储设计方案。建立集合 goodinfo_detail 作为商品系列数据模型，可用下面文档描述集合 goodinfo_detail 中一种商品及其不同商品系列的信息：

```
{
  _id:"30671",                          //main item ID
  department:"Shoes",
  category:["Shoes","Women","Pumps"],
  brand:"Calvin Klein",
  title:"Evening Platform Pumps",
  description:"Perfect for a casual night out or a formal event.",
  price:298,
  style:[
       {size:34, color:"red"},
       {size:35, color:"black"}
  ]                                     //键值是数组,数组元素是文档
}
```

(2) 第二种设计方案是创建一个能够关联到主商品且独立于主商品数据模型的商品系列数据模型。建立集合 variation 作为商品系列数据模型，可用下面文档描述集合 variation 中一种商品的不同商品系列的信息：

```
{
  _id:"93284847362823",
  itemId:"30671",                       //参照商品数据模型的"_id"
  size:34,
  color:"red"
  …
}
```

(3) 第三种设计方案是在商品系列数据模型中用数组来刻画不同系列的键值，甚至可以分别从商品系列的属性和辅助属性出发，分两个类别刻画该系列的不同属性的键值。建立集合 variation_doc 作为商品系列数据模型，可用下面文档描述集合 variation_doc 中一种商品的不同商品系列的信息：

```
{
  _id:"93284847362823",
  itemId:"30671",                       //参照商品数据模型的"_id"
  attrs:{size:34, color:"red" … },      //键值是内嵌文档
  sattrs:{width:8.0, heelHeight:5.0, … }
}
```

后两种设计方案将商品系列数据模型作为独立数据模型，既支持在目录中展示主商品，而且当用户请求一个更详细的产品时也支持对每个系列的快速查询，同时也可以保证商品以及系列文档的长度是可预测的大小。但是此时商品系列数据模型作为独立数据模型，去约束化的 MongoDB 数据库无法保证其"itemId"键值与主商品数据模型中对应键值保持一致，只能通过程序手段控制。

11.5 MongoDB 基本操作实践

本节中所有操作命令在可视化管理工具 Robomongo 平台下实现。限于篇幅，这里只选取部分典型操作介绍 MongoDB 数据库的创建、文档的增删改、数据查询和索引。如需了解全部语法细节，请参考有关文献或查阅其官网。本节中的所有例题以 11.4.3 节中所述的数据模型为背景。MongoDB 的命令大小写敏感，操作时请留心。

11.5.1 数据库的基本操作

1. 创建自定义数据库

语法：use database_name。

说明：database_name 是要创建的数据库名称。如果该数据库不存在，则新建；如果已存在，则连接该数据库，然后可以在该数据库下执行各种命令操作。

例 11.1 创建数据库 marketdb。

```
use  marketdb
```

2. 统计某数据库信息

语法：db.stats()。

说明：在 Shell 平台用 db 代表当前数据库，下文中不再重复说明。

例 11.2 统计数据库 marketdb 的信息。

```
use  marketdb
db.stats()
```

3. 删除数据库

语法：db. dropDatabase()。

4. 查看现有数据库

语法：show dbs。

说明：新建的数据库，无法显示出来。只有创建集合插入文档后，才可显示。

5. 查看当前数据库下的集合名称

语法：db.getCollectionNames()。

若要获悉更多关于数据库的操作命令，可用 db.help()方法显示所有命令。

11.5.2 插入文档

MongoDB 可以向一个已经存在或者当前不存在的集合中插入文档。

语法：db.collection_name.insert(documemt or array of documents)。

说明：

(1) collection_name 是集合名，insert 是插入文档的操作命令。

(2) 可以插入一条文档或以数组数据类型插入多条文档。

(3) 如果集合名不存在，则第一次插入文档时自动创建该集合。即无须预先创建集合。

(4) 插入一条文档，会自动生成一个_id 值，也可自行指定，但在同一集合中必须唯一。

(5) 键名不能重复，它在一条文档中起唯一作用，且键名是区分大小写的。

例 11.3　将一条描述商品基本信息的简单文档插入集合 goodsinfo。

```
db.goodsinfo.insert(
  {
    _id:"30671",                        //自行指定"_id"键值,没有使用自动生成
    department:"Shoes",
    category: "Shoes/Women/Pumps",
    brand:"Calvin Klein",
    title:"Evening Platform Pumps",
    description:"Perfect for a casual night out or a formal event.",
    price:298                           //假设价格与不同系列无关
  }
)
```

例 11.4　将一条描述商品基本信息及对应商品系列信息的复杂文档插入集合 goodinfo_detail。

```
db.goodinfo_detail.insert(
  {
    _id:"30671",                        //main item ID
    department:"Shoes",
    category:["Shoes"," Women"," Pumps"], /* 为体现键值多样性,这里刻意设计成
                                          与上面集合对应键的键值类型不同 */
    brand:"Calvin Klein",
    title:"Evening Platform Pumps",
    description:"Perfect for a casual night out or a formal event.",
    price:298,
    style:[
         {size:34, color:"red"},
         {size:35, color:"black"}
    ]                                   //键值是数组,数组元素是文档
  }
)
```

例 11.5　将描述商品系列信息的多条文档插入集合 variation。

```
db.variation.insert(
  [
    {
      _id:"93284847362823",
      itemId:"30671",                   //参照商品数据模型的"_id"
      size:34,
      color:"red"
    },
```

```
    {
      _id:"93284847362824",
      itemId:"30671",
      size:35,
      color:"black"
    },
    {
      _id:"93284847362825",
      itemId:"30671",
      size:34,
      color:"black"
    }
  ]
)
```

也可以用 11.4.3 节中介绍的另一种单独描述商品系列信息的数据模型存储上述商品系列信息，将文档插入到集合 variation_doc 中。代码如下：

```
db.variation_doc.insert(
  [
    {
      _id:"93284847362823",
      itemId:"30671",                    //参照商品数据模型的"_id"
      attrs:{size:34, color:"red"},   //键值是内嵌文档
      sattrs:{width:8.0, heelHeight:5.0}
    },
    {
      _id:"93284847362824",
      itemId:"30671",
      attrs:{size:35, color:" black "},
      sattrs:{width:8.0, heelHeight:5.0}
    },
    {
      _id:"93284847362825",
      itemId:"30671",
      attrs:{size:34, color:" black "},
      sattrs:{width:8.0, heelHeight:5.0}
    }
  ]
)
```

例 11.6 用变量方式插入文档。

```
document =
{
  _id:"93284847362826",
  itemId:"30671",                    //参照商品数据模型的"_id"
  size:35,
  color:"red"
}
db.variation.insert(document)
```

11.5.3　查询文档

在 MongoDB 数据库中建立集合并插入文档后，可以用各种查询文档命令查看数据。

语法：db.collection_name.find(query,projection)。

说明：

（1）query 为查询条件（操作符见表 11.2），省略该参数则返回所有数据。query 查询条件支持正则表达式，这里不再做详细介绍。

（2）projection 用于指定需要返回的字段，省略该参数则返回所有字段。

表 11.2　query 查询条件中的操作符

操作符	格式	对应 RDB 的类似语句
小于	<key>:{$lt:<value>}	where key < value
小于等于	<key>:{$lte:<value>}	where key <= value
大于	<key>:{$gt:<value>}	where key > value
大于等于	<key>:{$gte:<value>}	where key >= value
不等于	<key>:{$ne:<value>}	where key <> value
与 (and)	{key1:value1,key2:value2}	where key1=value1 and key2=value2
或 (or)	{$or:[{key1:value1}, {key2:value2},…]}	where key1=value1 or key2=value2

例 11.7　查询 variation 集合中所有文档。

```
db.variation.find()                        //未指定条件,返回所有数据
```

例 11.8　查询 variation 集合中_id 值是"93284847362823"的所有文档。

```
db.variation.find(
  {
    _id:"93284847362823"
  }
)
```

若要指定返回字段，则使用 projection 参数。

```
db.variation.find(
  {
    _id:"93284847362823"
  },
  {
    size:1, colord:1                      //1 表示返回该列,0 表示不返回该列
  }
)                                         //只返回 size 和 color 两列
```

例 11.9　查询 variation 集合中 size 小于 35 的商品。

```
db.variation.find(
  {
    size:{ $ lt:35}
  }
)
```

例 11.10 查询 variation 集合中 size 是 34 或 color 是黑色的商品。

```
db.variation.find(
  {
     $or:[
         {size:34},
         {color:"black"}
     ]
  }
)
```

电商系统中描述不同类别商品的属性信息不尽相同。由于 MongoDB 模式自由、文档灵活，所以允许同一个集合中多样性文档的存在。这也意味着同一集合中不同文档的键值对可能不完全相同，有些键在这条文档中存在，而在另一条文档中不存在。所以 MongoDB 的 find()方法具有判断查询文档中某字段是否存在的功能。

例 11.11 判断字段存在的查询。查询 goodsinfo 集合中所有存在 brand 字段的商品信息。

```
db.goodsinfo.find(
  {
   brand:{ $exists:true}
  }
)
```

说明：为了查询结果能够体现出"存在"判断的效果，做本操作前请先在 goodsinfo 集合中插入一条不含 brand 键值对的文档。

例 11.12 内嵌文档查询。

variation_doc 集合中 attrs 键值对如下：

```
{
  …
  attrs:{size:34, color:"red"},        //键值是内嵌文档
  …
}
```

查询商品系列集合 variation_doc 中 attrs 为红色的商品系列信息。

```
db.variation_doc.find(
  {
    "attrs.color":"red"
  }
)
```

例 11.13 数组查询。

goodinfo_detail 集合中 category 键值对如下：

```
{
  …
  category:["Shoes","Women","Pumps"],//键值是数组
  …
}
```

针对数组的查询语句如下：

```
db.goodinfo_detail.find(
  {                                     //查询数组中某一个值
    category:"Women"
  }
)
db.goodinfo_detail.find(
  {                                     //查询某一数组
    category:["Shoes","Women","Pumps"]
  }
)
```

11.5.4 修改文档

MongoDB 可以按照指定的查询条件，修改集合中已存在的文档。

语法：db.collection_name.update(< query >,< update >,multi:< boolean >)。

说明：

(1) query 为修改的查询条件。

(2) update 为修改对象文档，含操作符功能的使用。

(3) multi 为可选参数，默认值是 false，表示只修改符合条件的第一条文档；如果为 true，表示修改符合条件的所有文档。

例 11.14 修改简单文档的键值。

```
db.goodinfo_detail.update(
  {
    _id:"30671"                         //类似于 SQL Update 的 where
  },
  {
    $set:{price:300}                    //类似于 SQL Update 的 set
  }
)
```

例 11.15 修改数组和内嵌文档的键值。

goodinfo_detail 集合中的一条文档如下：

```
{
  _id:"30671",
  …
  category:["Shoes"," Women"," Pumps"],
  …
  style:[
      {size:34, color:"red"},
      {size:35, color:"black"}
  ]
}
```

将上述文档中键“category”的键值数组中第二个元素改为“Men”，将键“style”的键值数组中第一个文档的键“size”改为 40，其语句为：

```
db.goodinfo_detail.update(
```

```
    {
      _id:"30671"
    },
    {
       $ set:{
            "category.1":"Men",
            "style.0.size":40
       }
    }
)
```

说明：MongoDB 数组下标从 0 开始，"category.1"表示数组第二个元素。引用数组或嵌套文档对象时，需要加引号。

MongoDB 修改文档的功能除修改键值之外，还支持针对键名的修改、删除和增加功能。这里不再做详细介绍。

11.5.5 删除文档

MongoDB 可以按照指定的查询条件，删除集合中已存在的文档。

语法：db.collection_name.remove(< query >,justOne:< boolean >)。

说明：

(1) query 为删除文档的条件。

(2) justOne 为可选参数，默认值是 false，表示删除符合条件的所有文档；如果为 true，表示删除符合条件的第一条文档。

例 11.16 删除集合中的所有文档。

```
db.goodsinfo.remove({})
```

说明：若要删除整个集合，可以用 db.goodsinfo.drop()方法，它将集合和相关的索引一起删除。

例 11.17 删除集合中"_id"键值是"30671"的文档。

```
db.goodsinfo.remove(
    {
      _id:"30671"
    }
)
```

11.5.6 索引

MongoDB 提供多样性的索引支持，其索引操作和关系数据库基本一样。建立索引后，查询操作将扫描索引内容，而不是扫描对应的集合文档。默认情况下，在建立集合的同时，MongoDB 自动为集合的"_id"键建立唯一索引。索引是凌驾于数据库存储系统之上的另一层系统，所以结构迥异的存储会有相同或类似的索引实现并不足为奇。

1. 建立索引

语法：

```
db.collection_name.createIndex(
```

```
  {
    <key>:<n>, <key>:<n>, …
  },
  {
    unique:<boolean>
  }
)
```

说明：

(1) key 是键名，可以为一个或多个键名建立索引。n=1 表示升序，n=-1 表示降序。

(2) unique 表示是否建立唯一索引。true 表示建立唯一索引，false 表示不建立唯一索引。

例 11.18　键值索引创建。

```
db.variation.createIndex(
  {
    itemId:1
  },
  {
    unique:false
  }
)
```

集合 variation 中键"itemId"是该商品系列对应的主商品编号，其键值在集合 variation 中可能会有重复，所以不适合建立唯一索引。

2. 删除索引

删除集合中指定的索引。

语法：db.collection_name. dropIndex(index)。

说明：index 参数指定该集合中需要删除的索引键信息。

例 11.19　删除集合 variation 中"itemId"键的索引。

```
db.variation.dropIndex({itemId:1})
```

这样就删除了例 11.18 所创建的索引。

前面已经介绍了内嵌文档的修改和查询。当然，同样也可以对内嵌文档中的键名定义索引，对其引用的语法类似于修改和查询操作，在此不再举例。此外，MongoDB 还可以创建哈希索引，主要用于分布式数据索引，读者可查阅相关资料。

11.5.7　聚合

关系数据库的 SQL 支持聚集函数和分组统计，MongoDB 同样也提供类似的统计功能。

1. 单一目标聚集操作 count()

语法：db.collection_name. count (query,option)。

说明：统计符合 query 条件的文档数量，option 是参数详细说明。

例 11.20　统计 variation 集合里"size"键值是 34 的文档数。

```
db.variation.count ({size:34})
```

此语句也可等价用 find()表示为：

```
db.variation.find({size:34}).count()
```

2. 单一目标聚集操作 distinct()

语法：db. collection_name. distinct(< key >,query)。

说明：统计集合中符合 query 条件的指定键的不同键值，并返回结果。< key >只能指定一个键名。

例 11.21 统计 variation 集合"itemId"键值是"30671"的文档中"size"键的不同键值。

```
db.variation.distinct("size",{itemId:"30671"})
```

3. 聚合管道方法

管道是 MongoDB 2.2 版本引入的功能，其概念类似于数据处理的管道。每个文档通过一个由多个节点组成的管道，每个节点有自己特殊的功能(过滤、分组、排序等)。文档经过管道处理后，最后输出相应的结果。

聚合管道的功能类似于 SQL 查询语言中的 group by 子句，可以对集合中的文档先按照指定条件做筛选，然后按照指定键对应的值进行各种分类统计。

语法：db. collection_name. aggregate([{管道:{表达式}}])。

常用管道有：

$match，过滤数据，只输出符合条件的文档。

$group，将集合中的文档分组，可用于统计结果。

$project，修改输入文档的结构，如重命名、增加、删除字段、创建计算结果。

$sort，将输入文档排序后输出。

$limit，对输入结果设定数值限制。

$unwind，解构数组，对数组中的每一条文档单独生成一条文档。

例 11.22 基于 variation 集合的聚合分类统计。

```
db.variation.aggregate([
   {
      $match:{itemId:"30671"}
   },
   {
      $group:{
               _id:"$color", size_max:{$max:"$size"}
      }
   },
   {
      $match:{size_max:{$gt:34}}
   },
   {
      $sort:{size_max:-1}
   },
   {
      $project:{ _id:0, size_max:1}
   }
])
```

本语句所表达的统计功能相当于下面的 SQL 语句：

```
SELECT  max(size) AS size_max          //color 列不输出
FROM  variation
WHERE itemId = "30671"
GROUP BY color
HAVING size(max)> 34
ORDER BY size(max) DESC
```

本节依照 11.4 节设计的电商中商品及商品系列存储方案为案例背景，介绍 MongoDB 数据库的创建、文档的增删改查、索引和聚合等各种操作命令。通过实践操作，读者应该能较为深刻地体会到 MongoDB 的特点。MongoDB 作为一个面向集合的、模式自由的、分布式的非关系型文档数据库，可以支持复杂的数据类型存储，支持的查询语言非常强大，几乎可以实现类似关系数据库单表查询的绝大部分功能，而且支持为数据建立索引。它是一个介于关系数据库和非关系数据库之间的数据库，拥有其适合的场景需求，目前在数据库排行中高居前几位，体现了其受欢迎程度。

11.6　两种数据库技术的选择

关系数据库和 NoSQL 技术因其各自的原生设计理念，分别有各自的适用场景，NoSQL 技术的出现并不是要取代关系数据库。对目前广泛使用的关系数据库而言，在其不擅长的应用场景下使用 NoSQL 技术会是一种有力的补充。

要肯定的是：作为一种非常成熟的技术，关系数据库的性能绝对不低，而且它具有非常好的通用性和非常高的性能。对于绝大多数的应用来说它都是最有效的解决方案。尤其是对于像财务数据、订单数据这样的"高价值数据"，其要求之一是数据必须精准，不能发生任何出错；要求之二是要高度保证交易数据的 ACID 特性，那么关系数据库必然是不二选择。当系统的业务数据量过大时，关系数据库还可以通过数据整理、合理转移或以备档方式解决数据库容量的问题。

NoSQL 技术是为了解决大数据、多样性数据和高并发读写而生的，如果对数据存储容量、处理速度有着十分高的要求或者难以去预先定义数据结构时，选择 NoSQL 技术是十分必要的。尤其是面对海量"低价值数据"，NoSQL 技术是最佳选择。

在实际应用系统中两种数据库技术要量才使用，进行合理的选择和搭配。一般来说会采用两者相结合的方式应用，充分发挥两种数据库技术各自的优势，更好地服务于不同的业务要求。

习　题　11

一、单项选择题

1. 下列关于关系数据库的陈述中，错误的是(　　)。

   A. 支持 SQL 技术，可以进行单表、多表的复杂查询

   B. 采用强存储模式

   C. 无法保证数据的一致性

   D. 它具有非常好的通用性，在业界的数据存储方面占据不可动摇的地位

2. 下列选项中，(　　)不是关系数据库应对大数据应用需求时出现的问题。

A. 扩展困难　　B. 高并发下读写速度慢

C. 面对多样性数据，表结构变更困难　　D. 建立数据关联关系困难

3. 下列关于 NoSQL 技术特点的陈述中，错误的是(　　)。

A. 采用弱存储模式技术　　B. 支持事务的 ACID 特性

C. 采用分布式技术　　D. 不支持 SQL 技术

4. 下列关于 NoSQL 数据库的存储模式的陈述中，错误的是(　　)。

A. 键值存储模式快速、简单，但对键已知的要求制约其应用

B. 文档存储模式拥有自由模式，便于扩展

C. 列族存储模式以 Table 为存储结构，将数据按列存储在不同数据块中

D. 图存储模式擅长大数据处理

5. 下列关于两种数据库技术的陈述中，错误的是(　　)。

A. 对于"高价值数据"和需要高度保证一致性的数据，适合采用关系数据库存储

B. 对于海量"低价值数据"，适合采用 NoSQL 数据库技术存储

C. 对于很难预定义的多样性数据，适合采用关系数据库存储

D. 在实际应用系统中，要合理选择和搭配两种数据库技术

二、填空题

1. 关系数据库作为一种成熟的数据库技术，采用________存储模式技术，存储的是预定义的________数据，预定义结构带来了可靠性和稳定性。

2. 关系数据库技术初始设计是基于________管理数据理念，所以其性能受单机物理性能的限制。随着应用系统对数据库产品的数据存储量和高并发下读写性能要求越来越高，关系数据库技术也在________扩展和________扩展方面不断努力。

3. 大数据 4V 特征是________、多样、________和价值。

4. 最新的 NoSQL 官网对 NoSQL 的定义是：主体符合________、________、开放源码和具有横向扩展能力的下一代数据库。因此，与关系数据库技术相比，NoSQL 技术采用________存储模式技术，原生支持________的环境，因而非常容易扩展。

5. NoSQL 数据库的主要存储模式有以 Redis 为代表的________存储模式、以 MongoDB 为代表的________存储模式、以 HBase 为代表的________存储模式和以 Neo4j 为代表的图存储模式。

三、简答题

1. 作为通用性很强的成熟数据库技术，关系数据库的突出特点是什么？

2. 对比关系数据库的特点，简述 NoSQL 技术的特点。

3. 如何理解强存储模式和弱存储模式。

4. 简述 NoSQL 技术如何应对海量、多样和快速的大数据应用需求。

5. 分析 NoSQL 数据库四种主要存储模式的特点，简述其各自适用的场合。

6. 如何理解两种数据库技术的地位？实际业务场景中选择数据库技术的原则是什么？

四、综合应用

请查阅资料，分析互联网在线电子商务系统的常见应用需求，考虑是否有必要同时采用 Redis、MongoDB 和 SQL Server 三种数据库？请说明理由。

附录A

实验指导

实验准备 实验背景介绍

现有一所中学的教学管理系统，其需求如下。

(1) 学校有若干教师，每位教师登记一门擅长科目。

(2) 学校进行若干科目的教学工作，科目分为主科和副科两种类别；同一科目各年级的学时数相同。

(3) 每个年级有若干班级，每个班级安排一位班主任老师。

(4) 每个学期安排每个班级每门课程的任课教师（所安排课程未必是该教师登记的擅长科目），期末给出每门任教课程的评价；每个班级开设多门课程，每门课程有多位任课教师，每位教师可以任教多门课程，且可以在同一学期对同一门课任教多个班级。

(5) 每个班级有若干学生，学生可能存在没有学籍的情况。

(6) 每个学期记录每位学生每门课程的期中成绩、期末成绩、总评成绩，期末考试分为校考和区考两种类型，总评成绩由期中成绩和期末成绩按比例计算得出。

根据以上需求，设计的数据库中各数据表的结构和要求如表 A.1～表 A.6 所示。

表 A.1 Subject 科目

属　　性	SubjectNo	SubjectName	SubjectType	SubjectHour
含义	科目号	科目名称	科目类别	每学期的学时
类型	char(2)	char(8)	char(4)	tinyint
属性说明	唯一，非空	唯一，非空	主科，副科	18～180

表 A.2 Teacher 教师

属　　性	Tno	Tname	Tsex	Tage	Twage	Tsubject
含义	职工号	姓名	性别	年龄	工龄	擅长科目
类型	char(4)	char(8)	char(2)	tinyint	tinyint	char(2)
属性说明	唯一，非空	唯一，非空	男、女，默认值为女	年龄大于工龄	年龄大于工龄	空或者取自科目中的科目号

表 A.3 Class 班级

属　　性	ClassNo	ClassName	Tno
含义	班级编号	班级名称	班主任职工号
类型	char(4)	char(10)	char(4)
属性说明	如 1801 表示 18 年入学 1 班	唯一，非空，如 18 级 1 班	非空，取自职工的职工号

表 A.4　C_S_T 授课

属　性	ClassNo	SubjectNo	Tno	Semester	Remark
含义	班级编号	科目号	职工号	学年学期	评价
类型	char(4)	char(2)	char(4)	char(6)	Decimal(3,1)
属性说明	取自班级的班级编号	取自科目的科目号	取自职工的职工号	非空,如 2018-1	0～99.9

表 A.5　Student 学生

属　性	Sno	Sname	Ssex	Sage	ClassNo	Sstatus
含义	学号	姓名	性别	年龄	班级编号	是否有学籍
类型	char(5)	char(8)	char(2)	tinyint	char(4)	char(1)
属性说明	前两位入学年份,后三位年级内编号	非空,可能有重名	男、女	小于 18	取自班级的班级编号	T、F,默认值为 T

表 A.6　Exam_Score 成绩

属　性	Semester	Sno	SubjectNo	Mscore	Fscore	Tscore	Etype
含义	学年学期	学号	科目号	期中成绩	期末成绩	总评成绩	考试类型
类型	char(6)	char(5)	char(2)	tinyint	tinyint	tinyint	char(4)
属性说明	非空,如 2018-1	取自学生的学号	取自科目的科目号	0～100	0～100	0～100	校考、区考

实验 1　创建和管理数据库和数据表

实验目的:掌握在 SQL Server Management Studio(SSMS)环境中按照指定需求,创建与维护数据库和数据表。

实验内容:

按照以下要求创建数据库和数据表,并将实现下面要求的 T-SQL 语句保存在脚本文件 Create_DB_Tables.sql 中,使得在 SSMS 中打开并执行 Create_DB_Tables.sql 文件后,能一次性地成功创建 MiddleSchool 数据库及所有数据表。

1. 创建和管理数据库

(1) 用 T-SQL 语句创建数据库 MiddleSchool,要求:

① 主数据文件逻辑名为 MiddleSchool_data,物理名为 d:\mydatabase\MiddleSchool_data.mdf,文件初始大小为 5MB,最大容量不受限制,文件增长量为 1MB;

② 日志文件逻辑名为 MiddleSchool_log,物理名为 d:\mydatabase\MiddleSchool_log.ldf,文件初始大小为 2MB,最大容量为 5MB,文件增长量为 5%;

③ 操作完成后分别使用 EXEC sp_helpdb 命令和窗口操作查看所建数据库的信息。

(2) 用 T-SQL 语句将 MiddleSchool 数据库的主数据文件增长量更改为 10%。

(3) 用 T-SQL 语句删除刚才创建的数据库,重新使用 SSMS 窗口操作创建数据库 MiddleSchool,体会 T-SQL 语句中各参数在窗口操作中的设置。

2. 创建和管理数据表

（1）仔细分析实验背景中的需求描述和数据库中六张数据表的结构和属性说明的要求，识别出各张数据表的主码。用 T-SQL 语句在 MiddleSchool 数据库中创建以上六张数据表，并加上主码约束，主码约束名为"PK_相应表名"（这里只定义表中属性的名称、类型和主码约束，在实验 2 中实现外码约束和用户定义约束）。

注意：必须先用 USE MiddleSchool 语句打开数据库，然后在该数据库下创建数据表，否则数据表将会创建在当前的 Master 数据库中。

（2）分别使用 EXEC sp_help 命令和窗口操作查看所建各数据表的结构和主码定义。

（3）学会用 T-SQL 语句修改相应表的结构，以满足用户的需求。

① 需要记录每位教师的参加工作年份（考虑工龄还有无保留的必要）；

② 需要记录每位教师的职称信息，其属性值可以取中学高级、中学中级和中学初级；

③ 学校中有个别教师是少数民族，姓名较长。

完成以上三点表结构的修改要求后，分别使用命令行和窗口操作查看修改后的表结构。

实验 2 实现数据完整性

实验目的：掌握完整性约束条件的实现方法，并能针对需求变更做出相应修改；掌握在表中插入、修改、删除数据的方法；实践数据完整性约束的作用，尤其是外码（拒绝、置空、级联）的作用。

实验内容：

1. 创建实验环境

（1）删除实验 1 所建立的 MiddleSchool 数据库。

（2）仔细分析实验背景中的需求描述和数据库中六张数据表的结构和属性说明的要求，识别出各张数据表的外码和各种用户定义约束条件。打开实验 1 中保存的脚本 Create_DB_Tables. sql，修改脚本以实现六张数据表的各属性说明所陈述的要求，并加上外码约束和用户定义约束。外码约束名为"FK_相应表名_相应外码属性列名"，且所有外码都定义成违约时拒绝处理的外码约束。完成修改后保存脚本文件到 Create_DB_Tables. sql。

（3）使用 EXEC sp_help 和 EXEC sp_helpconstraint 命令查看各张数据表的结构信息。

（4）在 SSMS 的对象资源管理器的本数据库关系图中添加六张表，生成六张表的关系图，仔细分析它们之间的关联关系。

（5）输入表 A.7 和表 A.8 中的测试数据，为下面的完整性实践做准备。

表 A.7 Subject 表的测试数据

SubjectNo	SubjectName	SubjectType	SubjectHour
01	语文	主科	108
02	数学	主科	90
03	英语	主科	90
04	美术	副科	36

表 A.8　Teacher 表的测试数据

Tno	Tname	Tsex	Tage	Twage	Tsubject
0001	赵亮	男	32	6	01
0002	方艳华	女	28	5	01
0003	吴大为	男	45	18	02
0004	朱伟强	男	41	16	04

2. 完整性实践

在上面步骤(2)中创建表时，已经将 Teacher 表的 Tsubject 属性定义为违约时拒绝处理的外码，参照 Subject 表的 SubjectNo。按照以下要求，完成相应操作任务。

(1) 学校新招聘一位刚刚大学毕业的擅长美术科目(科目号 04)的女教师王艳，年龄 23 岁，工龄为 0，现在要将该新教师信息插入相应的数据表中。

① 若插入新教师信息时，工号属性值是 0004。请问在当前测试数据的背景下，本操作能成功吗？请分析原因。

② 若插入新教师信息时，工号属性值是 0005，性别属性值插入的是 F(Female)，又误把工龄写成 30。请问本次操作能成功吗？请分析原因。

③ 若插入新教师信息时，未插入性别属性值，其他信息照常插入。请问本次操作能成功吗？查看 Teacher 表中的数据信息并分析原因。

④ 创建 Teacher 表时，Tname 设置成唯一，意味着什么？请实践操作。

(2) 学校新招聘一位擅长地理科目(科目号 05)的男教师张华，年龄 26 岁，他已有 2 年工龄，分配的工号是 0100。现在要将该新教师信息插入相应的数据表中。请问在当前测试数据的背景下，本操作能成功吗？若不能成功，分析原因并想办法完成本操作任务。

(3) 若要删除 0004 号朱伟强老师的基本信息，可以操作成功吗？请分析原因。

(4) 若要删除科目表中英语科目的基本信息，可以操作成功吗？请分析原因。

(5) 若要删除科目表中数学科目的基本信息(擅长该科目的教师信息不能删除，其擅长科目信息置为空值)，请问：

① 直接删除可以操作成功吗？请分析原因。

② 若不能操作成功，则在不更改表结构定义的条件下，给出完成本操作的处理方法。

③ 如果你有更改表结构的权限，请更改相应表的结构(删除原外码再添加相应外码约束)实现一次性成功完成删除数学科目操作。注意，先恢复被②更改和删除的数据。

④ 如果想删除科目表中语文科目的基本信息，同时删除擅长该科目的教师信息又要怎么操作呢？

(6) 目前 Teacher 表中王艳老师的擅长科目是美术，现想修改美术科目的科目号为 10，可以操作成功吗？请更改相应表的结构使得该修改操作可以直接完成。

实验 3　查询数据

实验目的： 掌握单表查询中 DISTINCT、各种运算符(AND、OR、BETWEEN AND、IN、LIKE、IS NULL 等)的使用；掌握单列多列排序、分组及筛选操作，能够区分 WHERE

和 HAVING 子句；掌握连接查询（内连接、外连接、自连接）、嵌套查询（包括 EXISTS）以及集合查询；能够按照指定要求选择合适方式实现查询操作。

实验内容：

1. 准备实验数据

删除实验 2 中插入到各表中的所有数据，打开 Create_DB_Tables.sql 文件，用 T-SQL 语句输入表 A.9～表 A.14 中的测试数据，完成后保存到脚本文件 Create_DB_Tables.sql。这样 Create_DB_Tables.sql 文件包含了创建数据库和数据表以及输入所有测试数据的语句（输入时考虑到受外码约束影响，应注意各数据表输入数据的先后顺序），作为从本实验开始的所有后续实验（实验 9 除外）的实验环境创建文件。

表 A.9 Subject 表的测试数据

SubjectNo	Subject Name	SubjectType	SubjectHour
01	语文	主科	108
02	数学	主科	90
03	英语	主科	90
04	思品	副科	36
05	信息	副科	36

表 A.10 Class 表的测试数据

ClassNo	ClassName	Tno
1801	18 级 1 班	0001
1802	18 级 2 班	0004
1803	18 级 3 班	0006
1701	17 级 1 班	0002
1702	17 级 2 班	0007

表 A.11 Teacher 表的测试数据

Tno	Tname	Tsex	Tage	Twage	Tsubject
0001	赵亮	男	32	6	01
0002	方艳华	女	28	7	01
0003	吴宏亮	男	45	18	01
0004	朱伟强	男	41	16	02
0005	贺一清	女	56	30	02
0006	张红	女	42	15	03
0007	何英	女	51	26	03
0008	吴萍	女	52	27	04
0009	王晶	女	32	5	05

表 A.12 C_S_T 表的测试数据

ClassNo	SubjectNo	Tno	Semester	Remark
1801	01	0001	2018-1	95.1
1801	02	0005	2018-1	80

续表

ClassNo	SubjectNo	Tno	Semester	Remark
1801	03	0007	2018-1	93
1801	04	0001	2018-1	88
1801	05	0009	2018-1	85
1802	01	0001	2018-1	89
1802	02	0004	2018-1	70
1802	03	0007	2018-1	90
1802	04	0004	2018-1	85
1802	05	0009	2018-1	88
1803	01	0002	2018-1	85
1803	02	0005	2018-1	75.2
1803	03	0006	2018-1	74
1803	04	0006	2018-1	60
1803	05	0009	2018-1	65
1701	01	0002	2017-2	83
1701	02	0004	2017-2	80
1701	03	0009	2017-2	86

表 A.13 Student 表的测试数据

Sno	Sname	Ssex	Sage	ClassNo	Sstatus
18001	李哲	男	12	1801	T
18002	王洋	女	12	1801	T
18003	王平	男	11	1801	F
18041	陶丽平	男	13	1802	T
18042	陈文	女	12	1802	T
18081	蔡天	女	12	1803	T
18082	杨洋	男	13	1803	F
17001	赵英	女	14	1701	T
17002	郑美丽	女	14	1701	T

表 A.14 Exam_Score 表的测试数据

Semester	Sno	SubjectNo	Mscore	Fscore	Tscore	Etype
2018-1	18001	01	80	80	82	区考
2018-1	18001	02	90	90	90	区考
2018-1	18001	03	65	51	57	校考
2018-1	18001	04	90	90	90	校考
2018-1	18001	05	85	95	90	校考
2018-1	18002	01	90	94	92	区考
2018-1	18002	02	98	86	97	区考
2018-1	18002	03	95	97	96	校考
2018-1	18002	04	90	98	94	校考
2018-1	18002	05	92	92	92	校考

续表

Semester	Sno	SubjectNo	Mscore	Fscore	Tscore	Etype
2018-1	18003	01	50	60	55	区考
2018-1	18003	02	55	61	58	区考
2018-1	18003	03	66	40	53	校考
2018-1	18003	04	50	50	50	校考
2018-1	18041	01	88	88	88	区考
2018-1	18041	02	86	84	85	区考
2018-1	18041	03	78	78	78	校考
2018-1	18041	04	98	86	97	校考
2018-1	18041	05	86	86	86	校考
2018-1	18042	01	80	70	75	区考
2018-1	18042	02	72	82	77	区考
2018-1	18042	03	77	77	77	校考
2018-1	18042	04	90	90	90	校考
2018-1	18081	01	65	71	68	区考
2018-1	18081	02	53	41	47	区考
2018-1	18081	03	45	45	45	校考
2018-1	18082	01	85	73	79	区考
2018-1	18082	02	90	96	93	区考
2017-2	17001	01	82	86	84	校考

说明：篇幅有限，这里只列出少量模拟测试数据，不能反映出真实场景下所有可能情况。

2. 按要求完成以下单表查询

(1) 查询工龄大于 15 年的男教师的职工号、姓名、工龄和擅长科目号，按工龄从大到小排列。

(2) 查询每位教师的工号、姓名、工作年份和参加工作年龄。提示：用 YEAR(GETDATE())可获取当前日期的四位年份。

(3) 查询姓名中有“平”字的学生人数。

(4) 查询 1801、1802、1803 班级的学生学号、姓名、年龄、班级编号，结果按班级及学号排列。

(5) 查询 2018-1 学期 05 号课程没有期末成绩的学生的学号。

(6) 查询 2018-1 学期 1801 班级开设的各门课及相应任课教师的职工号。

(7) 查询 2018-1 学期有任教任务的教师数。

(8) 查询男、女教师的人数。

(9) 查询所有学期历次授课任务的平均“评价”分不低于 90 的职工号和平均评价。

(10) 查询 2018-1 学期各门课程总评成绩平均分在 85～90 分且没有不及格科目的学号及平均分，结果按照平均分降序排列。

3. 按要求完成以下多表查询(没特别说明的方法不限)

(1) 计算 2018-1 学期 1801 班级每一门课的总评成绩的平均分，最高分、最低分。

(2) 查询 2018-1 学期每位教师的姓名、年龄、工龄、任教的科目名称、班级名称。

(3) 查询 18001 学生所在班级的班主任姓名(用嵌套完成)。

(4) 按班级统计 2018-1 学期所有"校考"科目的科目名称和该科目的期末考试平均分(未参加期末考试的同学不计入平均分统计中)。

(5) 查询 2018-1 学期至少有一门科目总评成绩不及格的学生人数。

(6) 查询各班主任老师的姓名和 2018-1 学期的任教课程门数、总学时数和平均评价分。

(7) 查询 2018-1 学期所有主科的总评成绩都不及格的学号、姓名及所在班级(用嵌套完成)。

(8) 查询每位教师基本信息及所任教信息(没有任何任教信息的教师也要列出)。

(9) 查询 2018-1 学期"思品"课程是该班级班主任任教的班级名称。

(10) 查询 2018-1 学期任教科目非自己擅长科目的教师职工号、姓名。

4. 按要求完成以下综合操作

(1) 删除张红老师的所有任教信息。

(2) 将 2018-1 学期区考"语文"科目有学籍的学生期末成绩开根号乘以 10。

(3) 查询人数最多的班级编号。

(4) 查询 2018-1 学期任教所有 18 级班级的教师姓名。

(5) 查询 2018-1 学期同时任教同一班级 01 和 04 科目的教师姓名。

实验 4 视图的定义与使用

实验目的:掌握基于基本表和基于视图的视图的创建;理解行列视图、分组视图、多表视图的更新操作及 WITH CHECK OPTION 在更新中的作用;能够基于视图实现相关查询,体会视图的作用。

实验内容:

1. 创建视图

(1) 创建 1701 班级的学生视图 V_1701,包括学号、姓名、性别、年龄、班级、是否有学籍(不带 CHECK OPTION)。

(2) 创建 1701 班级的学生视图 V_1701_check,包括学号、姓名、性别、年龄、班级、是否有学籍(带 CHECK OPTION)。

(3) 创建每学期每门课程的总评成绩平均分的视图 V_C_AVG,包括学期、课程号和平均分。

(4) 创建学生的学年学期、学号、姓名、性别、科目号、总评成绩的视图 V_Exam。

(5) 创建 2018-1 学期学生的学号、姓名、性别、科目号、总评成绩的视图 V_Exam_2018_1。

2. 视图的更新

(1) 在视图 V_1701 中插入一个学生(18008,赵东新,男,12,1801,T),成功吗? 查看视图 V_1701 和 Student 表的数据信息。请解释原因。

(2) 在视图 V_1701_check 中插入一个学生(18009,王新,男,12,1802,T),成功吗? 请解释原因。

(3) 在视图 V_1701 中将 17001 号赵英同学改为 1801 班级,成功吗? 查看视图 V_1701

和 Student 表的数据信息。请解释原因。

(4) 在视图 V_1701_check 中将 17002 号郑美丽同学改为 1801 班级，成功吗？请解释原因。

(5) 分别在视图 V_1701 和 V_1701_check 中将 1701 班 17002 号同学的年龄加 1，都能成功吗？查看两个视图的数据，解释原因。

(6) 在视图 V_C_AVG 中将 2018-1 学期 01 科目的平均分改为 90 分，成功吗？请解释原因。

(7) 在视图 V_C_AVG 中删除 2018-1 学期 01 科目的课程，成功吗？请解释原因。

(8) 在视图 V_Exam 中插入一行(17009，杨华，女)，成功吗？并查看 V_Exam 和 Student 中的数据。

(9) 在视图 V_Exam 中删除 Sno 为 18002 的学生，成功吗？请解释原因。

(10) 在视图 V_Exam 中插入一行(2018-1，17010，鲁南，男，01，74)，成功吗？请解释原因。

3. 简化查询操作

在本实验背景的查询中频繁出现有关学生学期学年、学号、姓名、班级编号、班级名称、科目名称、职工号、任教教师姓名、期中成绩、期末成绩和总评成绩的查询，导致每次查询涉及多张表的连接。如何简化此类查询操作呢？然后查询 18001 号同学的 2018-1 学期考试的科目名称、任教教师姓名、期中成绩、期末成绩和总评成绩；查询 1801 班级的 2018-1 学期考试的科目名称、任教教师姓名、期中成绩、期末成绩和总评成绩。

4. 查询各学期每门课的及格率

实验5 数据库安全技术

实验目的：掌握登录名和数据库用户的区别，能够管理登录名和数据库用户；掌握 SQL Server 的授权机制；掌握角色的权限管理；能够依照实际背景要求，进行数据库的安全管理。

实验内容：

1. 创建登录名和数据库用户

(1) 以 sa 身份创建登录名 mary 密码 1234 和登录名 carl 密码 2345。

(2) 在 MiddleSchool 数据库中为登录名 mary 和 carl 创建该数据库的用户 maryuser 和 carluser。

(3) 以 mary 身份登录 SQL Server，并执行 SELECT * FROM Student，成功吗？请解释原因。

2. 用户权限管理

(1) 以 sa 身份把查询 Student 表的权限授予用户 maryuser。

(2) 以 mary 身份再执行 1-(3)中的语句，并将所有学生的年龄加 1，成功吗？请解释原因。

(3) 以 sa 身份把对 Student 表的查询权从 maryuser 收回，再以 mary 身份执行 1-(3)中的语句，成功吗？请解释原因。

(4) 为了使得 mary 登录后只能查询 1701 班级的学生情况,请问如何授权?

(5) 以 sa 身份给 PUBLIC 用户组授予在 Student 表上的查询权。

(6) 以 carl 身份登录 SQL Server,并以 carl 身份查询 Student 表,成功吗? 请解释原因。

(7) 以 sa 身份给 maryuser 授予修改 Student 表的 Sage 列的权限,并使 maryuser 具有转授该权限给其他用户的权限。

(8) 以 mary 身份给 carluser 授予修改 Student 表的 Sage 列的权限。

(9) 以 carl 身份将 Student 表中 Sno 为 17001 的学生的 Sage 改为 15。

(10) 以 sa 身份执行语句:REVOKE SELECT,UPDATE(Sage) ON Student FROM maryuser CASCADE。

(11) 分别以 carl 和 mary 身份将 Student 表中 Sno 为 17001 的学生的 Sage 改为 16,能成功吗?

(12) 以 carl 身份查询 Student 表,成功吗? 请解释原因。以 sa 身份收回 PUBLIC 用户组在 Student 表上的查询权,问 maryuser 和 carluser 在 Student 表上还有什么权限吗?

3. 角色管理

(1) 以 mary 身份能成功执行下列语句吗?

```
CREATE VIEW  V_1801
AS
SELECT Sno,Sname,Ssex,Sage
FROM Student
WHERE ClassNo = '1801'
```

(2) 以 sa 身份执行命令 EXEC sp_addrolemember 'db_ddladmin','maryuser'后,重做(1)中的语句,结果怎样?

(3) 以 mary 身份执行语句 SELECT * FROM V_1801,成功吗? 请解释原因。

(4) 以 sa 身份执行命令 EXEC sp_addrolemember 'db_datareader','maryuser'后,重做(3)中的语句,结果怎样?

(5) 以 sa 身份执行下列命令,使得 maryuser 不再是 db_ddladmin 和 db_datareader 的成员。

```
EXEC sp_droprolemember 'db_datareader','maryuser'
EXEC sp_droprolemember 'db_ddladmin','maryuser'
```

4. 权限管理设计

假设员工 tom 和 john 都应该具有对视图 V_1701 的查询权、对 Exam_Score 表的查询权和对 Student 表是否有学籍列的更新权。john 随时可能会离职,顶替的新员工随时会到岗。请据此需求设计出合适的权限管理方案并实现。另外,当 john 离职,顶替的新员工 mike 到岗时又怎么操作呢(包括登录名和数据库用户的管理)?

实验 6 存储过程与触发器

实验目的:掌握三种存储过程的设计及使用;掌握 INSTEAD OF 和 AFTER 触发器的机制及设计。能够按照需求设计相应的存储过程和触发器,完成指定业务逻辑功能。

实验内容：

1. 按下列要求创建存储过程，封装业务逻辑完成相应功能并执行该存储过程

(1) 创建存储过程，查询所任教科目不是自己擅长科目的教师职工号、姓名、任教学期、任教科目、擅长科目信息。

(2) 创建存储过程，查询指定学期某个班级编号的全班同学学号、姓名及所考所有科目的科目名称、期中成绩、期末成绩、总评成绩和总评成绩的等级。若输入班级编号不存在，则显示"不存在该班级"。成绩等级划分的标准如下：

成绩>=90 为优，成绩>=80 为良，成绩>=70 为中，成绩>=60 为及格，成绩< 60 为不及格。

返回结果如下：

2018-1　18001　李哲　语文　80　79　82　良

……

(3) 创建存储过程，统计指定职工号的教师在指定学期所任教课程的总学时数。若输入的职工号不存在，输出 0 并显示"不存在该职工"；若输入的职工号在指定学期没有任教信息，输出 0 并显示"该教师本学期没有任教任何课程"，否则显示该教师在指定学期的任教总学时数。

(4) 在 Teacher 表中增加一列 avg_remark 历史评价平均值，创建存储过程统计每位教师任教的历史评价平均值。

(5) 首先删除 C_S_T 表上的主码约束，然后给该表增加一列"授课编号"，授课编号列的值由学年学期、班级编号、科目号、职工号共 4 个列的值组合而成(16 个字符)，再创建存储过程为该表中现有的每一数据行自动添加授课编号属性的值，最后将授课编号设置成主码。

2. 按下列要求创建触发器，并验证触发器的功能

(1) 在 Teacher 表上创建一个触发器，当有修改操作时，分别显示更新前和更新后的教师信息。

(2) 在 Student 表上创建一个触发器，使得年龄只能越改越大。

(3) 在本实验 1-(5)的基础上在 C_S_T 表上创建一个触发器，当有插入授课信息时，若该学期该教师任教总学时数超过 252，则禁止插入并显示"该教师本学期任教总课时超过 252，不能安排课程"，否则自动生成插入数据行的授课编号属性的值，并完成插入(验证时考虑三种情况：该学期该老师已有授课，插入后超过 252；该学期该老师已有授课，插入后未超过 252；该学期该老师插入前没有授课信息)。

(4) 在本实验 1-(5)和 2-(3)的基础上在 C_S_T 表上创建一个触发器，当有修改职工号时，若该学期该教师任教总学时数超过 252，则禁止更新，否则自动修改该数据行授课编号属性的值并完成修改操作(验证时可借用 1-(3)中已创建的存储过程)。

(5) 在 Exam_Score 表上创建一个触发器。当有插入或者修改操作(涉及单行或多行)时，总评成绩自动生成或自动修改。

实验 7　并发控制

实验目的：理解语句 COMMIT 和 ROLLBACK 的含义；理解封锁概念，观察并发操作中的封锁现象并分析原因；了解读写操作时的锁类型并学会分析并发操作中加锁的状态信息；体会并发操作时的丢失修改和死锁现象。

实验内容：

1. 事务的概念

(1) 在 SSMS 的查询窗口中输入下列语句序列并执行。

```
-- 语句序列 A:
USE MiddleSchool
GO
BEGIN TRAN
SELECT * FROM Student WHERE Sno = '17001'
UPDATE Student SET Sage = Sage + 1 WHERE Sno = '17001'
```

Student 表中的数据确实被更改了吗？为什么？

(2) 执行下列语句，观察结果，解释原因。

```
ROLLBACK TRAN
SELECT * FROM Student WHERE Sno = '17001'
```

(3) 再次执行语句序列 A，然后执行下列语句：

```
COMMIT TRAN
SELECT * FROM Student WHERE Sno = '17001'
```

此时更改后的数据被永久保存了吗？

2. 观察封锁

(1) 在当前查询窗口中再次执行语句序列 A。

(2) 在 SSMS 中打开第二个查询窗口(连接 MiddleSchool)。

① 输入并执行语句：SELECT * FROM Student WHERE Sno= '17002'记录执行结果，说明原因。

② 输入并执行语句：SELECT * FROM Student

这次执行出现什么状况？说明原因。

(3) 在第一个查询窗口中执行语句：COMMIT TRAN 观察第二个查询窗口中的变化，说明原因。

3. 了解锁的类型

(1) 在第一个查询窗口中执行下列语句：

```
BEGIN TRAN
SELECT * FROM Student WHERE Sno = '17001'
PRINT 'server process ID (spid) : '
PRINT @@spid
```

① 然后执行下列语句：

```
EXEC sp_lock
```

注意根据事务中输出的 spid，观察结果中相应 spid 的记录，了解加锁情况。

② 然后执行下列语句：

```
COMMIT TRAN
EXEC sp_lock
```

注意根据事务中输出的 spid，观察结果中相应 spid 的记录，了解加锁情况。

(2) 在第一个查询窗口中执行下列语句：

```
BEGIN TRAN
UPDATE Student SET Sage = Sage + 1 WHERE Sno = '17001'
PRINT 'server process ID (spid) : '
PRINT @@spid
```

然后重新做(1)中的①和②，了解加锁情况。

(3) 重新做步骤 2 中的要求，观察封锁的情况，用 sp_lock 分析相应的原因。

4. 丢失修改及消除

(1) 在第一个查询窗口中输入下列两个语句序列，理解各自的含义。

```
-- 语句序列 B:
DECLARE @i int, @SubjectHour int
SET TRANSACTION ISOLATION LEVEL READ COMMITTED
SET @i = 1
WHILE @i <= 10
BEGIN
   BEGIN TRAN
   SELECT @SubjectHour = SubjectHour FROM Subject WHERE SubjectNo = '03'
   WAITFOR DELAY '00:00:01.000' -- 可改变大小
   UPDATE Subject SET SubjectHour = @SubjectHour + 1 WHERE SubjectNo = '03'
   COMMIT TRAN
   SET @i = @i + 1
END
GO
-- 语句序列 C:
DECLARE @i int, @SubjectHour int
SET TRANSACTION ISOLATION LEVEL READ COMMITTED
SET @i = 1
WHILE @i <= 10
BEGIN
   BEGIN TRAN
   SELECT @SubjectHour = SubjectHour FROM Subject WHERE SubjectNo = '03'
   WAITFOR DELAY '00:00:01.000' -- 可改变大小
   UPDATE Subject SET SubjectHour = @SubjectHour - 1 WHERE SubjectNo = '03'
   COMMIT TRAN
   SET @i = @i + 1
END
GO
```

(2) 在当前查询窗口中将 Subject 表中 03 科目的每学期学时设置为 100，然后依次执行语句序列 B 和 C，分别查看各自执行完成后 03 科目的每学期学时的数值变化。

(3) 在第一个查询窗口中将 Subject 表中 03 科目的每学期学时设置为 100，切换到第二个查询窗口并把语句序列 C 放到该查询窗口中；然后在第一个查询窗口中执行语句序列 B，快速切换到第二个查询窗口中并执行语句序列 C(该操作应保证在第一个查询窗口中的语句序列 B 执行完毕前完成，目前设置语句序列 B 的执行时间是 10 秒)。两个查询窗口中的语句序列都执行完成后，查看 Subject 表中 03 科目的每学期学时的数值还是 100 吗？请分析原因。

(4) 更改锁粒度和锁模式,解决上面出现的丢失修改问题。

将(1)中两个语句序列中的 SELECT 语句都改为:

```
SELECT @SubjectHour = SubjectHour
FROM Subject WITH(ROWLOCK, XLOCK)
WHERE SubjectNo = '03'
```

先将 Subject 表中 03 科目的每学期学时重新设置为 100,然后用(3)中同样的方式再次执行两个查询窗口中的语句序列。这次执行完成后,查看 Subject 表中 03 科目的每学期学时的数值还是 100 吗?请分析原因。

5. 了解死锁

将 4-(1)中两个语句序列中的 SELECT 语句都改为:

```
SELECT @SubjectHour = SubjectHour
FROM Subject WITH(ROWLOCK, HOLDLOCK)
WHERE SubjectNo = '03'
```

然后用 4-(3)中同样的方式再次执行两个查询窗口中的语句序列。这次执行出现什么状况?请分析原因。

实验 8 数据库恢复技术

实验目的:理解恢复模式和备份类型的关系,通过实践操作理解三种备份类型的备份操作和还原后的数据状态;发生故障时,能够还原到某一个备份状态或者利用尾日志还原到故障前某时刻的数据状态;能够按照需求制定出生产数据库场景的维护计划,实现数据库各种备份的定时实现。

实验内容:

1. 实验准备

(1) 执行下列语句查看当前数据库的恢复模式。在窗口操作中设置不同恢复模式,观察相应的可选备份方式的变化。

```
SELECT recovery_model, recovery_model_desc
FROM   sys.databases
WHERE name = 'MiddleSchool'
```

若不是完整恢复模式,可执行下列语句设置成完整恢复模式。

```
USE master
GO
ALTER DATABASE MiddleSchool
    SET RECOVERY FULL
GO
```

(2) 建立两个逻辑磁盘备份设备'数据备份'和'日志备份',对应的物理备份设备分别为 d:\msbak\ms_databak_device. bak 和 d:\msbak\ms_logbak_ device. bak。

2. 数据备份操作

(1) 对 MiddleSchool 数据库做一次完全备份,备份到备份设备'数据备份'。

(2) 对 Subject 表插入一条记录('11','地理','副科',36)。

(3) 对 MiddleSchool 数据库做一次差异备份,备份到备份设备'数据备份'。

(4) 对 Subject 表插入一条记录('22','历史','副科',36)。

(5) 对 MiddleSchool 数据库做一次事务日志备份,备份到备份设备'日志备份'。

(6) 对 Subject 表插入一条记录 ('33','动物','副科',36)。

(7) 对 MiddleSchool 数据库再做一次事务日志备份,备份到备份设备'日志备份'。

(8) 对 Subject 表插入一条记录('44','植物','副科',36),并查看 Subject、Student 表和 Exam_Score 表的数据。

3. 介质故障与还原到某个备份状态

模拟数据库故障,删除 MiddleSchool 数据库。分别用以上备份按照以下要求还原数据库,观察每次恢复后数据的状态,和前面备份时的操作做对比分析。

(1) 恢复到完整备份后的状态,查看 Subject 表结果。

(2) 恢复到差异备份后的状态,查看 Subject 表结果。

(3) 恢复到第一次事务日志备份后的状态,查看 Subject 表结果。

(4) 恢复到第二次事务日志备份后的状态,查看 Subject 表结果。第二次事务日志备份后进行的插入操作恢复了吗?

4. 还原到故障前的某个时间点

(1) 做完上面 3 中的要求后,数据库已经恢复到了前面 2-(7)做完后的状态。假如此时正好是 9 点 59 分,现在有人对 Subject 表插入一条记录('44','植物','副科',36)(为方便后面设置还原到的时间点,这里设置成 9 点 59 分做该插入操作)。

提示:插入操作前加语句:WAITFOR time '9:59'

(2) 10 点 01 分有人误删除 Student 表和 Exam_Score 表中的全部数据(为方便后面设置还原到的时间点,这里设置成 10 点 01 分做该误删除操作)。

(3) 查看 Subject、Student 表和 Exam_Score 表的数据。

(4) 现在想撤销 4-(2)中的误删除操作,即想恢复到 10 点前的数据状态。请操作实现。

提示:先备份尾日志,然后查看备份信息。还原到指定时间点,只要在还原语句中加下面参数:

```
STOPAT = N'2019 - 02 - 18T10:00:00'      -- 假设当天日期是 2019 - 02 - 18
```

(5) 查看此时的数据状态。

Student 表和 Exam_Score 误删的数据是否已经恢复?

Subject 表在误删除操作前插入的"44"科目是否已经恢复?

5. 备份计划

用窗口操作制定一份“备份计划”,实现数据库备份的定时启动:每周五 22:00 做一次数据库完整备份,每天 20:00 做一次差异备份,每小时做一次事务日志备份(备份到的物理位置自行定义)。

实验9 索引与查询优化

实验目的：根据查询条件建立索引，从I/O读取、执行时间、执行计划等方面对比建立索引前后的区别，理解索引的必要性；了解SQL Server实际的执行计划，体会索引的用法及查询优化。

实验内容：

1. 执行下列脚本，创建本实验所需要的数据实验环境

```
CREATE DATABASE indextest
ON
  ( name = indextest_data, filename = 'd:\mydatabase\indextest_data.mdf')
LOG ON
  ( name = indextest_log, filename = 'd:\mydatabase\indextest_log.ldf' )
GO
-- 创建S表
USE indextest
GO
CREATE TABLE S
(  Sno char(10) CONSTRAINT PK_S PRIMARY KEY,
   Sname  char(10),
   Ssex  char(2),
   Sage  tinyint,
   ClassNo  char(10)
)
GO
-- 向S表中插入测试数据
DECLARE @i int, @Sno char(10), @Sname char(10)
DECLARE @Ssex char(2), @Sage tinyint, @ClassNo char(10)
SELECT @i = 1
WHILE @i <= 100000
BEGIN
   SET @Sno = 's' + cast(@i as char)
   SET @Sname = 'zhang' + cast(ceiling(rand() * 10000) as char)
   SET @Ssex = case ceiling(rand() * 2) when 1 then '男' else '女' end
   SET @Sage = 6 + ceiling(rand() * 12)
   SET @ClassNo = 'class' + cast(ceiling(rand() * 20) as char)
   INSERT INTO S VALUES ( @Sno, @Sname, @Ssex, @Sage, @ClassNo )
   SET @i = @i + 1
END
GO
-- 创建SC表
CREATE TABLE SC
(  ID int IDENTITY(1, 1) CONSTRAINT PK_SC PRIMARY KEY,
   Sno char(10),
   Cno char(10),
   Grade  int
)
GO
```

```
-- 向 SC 表中插入测试数据
DECLARE @i int, @j int, @Sno char(10), @Cno char(10), @Grade int
SET @i = 1
WHILE @i <= 20000
BEGIN
   SET @j = 1
   WHILE @j <= 20
   BEGIN
      SET @Sno = 's' + cast(@i as char)
      SET @Cno = 'c' + cast(@j as char)
      SET @Grade = ceiling(rand() * 100)
      INSERT INTO SC VALUES ( @Sno, @Cno, @Grade )
      SET @j = @j + 1
   END
   SET @i = @i + 1
END
GO
```

2. 索引的作用

(1) 打开统计信息的相关开关:

```
SET STATISTICS IO ON
SET STATISTICS TIME ON
```

在 SSMS 窗口中选择“查询”→“包括实际的执行计划”命令，打开图形化执行计划。

(2) 分别执行下列两语句实现按学号或姓名查找学生信息，查看并记录 I/O 统计信息、执行时间和图形化执行计划，对比分析原因(查询学号是 s99999 学生的姓名，这里假设其姓名是 zhang5221)。

```
SELECT * FROM S WHERE Sno = 's99999'
SELECT * FROM S WHERE Sname = 'zhang5221'
```

(3) 在 S 表的 Sname 列上创建索引名为 index_s_sname 的不唯一非聚集索引后，再次执行语句 SELECT * FROM S WHERE Sname='zhang5221'。执行完成后，查看并记录 I/O 统计信息、执行时间和图形化执行计划，对比分析创建索引前后的区别，尤其是执行计划的区别，从而体会索引的作用。

(4) 执行语句 SELECT * FROM S WHERE Ssex='男'，实现查找男学生的信息，查看并记录 I/O 统计信息、执行时间和图形化执行计划。

(5) 在 S 表的 Ssex 列上创建索引名为 index_s_ssex 的不唯一非聚集索引后，重新执行(4)中的查询语句。执行完成后，查看并记录 I/O 统计信息、执行时间和图形化执行计划，对比分析创建索引前后的区别。SQL Server 执行计划用该索引了吗？性别列上适合建索引吗？通过对姓名列和性别列建立索引，分析建立前后的执行情况，你能得出什么结论呢？

(6) 删除你认为没必要建立的索引。

(7) 执行语句 SELECT * FROM SC WHERE Sno='s20000' AND Cno='c10'，实现在 SC 表中查找学号为 s20000 的学生的 c10 号课程的成绩，查看并记录 I/O 统计信息、执行时间和图形化执行计划。

(8) 在 SC 表的(Sno,Cno)列上创建索引名为 index_sc_snocno 的复合索引后，重新执行(7)中的查询语句。执行完成后，查看并记录 I/O 统计信息、执行时间和图形化执行计划，对比分析创建索引前后的区别，尤其是执行计划的区别，从而体会索引的作用。

3. 理解执行计划和查询优化

(1) 分别执行下列查询语句，查看并记录 I/O 统计信息、执行时间；观察图形化执行计划中各步开销的区别，分析原因。

```
SELECT * FROM S WHERE Sname = 'zhang1115'
SELECT * FROM S WHERE Sname LIKE '%g1115'
```

(2) 分别执行下列查询语句，查看并记录 I/O 统计信息、执行时间；观察图形化执行计划中各步开销的区别，分析原因。

```
SELECT Sno, COUNT( * ) FROM SC GROUP BY Sno
SELECT Cno, COUNT( * ) FROM SC GROUP BY Cno
```

(3) 分别执行下列查询语句，查看并对比分析两者的图形化执行计划及各项统计参数。

```
SELECT Sno, AVG(Grade) FROM SC GROUP BY Sno
SELECT Cno, AVG(Grade) FROM SC GROUP BY Cno
```

(4) 分别用嵌套和连接查找姓名为 zhang6288 的学生的 c13 号课程的成绩，查看并对比分析两者的图形化执行计划及各项统计参数。

```
SELECT Sno, Grade  FROM SC
WHERE Cno = 'c13' AND Sno IN ( SELECT Sno FROM S
                               WHERE Sname = 'zhang6288' )
SELECT S.Sno, Grade
FROM S, SC
WHERE S.Sno = SC.Sno AND Cno = 'c13' AND Sname = 'zhang6288'
```

(5) 执行下列语句，查看图形化执行计划。与(4)中的第二条语句对比又有什么区别呢？

```
SELECT *
FROM S, SC
WHERE S.Sno = SC.Sno AND Cno = 'c13' AND Sname = 'zhang6288'
```

(6) 理解下列两个查询语句的功能然后分别执行，查看并记录 I/O 统计信息、执行时间；观察图形化执行计划中各步开销的区别。

```
SELECT Sno FROM S
WHERE NOT EXISTS ( SELECT * FROM SC
                   WHERE Cno = 'c13' AND Sno = S.Sno )
SELECT Sno FROM S
WHERE Sno NOT IN ( SELECT Sno  FROM SC
                   WHERE Cno = 'c13' )
```

实验 10 导入导出及数据库的分离与附加

实验目的：通过窗口操作实现 SQL Server 2014 数据库之间数据的导入导出；通过窗口操作实现 SQL Server 2014 与 Excel 之间数据的导入导出；通过窗口操作实现不同 SQL

Server 2014 服务器之间数据库的分离和附加。

实验内容：

1. SQL Server 2014 数据库之间数据的导入导出

（1）新建名为“导出测试”的数据库，用窗口操作将 MiddleSchool 数据库中的 Student 表、Class 表、Teacher 表和 Subject 表导出到“导出测试”数据库中。然后在“导出测试”数据库中查看数据库关系图，四张表在原来数据库中的关系还在吗？查看“导出测试”数据库中原来在 Student 表和 Teacher 上建立的触发器还在吗？

（2）新建名为“导入测试”的数据库，将“导出测试”数据库中的四张表导入“导入测试”数据库中并查看导入后的操作结果。

（3）删除“导出测试”数据库和“导入测试”数据库。

2. SQL Server 2014 与 Excel 之间数据的导入导出

（1）在 Excel 中新建空白工作簿文件 Middle_Excel，然后将本机 SQL Server 服务器上 MiddleSchool 数据库中的 Student 表和 Exam_Score 表导入该工作簿文件中。

提示：在 SSMS 的对象资源管理器中，选中 MiddleSchool 数据库后右击，选择“任务”→“导出数据”→“数据源”→SQL Server Native Client 11.0→“目标”→Microsoft Excel，接下来按提示操作即可。

（2）将刚才导出的 Excel 工作簿文件 Middle_Excel 中 Student 工作表和 Exam_Score 工作表再导入 MiddleSchool 数据库中并查看导入结果。

提示：在 SSMS 的对象资源管理器中，选中 MiddleSchool 数据库后右击，选择“任务”→“导入数据”→“数据源”→Microsoft Excel，接下来按提示操作即可。

3. 数据库的分离和附加

用窗口操作将一台 SQL Server 服务器上的 MiddleSchool 数据库分离，然后附加到另一台主机的 SQL Server 服务器上。两人一组，各自分离自己的 MiddleSchool 数据库，然后删除自己本机的 MiddleSchool 数据库，把对方的 MiddleSchool 数据库附加进来并查看操作后的结果。

参考文献

[1] 王珊，萨师煊．数据库系统概论[M]．5版．北京：高等教育出版社，2014.

[2] 陆黎明，王玉善，陈军华．数据库原理与实践[M]．北京：清华大学出版社，2016.

[3] 王立平，刘祥淼，彭霁．SQL Server 2014从入门到精通[M]．北京：清华大学出版社，2017.

[4] 夏保芹，刘春林，徐小平．数据库原理及应用——SQL Server 2014[M]．北京：清华大学出版社，2018.

[5] 嵩天，礼欣，黄天羽．Python语言程序设计基础[M]．2版．北京：高等教育出版社，2017.

[6] 王硕，孙洋洋．PyQt5快速开发与实践[M]．北京：电子工业出版社，2017.

[7] Wesley Chun．Python核心编程[M]．孙波翔，李斌，李晗，译．3版．北京：人民邮电出版社，2016.

[8] 皮雄军．NoSQL数据库技术实践[M]．北京：清华大学出版社，2015.

[9] 刘瑜，刘胜松．NoSQL数据库入门与实践(基于MongoDB、Redis)[M]．北京：中国水利水电出版社，2018.

图书资源支持

感谢您一直以来对清华版图书的支持和爱护。为了配合本书的使用，本书提供配套的资源，有需求的读者请扫描下方的“书圈”微信公众号二维码，在图书专区下载，也可以拨打电话或发送电子邮件咨询。

如果您在使用本书的过程中遇到了什么问题，或者有相关图书出版计划，也请您发邮件告诉我们，以便我们更好地为您服务。